Betriebliches Umweltmanagement im 21. Jahrhundert

Springer-Verlag Berlin Heidelberg GmbH

Eberhard Seidel (Hrsg.)

Betriebliches Umweltmanagement im 21. Jahrhundert

Aspekte, Aufgaben, Perspektiven

Mit 34 Abbildungen und 10 Tabellen

Springer

Herausgeber
Professor Dr. Eberhard Seidel
Institut für ökologische Betriebswirtschaft e.V.
Universität Siegen
Hölderlinstraße 3
57068 Siegen

ISBN 978-3-642-64320-0   ISBN 978-3-642-60245-0 (eBook)
DOI 10.1007/978-3-642-60245-0

Die Deutsche Bibliothek - CIP-Einheitsaufnahme
Betriebliches Umweltmanagement im 21. Jahrhundert; Aspekte, Aufgaben, Perspektiven / Hrsg.: Eber-hard Seidel. - Berlin; Heidelberg; New York; Barcelona; Hongkong; London; Mailand; Paris; Singapur; Tokio: Springer 1999
ISBN 978-3-642-64320-0

Die Wiedergabe von Gebrauchsnamen, Handelsnamen, Warenbezeichnungen usw. in diesem Werk berechtigt auch ohne besondere Kennzeichnung nicht zu der Annahme, daß solche Namen im Sinne der Warenzeichen- und Markenschutz-Gesetzgebung als frei zu betrachten wären und daher von jedermann benutzt werden dürften.

© Springer-Verlag Berlin Heidelberg 1999
Softcover reprint of the hardcover 1st edition 1999

Umschlaggestaltung: Erich Kirchner, Heidelberg
Satz: Reproduktionsfertige Vorlage des Herausgebers

SPIN: 10712918   30/3136 - 5 4 3 2 1 0 - Gedruckt auf säurefreiem Papier

VORWORT

Aus Anlaß seines zehnjährigen Bestehens haben sich Mitstreiter und Freunde des Instituts für ökologische Betriebswirtschaft (IÖB) Ende September an der Universität Siegen getroffen. In den Tagen ihrer Zusammenkunft waren es nur noch ganze 14 Wochen bis zum vielerwarteten Jahr 2000. Was lag da für die abschließende Podiumsdiskussion thematisch näher, als das betriebliche Umweltmanagement mit seinen *Aspekten* und *Aufgaben* in die *Perspektive* des 21. Jahrhunderts zu stellen.

Der vorliegende Tagungsband enthält die Langfassungen der Beiträge zur Podiumsdiskussion. Unter sechs Themenabschnitten sind 20 Beiträge von insgesamt 24 Autoren versammelt. Ihnen gilt an dieser Stelle als erstes der herzliche Dank des Instituts. Alle Autoren haben auf ein Honorar verzichtet und uns insoweit noch einmal unterstützt.

Zu danken habe ich des weiteren Frau Andrea Weber-Knapp (Heidelberg) sowie Frau Laura Barth, Frau Tanja Fangerow, Frau Anke Kanitz, Frau Monika Klein, Frau Eva-Maria Rosenthal, Herrn Dirk Peltzer und Herrn Frank M. Weber (Siegen) für ihre Unterstützung beim Korrekturlesen und der technischen Fertigstellung des Bandes. Dem Springer-Verlag bin ich für die gute Zusammenarbeit und die Bereitschaft zur Veröffentlichung der Schrift verbunden.

Siegen, im Herbst 1999   Eberhard Seidel

Inhaltsverzeichnis

Autorenverzeichnis

Dr. Ralf Antes
Martin-Luther-Universität
Halle-Wittenberg
c/o Lehrstuhl für Betriebswirtschaftslehre,
insbes. Betriebliches Umweltmanagement
Reichardtstraße 11
D – 06114 Halle/Saale

Dr. Carlo Burschel
Deutsche Bundesstiftung Umwelt
An der Bornau 2
D – 49090 Osnabrück

Dipl.-Ing. Jens Clausen
Institut für ökologische
Wirtschaftsforschung (IÖW) gGmbH
Hausmannstraße 9 –10
D – 30159 Hannover

Prof. Dr. Thomas Dyllick
Universität St. Gallen
Institut für Wirtschaft und Ökologie
Tigerbergstraße 2
CH – 9000 St. Gallen

Dr. Frank Figge
Universität Lüneburg
c/o Lehrstuhl für Betriebswirtschaftslehre,
insbes. Umweltmanagement
Scharnhorststraße 1
D – 21335 Lüneburg

Prof. Dr. Jürgen Freimann
Universität – GH Kassel
Fachbereich Wirtschaftswissenschaften
Nora-Platiel-Straße 5
D – 34109 Kassel

Dr. Maximilian Gege
B.A.U.M. e.V.
Osterstraße 58
D – 20259 Hamburg

Dipl.-Ing. Heinz Kottmann
Gangolfstraße 8
D – 33142 Büren

Prof. Dr. Matthias Kramer
Internationales Hochschulinstitut Zittau
Studiengang Betriebswirtschaftslehre
Markt 23
D – 02763 Zittau

Prof. Dr. Hartmut Kreikebaum
Johann-Wolfgang-Goethe-Universität
Frankfurt am Main
Lehrstuhl für Betriebswirtschaftslehre,
insbes. Industriebetriebslehre
Mertonstraße 17
D – 60325 Frankfurt/Main

Prof. Dr. Dietfried G. Liesegang
Ruprecht-Karls-Universität Heidelberg
Lehrstuhl für Betriebswirtschaftslehre,
insbes. Umweltwirtschaft
Grabengasse 14
D – 69117 Heidelberg

Prof. Dr. Adolf H. Malinsky
Johannes-Kepler-Universität Linz
Institut für Betriebliche und Regionale
Umweltwirtschaft
Altenbergerstraße 69
A – 4040 Linz/Donau

Dr. Georg Müller-Christ
Universität Bayreuth
c/o Lehrstuhl für Betriebswirtschaftslehre
und Organisation
Universitätsstraße 30
D – 95440 Bayreuth

Prof. Dr. Reinhard Pfriem
Carl-v.-Ossietzky-Universität Oldenburg
Lehrstuhl für Allgemeine Betriebswirt-
schaftslehre, Unternehmensführung und
betriebliche Umweltpolitik
Birkenweg 5
D – 26111 Oldenburg

Prof. Dr. Andreas Remer
Universität Bayreuth
Lehrstuhl für Betriebswirtschaftslehre
und Organisation
Universitätsstraße 30
D – 95440 Bayreuth

Prof. Dr. Stefan Schaltegger
Universität Lüneburg
Lehrstuhl für Betriebswirtschaftslehre,
insbes. Umweltmanagement
Scharnhorststraße 1
D – 21335 Lüneburg

Prof. Manfred Schreiner
Fachhochschule Fulda
Fachbereich Wirtschaft
Marquardtstraße 35
D – 36039 Fulda

Prof. Dr. Werner Schulz
Umweltbundesamt
Bismarckplatz 1
D – 14193 Berlin

Prof. Dr. Erich J. Schwarz
Universität Klagenfurt
Lehrstuhl für Innovationsmanagement
und Unternehmensgründung
Villacherstraße 161
A – 9020 Klagenfurt

Prof. Dr. Eberhard Seidel
Universität Siegen
Lehrstuhl für Betriebswirtschaftslehre,
Organisation und Umweltwirtschaft
Hölderlinstraße 3
D – 57068 Siegen

Dr. Eberhard K. Seifert
Wuppertal Institut für Klima,
Umwelt und Energie GmbH
Döppersberg 19
D – 42103 Wuppertal

Prof. Dr. Volker Stahlmann
Georg-Simon-Ohm-Fachhochschule
Nürnberg
Fachbereich Betriebswirtschaft
Bahnhofstraße 87
D – 90489 Nürnberg

Prof. Dr. Heinz Strebel
Karl-Franzens-Universität Graz
Institut für Innovationsmanagement
Universitätsstraße 15
A – 8010 Graz

Prof. Dr. Hans-Ulrich Zabel
Martin-Luther-Universität
Halle-Wittenberg
Lehrstuhl für Betriebswirtschaftslehre,
insbes. Betriebliches Umweltmanagement
Reichardtstraße 11
D – 06114 Halle/Saale

Einführung

Konzept und Terminus „*Umweltmanagement*" stehen zur Jahrhundertwende noch an ihrem Anfang und haben doch schon eine glänzende, steile Karriere hinter sich. Noch vor 20 Jahren wenig gebräuchlich und unspezifisch ist Umweltmanagement – nicht zuletzt dank der beiden Umwelt-Audit-Regelwerke – zum zentralen Konzept der betrieblichen Umweltwirtschaft geworden: Umweltmanagement ist das *Agens* der betrieblichen Umweltleistung (environmental performance). Umweltleistung soll in der Perspektive des neuen Jahrhunderts Nachhaltigkeit einlösen.

Die in dem Band versammelten 20 Beiträge sind unter sechs Themenabschnitten sowie einem abschließenden Themenrück- und -ausblick eingeordnet. Die unumgängliche *Themenauswahl* ist etwas von den Arbeitsschwerpunkten des Instituts beeinflußt. Gänzlich ausgespart ist der große Bereich des Umwelt-Marketing. Für den sich so ergebenden Themenzuschnitt „*Umweltmanagement*" soll an der Jahrhundertschwelle dann durchaus das Erreichte und das Erwartete, der aktuelle Stand in der konzeptionellen Dimension wie in der praktischen Anwendung dargestellt werden.

I. Ausgewählte Entwicklungsträger und ihre Konzepte stehen am Anfang des Bandes, weil neue Konzepte – kaum je auf breiter Front begrüßt – in ihren Anfängen der besonderen Unterstützung und Förderung bedürfen. Aus dem großen Kreis der Förderinstitute sind drei ausgewählt, die sich um das Umweltmanagement m.E. in einer besonderen Weise verdient gemacht haben.

In „Die Rolle des Umweltbundesamtes bei der Gestaltung des Umweltmanagements" (S. 11-26) beschreibt *Werner Schulz* die bisherigen Leistungen und künftigen Intentionen seines Amtes im Themenbereich. Mit „Umweltbundesamt als Vorbild" und „Umweltbundesamt als Partner und Motor" ist Schulz bald zweifach beim „Umweltmanagement im 21. Jahrhundert". Die Zukunftsstudie „Nachhaltiges Deutschland" ist eine zentrale Orientierung, das EG-Umwelt-Audit sollte als „Ökologische Star-Performance" positioniert werden (S. 25). Übrigens ist im Umweltbundesamt zur Zeit ein eigenes Umweltmanagementsystem im Aufbau begriffen.

Carlo Burschel „Nachhaltiges Wirtschaften in KMU – Förderziele und -politik der Deutschen Bundesstiftung Umwelt" (S. 27-38) zeigt „nachhaltige Entwicklung" als Zielbild der neuen Förderleitlinien und „ökologische Unternehmensführung" als Förderthema der Deutschen Bundesstiftung Umwelt. Der Beitrag skizziert eine „Nachhaltige Betriebswirtschaftslehre für KMU" im Hinblick auf die Agenda 21 und bezeichnet das „zentrale Neue einer umweltorientierten Betriebswirtschaftslehre" als die *„Vernaturwissenschaftlichung"* der Unternehmensführung. „Umweltbilanzierung KMU-orientiert", „Umweltkosten" und „Umweltinformationssysteme" sind neben branchenspezifischen Kooperationslösungen zukünftige Förderthemen.

In das Leistungsspektrum der ersten und größten Umweltorganisation der Wirtschaft in Europa führt *Maximilian Gege* mit seinem Beitrag „Unterstützung des Umweltmanagements durch Arbeitskreise à la B.A.U.M. – Rückblick und Perspektive" (S. 39-48). „Erfahrungsaustauschtreffen", „Umweltpreise", „Beiratsfunktionen" und v.a.m. sind neben dem Forschungsprojekt „Zukunftsfähiges Umweltmanagement in KMU" und dem Entwicklungsprojekt „Umweltmanagement für kleine und mittelgroße Kommunen" Stichworte. Nicht zu vergessen die Haushaltskampagne „Umwelt gewinnt" und die Solarkampagne. *Gege* schließt seinen Beitrag mit einer kühnen Zeitreise ins Jahr 2050.

II. Streiflichter auf Grundlagen wollen einen Eindruck von den materiellen und geistigen, den natürlichen und kulturellen Voraussetzungen eines nachhaltigkeitsorientierten Umweltmanagements vermitteln. Die *makro*bezogene – staatlich-rechtliche wie auch gesellschaftlich-ethische – *Rahmenordnung* ist für das *mikro*bezogene Umweltmanagement dabei von besonderer Bedeutung.

In „Sustainability als Herausforderung für das betriebliche Umweltmanagement" (S. 51-68) kommt *Hans-Ulrich Zabel* über die Stichworte „Entropie" und „Verhaltensnormierung" zu einem *„sustainabilitygerechten Verhaltensmodell"*, aus dem er abschließend „Impulse für ein betriebliches Umweltmanagement" ableitet. Die ökologieverträgliche Wirtschaft bedarf einer durch Sonnenenergienutzung getriggerten Kreislaufwirtschaft. „Sustainabilitygerechtes Verhalten verkörpert einen angemessenen Mix aus Egoismus und Altruismus, der mit einem ausgewogenen Mix aus ökonomischen und außerökonomischen Anreizen bzw. Verhaltensimpulsen korrespondiert" (S. 56). „Sustainability ist das entscheidende Gebot ökonomischer Vernunft", „Kreislaufwirtschaft ist unser Schicksal". Der *„homo vitalis"* wird von *Zabel* als das Menschenbild der sustainability vorgestellt.

Georg Müller-Christ und Andreas Remer führen in „Umweltwirtschaft oder Wirtschaftsökologie? Vorüberlegungen zu einer Theorie des Ressourcenmanagements" (S. 69-87) Systemansatz, Koevolutionsansatz und Haushaltsansatz als *„Bausteine einer ökologischen Theorie"* zusammen. Umwelten des Unternehmens als Ressourcenquellen – es gibt mehrere Umwelten, neben der natürlichen Umwelt soziale Umwelten – sind selbst wiederum Systeme, die von weiteren Ressourcen abhängen. Nachhaltigkeit bedeutet gegenseitige Erhaltung der Systeme, *„gemeinsame Lebensmittel"* dürfen nicht knapp werden. Unternehmen werden so mit allen ihren Umwelten in einer Art „Haushaltsgemeinschaft" gedacht, die dem zugrundeliegende Denkrichtung wird als „*Wirtschaftsökologie*" bezeichnet. Haushalt ist der gedankliche Ort der Ressourcenpflege: des Ressourcenverbrauchs einerseits, der Neubildung von Ressourcen andererseits.

Hartmut Kreikebaum geht es in seinem Beitrag „Die Ethikkomponente im Umweltmanagement" (S. 89-101) um die Übertragung einer *Verantwortungsethik* auf das normative Umweltmanagement in dessen Zukunftsperspektive. Eine „Heuristik der Furcht" ist nicht ausreichend; umweltethische Reflexionen müssen heute in unternehmerische Entscheidungsprozesse Eingang finden, um morgen das „ökologische Existenzminimum" zu sichern. Eine „Verknüpfung von zweck-rationalem Handeln und egoistischem Selbstinteresse" sieht *Kreikebaum* von seiner christlich geprägten normativen Position aus als nicht sinnstiftend an und trifft sich hierbei mit der Aussage von *Zabel* in dessen Beitrag. Der Mensch nimmt seine Sonderstellung nicht außerhalb, sondern innerhalb der Natur ein (S. 99).

In „Woher kommt die Rahmenordnung und wo geht sie hin? – Zu Bedingungen ökologischer Klugheit für eine interaktive gesellschaftliche Umweltpolitik" (S. 103-113) rekonstruiert *Reinhard Pfriem* zunächst das gängige ökonomische Denken über die Beziehungen zwischen Unternehmen und Rahmenbedingungen. Das (neo)klassische Modell zeigt das Unternehmen als (auch ökologischen) An-passungsoptimierer. Unter den Stichworten „New Public Environmental Manag-ement" und „Wirtschaftsstil des ökologischen Selbst" stellt *Pfriem* Überlegungen zu neuen möglichen Rollen von Unternehmen als Akteuren des gesellschaftlichen Strukturwandels an. „Ein im Kern asketisches Programm der Selbstbindung via Ordnungsrahmen kann nicht funktionieren. Funktionieren kann hingegen möglicherweise ein solches Handeln der ökonomischen und gesellschaftlichen Akteure, das struktur- und kulturbildend im Sinne einer stärkeren Berücksichti-gung ökologischer Zielsetzungen wirkt" (S. 112).

III. Umweltmanagement im Kontext der Unternehmensführung spricht Umweltmanagement dort an, wo es zentral verortet ist: in der *Führungs-* oder *Managementdimension*. Zweierlei ist damit aufgenommen: die vorherrschende Sicht der Betriebswirtschaftslehre als einer Führungs- oder Managementlehre zum einen, der hohe Anspruch an Umweltmanagement im Lichte der Nachhaltigkeit zum anderen. Umweltmanagement muß, wovon es heute noch weit entfernt ist, dazu in das Zentrum der Unternehmensführung kommen.

Thomas Dyllick bietet in „Wirkungen und Weiterentwicklungen von Umwelt-managementsystemen" (S. 117-130) zunächst eine Bestandsaufnahme der bishe-rigen Erkenntnisse über ökonomische und ökologische *Wirkungen* von Umwelt-managementsystemen. Referiert wird dabei die jüngst von ihm mit Mitarbeitern durchgeführte Auswertung der wichtigsten empirischen Untersuchungen. Unter *Weiterentwicklungen* geht es um die Integration von Umweltmanagementsyste-men mit anderen Managementsystemen in das umfassende Unternehmensmanagementsystem und die Gewinnung einer strategischen Perspektive für das Umweltmanagement. Nach Strategiebezug (Gesellschaft, Markt) und Strategieausrichtung (defensiv, offensiv) konzipiert *Dyllick* vier Strategiefelder. Wirkungsvolle UMS müssen eine gleichwertige Ausprägung in normativer, strategischer und operativer Dimension haben, der gegenwärtige *„operative Bleifuß"* ist zu überwinden. Zu einer kontinuierlichen Verbesserung der Umweltleistung müssen neben die Umweltaudit-Regelwerke weitergehende Anreize von Kunden, Finanzmärkten und Behörden treten. Fehlen sie oder bleiben sie zu schwach, so ist zu befürchten, daß das Interesse an UMS wieder erlahmt (S. 129).

Der Beitrag von *Jürgen Freimann* „Jenseits von EMAS – Umweltmanagementsysteme – Erfahrungen und Perspektiven" (S. 131-145) untersucht zunächst „Nutzen und Reichweite von Umweltmanagementsystemen" und sodann „Perspektiven der Umweltmanagementsystem-Standards". Um „über EMAS hinaus" zu kommen, konzipiert *Freimann* zweimal fünf Schritte: zum ersten zur Einrichtung, zum zweiten zur Fort- und Weiterentwicklung von Umweltmanagementsystemen. Auswahl der richtigen Promotoren und richtige partizipative organisatorische Verankerung werden u.a. zu ersterem, eine Umkehr der Rationalisierungsprioritäten und Optimierung der Produkte und Leistungen u.a. zu letzterem genannt. Die gegenwärtigen „ökonomischen Megatrends von Globalisierung und Virtualisierung der wirtschaftlichen Strukturen" müssen dem nicht unbedingt entgegenstehen, aber: der „ökologische Umbau der Wirtschaft ist sicher der unbequemere Weg" (S. 143).

Mit „Internationales Umweltmanagement in Mittel- und Osteuropa" (S. 147-165) fragt *Matthias Kramer* nach „Transformation und ökologische(r) Entwicklungsfähigkeit", um sodann den betrieblichen Umweltschutz im Transformationsprozeß zu untersuchen. Unter den Aspekten von Theorie und Praxis des Umweltmanagements wird ein „Vergleich zwischen Deutschland, Polen und Tschechien" geboten, der die Ergebnisse einer von *Kramer* und *Mitarbeitern* durchgeführten Erhebung wiedergibt. „Anforderungen und Handlungsempfehlungen für die Umweltbildung und -qualifizierung im internationalen Vergleich" schließen sich an. Dabei werden „Stärken und Schwächen des gegenwärtigen Ausbildungsniveaus" herausgearbeitet. In Polen und Tschechien erfolgt die Betrachtung insbesondere aus naturwissenschaftlich-technischer, kaum aus wirtschaftswissenschaftlicher Sicht.

In „Sustainable Enterprise – wie alles anfing" (S. 167-177) beginnt *Eberhard K. Seifert* mit einem Rückblick vom Jahre 2005, dem Zieljahr der deutschen Bundesregierung für ihre „Nachhaltigkeits"-Proklamation von 1992. Der dann in Deutschland immerhin schon etablierte *„Nationale Rat für Nachhaltige Entwicklung"* rekapituliert die seitherigen Fortschritte, woran uns *Seifert* auszugsweise teilhaben läßt. Die angesprochenen Initiativen „bilden jenes patchwork-Mosaik, aus dem allmählich jenes umfassendere, klarer konturierte Bild von einem „sustainable enterprise" hervorgewachsen ist..." (S. 174). *„Standardisierte Umweltmanagementsysteme"*, *„standardisierte Methoden zur Umweltleistungsbewer-*

tung" und *„Interlinkages zwischen Informationssystemen"* – mikro, makro; ökonomisch, ökologisch und sozial – sind Schlüsselkonzepte bei der Beschreibung des Erreichten.

IV. Kernstück: Reduktionswirtschaft faßt mit der *Reduktionsphase* jenen wichtigen Abschnitt in den Blick, der eine Durchflußwirtschaft zur *Kreislaufwirtschaft* macht. Wie Abschnitt III. das führungswissenschaftliche Kernstück des Umweltmanagements war, ist Abschnitt IV. dessen *betriebswirtschaftlich-fachwissenschaftliches* Kernstück.

In „Das Konzept einer Reproduktionswirtschaft als Herausforderung für das Umweltmanagement" (S. 181-191) zeichnet *Dietfried G. Liesegang* zunächst historische „Entwicklungslinien der Güterwirtschaft" nach. Das Schlüsselwort zu Kreislaufwirtschaft ist Reduktion; Produktion und Reduktion zusammen bilden die *Reproduktionswirtschaft.* Die anstehenden Systemgestaltungen sind große Aufgaben der Betriebswirtschaftslehre, für die das Vorbild biologischer Systeme fruchtbar gemacht werden sollte. In Fortentwicklung der *Bionik* (Technikgestaltung) schlägt *Liesegang* für diesen Ansatz die Bezeichnung *Bionomik* (Systemgestaltung) vor. Der Beitrag interpretiert das Kreislaufwirtschafts- und Abfallgesetz als einen bedeutsamen Schritt zur Annäherung an eine Reproduktionswirtschaft. Im Hinblick auf die nötige Verknüpfung von Mikro- und Makroebene in der Stoffwirtschaft plädiert *Liesegang* für *ein „global environmental management".*

Adolf H. Malinsky „Regionales Systemmanagement: Stoffstromorientierte Grundzüge" (S. 193-204) legt dar, daß der Globalisierung sowohl aus ökonomischen wie regionalpolitischen Gründen Entwicklungen zur *Regionalisierung* gegenüberstehen. Ein Systemmanagement, welches die *„regionalen Ordnungsmuster"* – darunter Energiekaskaden, Zuliefererverflechtungen und Verkehrsvermeidungsmöglichkeiten – erkennt, ist die einzige Methode zur Bewältigung der zunehmenden regionalen Komplexität. Regionale Netzwerke erfahren einen starken Bedeutungszuwachs. Betriebliche und regionale *Stoffflußorientierung* leistet einen wichtigen Beitrag zur regionalen Systementwicklung.

Das in Literatur und Praxis von ihnen selbst so wesentlich geprägte Thema der *industriellen Verwertungsnetze* verknüpfen *Erich J. Schwarz* und *Heinz Strebel* in „Produktlinienanalyse und Wertkettenmanagement als Grundlage für das Management von Verwertungsnetzen" (S. 205-217) mit zwei bedeutenden modernen Konzepten. Ist dabei die von der *Projektgruppe Ökologische Wirtschaft (PÖW)* erstellte *Produktlinienanalyse* schon ein ökologisch ausgerichtetes Instrument, so ist das auf *Porter* zurückgehende *Wertkettenmanagement* zunächst eine strategische Konzeption, um die Beziehungen zwischen Lieferanten und ihren Kunden zu beiderseitigem ökonomischen Nutzen zu gestalten. Industrielle Verwertungsnetze können durch die Verknüpfung mit den beiden Konzepten einen beachtlichen Entwicklungsanstoß erfahren.

Der Beitrag „Zukunftsperspektiven im Entsorgungsmanagement" (S. 219-227) von *Manfred Schreiner* behandelt den Zielwandel in der Entsorgungswirtschaft unter dem Einfluß der Entwicklung des Abfallrechts. In der Vergangenheit scheiterte ökologisch effiziente Abfallverwertung an der fehlenden ökonomischen Effizienz. Erst mit den kostensteigernden Anforderungen an eine schadlose und umweltverträgliche Beseitigung eröffnen sich neue Spielräume in der Abfallverwertung. Die ökologische Effizienz der TA-Siedlungsabfall, aber auch der Verpackungsverordnung, wird kritisch hinterfragt. Um zukunftsfähiges Entsorgungsmanagement zu betreiben, sind noch erhebliche ökobilanzielle Erkenntniszuwächse erforderlich. Gleichwohl gilt: Moderne Entsorgung ist ein Teil des *Stoffstrommanagements* unter der neuen Zielgröße „*Öko-Effizienz*".

V. Instrument: Umweltrechnung widmet sich dem hauptsächlichen und zugleich BWL-spezifischsten Instrument des Umweltmanagements. Umweltrechnung im *Controlling-Rang* ist ein besonders qualifiziertes Unterstützungssystem für das betriebliche Umweltmanagement.

In seinem Beitrag „Unterstützung des Umweltmanagements durch Umweltrechnung" (S. 231-254) zieht *Volker Stahlmann* vor dem Hintergrund von Schmalenbachs „gemeinwirtschaftlicher Produktivität" die Verbindungslinie vom Instrument Umweltkostenrechnung bis hin zum Ziel Nachhaltigkeit des Wirtschaftens aus. Es muß gelingen den „*finanziellen Käfig*" des herkömmlichen Rechnungswesens zu öffnen und mit einem *Umweltkostenmanagement* zu verknüpfen. Eine Differenzierung und Ergänzung des betrieblichen sowie eine Erweiterung des finanziellen Rechnungswesens sind dazu angesagt. Für eine Weiterentwicklung sind die *mikro-/makroökonomischen Verknüpfungen* entscheidend: „Erst mit einer konsequenten Internalisierung externer Kosten und einer ökologischen Wirtschaftspolitik (mit internationaler Geltung) wird der flächendeckende Durchbruch eines ökologischen Rechnungswesens ermöglicht werden. Auch ist es überfällig, nationale Umweltziele .... mit betrieblichen Umweltzielen auf Branchenebene zu verbinden" (S. 252 f.).

Jens Clausen und *Heinz Kottmann* eröffnen in „Umweltkennzahlen im Einsatz für das Benchmarking" (S. 255-265) den Umweltkennzahlen ein neues, großes Anwendungsfeld. Benchmarking ist „Anstoß für Verbesserungsprozesse" und „Instrument zum Leistungsvergleich". Der Beitrag berichtet über einschlägige Praxisprojekte des IÖW in Berlin und verknüpft sie mit Untersuchungen von dritter Seite. Nachhaltigkeitsstandards kann ein branchenspezifisches Benchmarking nicht verifizieren, auch Produktökobilanzen nicht ersetzen. Gleichwohl ist es ein hocheffizientes Instrument, dem auch eine internationale Karriere zu wünschen ist. Allerdings rechnen die Verfasser damit kaum vor dem Jahre 2010.

VI. Organisations- und finanzwirtschaftliche Themenaspekte des Umweltmanagements werden in der Literatur unterschätzt. Gleichwohl läßt sich ein grundlegendes *Organisationsversagen* als generelle *Ur-Sache* der vom Menschen bewirkten Umweltzerstörung ausmachen. Entsprechend ist die Gewinnung einer nachhaltigen Wirtschaftsweise eine einzige große *Organisationsaufgabe.*

Die *Dominanz der Finanzwirtschaft* im globalen Wirtschaftsgeschehen gibt den Finanzmarkt-Akteuren ohne Frage einen großen Einfluß auf das betriebliche Umweltmanagement. Umgekehrt sind auch Einflüsse des betrieblichen Umweltmanagements auf die Finanzwirtschaft zu beachten.

In „Die Aufbauorganisation des Umweltschutzes im Entwurf des Umweltgesetzbuches – Ein Beitrag zur nachhaltigen Unternehmung?" (S. 269-285) verknüpft *Ralf Antes* die Organisation mit dem Recht (als einem wesentlichen Faktor von deren Außenbestimmung). Im UGB-Entwurf ist eine Fülle von aufbauorganisatorischen Regelungen konzipiert, die – zwecks Stärkung der Machtposition von Umweltschutz – zu einer weitgehenden *Zentralisation* und *Konzentration* von Umweltschutzaufgaben führen. Gegenüber der aktuellen gesetzlichen *Minimalauslage* ist darin eine Verbesserung zu sehen. Unter dem Aspekt einer gleichfalls nötigen Stärkung der Innovationsfunktion sieht *Antes* die vorgeschlagenen Regelungen dagegen ausgesprochen kritisch.

Stefan Schaltegger und *Frank Figge* wenden sich mit ihrem Beitrag „Finanzmärkte – Treiber oder Bremser des betrieblichen Umweltmanagements?" (S. 287-299) der Rolle der Finanzdienstleister als Akteuren auf den Finanzmärkten zu. Sie entwickeln das Konzept eines „Environmental Shareholder Value" und fragen dabei: Welchen Einfluß hat das Umweltmanagement einer Firma auf die sogen. Werttreiber (Value Drivers)? Das Interesse der meisten Finanzmarkt-Akteure wird der Bedeutung des Themas bis heute nicht gerecht. *Informationsunvollkommenheiten* und *Informationsasymmetrien* sind eine Ursache davon. Die Wichtigkeit von Umweltaspekten für die Finanzmärkte wird aber auch über die Jahrtausendwende weiter steigen. Spezifische Informationsinstrumente und spezielle Finanzprodukte sind notwendig, „damit besonders innovative Finanzdienstleister das enorme Potential ökologieinduzierter Chancen realisieren können" (S. 298).

Mit **Kritischer Themenrück- und -ausblick – zugleich ein Nachtrag zu III.** schließt der Band. Der hier plazierte Beitrag des Herausgebers „Das Umweltmanagement an der Jahrhundertschwelle – Zeit für einen zweiten Blick" (S. 303-322) ist ein Stück kritischer Auseinandersetzung mit der herrschenden Lehre und Praxis des Umweltmanagements. Unter den Stichworten *„Systemverkehrung"*, *„Integrationsdefizit"* und *„Rationalitätsbruch"* spricht *Seidel* einige Tiefenprobleme des Umweltmanagements an, die vom BWL-Mainstream regelmäßig ausgeblendet werden. Läßt sich der Beitrag insoweit als Rückschau auffassen, so erfüllt ein längerer Ausblick auf die künftigen *Aufgaben, Möglichkeiten* und *Schwierigkeiten* des betrieblichen Umweltmanagements die Funktion einer Vorschau. Thematisch ein Nachtrag zu III. steht der Beitrag so nicht nur aus Höflichkeit in der Reihe der Beiträge an letzter Stelle.

Die einführenden Hinweise wollen eine erste Einstiegsorientierung in die Lektüre der Beiträge bieten. Die Funktion eines „*Abstracts*" können und wollen sie bei dem gegebenen knappen Raum für die Beitragstexte nicht erfüllen. Zu einer vollständigeren Inhaltsangabe ist auf die Gliederungspunkte der jeweiligen Beiträge und ergänzend auf das Sachwortverzeichnis der Schrift zu verweisen.

Der Wunsch aller *Autoren* des Bandes ist es, zu einer weiteren konstruktiven Diskussion im Themenbereich anzuregen. Nicht wenige Beiträge haben abschließend *Thesen* formuliert und *Ausblicke* bis in die Mitte des kommenden Jahrhunderts gewagt. Gelegentlich blicken sie gar von dort auf unsere Gegenwart zurück. An Stoff zu einer kritischen Auseinandersetzung herrscht damit in keinem Falle Mangel.

Ungeachtet der *Konjunktur von „Umweltmanagement"* ist das Umweltthema im Ganzen und in der Sache seit nunmehr einem Jahrzehnt im Niedergang begriffen. Gegenwärtig steht es auf einem Tiefpunkt. Die Umweltprobleme sind aber zu groß und zu real, um sich auf Dauer verdrängen zu lassen! Im Guten wie im Schlechten wird das 21. Jahrhundert das *Jahrhundert der Umwelt* sein. Wenn es der Schrift gelingt, zur Ausrichtung darauf einen (kleinen) Beitrag zu leisten, sind die Erwartungen der Autoren und des Herausgebers erfüllt. (E. S.)

I. Ausgewählte Entwicklungsträger und ihre Konzepte

Die Rolle des Umweltbundesamtes bei der Gestaltung des Umweltmanagements

Werner Schulz

1. Was kann das Umweltbundesamt leisten?

1.1 Wissenschaftliches Fundament der Umweltpolitik des Bundes

In Deutschland gibt es zahlreiche öffentliche Einrichtungen, deren Aufgabe der Wissenstransfer im Umweltbereich ist. Hierzu gehört beispielsweise das Umweltbundesamt (UBA) in Berlin. Die Bundesoberbehörde ist in den letzten Jahren nicht nur in seinen Aufgaben, sondern auch personell gewachsen: Mit der deutschen Vereinigung kamen 1991 über zweihundert zusätzliche Mitarbeiter/-innen aus den neuen Ländern zum UBA. Mit der Auflösung des Bundesgesundheitsamtes wurde das Institut für Wasser-, Boden- und Lufthygiene in das UBA integriert. Heute sind über 1.300 Mitarbeiter-/innen für den Umweltschutz (einschließlich den gesundheitsbezogenen Umweltschutz) in den Einrichtungen des UBA in Berlin, Bad Elster, Langen, Kleinmachnow, Offenbach und in über das ganze Bundesgebiet verteilten Meßstellen tätig. Von den Mitarbeiter/-innen des Amtes verfügt knapp die Hälfte über eine Ausbildung an einer Hochschule oder Fachhochschule. Darunter befinden sich nahezu alle wissenschaftlichen Disziplinen, ein Indiz für die breite wissenschaftliche Basis des Amtes.

In den ersten zwölf Jahren war das Amt dem Bundesinnenministerium unterstellt. Mit der Gründung des Bundesumweltministeriums im Jahre 1986 wechselte das Umweltbundesamt in dessen Zuständigkeit und bildet heute neben den Bundesämtern für Strahlenschutz und Naturschutz das wissenschaftliche Fundament der Umweltpolitik des Bundes. Das Umweltbundesamt unterstützt das Bundesumweltministerium vor allem wissenschaftlich-technisch in den Bereichen Luftreinhaltung, Lärmbekämpfung, Abfall- und Wasserwirtschaft, Bodenschutz und Umweltchemikalien. Wichtige Aufgaben des Umweltbundesamtes sind:
- Aufklärung der Öffentlichkeit in Umweltfragen,
- Bereitstellung zentraler Dienste und Hilfen für die Umweltforschung des Bundesumweltministeriums und für die Koordinierung der Umweltforschung des Bundes,
- Sammlung von Umweltdaten, Führung des Informations- und Dokumentationssystems Umwelt (UMPLIS),

- Mitarbeit bei der Vergabe des Umweltzeichens „Blauer Engel",
- Mitarbeit an der Umsetzung der Bodenschutzkonzeption und der Sanierung von Altlasten (z.B. ehemalige Müllkippen) sowie kontaminierter Standorte (z.B. ehemalige Industriestandorte),
- Mitarbeit bei der biologischen Überwachung der Nordsee,
- Erforschung und Bearbeitung von Fragen der Umwelthygiene durch das 1994 in das Umweltbundesamt integrierte Institut für Wasser-, Boden- und Lufthygiene,
- Beteiligung am Vollzug von Gesetzen wie des Pflanzenschutzgesetzes, des Gentechnikgesetzes, des Benzin-Blei-Gesetzes und des Hohe-See-Einbringungsgesetzes.

1.2 Orientierungshilfe: Zukunftsstudie „Nachhaltiges Deutschland"

Weil das Umweltbundesamt keine eigene Gesetzgebungskompetenz besitzt und im direkten Weisungsbereich des Bundesumweltministeriums liegt, wird es gelegentlich als eine *„zahnlose"* umweltpolitische Behörde bezeichnet. Gleichwohl ist die Gestaltungskraft der wissenschaftlichen Bundesoberbehörde nicht unbeträchtlich. Beispielsweise zeigt das Umweltbundesamt in seiner Zukunftsstudie "Nachhaltiges Deutschland – Wege zu einer dauerhaft-umweltgerechten Entwicklung"[1], wie das Ziel der Nachhaltigkeit in Deutschland erreicht werden könnte. Vier zentrale Bereiche hat das Amt dazu ausgesucht:
- Energienutzung,
- Mobilität,
- Nahrungsmittelproduktion und
- Textilien.

Für die Prüfung der vier Bedürfnisfelder auf ihre Nachhaltigkeit wurden mit Blick auf das Jahr 2010 drei verschiedene Szenarien – nicht Prognosen – entworfen:
1. Das Status quo-Szenario mit einer Fortschreibung der gegenwärtigen Trends.
2. Das Effizienz-Szenario mit der Vorgabe einer deutlichen Verbesserung der technischen Effizienz von Produkten und Produktionsverfahren. Gesellschaftliche, rechtliche und wirtschaftliche Rahmenbedingungen bleiben unverändert.
3. Das Struktur- und Bewußtseinswandel-Szenario mit der Annahme veränderter gesellschaftlicher Rahmenbedingungen.

Im Fazit stellt das Umweltbundesamt fest: Die Verbesserung der technischen Effizienz allein wird nicht reichen, um eine dauerhaft-umweltgerechte Entwicklung zu ermöglichen. Vielmehr müssen auch die individuellen Lebensstile und die politischen Vorgaben wie das bestehende öffentliche Finanz- und Planungssystem verändert werden.

Welchen Stellenwert der Auf- und Ausbau von betrieblichen Umweltmanagementsystemen im 21. Jahrhundert haben dürfte wird deutlich, wenn man sich mit einzelnen Fragen der Zukunftsstudie „Nachhaltiges Deutschland" näher befaßt.

---

[1] Vgl. Umweltbundesamt, Nachhaltiges Deutschland, Wege zu einer dauerhaft-umweltgerechten Entwicklung. Berlin, 1997.

Nehmen wir zunächst das Beispiel „Energienutzung": Hier ist die Minderung des Treibhausgases Kohlendioxid (CO_2) ein wichtigstes Thema einer nachhaltigen Energieversorgung. Wenn der globale Temperaturanstieg auf 0,1 Grad Celsius pro Jahrzehnt begrenzt werden soll, müssen weltweit die CO_2-Emissionen um 50 Prozent bis zum Jahre 2050 verringert werden. Um den weniger entwickelten Ländern Spielräume für ihre wirtschaftliche Entwicklung zu lassen, müssen die Industrieländer in diesem Zeitraum ihre CO_2-Emissionen sogar um 70 bis 80 Prozent reduzieren. Das läßt sich nur durch eine drastische Senkung des Energieverbrauchs erreichen. Bislang sind bei weitem nicht alle technischen und organisatorischen Möglichkeiten zur Erhöhung der Energieeffizienz in der Wirtschaft ausgeschöpft.

Zwar würden technische Maßnahmen zu einer deutlichen Minderung des Primärenergiebedarfs und der CO_2-Emissionen führen. Eine Effizienzverbesserung allein reicht für eine nachhaltige Energienutzung aber nicht aus. Notwendig sind weitreichende Änderungen der institutionellen und der ökonomischen Rahmenbedingungen, deren Ziel es sein muß, Energiesparen attraktiv zu machen und gleichzeitig die Nutzung erneuerbarer Energien zu fördern.

Wichtige Ansatzpunkte dazu sind zum Beispiel erhöhte Anforderungen an den Wärmeschutz von Gebäuden, eine verbesserte Einspeisevergütung für regenerative Energien sowie eine CO_2-/Energiebesteuerung. Kein Weg kann an höheren Energiepreisen vorbeiführen. Wichtig sind aber auch veränderte Grundeinstellungen in den Unternehmen und bei den Verbrauchsgewohnheiten der Bevölkerung.

Am Beispiel „Textilien" läßt sich ebenfalls verdeutlichen, welche Bedeutung den betriebswirtschaftlichen Fragen des Umweltschutzes künftig beizumessen ist: Eine nachhaltige Entwicklung erfordert eine übergreifendere Betrachtung der Umweltverträglichkeit von Produkten und Produktionsprozessen. Das Maß der Umweltbelastungen wird erst deutlich, wenn man die gesamte Produktlinie von der Rohstoffgewinnung über Produktion und Gebrauch bis zur Entsorgung verfolgt. Durch ein sogenanntes Stoffstrommanagement soll der Durchsatz an natürlichen Ressourcen und die Belastung der Umwelt mit Schadstoffen bei Herstellung und Gebrauch von Produkten so gering wie möglich gehalten werden. Dazu sollen auch alle beteiligten Akteure in freiwilliger Zusammenarbeit Verbesserungspotentiale für den Umweltschutz ausfindig machen. Untersucht wurde dies in der Studie am Beispiel der Textilien.

Nahezu sieben Prozent des privaten Einkommens werden in Deutschland für Bekleidung ausgegeben. Damit steht Deutschland an der Spitze aller Industrienationen. Die Herstellung von Textilien ist mit zahlreichen Umweltbelastungen zum Beispiel durch den Baumwollanbau verbunden. Weltweit werden jährlich fast 20 Millionen Tonnen Baumwolle geerntet. Beim Anbau werden große Mengen Pflanzenschutzmittel eingesetzt, die Böden und Gewässer leiden unter den Monokulturen. Für die Herstellung von einem Kilogramm Baumwollfaser werden rund fünf Tonnen Wasser verbraucht. Weltweit einheitliche Standards für einen ökologischen Baumwollanbau könnten diese Umweltbelastungen verringern.

1.3 Umweltmanagement als Fachthema im Umweltbundesamt

Das Thema „Betriebliches Umweltmanagement" ist im Umweltbundesamt im Fachgebiet „Wirtschaftswissenschaftliche Umweltfragen" angesiedelt. Dort wird neben den volkswirtschaftlichen Fragen des Umweltschutzes das Themengebiet „Betriebliches Umweltmanagement" bereits seit Mitte der achtziger Jahre systematisch vorangetrieben (Abbildung 1).

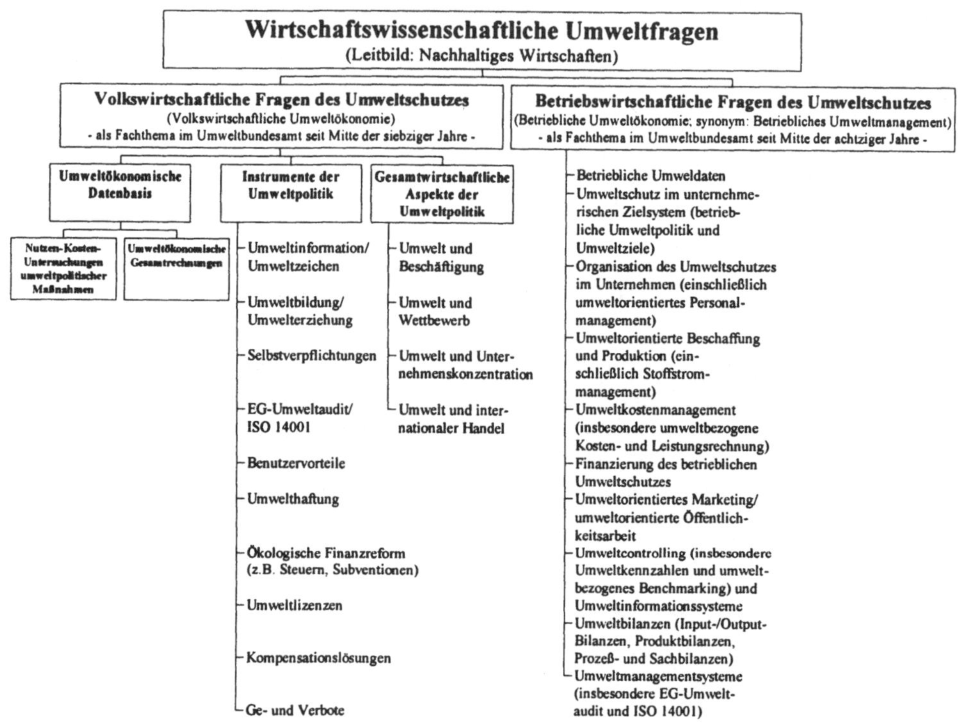

Abbildung 1:   Wirtschaftswissenschaftliche Umweltfragen im Umweltbundesamt

Als Meilensteine des *„Angewandten Umweltmanagements"* können die beiden folgenden Vorhaben angesehen werden, die das Umweltbundesamt in der zweiten Hälfte der achtziger Jahre in Auftrag gegeben hat:
- *Modellversuch „Mittelfranken"*: Vor dem Hintergrund, daß die durch kleine und mittlere Betriebe hervorgerufenen Umweltprobleme gewöhnlich anders gelagert sind, als bei großen Unternehmen, wurde im Auftrag des Umweltbundesamtes von 1986 bis 1989 ein Modellversuch zum Thema „Verstärkte Berücksichtigung mittelstandspolitischer Gesichtspunkte im Rahmen der Umweltpolitik"[2] durchgeführt. Im Rahmen dieser Untersuchung konnten sich in

---

[2] Vgl. Umweltbundesamt (Hrsg.), Umweltschutz und Mittelstand. Modellversuch „Verstärkte Berücksichtigung mittelstandspolitischer Gesichtspunkte im Rahmen der Umweltpolitik", Berichte 2/92 des Umweltbundesamtes, Berlin, 1992.

der Modellregion Mittelfranken rund 660 mittelständische Betriebe einer ko-
stenlosen Orientierungsberatung von maximal vier Tagen Dauer unterziehen.
Wichtigstes Fazit des Modellversuchs: Der betriebliche Umweltschutz wird zu
sehr als ein ausschließlich technisches Problem betrachtet – Fragen des Umweltmanagements waren zu dieser Zeit kaum ein Thema.

- *Möglichkeiten einer „Umweltorientierten Unternehmensführung"*: Um die
  Chancen zur Kostensenkung und Ertragssteigerung durch umweltorientierte
  Maßnahmen aufzuzeigen, wurden im Auftrag des Umweltbundesamtes im Jahre 1989 über 600 Unternehmen bundesweit zum „Ob" und „Wie" zu dieser
  Thematik befragt.[3] Danach waren nur 30 Prozent der befragten Unternehmen
  der Ansicht, daß Umweltschutz das wirtschaftliche Ergebnis ihres Unternehmens verschlechtern würde.

Seit Anfang der neunziger Jahre werden im Fachgebiet „Wirtschaftswissenschaft-
liche Umweltfragen" insbesondere die folgenden Forschungsgebiete für die be-
triebliche Praxis ständig weiterentwickelt:
- ✓ Umweltschutz als Unternehmensziel (Festlegung einer betrieblichen Umwelt-
  politik),
- ✓ Verankerung einer Aufbau- und Ablauforganisation des betrieblichen Um-
  weltschutzes,
- ✓ Umweltorientierte Beschaffung und Produktion,
- ✓ Umweltkostenmanagement (insbesondere Erfassung der Umweltschutzkosten,
  Antizipation externer Kosten, Aufzeigen von Kostensenkungspotentialen),
- ✓ Finanzierung des betrieblichen Umweltschutzes,
- ✓ Umweltorientiertes Marketing,
- ✓ Umweltbezogene Öffentlichkeitsarbeit,
- ✓ Umweltcontrolling (einschließlich betriebliche Umweltkennzahlen und be-
  triebliche Umweltinformationssysteme),
- ✓ Umweltbilanzen,
- ✓ EG-Umweltaudit (EMAS), ISO 14001.

2. Umweltmanagement im 21. Jahrhundert: das Umweltbundesamt als Vorbild

Das Thema „Umweltmanagement" hat seit Mitte der achtziger Jahre nicht nur im
privatwirtschaftlichen Bereich einen hohen Stellenwert erlangt, sondern es gewinnt auch bei der öffentlichen Hand immer stärkere Beachtung („Greening the
Government"). Denn ebenso wie Wirtschaftsunternehmen und private Haushalte
beeinflussen auch Einrichtungen des Bundes, der Länder und Kommunen die
Umwelt beträchtlich. Wegen seiner organisatorischen Größe, seines ökonomischen Stellenwertes und seiner Verantwortung hat der Staat eine besondere Ge-

---

[3] Vgl. Umweltbundesamt (Hrsg.), Umweltorientierte Unternehmensführung, Möglichkeiten zur
Kostensenkung und Erlössteigerung, Berichte 11/91 des Umweltbundesamtes, Berlin, 1991.

meinwohlverpflichtung, die Umweltrelevanz seiner Aktivitäten gebührend zu beachten.

Öffentliche Einrichtungen verbrauchen etwa fünf bis sechs Prozent der gesamten Endenergie Deutschlands (Kosten rund fünf Milliarden DM pro Jahr allein in kommunalen Einrichtungen) und rund sieben Prozent des gesamten Trinkwassers in Deutschland (Kosten rund 2,7 Milliarden DM pro Jahr). Knapp 15 Prozent der Bauabfälle sind auf Aktivitäten der öffentlichen Hand zurückzuführen. Hinzu kommt das beträchtliche Nachfragepotential des Staates. Auf Kommunal-, Länder- und Bundesebene betrug dieses in Deutschland im Jahre 1990 etwa 150 Milliarden DM. Wird dieses Nachfragepotential gezielt zum Einkauf umweltfreundlicher Produkte eingesetzt, so wirkt sich dies in doppelter Weise positiv aus: als direkte Umweltentlastung und als Förderung dieser Produkte.

Vor diesem Hintergrund haben die Umweltminister der OECD-Staaten am 20. Februar 1996 in Paris eine Resolution verabschiedet, mit der der Staat dazu angehalten wird, seine eigenen Aktivitäten unter Umweltschutzgesichtspunkten auf den Prüfstand zu stellen und eine Vorbildrolle zu übernehmen. Das Umweltbundesamt hat sich diesem Anspruch gestellt. Im Frühjahr 1999 hat das Amt die konkrete Umsetzung der EG-Umweltaudit-Verordnung beschlossen (Abbildung 2).

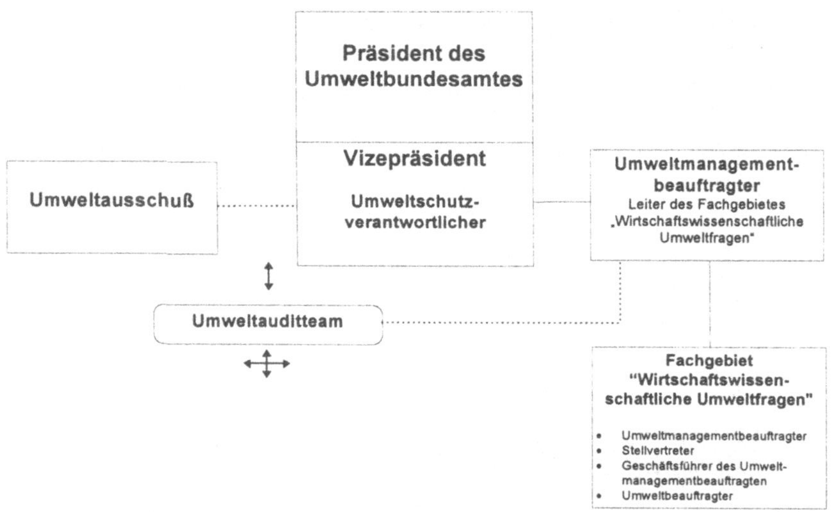

Abbildung 2:   Aufbauorganisation „Umweltmanagement" im Umweltbundesamt (Stand: Mai 1999)

Das sich noch im Aufbau befindliche Umweltmanagementsystem des Umweltbundesamtes besteht zur Zeit insbesondere aus folgenden organisatorischen Eckpfeilern:

✓ *Umweltmanagementbeauftragter/Umweltbeauftragter*: Der Leiter des Fachgebietes „Wirtschaftswissenschaftliche Umweltfragen" wurde zum Umweltmanagementbeauftragten des Umweltbundesamtes bestellt. Dieser hat gemäß der EG-Umweltaudit-Verordnung die Befugnisse und die Verantwortung für die Anwendung und Aufrechterhaltung des Umweltmanagementsystems erhalten. Wichtige Entscheidungen sind der Leitung des Umweltbundesamtes vorbehalten („Umweltschutz im Betrieb ist Chefsache"). In seiner Eigenschaft als Umweltmanagementbeauftragter unterliegt dieser ausschließlich den Weisungen des Vizepräsidenten, dem vom Präsidenten die gesamte Umweltschutzverantwortung für das Amt übertragen wurde. Der Umweltbeauftragte ist dem Umweltmanagementbeauftragten direkt unterstellt.

✓ *Umweltausschuß*: Auf der höchsten Managementebene wurde ein Umweltausschuß eingerichtet. Diesem Ausschuß gehören insbesondere an: der Vizepräsident als Gesamtverantwortlicher, die Fachbereichsleiter des Umweltbundesamtes, der Umweltmanagementbeauftragte sowie sein Stellvertreter und sein Geschäftsführer und der Umweltbeauftragte. Der Umweltausschuß tagt etwa einmal pro Quartal. Sein Sprecher ist der Umweltmanagementbeauftragte. Aufgaben des Umweltausschusses sind insbesondere: Analyse der Umweltprüfungen (Stichwort „ökologische Eröffnungsbilanz"), Begleitung und Pflege des Umweltmanagementsystems des Umweltbundesamtes, Festlegung der Umweltbetriebsprüfungen (Umweltaudits) hinsichtlich Zeit, Umfang und Tiefe, Aufstellung des Umweltprogramms, Aufbau und Betreuung eines betrieblichen Vorschlagswesens für Umweltschutz, Förderung der einschlägigen Fortbildung.

✓ *Umweltauditteam*: Das Umweltauditteam (6 bis 10 Mitarbeiter) soll zur konkreten Durchführung von Umweltbetriebsprüfungen (Umweltaudits) gebildet werden.

✓ *Externer Berater*: Für den Aufbau des Umweltmanagementsystems im Umweltbundesamt soll ein externer Berater eingesetzt werden. Dieser soll mit dem federführenden Fachgebiet die erforderlichen Arbeiten bis zur Validierung und ggf. Zertifizierung vorantreiben.

✓ *Perspektive „Zusammenführung der Managementsysteme des Umweltbundesamtes"*: Langfristig wird angestrebt, die verschiedenen Managementsysteme (Arbeitssicherheit, Qualitätssicherung und Umweltschutz) unter einem Dach zu integrieren.

Das Umweltbundesamt sieht in einer stärkeren umweltorientierten Arbeitsweise der öffentlichen Hand folgende wichtige Ansatzpunkte für den Umweltschutz:

• *Fortbildung und Motivation der Mitarbeiter*: Voraussetzung für eine wirkungsvolle Integration des Umweltschutzes in die Aufgabenerfüllung ist die Verankerung von Umweltverantwortung in der Organisation einer Behörde. Breit angelegte Maßnahmen zur Aus- und Fortbildung von Bediensteten in Umweltfragen können darüber hinaus dazu beitragen, das Problembewußtsein und Umweltengagement bei den betroffenen Mitarbeitern deutlich zu erhöhen.

- *Aufgabenorganisation*: Mit der Benennung von Umweltbeauftragten oder mit der Zuweisung einer Koordinierungsaufgabe für den Umweltschutz an bestimmte Organisationseinheiten auf allen Ebenen der Verwaltung – von den Ministerien bis hin zu örtlichen Dienststellen – können nicht nur formale Zuständigkeiten geschaffen, sondern auch Veränderungen im Sinne einer stärkeren Integration des Umweltschutzes in das Verwaltungshandeln bewirkt werden.
- *Umweltfreundliche Beschaffung*: Über das öffentliche Beschaffungswesen leisten staatliche Institutionen bereits einen Beitrag zur qualitativen Veränderung der Produktpalette. Im Jahre 1985 wurde im Vergaberecht festgestellt, daß in die Leistungsbeschreibungen öffentlicher Aufträge auch Anforderungen an die Umweltverträglichkeit von Waren und Dienstleistungen aufgenommen werden können.
- *Betrieb und Unterhaltung von Anlagen und baulichen Einrichtungen*: Besonders wichtig sind hier die zahlreichen Möglichkeiten zur Energie- und Wassereinsparung sowie zur Abfallvermeidung.

Inzwischen gibt es in Deutschland bereits beträchtliche Erfahrungen zur Anwendung der EG-Umweltaudit-Verordnung in der öffentlichen Verwaltung. Im Mai 1999 hat das Umweltbundesamt eine vom Fachgebiet „Wirtschaftswissenschaftliche Umweltfragen" begleitete Untersuchung herausgegeben[4], die sich mit der Umweltrelevanz der öffentlichen Hand beschäftigt (siehe hierzu die folgende Pressemitteilung vom 7. Mai 1999).

Pressemitteilung des Umweltbundesamtes vom 7. Mai 1999

Plädoyer für mehr Umweltschutz in den öffentlichen Verwaltungen
Umweltbundesamt veröffentlicht Studie
zum Umweltcontrolling in der öffentlichen Verwaltung

Ein konsequentes Umweltengagement der öffentlichen Verwaltungen entlastet die Umwelt und die öffentlichen Kassen. Bund, Länder und Kommunen sollten daher in ihren Verwaltungen stärker als bisher auf den Umweltschutz achten. Dies ergab die Studie "Umweltcontrolling im Bereich der öffentlichen Hand" im Auftrag des Umweltbundesamtes. So gehen zwischen fünf und sechs Prozent des gesamten Endenergieverbrauchs in Deutschland auf das Konto öffentlicher Einrichtungen. Schätzungsweise zwischen 25 bis 60 Prozent der Heizenergie und 10 Prozent des Stromverbrauchs könnten in den Gebäuden der öffentlichen Verwaltungen eingespart werden. Das lohnt sich auch finanziell: Eine Auswertung kommunaler Energieberichte zeigt, daß seit Ende der 70er Jahre in Städten, die in Energiespartechnik investiert und ein Energiemanagement eingeführt haben, im Durchschnitt pro einer investierten Mark rund fünf Mark Energiekosten jährlich gespart wurden.

---

[4] Vgl. Umweltbundesamt (Hrsg.), Umweltcontrolling im Bereich der öffentlichen Hand (Vorstudie), Texte 8/99, Berlin, 1999.

Die Energiekosten der Kommunen in Deutschland liegen pro Jahr bei circa fünf Milliarden Mark.

Diese und andere Beispiele haben das Deutsche Institut für Urbanistik (Difu) und ÖKOTEC (Institut für angewandte Umweltforschung) – beide aus Berlin – in der Studie zusammengetragen. Fazit der Literaturrecherche und einer Umfrage in öffentlichen Verwaltungen: Während sich das Umweltcontrolling in den Unternehmen etabliert hat, gibt es bei den öffentlichen Verwaltungen noch Nachholbedarf. Begleitet wurde das Projekt von Experten aus Verwaltung und Wissenschaft.

Eine Kurzumfrage bei Bundes- und Landesbehörden zeigt wo die Behörden in puncto Umweltschutz und Umweltcontrolling derzeit aktiv sind: In der öffentlichen Verwaltung ist das Instrument umweltfreundliche Beschaffung derzeit am stärksten etabliert, gefolgt von Abfall- und Energiemanagement. Zum umweltorientierten Mobilitätsmanagement gibt es bisher nur vereinzelte Ansätze.

Bei den Aktivitäten für ein Umweltcontrolling deckten die Autoren der Studie aber auch Umsetzungsprobleme und -hemmnisse auf. Sie sind im wesentlichen finanziell-wirtschaftlicher, organisatorischer und informatorischer Art. Insbesondere die Beteiligung und Motivation der Verwaltungsmitarbeiter an Umweltschutzaktionen werden oft vernachlässigt. Die Autoren der Studie empfehlen, die Aktivitäten zum verwaltungsinternen Umweltschutz in gleichzeitig stattfindende Verwaltungsreformansätze zu integrieren. Zusätzliche Reformaktivitäten würden die Verwaltungen zu stark beanspruchen.

Aufbauend auf dieser Studie wird derzeit ein Handbuch für das Umweltcontrolling in den öffentlichen Verwaltungen erstellt. Es soll das "Handbuch Umweltcontrolling" ergänzen, das das Bundesumweltministerium und das Umweltbundesamt 1995 für die gewerbliche Wirtschaft herausgegeben haben. Das Umweltbundesamt selbst wird als obere Bundesbehörde eines der Beispiele sein, die in das Handbuch aufgenommen werden sollen.

3. Umweltmanagement im 21. Jahrhundert: das Umweltbundesamt als Partner und Motor

Um der Praxis die umweltbewußte Unternehmensführung zu erleichtern, haben das Bundesumweltministerium und das Umweltbundesamt in den vergangenen Jahren zahlreiche Forschungsvorhaben initiiert, deren Ergebnisse in Form von Publikationen vorliegen. In den folgenden Abschnitten werden neuere Beratungshilfen zum betrieblichen Umweltschutz beschrieben und entsprechende Perspektiven aufgezeigt.

3.1 Erfahrungsbericht „EG-Umweltaudit in Deutschland"

Um den Sachstand und die Perspektiven des EG-Umweltaudits besser einschätzen zu können, führte das Umweltbundesamt in der Zeit vom 15. Juni 1998 bis 31. März 1999 eine Vollerhebung bei den bis Ende 1998 rund 1.800 registrierten deutschen Unternehmensstandorten durch[5]:

- Zum einen wurden die Betriebe um die Übersendung von zwei Umwelterklärungen (ein Exemplar für den Aufbau einer Datenbank und ein weiteres Exemplar für die Bibliothek) gebeten.
- Zum anderen wurde ein achtseitiger Fragebogen versandt, in dem unter anderem folgende Gesichtspunkte aufgegriffen wurden: Teilnahmemotive, Nutzen-Kosten-Verhältnis (Hat sich die Teilnahme gelohnt?), Umwelterklärung (Resonanz und Darstellung), Erfahrungen mit dem Umweltgutachter, weitergehende immaterielle Unterstützung, EG-Umweltaudit-System (Was sollte verbessert werden?), EG-Umweltaudit und/oder ISO 14001?

An der Umfrage des Umweltbundesamtes haben sich knapp 70 Prozent der Befragten beteiligt. Als wichtiges Fazit der Erhebung läßt sich folgendes festhalten:

- Die Zahl der registrierten Standorte ist in Deutschland seit Gültigkeit der EG-Umweltaudit-Verordnung praktisch linear gewachsen. Waren Ende 1995 erst rund 40 Unternehmensstandorte registriert, so waren es Ende 1996 knapp 500 und Ende 1997 bereits rund 1.000. Im April 1999 wurde schließlich die Zahl von 2.000 Unternehmensstandorten überschritten.
- Der durchschnittliche EG-Umweltaudit-Standort hatte in Deutschland während des Beobachtungszeitraumes 1995/1998 rund 591 Mitarbeiter. Die Befragten-statistik ergibt folgendes Bild: 1 bis 99 Mitarbeiter rund 29 Prozent, 100 bis 499 Mitarbeiter rund 29 Prozent und über 500 Mitarbeiter rund 42 Prozent. Im Jahre 1995 dürften noch nicht einmal 30.000 Beschäftigte an den deutschen EG-Umweltaudit-Standorten tätig gewesen sein, im April 1999 waren es bereits über 1,2 Millionen (Abbildung 3). Dies sind immerhin fast fünf Prozent aller erwerbstätigen Personen in Deutschland.
- Als wichtigsten Grund zur Teilnahme am EG-Umweltaudit-System nennen die Befragten die „kontinuierliche Verbesserung des betrieblichen Umweltschutzes". Rund drei von vier Unternehmen sehen dieses Motiv als wichtig und lediglich zwei Prozent als unwichtig an. Als weitere wichtige Gründe gelten das Erkennen von Schwachstellen und Potentialen im Energie- und Ressourceneinsatz, die Motivation der Mitarbeiter, die Erhöhung der Rechtssicherheit, die Verbesserung der Betriebsorganisation, Imagegewinn, die Aufdeckung und Minimierung von Umwelt- und Haftungsrisiken sowie die Verringerung unternehmensspezifischer Umweltwirkungen.
- Rund die Hälfte der Befragten gab an, daß sie durch ihre Teilnahme am EG-Umweltaudit-System Kosteneinsparungen im Bereich Abfall erzielen konnten. Bei knapp 40 Prozent trifft dies auch auf die Bereiche „Energie" und „Wasser/ Abwasser" zu. Rund 75 Prozent der Befragten gaben an, daß sie die erzielten Kosteneinsparungen nur schwer in „Mark und Pfennig" zum Ausdruck bringen

---

[5] Vgl. Umweltbundesamt, Umweltschutz mit System, EG-Umweltaudit in Deutschland, Erfahrungsbericht 1995 bis 1998, Berlin, 1999.

könnten. Diejenigen Befragten, die eine Quantifizierung vorgenommen haben, bezifferten die Einsparungen auf durchschnittlich 137.000 DM oder 331 DM pro Mitarbeiter.

Perspektiven: Die Umfrage unter den deutschen „Ökoaudit-Unternehmen" hat gezeigt, daß sich rund 90 Prozent der registrierten Standorte weiterhin am EG-Umweltaudit-System beteiligen wollen. Dies ist durchaus als eine gute Botschaft zu werten. Allerdings ist zu beachten, daß der künftige Erfolg des europäischen Umweltaudit-Systems eng mit der Frage verbunden sein dürfte, ob sich die Teilnahme für die Unternehmen – die ja allein auf Freiwilligkeit beruht – letztlich auch auszahlt. Für rund 30 Prozent der Befragten läßt sich das Aufwand-Ertrag-Verhältnis der Teilnahme am EG-Umweltaudit-System derzeit noch nicht abschätzen. Die Übrigen bewerten das Aufwand-Ertrag-Verhältnis wie folgt: rund 26 Prozent als positiv, etwa 28 Prozent als ausgeglichen und knapp 16 Prozent als negativ. Es dürften in Zukunft also zwei Aspekte von besonderer Bedeutung sein:

✓ Generell müssen zum einen die Vorteile eines betrieblichen Umweltmanagementsystems den Unternehmen noch klarer und transparenter vermittelt werden (Frage: Was bringt das Umweltmanagement meinem Unternehmen?).

✓ Speziell müssen zum anderen beim EG-Umweltaudit-System der Teilnahmeaufwand verringert und die Teilnahmeanreize vergrößert werden (Frage: Wie läßt sich das Aufwand-Ertrag-Verhältnis beim EG-Umweltaudit-System konkret verbessern?).

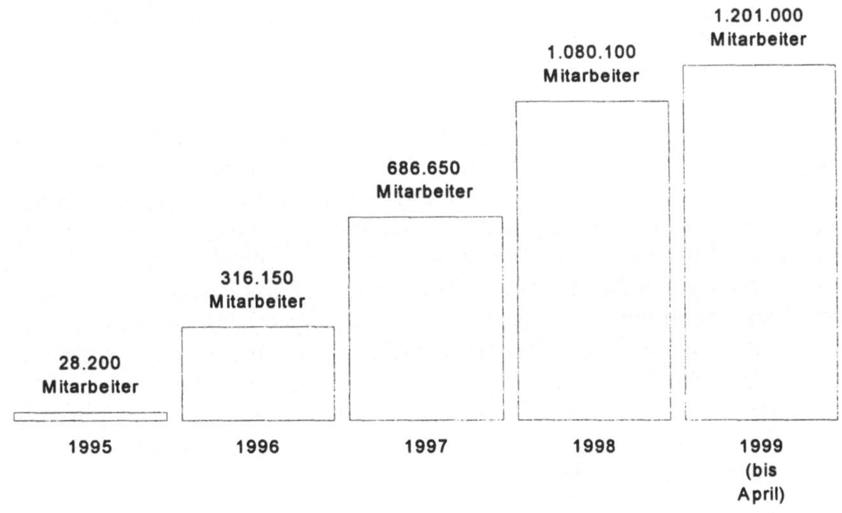

Abbildung 3: EG-Umweltaudit in Deutschland: Zahl der Beschäftigten an den registrierten Unternehmensstandorten

3.2 Handbuch Umweltcontrolling

Als Instrument zur erfolgreichen Steuerung und langfristigen Existenzsicherung von Unternehmen hat das betriebliche Umweltcontrolling in den vergangenen Jahren insbesondere in Deutschland zunehmend an Bedeutung gewonnen. Umweltcontrolling schließt die Planung, Steuerung und Prüfung des Unternehmens unter Berücksichtigung von Umweltbelangen ein. Es zeigt nicht nur Umweltkosten und ökologische Einsparpotentiale, sondern ebenso umweltrelevante Risiken und Chancen auf. Wichtige Instrumente des betrieblichen Umweltcontrollings sind Umweltbilanzen, Umweltaudits und Umweltkennzahlen. Beim betrieblichen Umweltcontrolling handelt es sich um eine führungsunterstützende und abteilungsübergreifende Querschnittsfunktion, die innerhalb des betrieblichen Umweltmanagements die Informationsfunktion, Planungsfunktion, Kontrollfunktion und Koordinationsfunktion umfaßt. Umweltcontrolling geht damit über das formale Umweltaudit hinaus. Für Unternehmen, die sich kein umfassendes Umweltmanagementsystem oder ein teures Umweltaudit leisten können, bietet sich zumindest der schrittweise Auf- und Ausbau eines Umweltcontrollingsystems an. Mit ihm können die Ziele der langfristigen Gewinnmaximierung und die der Existenzsicherung des Betriebes sicher gestellt werden.

Im Jahre 1995 haben das Bundesumweltministerium und das Umweltbundesamt das „Handbuch Umweltcontrolling"[6] herausgegeben. Der Bundesverband Deutscher Unternehmensberater hat die rund 660 Seiten starke Publikation zum Fachbuch des Jahres 1995 zum Thema Umweltmanagement gekürt. Es deckt alle wichtigen Bereiche ab: Grundlagen des Umweltcontrolling, Analyse und Bewertung, umweltorientierte Produkte, Umweltschutz in der Produktion, Ableitung von Umweltschutzstrategien, Organisation des betrieblichen Umweltschutzes, Informationssysteme und Ökoaudit. Zahlreiche Tabellen und Checklisten sollen gerade den kleinen und mittlere Firmen beim erfolgreichen Aufbau des Umweltcontrolling helfen.

Perspektiven: Die Vollerhebung des Umweltbundesamtes unter den deutschen „Ökoaudit-Unternehmen" hat gezeigt, daß das Handbuch Umweltcontrolling in lediglich einem von vier Unternehmensstandorten vorhanden ist. Obwohl die befragten Nutzer dem Ratgeber durchaus gute Noten geben („sehr brauchbar" rund 24 Prozent, „hilfreich" rund 67 Prozent und „unbrauchbar" lediglich rund 9 Prozent), so zeigt dieser Befund doch sehr deutlich, daß das Potential für praxisorientierte Beratungshilfen bei weitem noch nicht ausgeschöpft ist. Das Bundesumweltministerium und das Umweltbundesamt haben beschlossen, spätestens zu Beginn des Jahres 2000 eine völlig überarbeitete Neuauflage herauszugeben. Gegenüber der ersten Auflage sollen die Unterschiede zwischen den Themengebieten „Umweltmanagement", „Umweltcontrolling" und „Umweltaudit" deutlicher hervorgehoben werden.

---

[6] Vgl. Bundesumweltministerium/Umweltbundesamt (Hrsg.), Handbuch Umweltcontrolling, München, 1995.

3.3 Handbuch Umweltkostenrechnung

Immer wieder wird von den Unternehmen behauptet, betrieblicher Umweltschutz zahle sich nicht aus - er sei unrentabel. Den Aufwendungen für Umweltschutzanlagen, den Kosten einer umweltorientierten Unternehmensführung sowie den Forschungsaufwendungen für Neuentwicklungen von umweltfreundlicheren Produkten oder Fertigungsverfahren stünden keine vergleichbaren Erträge gegenüber. Um den Unternehmen genau das Gegenteil vor Augen zu führen, haben das Bundesumweltministerium und das Umweltbundesamt ein neues Werkzeug für den Mittelstand entwickelt: Mit dem „Handbuch Umweltkostenrechnung"[7] soll den Betroffenen die Wirtschaftlichkeit betrieblicher Umweltschutzmaßnahmen besonders deutlich gemacht werden. Die Arbeitshilfe besteht im Kern aus zwei Bausteinen:

- Zum einen enthält sie einen leicht verständlichen Leitfaden für eine umweltbezogene Kostenrechnung. Denn nur mit ihrer Hilfe ist es möglich, Maßnahmen, die der Kostensenkung und dem Umweltschutz gleichzeitig dienen, systematisch aufzuspüren und zu realisieren.
- Zum anderen enthält sie über zwanzig Erfolgsbeispiele aus der Praxis.

Perspektiven: Die Vollerhebung des Umweltbundesamtes unter den deutschen „Ökoaudit-Unternehmen" hat gezeigt, daß das Handbuch Umweltkostenrechnung noch weniger genutzt wird, als das Handbuch Umweltcontrolling: Nur in 15 Prozent der an der Erhebung teilnehmenden Betriebsstandorte liegt es vor. Von immerhin 90 Prozent der befragten Nutzer wird es jedoch als sehr brauchbar (15 Prozent) oder hilfreich (75 Prozent) eingestuft. Das Thema „Umweltkostenrechnung" ist offenbar noch wenig verbreitet. Es ist daher zu begrüßen, daß beispielsweise der NAGUS (Normenausschuß Grundlagen des Umweltschutzes) im Deutschen Institut für Normung im Frühjahr 1999 einen Arbeitskreis eingerichtet hat, der sich in den kommenden Jahren mit dem Thema „Umweltkostenmanagement" detailliert befassen wird.

3.4 Leitfaden „Betriebliche Umweltkennzahlen"

Wo steht ein Unternehmen in der Volkswirtschaft? Wie sind die Umweltauswirkungen des Betriebes zu beurteilen? Hat sich das Abfallaufkommen pro Produktionseinheit in den vergangenen Jahren verringert? Solche Fragen können nur mit Hilfe von vielen Zahlen beantwortet werden. Die Fülle von Daten kann dazu führen, daß man „vor lauter Bäumen den Wald nicht mehr sieht". Durch die Bildung von betrieblichen Umweltkennzahlen werden umweltbezogene Leistungen des Unternehmens meß- und nachvollziehbar.

Obwohl weder die EG-Umweltaudit-Verordnung, noch die internationale Norm ISO 14001 betriebliche Umweltkennzahlen verlangt, stellen sie in der Praxis ein wertvolles Hilfsmittel des betrieblichen Umweltmanagements und Umweltcontrollings dar. Mit dem vom Bundesumweltministerium und Umweltbundesamt

---

[7] Vgl. Bundesumweltministerium/Umweltbundesamt (Hrsg.), Handbuch Umweltkostenrechnung, München, 1996.

herausgegebenen „Leitfaden Betriebliche Umweltkennzahlen"[8], der Anfang 1997 veröffentlicht wurde, soll Unternehmen eine Hilfestellung an die Hand gegeben werden, ihre umweltbezogenen Leistungen mit Umweltkennzahlen meß- und nachvollziehbar zu machen. Neben mengenbezogenen Umweltkennzahlen, beispielsweise zum absoluten Energieverbrauch, Abfallaufkommen pro Produktionseinheit, Anzahl umweltrelevanter Anlagen oder Gesamtverkehrsaufkommen des Betriebes, gibt dieser Leitfaden zahlreiche Hinweise über kostenmäßige Umweltkennzahlen wie Energie- und Wasserkosten sowie Material- und Entsorgungskosten. Darüber hinaus hat das Umweltbundesamt zwei weitere Publikationen herausgegeben:

- Sachstandsanalyse „Betriebliche Umweltkennzahlen"[9],
- Dokumentation zum Stand der internationalen Normung von „Betrieblichen Umweltkennzahlen"[10].

Perspektiven: Die Vollerhebung des Umweltbundesamtes unter den deutschen „Ökoaudit-Unternehmen" hat gezeigt, daß der Leitfaden „Betriebliche Umweltkennzahlen" im Vergleich zum Handbuch Umweltcontrolling und zum Handbuch Umweltkostenrechnung am stärksten genutzt wird. Der mit rund 50 Seiten recht knapp gefaßte und stark praxisorientierte Leitfaden, der beim Zentralen Antwortdienst des Umweltbundesamtes kostenlos angefordert werden kann und inzwischen auch in einer englischsprachigen, spanischen und baskischen Ausgabe vorliegt, ist durchschnittlich in einem von drei Unternehmensstandorten vorhanden. Die befragten Nutzer bewerten ihn wie folgt: sehr brauchbar (29 Prozent), hilfreich (64 Prozent), unbrauchbar (7 Prozent). Mit den von Bundesumweltministerium und Umweltbundesamt herausgegebenen Beratungshilfen sollen insbesondere auch kleinere und mittlere Unternehmen (KMU) angesprochen werden. Die Befragung des Umweltbundesamtes zeigt jedoch, daß gerade diese Zielgruppe nur unterdurchschnittlich erreicht wird. Beim Leitfaden „Betriebliche Umweltkennzahlen" wird dieses Defizit sehr deutlich: In lediglich rund 25 Prozent der kleineren „Ökoaudit-Unternehmen" (unter 100 Mitarbeiter), aber in immerhin knapp 50 Prozent der größeren „Ökoaudit-Unternehmen" (mehr als 500 Mitarbeiter) liegt der Ratgeber bislang vor. Die KMU-Problematik dürfte auch im kommenden Jahrhundert ein weites Feld für das betriebliche Umweltmanagement darstellen.

---

[8] Vgl. Bundesumweltministerium/Umweltbundesamt (Hrsg.), Leitfaden Betriebliche Umweltkennzahlen, München, 1997.

[9] Vgl. Umweltbundesamt (Hrsg.), Sachstandsanalyse „Betriebliche Umweltkennzahlen", Texte 56/97 des Umweltbundesamtes, Berlin, 1997.

[10] Vgl. Umweltbundesamt (Hrsg.), Dokumentation zum Stand der internationalen Normung von „Betrieblichen Umweltkennzahlen", Texte 57/97 des Umweltbundesamtes, Berlin, 1997.

3.5 „Evaluierungsstudie"

Um die deutsche Umweltpolitik bei der 1998 vorgesehenen Überprüfung des EG-Umweltaudit-Systems zu unterstützen, hat eine rund 25-köpfige Forschungsgruppe unter der Federführung des Instituts für Ökologie und Unternehmensführung (Oestrich-Winkel) die derzeit wohl umfassendste Analyse der deutschen Umweltmanagementpraxis im Auftrag des Bundesumweltministeriums und des Umweltbundesamtes durchgeführt. Im Rahmen des UFOPLAN-Vorhabens „Evaluierung von Umweltmanagementsystemen zur Vorbereitung der 1998 vorgesehenen Überprüfung des gemeinschaftlichen Öko-Audit-Systems" (kurz: „Evaluierungsstudie")[11] wurde mit sechs verschiedenen „Scheinwerfern" die „EG-Umweltaudit-Bühne" aus verschiedenen Blickwinkeln ausgeleuchtet:

- Analyse von rund 1.600 Literaturstellen,
- Prüfung von knapp 100 Modellprojekten,
- Auswertung von über 200 Umwelterklärungen,
- Prüfung der rechtlichen Dimension,
- empirische Untersuchung der Erfahrungen teilnehmender Unternehmen,
- Analyse der Erfahrungen und Erwartungen von Verfahrensbeteiligten und gesellschaftlichen Anspruchsgruppen.

Perspektiven: Die Schlüsselbotschaft des Vorhabens lautet: Ohne eine klare und leicht vermittelbare Differenzierung des Qualitätsniveaus zwischen der weltweit gültigen Umweltmanagementnorm ISO 14001 und dem EG-Umweltaudit-System besteht das Risiko, daß das EG-Umweltaudit-System im Vergleich zur ISO-Norm 14001 immer weniger Anwendung erfährt. Deshalb sollte das EG-Umweltaudit als „Ökologische Star-Performance" positioniert werden.

4. Umweltmanagement im 21. Jahrhundert: ein pointierter Ausblick

Zur Zeit bereiten die Autoren der deutschen „Evaluierungsstudie" den Schlußbericht vor, der den Arbeitstitel „Praxis und Perspektiven von Umweltmanagementsystemen – eine konzeptionelle und empirische Bestandsaufnahme und eine Abschätzung des Zukunftspotentials" trägt. Darin wird unter anderem beschrieben, welcher Zusammenhang zwischen Umweltzielen und Umweltmanagementsystemen besteht und wie die Integration von Umweltmanagementsystemen in generelle Managementprozesse ablaufen sollte und/oder könnte. Gefragt wird auch danach, welchen Beitrag Umweltmanagementsysteme zur nachhaltigen Entwicklung leisten können. Die Antwort lautet sinngemäß: Umweltmanagementsysteme stellen *eine* Möglichkeit dar, dem Ziel einer nachhaltigen Wirtschaftsweise ein Stückchen näher zu kommen.

---

[11] Wichtige Teilergebnisse wurden unter dem Titel „Umweltmanagement in der Praxis" in der Reihe TEXTE 20/98 sowie TEXTE 52/98 des Umweltbundesamtes bereits veröffentlicht. Die Ergebnisse des vorläufigen Schlußberichts sollen in eine Buchpublikation münden, die voraussichtlich zum Ende des Jahres 1999 erscheinen wird.

Es mangelt auch nicht an Ideen, was hier in Zukunft zu tun sei – beispielsweise mit einem „Umweltmanagementsystem für private Haushalte" eine wirksame Basis für einen nachhaltigen Konsumstil zu sorgen. Vielmehr krankt es letztlich daran, daß es *getan* wird. Gefragt sind also beim betrieblichen Umweltmanagement im 21. Jahrhundert

- die motivierten Mitarbeiterinnen und Mitarbeiter,
- die rückendeckenden Chefs,
- die innovativen Techniker,
- die umweltorientierten Hausmeister,
- das recyclingbewußte Reinigungspersonal,
- die weitsichtigen Personalleiter,
- die lernbegierigen Azubis,
- die energiebewußten EDV-Kräfte,
- die vorbildlichen Vorgesetzten,
- die aufgeschlossenen Angestellten,
- die zuverlässigen Sicherheitsfachkräfte,
- die nicht ermüdenden Umweltbeauftragten ...

kurz: der umweltbewußte Mensch.

Literaturverzeichnis

Bundesumweltministerium/Umweltbundesamt (Hrsg.): Handbuch Umweltcontrolling, München, 1995.

Bundesumweltministerium/Umweltbundesamt (Hrsg.): Handbuch Umweltkostenrechnung, München, 1996.

Bundesumweltministerium/Umweltbundesamt (Hrsg.): Leitfaden Betriebliche Umweltkennzahlen, München, 1997.

Umweltbundesamt (Hrsg.): Umweltorientierte Unternehmensführung, Möglichkeiten zur Kostensenkung und Erlössteigerung, Berichte 11/91 des Umweltbundesamtes, Berlin, 1991.

Umweltbundesamt (Hrsg.): Umweltschutz und Mittelstand. Modellversuch „Verstärkte Berücksichtigung mittelstandspolitischer Gesichtspunkte im Rahmen der Umweltpolitik", Berichte 2/92 des Umweltbundesamtes, Berlin, 1992.

Umweltbundesamt (Hrsg.): Sachstandsanalyse „Betriebliche Umweltkennzahlen", Texte 56/97 des Umweltbundesamtes, Berlin, 1997.

Umweltbundesamt (Hrsg.): Dokumentation zum Stand der internationalen Normung von „Betrieblichen Umweltkennzahlen", Texte 57/97 des Umweltbundesamtes, Berlin, 1997.

Umweltbundesamt (Hrsg.): Umweltmanagement in der Praxis, TEXTE 20/98 des Umweltbundesamtes, Berlin, 1998.

Umweltbundesamt (Hrsg.): Umweltmanagement in der Praxis, TEXTE 52/98 des Umweltbundesamtes, Berlin, 1998.

Umweltbundesamt: Nachhaltiges Deutschland, Wege zu einer dauerhaft umweltgerechten Entwicklung. Berlin, 1997.

Umweltbundesamt (Hrsg.): Umweltcontrolling im Bereich der öffentlichen Hand (Vorstudie), Texte 8/99 des Umweltbundesamtes, Berlin, 1999.

Umweltbundesamt: Umweltschutz mit System, EG-Umweltaudit in Deutschland, Erfahrungsbericht 1995 bis 1998, Berlin, 1999.

Nachhaltiges Wirtschaften in KMU – Förderziele und -politik der Deutschen Bundesstiftung Umwelt[1]

Carlo Burschel

Zum 1. Januar 1999 hat das Kuratorium der Deutschen Bundesstiftung Umwelt neue Förderleitlinien verabschiedet. Diese erste Novellierung seit Gründung ist ein geeigneter Anlaß, die vergangenen Förderaktivitäten zum Umweltmanagement zu resümieren und die zukünftige Förderung der Stiftung in diesem Zusammenhang zu skizzieren. Der genannte Anlaß trifft mit der herannahenden Jahrtausendwende zusammen, die ihrerseits forcierte Aktivitäten mit sich bringt, die vergangenen Erfolge und Mißerfolge der noch jungen „Umweltwirtschaft" und ihre zukünftige Potentiale für Forschung, Lehre und Praxis darzustellen.

„Öko-Pioniere" – wie die Wissenschaftler des Instituts für ökologische Betriebswirtschaft e.V. – sind zudem in der Lage, „runde" Instituts- bzw. Organisationsjubiläen zum Anlaß nehmen zu können, um auf ihre Arbeit der letzten Jahre zurückzublicken und zukünftige „Claims abzustecken". Die Deutsche Bundesstiftung Umwelt, deren Förderengagement im Kontext des Umweltmanagements das Thema dieses Beitrages darstellt, ist ebenfalls ein Resultat der Institutionalisierungswelle des Umweltschutzes, die Mitte der 80er Jahre eingesetzt hatte.

Durch die neuen Förderleitlinien wird deutlich, daß die Deutsche Bundesstiftung Umwelt auch in Zukunft, umsetzungsorientierte Projekte des Umweltmanagements von Wissenschaft und/oder Praxis fördern und damit weiterhin ein wichtiger Faktor für die kontinuierliche „Professionalisierung" des betrieblichen Umweltschutzes darstellen wird.

---

[1] Der Text liegt in alleiniger Verantwortung des Autors und stellt bis auf die Auszüge aus den Förderleitlinien keine Verlautbarung der Deutschen Bundesstiftung Umwelt dar.

1. Gründung der Deutschen Bundesstiftung Umwelt

Als Stiftung Bürgerlichen Rechts mit Sitz in Osnabrück hat die Deutsche Bundesstiftung Umwelt 1991[2] ihre Arbeit aufgenommen. „Die Stiftung verfolgt unmittelbar und ausschließlich gemeinnützige Zwecke (§ 3 Stiftungssatzung)". Mit einem Stiftungsvermögen von rund 2,8 Milliarden DM gehört die Deutsche Bundesstiftung Umwelt zu den größten Stiftungen Europas. Die Umweltstiftung ist auf Initiative des damaligen Bundesminister der Finanzen, Dr. Theo Waigel, durch Beschluß des Deutschen Bundestages gegründet worden. Der Privatisierungserlös der Salzgitter AG bildet das Stiftungskapital, der jährliche Ertrag daraus (ca. 120 – 150 Mio. DM) wird für die Förderziele eingesetzt.

Durch die Herkunft des Stiftungskapitals, den Gründungsmodus und das Berufungsverfahren für das Kuratorium durch die Bundesregierung ist einerseits eine deutliche Nähe zu öffentlich-rechtlichen Institutionen der Umweltpolitik zu vermuten, andererseits hat der Gesetzgeber im Stiftungsgesetz festgehalten, daß die Stiftung in der Regel außerhalb staatlicher Programme tätig wird (diese aber ergänzen kann, § 2 I). Änderungen der Stiftungssatzung bedürfen einer ¾-Mehrheit im Kuratorium und der Zustimmung des Bundesministers der Finanzen und des Haushaltsausschusses des Deutschen Bundestages (§ 13 Stiftungssatzung).

Hauptaufgabe der Umweltstiftung ist es, Vorhaben zum Schutz der Umwelt unter besonderer Berücksichtigung der mittelständischen Wirtschaft[3] zu fördern. Zu den Aufgaben der Stiftung gehört auch die jährliche Vergabe des Deutschen Umweltpreises[4], der mit 1 Mio. DM dotiert ist. Des weiteren werden Doktoranden- und Habilitationstipendien vergeben. Die Umweltstiftung hat zudem mehrere Stiftungsprofessuren an verschiedenen deutschen Universitäten/Hochschulen errichtet.

---

[2] Am 18. Juli 1990 trat das Gesetz zur Errichtung der Deutschen Bundesstiftung Umwelt in Kraft. Nach der Verabschiedung der Satzung durch das Bundeskabinett konstituierte sich im Dezember 1990 das 14 Mitglieder umfassende Kuratorium und wählte Prof. Dr. Dr. h.c. Hans Tietmeyer zu seinem Vorsitzenden. Am 1. März 1991 nahm die Geschäftsstelle in Osnabrück ihre Arbeit auf und im April 1991 konnte das Kuratorium die ersten Förderentscheidungen treffen, damals zunächst vor allem zugunsten von Umweltprojekten in den neuen Bundesländern.

[3] Unter kleineren und mittleren Unternehmen (KMU) werden Unternehmen gefaßt, die über maximal 250 Mitarbeiter verfügen, maximal 40 Millionen ECU Jahresumsatz und maximal 27 Millionen ECU Jahresbilanzsumme haben, weder einem noch mehreren großen Unternehmen zu 25% gehören.

[4] Der Deutsche Umweltpreis wurde bis 1998 sechsmal verliehen. Die Preisträger sind: Foron Hausgeräte GmbH, Prof. Dr. Dr. h.c. Haber (1993); Dr. Frank Arnold, Prof. Dr. Dr. h.c. mult. Paul Crutzen, Umweltinitiativen der Wirtschaft in Ostwestfalen, Verein Ökospeicher und Gemeinde Wulkow (1994); Klaus Günther, Dr. Georg Winter (1995); Prof. Dr. Maciej Nowicki, Wilkhahn Wilkening GmbH & Co. (1996); Dr. Michael Otto, Prof. Dr. Dr. h.c. Bernherd Ulrich, Integral Energietechnik GmbH (1997); Arbeitsgruppe Klimaforschung am Max-Planck-Institut für Meteorologie, Georg Salvamoser (1998).

Das Förderprogramm wird in den „Leitlinien für die Förderung durch die Deutsche Bundesstiftung Umwelt" näher beschrieben.[5] Sie entsprechen der Gründungsidee der Stiftung, konkretisieren die im Gesetz zur Errichtung der Stiftung genannten Förderziele und ermöglichen Ihre Umsetzung. Bis zum Dezember 1998 wurden 3193 Projekte mit einer Fördersumme von insgesamt 1.364.694.752,71 DM bewilligt. Der Umweltstiftung steht ein Kuratorium vor, dessen vierzehn Mitglieder von der Bundesregierung berufen werden. Der Vorsitzende des Kuratoriums ist seit ihrer Gründung, Prof. Dr. Dr. h.c. Hans Tietmeyer, Präsident der Deutschen Bundesbank. Die Geschäftsstelle in Osnabrück wird durch den vom Kuratorium berufenen Generalsekretär Fritz Brickwedde geleitet.

2. Ökologische Unternehmensführung als Förderthema der Deutschen Bundesstiftung Umwelt

Bereits in ihren ersten Leitlinien (gültig bis zum 31. Dezember 1998) hatte die Umweltstiftung „Umweltbewußte Unternehmensführung" als Förderthema verankert. Unter den Förderbereichen „Umwelttechnik" und „Umweltinformationsvermittlung/Umweltberatung" wurden von 1991 bis 1998 Projekte zum Thema „Umweltmanagement" gefördert[6]:

- **Umweltbewußte Unternehmensführung**[7]
371 Anträge/Projektskizzen
65 Bewilligungen, Fördersumme: 17.843.952,50 DM

- **Umweltberatung**
546 Anträge/Projektskizzen
103 Bewilligungen, Fördersumme: 113.500.303 DM

Während im Rahmen der „Umweltbewußten Unternehmensführung" innovative Pilotprojekte, insbesondere zur Weiterentwicklung der Methoden des Umweltmanagements gefördert wurden, stand im Förderbereich „Umweltberatung", die Entwicklung und Umsetzung praktischer Handlungsanleitungen im Mittelpunkt der Förderung:

---

[5] Zu Details der Antragstellung und des Entscheidungsverfahrens vgl.: C. Burschel; T. Claes; H. Hallay; R. Pfriem: Umweltpolitik in kleinen und mittelständischen Unternehmen. München 1999, S. 157 ff.

[6] Statistischer Jahresbericht der Deutschen Bundesstiftung Umwelt, Osnabrück 1998 (unveröffentlicht); alle weiteren Zahlenangaben sind dieser Quelle entnommen.

[7] Zwischen 1991 bis 1998 gingen im Generalsekretariat der Deutschen Bundesstiftung Umwelt 15.557 Skizzen und Anträge ein, von denen 3193 bewilligt wurden.

„Interdisziplinäre Beratungen, die durch einen fachübergreifenden Lösungsansatz gekennzeichnet sind. Besonders förderungswürdig sind deshalb Konzepte, die betriebswirtschaftliche, technische, juristische, soziale und sonstige Aspekte berücksichtigt."[8]

Im Kontext der Weiterentwicklung von Umweltmanagementmethoden wurden insbesondere branchenspezifische Projekte (etwa in der Textilbranche, bei der Hucke AG, Schloß Holte Textil-Druck Epping GmbH & Co.KG und im Transportgewerbe, durch das IVT Heilbronn) gefördert. Hierzu zählten auch nach der Verabschiedung der EMAS-VO pilotartige Anwendungen des „Öko-Audits". Des weiteren wurden Projekte zum produktionsintegrierten Umweltschutz und Stoffstrommanagement (incl. der Einbindung in das Internet; bfz Nürnberg, IÖW Berlin), zur Öko-Bilanz-Anwendung und zu Umweltinformationssystemen (ECO-Integral, Universität Hohenheim und Kooperationspartner) gefördert. Im Rahmen der EMAS-VO war es wichtig, möglichst frühzeitig Informationen über die betrieblichen Erfahrungen mit der Durchführung der Verordnung zu erhalten. Die Umweltstiftung hat deshalb Studien gefördert, die u.a. die betrieblichen Kosten der Durchführung und Einstellungen zur EMAS-VO von Praktikern erhoben haben (Universität Hannover, ASU). Die Ergebnisse wurden in entsprechender Form weiten Kreisen der Unternehmenspraxis zur Verfügung gestellt.

2.1 Die neuen Förderleitlinien der Deutschen Bundesstiftung Umwelt

Mit der Neuformulierung der Förderleitlinien wurde das Themenspektrum insbesondere auch im Kontext des Umweltmanagements konkretisiert und den aktuellen Entwicklungen angepaßt. Weitgreifendste Änderung stellt aber die explizite „strategische Ausrichtung" der Förderaktivitäten der Umweltstiftung auf das Leitbild „nachhaltige Entwicklung" dar. Im wesentlichen auf Grundlage der Agenda 21 und des Berichtes der Enquete-Kommission „Schutz des Menschen und der Umwelt des 12. Deutschen Bundestages[9] wurden die Förderbereiche und -ziele auf dieses Leitbild ausgerichtet. Im folgenden wird die in einer Präambel zu den Förderleitlinien zusammengefaßten Leitbildorientierung im Wortlaut wiedergeben.

2.1.1 Nachhaltige Entwicklung als Leitbild der neuen Förderleitlinien[10]

Leitbild der Fördertätigkeit der Deutschen Bundesstiftung Umwelt ist die nachhaltige Entwicklung. Diesem Leitbild verpflichteten sich auf der Umweltkonfe-

---

[8] Jahresbericht der Deutschen Bundesstiftung Umwelt, Osnabrück 1995, S. 244.
[9] Bundesministerium für Umwelt, Naturschutz und Reaktorsicherheit (Hrsg.): Umweltpolitik, Agenda 21, Konferenz der Vereinten Nationen für Umwelt und Entwicklung im Juni 1992 in Rio de Janeiro, Dokumente, Bonn 1997 und Enquete-Kommission „Schutz des Menschen und der Umwelt" des Deutschen Bundestages (Hrsg.): Die Industriegesellschaft gestalten. Perspektiven für einen nachhaltigen Umgang mit Stoff- und Materialströmen, Bonn 1994.
[10] Förderleitlinien der Deutschen Bundesstiftung Umwelt, Osnabrück 1999, S. 6 f.

renz der Vereinten Nationen in Rio de Janeiro mit der Unterzeichnung des Aktionsplans für das 21. Jahrhundert 179 Staaten.

Das Konzept der nachhaltigen Entwicklung fordert im Sinne einer Umweltvorsorge Nutzungsstrategien, die dauerhaft fortgeführt werden können, indem

- die Verbrauchsraten erschöpflicher Ressourcen durch Steigerung der Effizienz, Substitution erschöpflicher durch erneuerbare Ressourcen und durch Recycling minimiert werden (Stoffstrommanagement);
- die Verbrauchsrate erneuerbarer Stoffe und Energien deren gegebene Reproduktionsrate nicht übersteigt;
- die Emissionen die Aufnahme- und Regenerationsfähigkeit von Umweltmedien und Lebewesen nicht übersteigen.

Es ist ein zentrales Anliegen der Deutschen Bundesstiftung Umwelt, die Entwicklung und Nutzung neuer umweltentlastender Technologien und Produkte im Sinne eines vorsorgenden integrierten Umweltschutzes intensiv voranzutreiben und das Umweltbewußtsein der Menschen durch Maßnahmen der Umweltbildung mit dem Ziel von Verhaltensänderungen zu fördern.

Entsprechend dem Gesetz zur Errichtung der Deutschen Bundesstiftung Umwelt sollen die Ziele durch die besondere Berücksichtigung kleiner und mittlerer Unternehmen erreicht werden. Im Vordergrund steht die Förderung von Umweltpionieren mit innovativen Ideen. Damit soll der großen Verantwortung, die der Mittelstand für den Umweltschutz trägt, Rechnung getragen werden.

Ausdrücklich erwünscht sind Verbundvorhaben zwischen kleinen und mittleren Unternehmen und Forschungseinrichtungen. Darüber hinaus können auch Projekte von Institutionen, Verbänden und Interessengruppen, die in ihrer Funktion als Multiplikatoren wichtige Vermittler für die Umsetzung von Ergebnissen aus Forschung und Technik in die Praxis sind, unterstützt werden.

Förderfähig sind Vorhaben, die

- sich klar vom gegenwärtigen Stand der Forschung und Technik abgrenzen und eine Weiterentwicklung darstellen (Innovation);
- für eine breite Anwendung geeignet sind und sich unter marktwirtschaftlichen Konditionen zeitnah umsetzen lassen (Modellcharakter);
- neue, ergänzende Umweltentlastungspotentiale erschließen (Umweltentlastung).

Für die Förderentscheidungen ist der Grad der Umweltentlastung maßgeblich. Deshalb fördert die Deutsche Bundesstiftung Umwelt zusätzliche Maßnahmen zur übergreifenden Verbreitung und Bündelung von Projektergebnissen geförderter Vorhaben. Aktuelle Förderschwerpunkte sind den Jahresberichten sowie den spezifischen Ausschreibungen in den jeweiligen Fachorganen zu entnehmen.

Grundsätzlich nicht förderfähig sind:

- Projekte, die der Erfüllung gesetzlicher Pflichtaufgaben dienen;
- eine nicht projektbezogene Förderung von Einrichtungen und Institutionen (institutionelle Förderung);

- Projekte, die den Stand der Technik bzw. des Wissens nicht signifikant über-schreiten oder keine Umsetzungsrelevanz haben;
- reine Investitionsvorhaben;
- bereits begonnene Vorhaben;
- Projekte zur Markteinführung entwickelter Produkte;
- Projekte mit ausschließlicher Grundlagenforschung;
- Monitoring von Umweltbelastungen;
- Studien ohne konkreten Umsetzungsbezug;
- Maßnahmen des klassischen Natur- und Landschaftsschutzes;
- Aufstockung von Fördermitteln anderer Förderer;
- reine Druckkosten- und Reisekostenzuschüsse;
- Projekte, die nicht dem Beihilferecht der EU entsprechen.

2.1.2 Die neuen Förderbereiche im Überblick

Die Umweltstiftung hat insgesamt zwölf Förderbereiche errichtet (bzw. reformuliert), die sich wie folgt gliedern:

Umwelttechnik

- Umwelt- und gesundheitsfreundliche Verfahren und Produkte
- Energietechnik
- Architektur und Bauwesen
- Kreislaufführung und Emissionsminderung

Umweltforschung/Umweltvorsorge

- Angewandte Umweltforschung
- Umweltgerechte Landnutzung
- Stipendienprogramm
- Umweltmanagement in mittelständischen Unternehmen

Umweltkommunikation

- Umweltkommunikation in der mittelständischen Wirtschaft
- Umweltinformationsvermittlung
- Umweltbildung
- Umwelt und Kulturgüter

Damit ist festzuhalten, daß ein Schwerpunkt der Fördertätigkeit der Umweltstiftung im naturwissenschaftlich/ingenieurtechnischem Bereich liegt, d.h. in der Förderung innovativer, umsetzungsfähiger Produktionsverfahren und Produkte für unterschiedliche umweltrelevante Bereiche bzw. Branchen.

3. Nachhaltige Betriebswirtschaftslehre für KMU

Die Agenda 21 setzt explizit auf Entwicklungsprozesse im Zusammenspiel unterschiedlicher Akteure, die neben einer ressourceneffizienten(eren) Technologienutzung zum großen Teil auf Kommunikations- und Informationsprozessen basieren, so daß diesem Bereich durch die neuen Förderleitlinien (Förderbereich: „Umweltkommunikation") ein entsprechender Stellenwert eingeräumt wurde. Eine der zentralen Fragestellungen der Nachhaltigkeitsdebatte ist die Operationalisierung der in der Agenda 21 verabschiedeten Ziele. Die neuen Förderleitlinien der Deutschen Bundesstiftung Umwelt dienen letztlich dem Ziel o.g. Operationalisierung in Wirtschaft, Wissenschaft und Gesellschaft, bei besonderer Berücksichtigung der Belange von KMU, voranzutreiben.

Nicht erst seit der Verbreitung des „stakeholder-Ansatzes" ist die Relevanz gesellschaftlicher Prozesse für interne Unternehmensentscheidungen erkannt worden. Und gerade im Rahmen weitentwickelter Bemühungen um den betrieblichen Umweltschutz kann auf eine entsprechende gesellschaftliche/volkswirtschaftliche Disposition gegenüber dem Umweltschutz nicht verzichtet werden. Seit Beginn der Umweltschutzdebatte hat sich der Umweltschutz immer wieder gegenüber sozialen Fragestellungen (etwa die hohe „Sockelarbeitslosigkeit") behaupten müssen. Die offensichtlichen Erfolge der Umwelttechnik im sinnlich wahrnehmbaren Bereich haben die Durchsetzung von Umweltschutzinteressen nicht gerade vereinfacht.[11]

Innerbetrieblich bedeutet dies, daß die „Umweltkosten" zunehmend transparenter gestaltet werden müssen und vor allem auch mit einem vertretbaren Aufwand für KMU darstellbar sein müssen. Wichtiger noch, ist die betrieblich/empirische „Beweisführung" der vielzitierten „Synergieeffekte" (win-win-Situationen) des Umweltmanagements. Mögen sie auch in den „einschlägigen Kreisen" keinen mehr wirklich erstaunen oder mit Optimismus in die Zukunft des betrieblichen Umweltschutzes schauen zu lassen, so bilden sie heute doch die „Gretchenfrage" des Umweltschutzes im Betrieb. Fakt ist zudem, daß die „Botschaft" vielerorts in der Praxis nicht angekommen ist (und dies liegt vielleicht auch daran, daß die Information als „Botschaft verschickt" wurde und nur in wenigen Fällen[12] als konkretes Zahlenmaterial aus der Unternehmenspraxis). Viel-

---

[11] Mit der damit verbundenen Verlagerung der Umweltprobleme in einen zunehmend „sinnlich nicht oder nur indirekt wahrnehmbaren Bereich" (etwa Ozonloch) werden die Durchsetzungsprobleme ebenfalls nicht kleiner. Die enge Verknüpfung ökologischer Problemstellungen mit sozialen Aspekten durch das Leitbild nachhaltige Entwicklung kann erst in Zukunft zeigen, ob dadurch „Konfrontation" durch „Konsens" ersetzt werden kann.

[12] Exemplarisch: H.Fischer/C.Wucherer/B.Wagner/C.Burschel (Hrsg.): Umweltkostenmanagement. Kosten senken durch praxiserprobtes Umweltcontrolling, München Wien 1997.

leicht ist auch eine „neue Bescheidenheit" angezeigt, um wieder mehr Gehör in der Unternehmenspraxis zu bekommen. Die letzten Jahre haben gezeigt, daß erfolgreicher betrieblicher Umweltschutz den Unternehmenserfolg *stützen* kann, garantieren oder hauptverantwortlich herstellen kann er ihn aber nicht (Ausnahme: Umweltschutz-Branche). Ganzheitliches Umweltmanagement ist in den meisten Branchen ein entwicklungsfähiger *Bestandteil* einer modernen, erfolgreichen Unternehmensführung, nicht aber ihr dominanter Faktor. Für eine umweltorientierte Betriebswirtschaftslehre bedeutet dies, daß sie das laute „Geklingel" ihrer Geburtsstunde ablegen und sich zunehmend auf die Arbeitsebene konzentrieren muß, auf der in enger Zusammenarbeit mit der Unternehmenspraxis Instrumente „mittlerer und kurzer Reichweite" im Mittelpunkt stehen. Längst ist es an der Zeit, ohne den eigenen Forschungsansatz in Gefahr geraten zu sehen, die Vorschläge aus der Praxis in Richtung eines integrierten Umwelt-, Qualitäts- und Arbeitssicherheitsmanagements ernst zu nehmen. Damit bleiben für eine umweltorientierte Betriebswirtschaftslehre im wesentlichen folgende Frage- und Problemstellungen:

- Welche (aktuellen) gesellschaftlich/ökologischen Problemwahrnehmungen sind in der Unternehmensstrategie zu spiegeln?
- Erfassung, Strukturierung (etwa nach Funktionsbereichen), Analyse und Steuerung der Betriebstätigkeit nach medialen Problembereichen: (Ab-) Wasser, Energie, Abfall, (Ab-)Luft, Lärm unter der Restriktion, aber auch Option einer rentablen Unternehmenstätigkeit.
- Implementierung und Koordination des Einsatzes betrieblicher Umweltschutzinstrumente im Zusammenhang von Qualitäts- und Arbeitssicherheitsmanagement.
- Kontinuierliche Vereinfachung des betrieblichen Umweltschutzes (EDV-Einsatz, aber auch: kontinuierliches Erfassen/Verarbeiten von immer komplexer werdenden Daten und Reduktion/Aufarbeitung zu entscheidungsrelevanten Informationen im Betrieb).
- Gestaltung von Frühwarnsystemen (Haftungsfragen, Organisationsentwicklung).
- Fragen der Personalführung und –entwicklung im betrieblichen Umweltschutz.
- Hierarchiesierung der betrieblichen Umweltprobleme im Sinne eines Entwicklungsprogramms.
- Ganzheitliche Investitionsplanung in Richtung einer integrierten Umwelttechnik.
- Fragen der Umweltkommunikation (innerbetrieblich, Öffentlichkeitsarbeit).

Mit diesem (sicherlich nicht vollständigen) „Pflichtenheft" ist auch das zentrale Neue einer umweltorientierten Betriebswirtschaftslehre angesprochen:
die „Vernaturwissenschaftlichung" der Unternehmensführung.

Letztlich werden zwar nur geldwerte Informationen verarbeitet, der betriebliche Umweltschutz aber verlangt in erheblich neuem Umfang die Analyse und Verarbeitung technischer, chemischer, physikalischer und biologischer Daten zu betriebswirtschaftlich relevanten Informationen. Dies ist, je nach Branche, sicherlich kein gänzlich neuer Tatbestand, lediglich der volkswirtschafts- bzw. betriebsweite Umfang der Erhebung solcher Daten und der enorme Stellenwert der daraus gewonnenen Informationen für die Betriebskosten/den Unternehmenserfolg rechtfertigen eine solche Aussage. In dem Maße in dem die Publikation von „Gewinn & Verlust" aus der Betriebstätigkeit seitens Wirtschaft und Gesellschaft erwartet wird (und zu entsprechenden Unternehmensbewertungen führt), wird in Zukunft die Publikation etwa von Emissionsdaten und Abfallbilanzen hinzukommen (bzw. ist bereits hinzugekommen).

Die Förderleitlinien der Deutschen Bundesstiftung Umwelt spiegeln das Gesagte durch die Strukturierung in die genannten Förderbereiche wieder und nach einer Darstellung des Förderbereiches „Umweltmanagement in mittelständischen Unternehmen" werden abschließend die zukünftigen Förderfelder des Umweltmanagements der Umweltstiftung skizziert.

4. Der neue Förderbereich 8: Umweltmanagement in mittelständischen Unternehmen

Angewandtes Umweltmanagement stellt eine besondere Chance für mittelständische Unternehmen dar, sich auf internationalisierten Märkten durchsetzen zu können. Voraussetzung für die Realisierung "ökologischer Gewinne" ist ein alle Betriebsbereiche umfassendes Umweltkostenmanagement zur Erreichung interner und externer ökologischer Qualitätsziele.

Unternehmensintern existieren vielfältige Möglichkeiten, die betrieblich-ökologische Kostenstruktur zu verbessern. Zum Erhalt der Innovations- und Konkurrenzfähigkeit der mittelständischen Wirtschaft bedarf es einer kontinuierlichen Weiterentwicklung vorhandener und der Erstanwendung neuer Konzepte des Umweltmanagements. Möglichkeiten jenseits der relativ aufwendigen Umweltmanagementsysteme („Öko-Audit-Verordnung"; ISO 14001ff.) sollen aufgedeckt und in Form von innovativen und ökonomisch tragfähigen Pilotprojekten in der Praxis angewandt werden.

Eine weitere Aufgabe des Umweltmanagements ist es, Marktchancen für ökologische Produkte und integrierte Umwelttechnik zu erkennen und zu nutzen. Gefördert werden innovative Projekte zum Umweltmanagement in mittelständischen Unternehmen, die einen konkreten Beitrag zur Umweltentlastung leisten und deren modellhafte Anwendung betriebspraktische Ergebnisse liefert.

Förderthemen:

1.   Umweltmanagementsysteme

Förderfähig sind angewandte Modellprojekte zur Implementierung und/oder Weiterentwicklung integrierter Umweltmanagementsysteme. Die Projekte sollen über den Status quo des umweltrechtlichen Regelungsrahmens hinausgehen und neue branchenspezifische oder -übergreifende Fortschritte in der Umweltentlastung erwarten lassen.

Förderfähig sind Projekte, die

- die innovative EDV-gestützte Verarbeitung und Nutzung ökologischer Informationen optimieren;
- eine innovative Anwendung der EG-Öko-Audit-Verordnung vorantreiben und auf Weiterentwicklung und Vereinfachung zielen (inkl. ISO 14001);
- die betrieblichen Umwelt-Kennzahlensysteme (Ökologisches Rechnungswesen) zur innerbetrieblichen Steuerung eines kostensenkenden Umweltschutzes weiterentwickeln.

2.   Umweltbilanzierung

Förderfähig sind angewandte Modellprojekte zur Weiterentwicklung und Verbreitung der Methoden der Umweltbilanzierung. Die ökologische und kostensenkende Optimierung der Betriebstätigkeit setzt die genaue Kenntnis relevanter Informationen zur Entscheidungsfindung voraus. Deshalb ist die methodische Weiterentwicklung sowie die Verbreitung der Anwendung von Methoden der Umweltbilanzierung von elementarer Bedeutung. Dies gilt sowohl für die betriebsindividuelle als auch für die betriebsübergreifende Anwendung (Stoffstrombetrachtung).

Förderfähig sind Projekte, die

- die Methodik der betrieblichen Produkt-, Prozeß- und Bewertungsbilanz und deren Verbreitung und Anwendung in der mittelständischen Wirtschaft voranbringen;
- die Verwendung von Umweltbilanzdaten zur Entscheidungsfindung im Betrieb optimieren und die Unternehmensrentabilität sichern helfen (Umweltcontrolling);
- die vereinfachte Anwendung der betrieblichen Umweltbilanz übertragbar nachweisen.

3.   Ökologisches Marketing

Der Vermarktung ökologisch orientierter Unternehmensleistungen kommt im Hinblick auf die Sicherung der Unternehmensrentabilität und Verbreitung umweltentlastender Produkte ein besonderer Stellenwert zu.

Förderfähig sind Projekte, die
- das Marketing umweltentlastender Produkte optimieren;
- die ökonomische Vorteilhaftigkeit der Konzepte des ökologischen Marketings komprimiert und übertragbar für kleine und mittlere Unternehmen zum Gegenstand haben.

Nicht förderfähig ist die Markteinführung entwickelter Produkte.

4.   Betriebslogistik

Förderfähig sind Projekte, die
zur Verminderung und Vermeidung betrieblich verursachter Verkehre beitragen.

5. Zukünftige Förderthemen des Umweltmanagements

Eine zunehmend wichtigere Rolle bei der Förderung werden die betrieblichen Umweltbilanzen spielen und hierbei insbesondere KMU-orientierte Projekte, die diese Unternehmen in die Lage versetzen, eines solche Bilanzierung selbständig durchzuführen. Dem Problemkreis der „Umweltkosten" wird ebenfalls vermehrt Aufmerksamkeit zukommen. Wie bei den betrieblichen Umweltbilanzen steht auch hier der Umsetzungsaspekt im Vordergrund. Nach wie vor von großer Bedeutung sind Problemstellungen im Zusammenhang mit EDV-gestützten Umweltinformationssystemen, wobei hier insbesondere an branchenspezfische Kooperationslösungen einerseits, sowie an branchenunabhängige, möglichst einfache „Software-Produkte" gedacht ist.

Zur Jahrtausendwende wird sich deutlicher abzeichnen, wie es mit der Verbreitung von EMAS-VO und ISO 14000ff. vorangeht, zumal die Beantwortung der Frage nach der Tendenz zu Revalidierungen nach wie vor relativ schwer zu beantworten ist. Vor dem Hintergrund der Diskussion um „EMAS II" sind Förderprojekte vorstellbar, die besonders die Belange von KMU berücksichtigen.

Generell läßt sich festhalten, daß eine Förderung der Weiterentwicklung und Vereinfachung von Methoden des Umweltmanagements in den betrieblichen Funktionsbereichen möglich ist, wenn kleine und mittlere Unternehmen davon profitieren und die Projektergebnisse, konkrete Umweltentlastungen einschließen. Dies gilt zukünftig auch für Fragen des (betrieblichen/überbetrieblichen) Stoffstrommanagements und für Vorhaben, die das Marketing umweltentlastender Produkte optimieren.

Aus der vergangenen Fördertätigkeit läßt sich der Trend ablesen, daß zukünftig die Zusammenarbeit zwischen Betriebswirten, Technikern und Naturwissenschaftlern auch in Projekten zum Umweltmanagement von größerer Bedeutung sein wird, wie sie im Kontext der Agenda 21 bzw. im Leitbild nachhaltige Entwicklung angedacht sind.

Der Wissenstransfer zwischen Wissenschaft und Praxis (und umgekehrt) läßt sich – auch so die Erfahrung der letzten Jahre – am besten durch Kooperationsprojekte von Instituten, Lehrstühlen mit kleinen und mittleren Unternehmen realisieren. Mit der stringenten Orientierung der Förderpolitik der Deutschen Bundesstiftung Umwelt auf das Leitbild der nachhaltigen Entwicklung hat der Förderbereich „Umweltmanagement" eine Aufwertung erfahren, die auf der Erkenntnis beruht, daß umweltbezogene Problemstellungen im Betrieb primär von den Unternehme(r)n selbst gelöst werden müssen. Die hoheitsstaatliche Umweltpolitik hat sich damit keinesfalls verabschiedet (als rahmengebende Instanz ist sie zudem unverzichtbar), vielmehr müssen Betriebswirtschaftslehre und Praxis nachweisen, daß aufgrund unternehmerischer Lösungen, Deregulierungen möglich sind.

These 1:
Nach einer Phase hoher öffentlicher Aufmerksamkeit und der darauffolgenden Institutionalisierungswelle wird das Interesse an Fragen des Umweltmanagements in der Gesellschaft auch in Zukunft zunehmend von sozialen Fragestellungen überlagert („Sockelarbeitslosigkeit") und das Interesse am betrieblichen Umweltschutz damit weiter zurückdrängen.

These 2:
Umweltmanagement wird in den Betrieben als Bestandteil eines integrierten Qualitäts-, Arbeitssicherheits- und Umweltmangements aufgehen.

These 3:
Die Steuerung der Umweltkosten wird zur zentralen Problemstellung betriebswirtschaftlicher Analysen und Projekte, ohne, daß diesen die gleiche Aufmerksamkeit in Öffentlichkeit und Wissenschaft (wie in den Gründungsjahren) zuteil werden würde. Mitverantwortlich für dieses „Szenario" sind die unübersehbaren Erfolge der Umwelttechnik, die eine Vielzahl der nach wie vor vorhandenen Umweltschutzprobleme, in den Bereich der sinnlich nicht oder nicht direkt wahrnehmbaren Phänomene verwiesen hat.

These 4:
Das gesellschaftlich akzeptierte Leitbild der nachhaltigen Entwicklung ist an dieser Stelle aber ein Garant für die auch in Zukunft zu führenden Diskussionen um eine „nachhaltige Unternehmung". Eine Vielzahl von notwendigen Bedingungen zur Erreichung dieses Ziels sind durch Betriebswirtschaftslehre und Technik bereits erfüllt. Hinreichend sind diese aber noch längst nicht.

These 5:
Die Bedeutung und Notwendigkeit einer *ökonomischen* Steuerung naturwissenschaftlich/technischer Daten im Betrieb wird weiter rasant zunehmen. Volkswirtschaftsweit und branchenunabhängig wird eine zunehmende *„Vernaturwissenschaftlichung der Unternehmensführung"* zu beobachten sein. Die Fähigkeit technologisch induzierter Datenkorrelationen diverser (betrieblicher/überbetrieblicher) Stoffstrom-Netze und Produktionsverfahren in betriebsprakische, d.h. handhabbare (Rentabilitäts-) Kennzahlen-Systeme „ausdrücken" zu können wird – neben betrieblich relevanten Umweltrechtskenntnissen – zur Schlüsselqualifikation von Betriebswirten im Umweltschutz.

Unterstützung des Umweltmanagements durch Arbeitskreise à la B.A.U.M.
– Rückblick und Perspektive

Maximilian Gege

1. Wer ist B.A.U.M.?

B.A.U.M., Bundesdeutscher Arbeitskreis für Umweltbewußtes Management, ist die erste und größte europäische Umweltorganisation der Wirtschaft. B.A.U.M. wurde 1984/85 gegründet und ist seit 1987 als gemeinnütziger Verein für seine Mitglieder und in der Öffentlichkeit aktiv. Rund 500 Unternehmen und Personen/Institutionen der verschiedensten Branchen und Größen sind mittlerweile bei B.A.U.M. zusammengeschlossen.

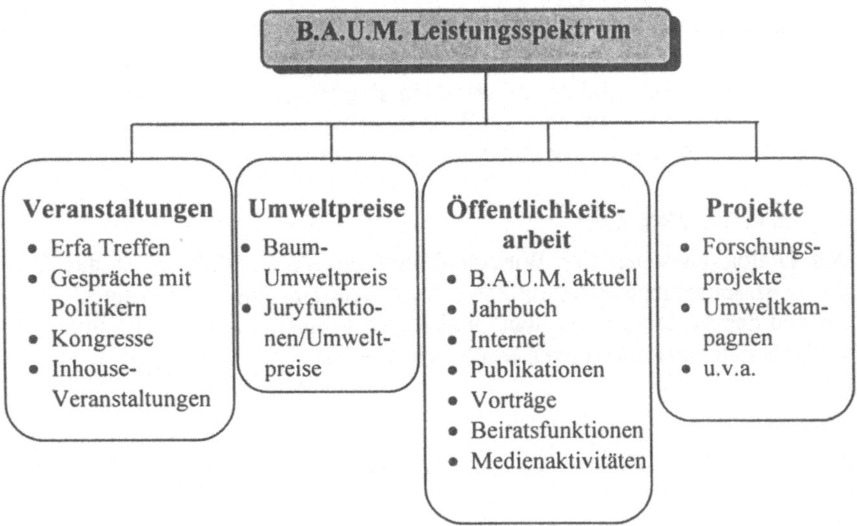

Abbildung 1:   B.A.U.M. Leistungsspektrum

Gemeinsam verfolgen wir seit über 10 Jahren das Ziel, durch praktisches Umweltmanagement zu einem vorsorgenden, ganzheitlichen und auch ökonomisch erfolgreichem Umweltschutz beizutragen. Zunehmend weiter in den Vordergrund rücken auch die sozialen Aspekte in Verbindung mit Umweltfragen, die Frage der Nachhaltigkeit und der Umsetzung lokaler Agenda 21 Prozesse in den Kommunen unter Einbindung der Unternehmen (vgl. Abbildung 1). Auch dies sind für uns entscheidende Erfolgsfaktoren für die Entwicklung hin zu einer zukunftsfähigen Gesellschaft.

2. Leistungsspektrum

2.1 Veranstaltungen

Zu den Zielsetzungen von B.A.U.M. gehören, das Umweltbewußtsein in der Wirtschaft zu fördern und den Unternehmen Hilfestellung bei der Umsetzung betrieblicher Umweltschutzmaßnahmen zu geben.

Besonders wichtig ist dabei der Know-how-Transfer und der gegenseitige Erfahrungsaustausch, um eine Vernetzung zwischen umweltorientierten Unternehmen, der Wissenschaft und Politik zu erreichen.

Daher organisiert B.A.U.M. regelmäßig eine Vielzahl unterschiedlicher Veranstaltungen, die wir Ihnen im folgenden kurz vorstellen möchten. Daneben kooperiert B.A.U.M. mit anderen Veranstaltern und Institutionen und ist somit auch an externen Veranstaltungen beteiligt oder unterstützt diese.

Erfahrungsaustauschtreffen

Die regionalen B.A.U.M.-Erfahrungsaustauschtreffen (abgekürzt Erfa-Treffen) dienen zum einen dem praxisbezogenen Erfahrungsaustausch zwischen Vertretern verschiedener Unternehmen zu aktuellen Fragen, insbesondere zu einem vorher gewählten Schwerpunktthema. Außerdem sollen die Erfa-Treffen aber auch den Kontakt der Mitgliedsunternehmen untereinander und zu B.A.U.M. fördern.

Gespräche mit Politikern

Den Dialog zwischen der Wirtschaft und Politik zu fördern, ist das Ziel der B.A.U.M.-Gespräche mit Politikern. Außerdem soll das gegenseitige Kennenlernen und der Austausch von Standpunkten zu Themen der Umweltpolitik bzw. des betrieblichen Umweltschutzes ermöglicht werden.

Kongresse

Bei den B.A.U.M.-Kongressen bzw. bei Kongressen an denen B.A.U.M. beteiligt ist oder die von uns unterstützt werden, sollen aktuelle Themen des Umweltmanagements durch Praxisbeispiele einer großen Teilnehmerzahl nahegebracht und diskutiert werden.

Inhouse-Veranstaltungen

Inhouse-Schulungen sollen bei der spezifischen Umsetzung des Umweltschutzgedankens in alle Unternehmensbereiche und -abteilungen helfen.

Zu verschiedenen Schwerpunktthemen werden sie exklusiv für das Unternehmen in enger Zusammenarbeit entwickelt, vorbereitet und durchgeführt.

Die Gemeinsamkeit dieser Veranstaltungen ist vor allem die Beschäftigung mit Themen des betrieblichen Umweltschutzes und der praxisrelevante Charakter dieser Treffen. Die Möglichkeit des Austausches mit Praktikern aus anderen Unternehmen wird besonders geschätzt und von uns gefördert.

2.2 Umweltpreis

Umweltpreis

Der B.A.U.M.-Umweltpreis wird jährlich an besonders aktive und erfolgreiche Umweltverantwortliche in Unternehmen und der Wirtschaft verliehen. Er soll die Aktiven vor Ort in ihrem Engagement für ökologisch und ökonomisch lohnende Lösungen bestärken.

Juryfunktionen Umweltpreise

B.A.U.M. ist durch verschiedene Juryfunktionen maßgeblich an der Verleihung von Umweltpreisen für Top-Management und mittelständische Unternehmen beteiligt, wie z.B. bei den CAPITAL/WWF, IMPULSE/Commerzbank sowie dem Bayer-Pharma Umweltpreisen, dem Innovationspreis der Firma Haltermann AG und dem Umweltpreis der „Stiftung Arbeit und Umwelt der IG Chemie-Papier-Keramik". Aber auch der Nachwuchs kommt bei den Umweltpreisen nicht zu kurz. Hier wirkt B.A.U.M. als Jurymitglied beim Karstadt-Kinder-Malwettbewerb sowie beim Schulwettbewerb „Aktiver Umweltschutz" der AEG Hausgeräte GmbH mit.

2.3 Öffentlichkeitsarbeit

aktuell

Das monatliche Mitgliederjournal B.A.U.M. aktuell enthält aktuelle Informationen aus Umweltpolitik und -technik, weist auf wichtige Innovationen, Erfahrungen und Angebote von Mitgliedsunternehmen hin, dient als Kontaktbörse und gibt Hinweise auf wichtige Veranstaltungen.

Jahrbuch

Das B.A.U.M. Jahrbuch dient der Information über die Mitglieder, die Arbeit des B.A.U.M.-Netzwerkes und soll die Anbahnung von Geschäftskontakten untereinander fördern. Zudem stellt es wichtigen Multiplikatoren in Politik, Wirtschaft und Medien Informationen über B.A.U.M. zur Verfügung.

Umwelt-Informations-Service

Der B.A.U.M.-Presseausschnittdienst selektiert aus über 70 Tageszeitungen, Magazinen und Fachjournalen aus Wirtschaft und Umweltschutz interessante Artikel. In einer monatlichen Übersicht werden den Mitgliedern die Texte in systematisierter, knapper Form vorgestellt und können bei Interesse bei B.A.U.M. in voller Länge bestellt werden.

Internet

Umweltschutz muß aktuell und modern präsentiert werden. Ein Weg dies zu tun ist das Internet. Aus diesem Grund hat sich auch B.A.U.M. entschlossen, eine eigene Homepage im Internet anzubieten. Unter der Adresse *http://www.BAUMeV.de* wollen wir Ihnen eine leicht erreichbare Anlaufstelle rund um das Thema Umweltschutz/betriebliches Umweltmanagement bieten.

Mehr als 10.000 Hits im Monat verzeichnet unser Angebot und zeigt damit die Akzeptanz dieses Mediums auch in unserem Bereich.

Publikationen

Seit der Gründung von B.A.U.M. sind zahlreiche Publikationen erschienen, von denen beispielhaft im folgenden sechs dargestellt werden:

- Das Buch *"Kosten senken durch Umweltmanagement"* (Hrsg. M. Gege) macht auf sehr anschauliche Art und Weise deutlich, welch enorme Chancen Unternehmen nutzen können, wenn Sie sich zur Einführung und Umsetzung eines intelligenten Umweltmanagements entschließen.
  Anhand von rund 1000 praxiserprobten Erfolgsbeispielen aus 100 Unternehmen verschiedenster Größen und Branchen wird zum ersten Mal in diesem Umfang belegt, daß mit vorsorgendem und innovativem Umweltmanagement nicht nur die Umwelt geschützt, sondern auch beträchtliche Kosten eingespart werden können. Dabei haben die Firmen konkrete Zahlen zu den erzielten ökologischen und ökonomischen Einsparungen angegeben.

- In der *Kurzfassung* von „Kosten senken durch Umweltmanagement" (H. Gilch, Hrsg. M. Gege) wurden aus dem Buch 100 typische und leicht übertragbare Praxisbeispiele entnommen und nach Bereichen geordnet. Der Hauptaspekt dieser Publikation liegt in der Darstellung des Kostensenkungseffektes sowie den meist sehr kurzen Amortisationszeiten. Nicht aufgeführt wurden im Gegensatz zum oben beschriebenen Buch Informationen zu den ausführenden Unternehmen und speziell deren Umweltmanagement.

- Der Weg zum umweltorientierten Wirtschaften wird in *„ Was Manager von der Blattlaus lernen können"* (K. Apitz/ M. Gege) präzise geschildert. Es zeigt, wie es die Natur mit genialen Mechanismen geschafft hat, Leben zu entwickeln und zu perfektionieren, ohne die Grundlagen ihres Daseins zu gefährden. Diese Erfolgsrezepte gilt es auf die Unternehmen zu übertragen. Hierzu bietet dieses Buch konkrete Empfehlungen.

- Die neue Publikation *„Ökologie im Büro – Leitfaden für die umweltorientierte Beschaffung"* (H. Gilch, Hrsg. M. Gege) informiert die Zielgruppe der professionellen Büroartikeleinkäufer über aktuelle Entwicklungen und gibt praktische Tips, wo und wie mit konkreten Maßnahmen die Umwelt- und auch die Gesundheitssituation im Büro verbessert werden kann. Das Buch enthält zahlreiche Checklisten und Lieferantenfragebögen, übersichtlich gestaltete Kapitel zu den einzelnen Produktbereichen sowie Praxisbeispiele.

– Als Standardwerk für zukunftsorientierte Unternehmensführung gilt *„Das umweltbewußte Unternehmen"* (Hrsg. G. Winter). Namhafte Experten aus Praxis und Wissenschaft zeigen Voraussetzungen und Instrumente für eine umweltorientierte Unternehmensführung mit Hilfe von Praxisbeispielen und Lösungsalternativen für die betriebliche Umsetzung.

– Die langfristige Sicherstellung einer nachhaltigen Entwicklung erfordert ein neues strategisches und globales Denken, konsequente Maßnahmen sowie neue Ideen im Umweltschutz, die mit Mut, Engagement und Optimismus realisiert werden sollten. Aus diesem Grund hat B.A.U.M. die Dokumentation *„Ideen für den Umweltschutz"* (Hrsg. M. Gege) mit zahlreichen konkreten Maßnahmenvorschlägen, realisierbaren Ideen und innovativen Strategien – zum Teil in unkonventioneller Art – erarbeitet. Diese Dokumentation zeigt, wie durch „neue Ideen" Millionen neuer Arbeitsplätze geschaffen werden, mit allen ökonomischen, ökologischen und sozialen Vorteilen.

– Das umweltbewußtes Verhalten in Haushalt nicht teuer sein muß, zeigt der Ratgeber *„Der private Haushalts-Check"* (K. Riedesser, Hrsg. M. Gege). Mit Hilfe dieses Buches erhalten die Leser ein Instrumentarium, das sie in die Lage versetzt, ihren Haushalt ökologisch zu durchleuchten und Problemfelder sichtbar zu machen. Praktische Tips zeigen, wie durch zum Teil geringe Investitionen Strom, Heizenergie, Wasser usw. gespart werden können und dadurch viel Geld.

Vorträge

Die Präsentation der B.A.U.M.-Aktivitäten auf Tagungen in Form von Vorträgen oder Moderation hat eine große Bedeutung. Pro Jahr werden ca. 60 Veranstaltungen wahrgenommen, die auch dazu beitragen, durch das Aufzeigen von Praxisbeispielen Umweltschutzaktivitäten von B.A.U.M.-Mitgliedsunternehmen bekannt zu machen.

Beiratsfunktionen

B.A.U.M. wirkt in zahlreichen Gremien von Verbänden und Politik beratend mit und hat so die Möglichkeit, die Interessen umweltorientierter Unternehmen wirksam zu vertreten.

Z.B.: Projektbeirat „Zukunftsfähiges Deutschland", der den Wissenschaftlichen Beirat der Enquete-Kommission des Deutschen Bundestages „Schutz des Menschen und der Umwelt" berät; Mitglied im Umweltbeirat der Deutschen Bahn AG; Mitglied des Fachbegleitkreises zum F+E-Vorhaben „Umweltcontrolling im Bereich der öffentlichen Hand" des BMU; Mitglied im Beirat BMBF - Nachhaltige Entwicklung.

Medienarbeit

Die Medienaktivitäten von B.A.U.M., in Print, Rundfunk und Fernsehen, tragen dazu bei, die Arbeit und Erfolge von B.A.U.M. und seinen Mitgliedsunternehmen in der Öffentlichkeit bekannt zu machen.

2.4 Projekte

Neben dem bisher beschriebenen Leistungsspektrum, erarbeitet B.A.U.M. vielfältige Projekte. Die im folgenden beschriebenen Projekte zeigen nur einen kleinen Ausschnitt abgeschlossener und aktueller Projekte.

Forschungsprojekt „Zukunftsfähiges Umweltmanagement in KMU"

Im Auftrag des Bundesministeriums für Bildung, Wissenschaft, Forschung und Technologie führte B.A.U.M das Forschungsprojekt „Zukunftsfähiges Umweltmanagement in kleinen und mittleren Unternehmen" durch. Dieses Projekt war auf drei Jahre angelegt und mit umfangreichen Untersuchungen und Befragungen in Unternehmen verbunden.

Ziel des Projekts war, Gründe für Erfolg und Mißerfolg bei der Umsetzung von Umweltschutzmaßnahmen in kleinen und mittleren Unternehmen zu erfassen und Möglichkeiten zur Überwindung der Hindernisse zu erarbeiten. Die Ergebnisse wurden in einem Leitfaden zusammengefaßt und auf einer CD-ROM veröffentlicht.

A.U.G.E. -Haushaltskampagne „Umwelt gewinnt"

Die 1997/98 durchgeführte Sensibilisierungskampagne „Umwelt gewinnt" hatte zum Ziel, den Haushalten aufzuzeigen, wie sie Geld sparen können und gleichzeitig die Umwelt schützen und auch noch gesund leben.

Die Kampagne setzt sich aus den beiden Aktionen „Haushalts-Check", eine Fragebogenanalyse der Haushalte nach ökologischen Gesichtspunkten, sowie dem Gewinnspiel „Die umweltfreundlichen Haushalte 1997" zusammen.

Die rd. 140.000 eingegangenen Antwortbögen wurden ausgewertet und die Ergebnisse in einer wissenschaftlichen Begleitstudie zur Kampagne veröffentlicht

Die unter der Schirmherrschaft der damaligen Bundesumweltministerin Dr. A. Merkel durchgeführte Kampagne wurde maßgeblich gefördert durch die Deutsche Bundesstiftung Umwelt sowie von der Wirtschaft. Darüber hinaus haben viele Unternehmen insgesamt mehr als 5.000 Preise im Gesamtwert von über 1 Mio. DM gestiftet.

Umweltmanagement für kleine und mittelgroße Kommunen

Im Auftrag des Bundesministeriums für Bildung, Wissenschaft, Forschung und Technologie (BMBF) entwickelt B.A.U.M. geeignete Methoden, um kleinere Städte und Gemeinden bei der Einführung von Umweltmanagementstrukturen zu unterstützen. Ziel des bundesweiten Modellprojekts ist die Entwicklung eines flexiblen Management-Baukastensystems, das Gemeinden in die Lage versetzt

– die örtliche Umweltsituation kostengünstig zu erfassen und zu bewerten,
– umweltrelevante Daten zu dokumentieren und kontinuierlich fortzuschreiben,
– ein Umweltleitbild mit Leitlinien sowie Umweltziele zu entwickeln,
– Umweltprogramme zu erarbeiten und umzusetzen,
– Nachhaltigkeit und Umweltschutz organisatorisch in Verwaltung, politischen Gremien und Bürgerschaft zu verankern sowie
– das Erreichen der gesteckten Ziele zu kontrollieren und ggf. Korrekturen vorzunehmen.

Im Rahmen des Projektes werden ein Leitfaden sowie eine CD-ROM als ein kommunales Umweltmanagement-Informationssystem entwickelt.

„Solar – na klar!" – Die Solarkampagne

Die Kampagne „Solar – na klar!" ist eine in dieser Größenordnung bislang einmalige bundesweite Informations- und Motivationsoffensive, die private Haushalte, Kommunen und Unternehmen für die Nutzung von Solarwärme gewinnen möchte. „Solar - na klar!" bündelt die Potentiale der Marktpartner aus Industrie und Handwerk, der maßgeblichen Solarverbände sowie aller gesellschaftlichen Kräfte, um einen Nachfrageschub auf dem Markt für solarthermische Anlagen auszulösen.

Die Kampagne wurde von B.A.U.M. entwickelt und initiiert und wird in enger Zusammenarbeit mit den im Trägerkreis vertretenen Verbänden BDA, BSE, DFS, DGS, DNR und ZVSHK[1] von B.A.U.M. geleitet.

Die Schirmherrschaft für die Solarkampagne hat Bundeskanzler Gerhard Schröder. Mit der Unterstützung der Bundesministerien für Umwelt, Wirtschaft, Bildung, Bau und allen zuständigen Fachministerien der Länder sowie der maßgeblichen Förderung durch die Deutsche Bundesstiftung Umwelt konnten weitere wichtige Fürsprecher auf politischer und gesellschaftlicher Ebene gewonnen werden.

Die Kampagne "Solar - na klar!" war für B.A.U.M. zudem Anlaß, ein zukunftsorientiertes Solarprojekt für Schulen zu initiieren.

Mit Fördermitteln der Allianz Umweltstiftung werden bundesweit rund 100 Solaranlagen auf Schuldächern installiert. Ziel ist es, junge Menschen an die innovative Technik der Solarenergie heranzuführen und sie zu motivieren, sich mit dem Thema „Erneuerbare Energien" zu befassen.

Zur Vergabe der Fördermittel wird ein bundesweiter Schulwettbewerb durchgeführt, an dem Haupt-, Real-, Gesamt-, Berufsschulen und Gymnasien teilnehmen können. Zusätzlich werden Unterrichtsmaterialien zum Thema „Erneuerbare Energien" kostenlos bereitgestellt.

---

[1] BDA - Bund Deutscher Architekten, BSE - Bundesverband Solarenergie, DFS - Deutscher Fachverband Solarenergie, DGS - Deutsche Gesellschaft für Sonnenenergie, DNR - Deutscher Naturschutzring , ZVSHK - Zentralverband Sanitär Heizung Klima

3. Perspektive

Das dargestellte Leistungsspektrum von B.A.U.M. entwickelt sich kontinuierlich weiter. So war z.B. in zahlreichen Gesprächen zwischen B.A.U.M. und Unternehmen der große Bedarf an schneller und unbürokratischer Information und Beratung zu umweltrechtlichen Fragestellungen deutlich geworden. Um sein Serviceprofil zu stärken bietet B.A.U.M. daher als neues exklusives Angebot für seine Mitgliedsunternehmen einen umfassenden Umweltrecht-Service an.

Wichtigster Bestandteil dieses Services ist die Umweltrecht-Hotline. Per Telefon können sich die Mitgliedsunternehmen eine zunächst kostenfreie Auskunft von Umwelt-Fachanwälten einholen.

Neben der Umweltrecht-Hotline umfasst der neue Umweltrecht-Service auch die Möglichkeit, anfragenden Mitgliedsunternehmen umweltrechtliche Normen im Wortlaut zur Verfügung zu stellen.

Eine verbesserte Betreuung und Vernetzung der Mitglieder in den Regionen soll durch eine bundesweite Ausdehnung des Regionalbüro-Netzwerkes von B.A.U.M erreicht werden. Die derzeit 12 Regionalbüros stehen als Ansprechpartner vor Ort neben der B.A.U.M.-Zentrale in Hamburg zur Verfügung und entfalten auf regionaler Ebene vielfältige Aktivitäten.

Ein Schwerpunkt von B.A.U.M. wird auch zukünftig die Durchführung von medienwirksamen Kampagnen und Forschungsprojekten im Umweltbereich sein. Weitere Schwerpunkte sind die Entwicklung von Nachhaltigkeitsindikatoren und -strategien als Instrumente für eine zukunftsorientierte Weiterentwicklung des Umweltmanagements. B.A.U.M. wird nach wie vor kritische Fragen stellen, aber vor allem konstruktive Lösungsansätze bieten, von denen alle Beteiligte profitieren:

die Menschen, die Gesundheit, die Umwelt.

Um die wichtige Vernetzung zwischen Unternehmen, Wissenschaft und Politik zu verbessern, wird B.A.U.M. auch zukünftig für umweltorientierte Unternehmen und alle Interessierte den Know-how-Transfer und gegenseitigen Erfahrungsaustausch stärken.

4. Zeitreise ins Jahr 2050
Vision einer umweltorientierten Gesellschaft

Werfen wir nun den Blick ins Jahr 2050, der Halbzeit des nächsten hoffentlich ökologischeren Jahrhunderts. Wie könnte es aussehen ?

Die Aufrechterhaltung der ökologischen Leistungsfähigkeit der Biosphäre ist mittlerweile weltweit anerkanntes oberstes Gebot. Die Abbaurate erneuerbarer Ressourcen überschreitet nicht mehr ihre Regenerationsrate. Die zentralen stoffpolitischen Fragen der Ressourcenverfügbarkeit und der begrenzten Aufnahmefähigkeit der Umwelt für Rückstände sind gelöst worden.

Absolute Ökoeffizienz ist eine wichtige Meßlatte bei der Produktentwicklung geworden. Produkte werden ökonomisch und ökologisch verantwortungsvoll produziert, angewendet und entsorgt oder besser noch wiederverwendet.

Die Fabrik Biosphäre ist als ein Vorbild erkannt worden. Sie kennt weder Rohstoffsorgen noch Abfallprobleme (für die Emissionen stehen Verwerter im Stoffkreislauf für jede Abbaustufe bereit) und erreicht Nullwachstum durch Fließgleichgewicht. Dennoch hat sie in den Milliarden Jahren ihres Bestehens eine phantastische Entwicklung genommen. Der Materialumsatz der Biosphäre bleibt durch vollständige Rezirkulation immer auf dem gleichen Stand der Biomasse. Die Produktionspalette der Natur besteht aus einer sich ständig wandelnden Vielfalt von verschiedenen Pflanzen, Tieren und Kleinstlebewesen.
Die Kooperation in Gemeinschaften und zum gegenseitigen Nutzen ist ein Grundprinzip der Natur. Unerschöpflich sind die Varianten und Lernbeispiele in der Natur z.B. bei der Entwicklung und Konstruktion stabiler Gebilde aus Mehrkomponentenwerkstoffen, die dennoch rezirkulationsfähig sind. Das Prinzip der Zusammenarbeit schafft immer wieder neue, bisher unerschlossene Lebensräume und Möglichkeiten.
Die Verknüpfung und Koevolution von Natur und Technik als entscheidender Faktor in der menschlichen Existenzsicherung ist weltweit anerkannt. Eine nachhaltige, zukunftsfähige Entwicklung von Wirtschaft und Gesellschaft wurde in nahezu allen Bereichen erreicht. Die notwendigen Änderungen der Konsum- und Produktionsgewohnheiten sind in einem schwierigen und langwierigen Prozeß letztlich doch erfolgreich erreicht worden. Auch der nachhaltige und zukunftsfähige Lebensstil im Jahr 2050 hat Chic und Glanz.

Es hat eine Umorientierung von anthropozentrischen hin zu biozentrischen Werten gegeben.

Die rasch zunehmende Globalisierung der Wirtschaft der 90er Jahre des vergangenen Jahrhunderts führte zu einer Initiative der UN zum Abschluß eines globalen Paktes über gemeinsame Werte und Grundsätze im Bereich Umwelt, Menschenrechte und des Arbeitslebens sowie zu einem Interessensausgleich zwischen Industrie- und Entwicklungsländern (die es auch heute noch gibt). Es wurde ein globaler ökologischer Ordnungsrahmen, der den Schutz der Umwelt auch im internationalen Wettbewerb der Wirtschaftsstandorte sicherstellt, erarbeitet und Umweltaspekte spielen auch bei der WTO und beim GATT eine zentrale Rolle und haben den Geruch protektionistischer Maßnahmen verloren.

Die Bilanzen der Industrie wie auch die Haushaltsabrechnungen der öffentlichen Hand haben jetzt die Kosten für die Beanspruchung der Umwelt integriert.

Eine vollständige Durchdringung aller Bildungsbereiche im Sinne einer Umwelterziehung wurde erreicht, „planetarisches Denken" entwickelt und der Verbraucher spielt eine wesentliche bedeutendere Rolle.

Die Nutzung der Sonnenenergie gelingt mit 90%igen Wirkungsgraden und regenerative Energien stellen den Hauptteil der Energieversorgung.

Der Trend zu Großkonzernen ist durch den Trend zu kleinen, autarken Einheiten, die sich schneller und intensiver den Erfordernissen des Marktes und der Umwelt anpassen können und innovative Vorreiterpositionen erkämpfen, abgelöst worden.

Einstmals hochangesehene Unternehmen, die noch vor Jahren eine überragende Marktstellung besaßen, aber die Wende zur Nachhaltigkeit nicht oder viel zu spät vollziehen wollten, existieren entweder nicht mehr oder führen nur noch ein Schattendasein.

Auch Städte und Gemeinden profitieren von den Veränderungen, u.a. bleiben ihnen Kosten in immer größerem Umfang erspart: Die Müllhalden schrumpfen drastisch, Müllverbrennungsanlagen werden überflüssig, weil es kaum noch Rückstände im Haushaltsmüll gibt, die nicht wiederverwendbar sind. Sondermülldeponien werden geschlossen.

Insgesamt floriert die Wirtschaft wie lange nicht mehr. Es wird zunehmend offensichtlich, daß Natur und Wirtschaft Komplementäre sind.

Die neueste Statistik dokumentiert, daß mehr als 90 % der Verbraucher nur noch bei Unternehmen mit einem erstklassigen Umweltimage kaufen. Die Welt ist erwachsener und zukunftsfähiger geworden, Nachhaltigkeit wird erlebt und gelebt.

II. Streiflichter auf Grundlagen

Sustainability als Herausforderung für das betriebliche Umweltmanagement

Hans-Ulrich Zabel

1. Sustainability – das Konzept der richtigen Fragen

Die vorherrschenden Spielregeln des Wirtschaftens zielen vermittels zunehmender Egoismusfixierung menschlichen Verhaltens auf eine immer bessere Kapitalverwertung ab (Ökonomiefokus). Dieser Ökonomiefokus erzeugt systematisch ökologische und soziale Knappheiten (vgl. Zabel 1995). Die weiter forcierte (globale) Vervollkommnung ökonomiefokussierter Prozesse, Verhaltensweisen und Strukturen verkörpert insofern eine Ausrichtung auf die „falschen" Fragen, da eine derartige (nebenbedingungsfreie, unbegrenzte) Fokussierung die ökologischen und sozialen Probleme (lawinenartig) verschärft (mit der Tendenz zur Zerstörung der natürlichen Kreisläufe sowie der wünschenswerten sozialen Institutionen, wie Markt, Demokratie, Rechtsstaat, Rentensystem, soziale Sicherungssysteme, Familie, Freundschaften etc. – vgl. Daly u. Cobb 1994).

Die Sustainabilitydiskussion[1] lenkt die Aufmerksamkeit dagegen auf die „richtigen" Fragen, nämlich die nach den sozialen und ökologischen Wirkungen des Wirtschaftens und des zwischenmenschlichen Interagierens überhaupt bzw. nach einem konzeptionellen Ansatz zur Erreichung der gewünschten ökonomischen, sozialen und ökologischen Wirkungen. Sustainability stellt also ab auf Fragen nach einer wünschenswerten Bedürfnisbefriedigung. Dies ist gleichzeitig eine Kritik an der vorherrschenden Ökonomik und Wirtschaftspraxis, die mit dem „Ökonomiefokus" wesentliche Bedürfnisbefriedigungen unterversorgt bzw. verunmöglicht.

Insofern verkörpert das 1988 erschienene Buch „Ökologisch-orientierte Betriebswirtschaft" von Seidel und Menn dahingehend Pionierarbeit, die „Naturvergessenheit" vorherrschender Ökonomik herausgestellt und Wege zu ihrer Überwindung aufgezeigt zu haben. Sustainability ist deshalb ein normatives Konzept, weil der Referenzpunkt „wünschenswerte Bedürfnisbefriedigung" normativ ausgefüllt werden muß, um als Leitvorstellung fungieren zu können.

---

[1] Zur historischen Einordnung und zu den inhaltlichen Komponenten von Sustainability vgl. stellvertretend: SRU 1994; Bergh u. Straaten 1994; Nutzinger u. Radke 1995.

Dazu wird mit Blick auf eine strikt humanistische „Ausfüllung" folgende Definition vorgeschlagen:
Sustainability beinhaltet eine nachhaltige Form des Wirtschaftens bzw. des menschlichen Zusammenlebens, die vermittels der ausgewogenen Beachtung ökonomischer, ökologischer und sozialer Stabilitäts- und Entfaltungskriterien die Zielstellung „Sicherung der Einheit von überleben, gut, sinnvoll und frei leben für eine angemessene Zahl von Generationen" auf Basis intra- und intergenerativer Gerechtigkeit und vermittels eines sozial- und ökologieverträglichen Technikeinsatzes verfolgt.

Einige Thesen zur Erläuterung:

1. Die offensichtlich bereits eingeschränkten Möglichkeiten und der dringende Dialog-, Handlungs- und Wandelbedarf werden deutlich und auch durch den Terminus „angemessen" unterstrichen.

2. Der Wandlungsbedarf bezieht sich in großer Breite auf den Wandel von Werten und Zielen, Prozessen und Strukturen menschlichen Zusammenlebens, auf die Spielregeln des Wirtschaftens, auf Wissenschaftsverständnisse und -methoden, auf Mensch-Natur-Verhältnisse, auf Formen des Technikeinsatzes und der Landnutzungen etc.. Großer Handlungsbedarf entsteht dabei infolge der Dringlichkeit von Problemlösungen zur Abwehr irreversibler und wirkmächtiger Schadenslawinen bzw. „schleichender" Schadensfolgen.

3. Das Gerechtigkeitspostulat verkörpert sowohl Ziel- als auch Mitteldimensionen.

4. Der „Sinnbezug" verdeutlicht die Bedingtheit sozial-kultureller Wertungen und natürlicher Verhaltensprägungen und deren Aktivierungserfordernisse (vgl. Gliederungspunkt 2 und 3).

5. Die Einheit ökonomischer, ökologischer und sozialer Komponenten schließt ein:

   – die unbedingte Erhaltung der für die Bedürfnisbefriedigung relevanten natürlichen Ressourcen bzw. Kreisläufe (die Beachtung einzukalkulierender Irreversibilitäten führt zur Zweckmäßigkeit einer Vorsorge- und Vorsichtsorientierung); das beinhaltet die Veränderung der „Spielregeln" der Ökonomie in Richtung „Ökologieverträglichkeit"; die „umgedrehte" bisher praktizierte Anpassung der Naturnutzung an den vorherrschenden Spielregeln der Ökonomie ist letztendlich tödlich;

   – ökonomische Aktivitäten sind auf humanistische (soziale) Bedürfnisbefriedigung auszurichten.

6. Gerade in wirtschaftlich unterentwickelten Gebieten (Entwicklungsländer, Osteuropa, aber auch in den neuen Bundesländern) sind sustainabilitygerechte Entwicklungspfade des wirtschaftlichen Aufbaus im Interesse der Zukunftsfähigkeit der Weltwirtschaft notwendig.

2. Sustainability als interdisziplinäre Herausforderung – die Stichworte Entropie und Verhaltensnormierung

Wird Sustainability als die o. g. Leitvorstellung akzeptiert, so sind alle ökonomischen, technischen und politischen Ideen und Maßnahmen im Hinblick auf ihre Ökologie- und Sozialverträglichkeit zu beurteilen, also die Sicherung ökologischer Stabilitäts- bzw. Kreislauferfordernisse einerseits sowie sozialer Existenz-, Selbstverwirklichungs- und Entfaltungsmöglichkeiten andererseits. Sustainability wird damit zu einer interdisziplinären Herausforderung für Natur-, Technik- und Sozialwissenschaftler (und deren Schnittstellenbearbeitung)[2]. Die „Ökologische Ökonomik" hat sich in diesem Sinne die Entwicklung einer sustainabilitygerechten Ökonomik auf die Fahnen geschrieben (vgl. zur Paradigmatik der Ökologischen Ökonomik Daly 1996; Siebenhüner 1996). Diese mittlerweile durch internationale wie nationale Institutionalisierung koordinierten Arbeiten befaß(t)en sich zunächst vorrangig mit dem naturwissenschaftlichen Background ökologieverträglichen Wirtschaftens.

Als ein wesentliches Fazit dieser Arbeiten kann wohl vor dem Hintergrund thermodynamischer Gesetzmäßigkeiten der Entropie (vgl. Georgescu/Roegen 1971) angesehen werden, daß eine ökologieverträgliche Wirtschaft einer durch Sonnenenergienutzung getriggerten Kreislaufwirtschaft bedarf (vgl. Zabel 1997). Seidel hat bereits 1992 den Bezug zwischen (Kreislauf) Wirtschaft und (Landschafts-)Ökologie hergestellt, der in Abbildung 1 in den Sustainability-Kontext gestellt wird. Wichtig in Bezug auf entropische Überlegungen ist nicht nur die quantitative Seite der Bereitstellung einer ausreichenden Außenzufuhr (Sonne) von nutzbaren Energiekonzentrationen (zumindest bei drohender Erschöpfung der „Innenkonzentrationen" auf der Erde in Form fossiler Energieträger etc.), um damit Kreislaufprozesse auszulösen, die Materiequantitäten reproduzieren. Wichtig ist vielmehr auch die qualitative Seite der Kreislaufführungen, die die Überlebenschancen und die Lebensqualität für den Menschen entscheidend bestimmen. Die natürlichen Kreisläufe basieren auf Kopplungsbeziehungen wechselseitiger Abhängigkeiten. Das genetisch gesteuerte Ineinandergreifen der Lebensprozesse basiert auf Stoffwechselvorgängen, die Muskelkraft für Interaktionsprozesse bereitstellen und im Sinne ganzheitlicher Funktionserfüllung begrenzen. Vermittels des Technikeinsatzes hat der Mensch diese kreislaufgerechten Stoffwechselvorgänge massiv beeinflußt. Seidel charakterisiert die Situation pointiert und systemtheoretisch fundiert wie folgt:

„Kraft seines Verstandes hat der Mensch jene negativen Rückkopplungen zerbrochen, die Anspruch und Anzahl einer Spezies reguliert und alles mit allem im

---

[2] Bereits Anfang der 90er Jahre haben Seidel u. Strebel (1991; 1993) diesbezüglich zwei außerordentlich bedeutsame Bände mit interdisziplinär angelegten Beiträgen zum Verhältnis von Umwelt und Wirtschaft und volks- und betriebswirtschaftlichen Umsetzungsaspekten vorgelegt.

Gleichgewicht hält." (Seidel 1992, S. 83)[3]. Das menschliche Verhalten selbst muß diese Rückkopplungen wieder aktivieren (Kreislaufwirtschaft in Verbindung mit Sonnenenergienutzung, qualitativem Wachstum und einer angemessenen Artenvielfalt).

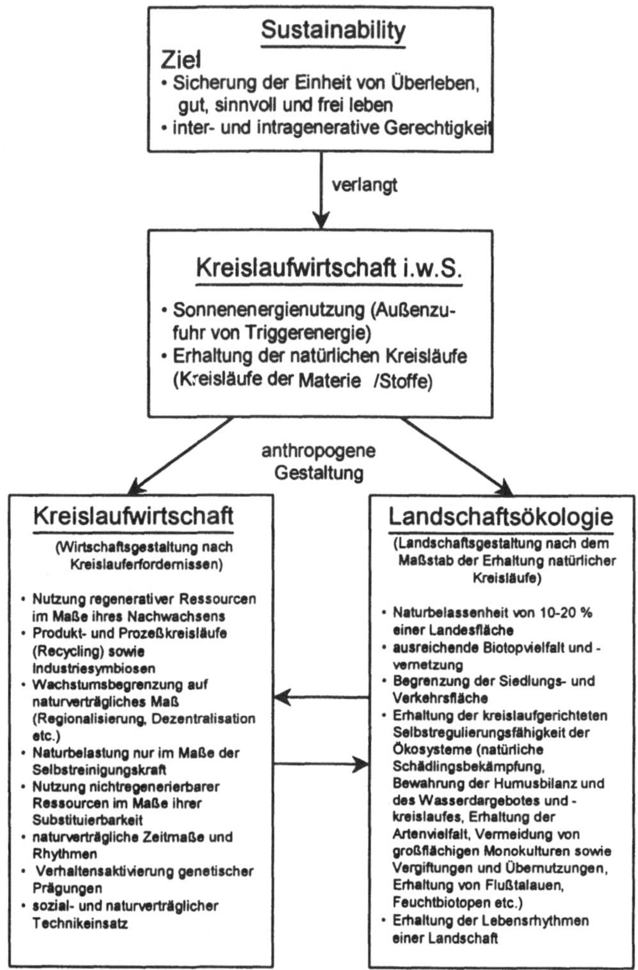

Abbildung 1: Verbindung von Kreislaufwirtschaft und Landschaftsökologie im Sustainabilitykontext

---

[3] Auf qualitativer Seite ist der Mensch über Kreislaufführungen mit dem Leben vieler Arten verknüpft. Das „menschengemachte" Artensterben ist deshalb als Bedrohung des Menschen selbst anzusehen.

Die entscheidende Frage in Bezug auf die Möglichkeiten für den Umstieg zu Sustainability, also einer dauerhaft zukunftsfähigen Wirtschaftsweise mit humanistischen Zügen, ist also die, ob die Identifizierung von Verhaltensregulativen gelingt, die eine derartige kreislauforientierte Wirtschaftsweise unterstützen können (und damit gleichzeitig den o. g. zweiten Zielkorridor sozialer Entfaltung ermöglichen).

Zur Beantwortung dieser Frage einige Ausgangsthesen:

1. Eine allein auf ökonomische Anreize und Egoismus fixierte Verhaltenssteuerung ist nicht sustainabilitygerecht. Sie zerstört vielmehr tendenziell soziale Institutionen (etwa über derartige, sich wegen ihrer ökonomisch häufig vorhandenen Vorteilhaftigkeit ausbreitenden Verhaltensmuster, wie Lobbyismus, Bestechung und Bestechlichkeit, Opportunismus, Täuschung, Betrug, Gewaltandrohung und -anwendung, Asozialität, Kinder-, Alters- und Fremdenfeindlichkeit).

2. Die Existenz und (partielle) Funktionsfähigkeit sozialer Institutionen (z.B. Markt, Sozialstaat, Rentensystem) belegt, daß außerökonomische Verhaltensimpulse (z.B. Solidarität, Achtung des Eigentums, Gesetzestreue, Achtung der Menschenwürde, kinderorientiertes Familienleben) in einem bestimmten Ausprägungsgrad vorhanden sind. Diese außerökonomischen Verhaltensimpulse lassen sich in erster Näherung mit dem Begriffspaar Moral bzw. Ethik identifizieren.

3. Die in der Wirtschaftspraxis (basierend auf der Mainstreamökonomik) vorherrschende, einem Selbstverstärkungsprozeß unterliegende Egoismusunterstützung bestehender ökonomischer Anreizstrukturen führt zu einer schrittweisen Zurückdrängung genau dieser notwendigen außerökonomischen Verhaltensimpulse, also zu einem Ethiksubstanzabbau, der die Entstehung ökologischer und sozialer Knappheiten verursacht bzw. forciert und somit die Notwendigkeit des Gegensteuerns auf dem Sustainabilitypfad in Form der Ethiksubstanzerhaltung bzw. -entwicklung nachhaltig unterstreicht. Ethiksubstanz ist als essentiell benötigtes knappes Gut zu „bewirtschaften" und zu reproduzieren.

4. Evolutionsbiologische Erkenntnisse belegen, daß ein auf Lebensdienlichkeit (von Individuum und Art gleichermaßen) ausgerichtetes Verhalten eines angemessenen Mixes aus Egoismus und Altruismus bedarf (vgl. Meier 1988). Dieser ausgewogene Mix aus Egoismus und Altruismus ist die Basis einer an der Lebensdienlichkeit ausgerichteten effizienten Nutzung der individuellen und kollektiven Ressourcen der Menschen im Rahmen des Stoffwechsels mit der Natur. Die Aktivierung eines derartigen, auf effiziente Ressourcennutzung gerichteten Verhaltensmixes erfolgt in der Natur (und damit auch bezogen auf das Naturwesen Mensch) vermittels der genetischen Prägungen. Ein derartiges, auf sustainabilitygerechtes Verhalten gerichtetes Menschenbild kann man als *homo vitalis* bezeichnen.

5. Die genetischen Prägungen verkörpern Antriebs-, Sozialisations-, Belohnungs- und Sinngebungsmuster lebensdienlichen Verhaltens in einem angemessenen

Mix aus Egoismus und Altruismus[4]. Die Altruismuskomponente der genetischen Prägungen stellt ein wichtiges „regulatives Gegengewicht" zur Egoismusfixierung rein ökonomischer Anreize dar. Sie ist damit eine wesentliche Quelle außerökonomischer Verhaltensimpulse im Kontext zum Aufbau, zur Reproduktion und zur Nutzung von Ethiksubstanz.

Erstes Zwischenfazit:
Sustainabilitygerechtes Verhalten verkörpert einen angemessenen Mix aus Egoismus und Altruismus, der mit einem ausgewogenen Mix aus ökonomischen und außerökonomischen Anreizen bzw. Verhaltensimpulsen korrespondiert. Da gegenwärtig die egoismusfixierten und -verstärkenden ökonomischen Anreize bzw. Verhaltensimpulse immer stärker dominieren (und als Ursache wesentlicher ökologischer, sozialer und ökonomischer Probleme fungieren), sind altruismusgeleitete, außerökonomische Verhaltensimpulse die entscheidende Basis für die Verhinderung von Problemeskalationen, für schrittweise Problemlösungen sowie für eine Umorientierung menschlicher Arbeitsteilung auf Vorsorge und Zukunftsfähigkeit. Einen wesentlichen Impulsgeber für altruismusorientiertes (und damit als außerökonomische Verhaltenskomponente ethischer Ausrichtung fungierendes) Verhalten stellen die genetischen Prägungen dar.

3. Ein sustainabilitygerechtes Verhaltensmodell

Die Erklärung der o.g. Verhaltensausprägungen bzw. die Identifizierung und Gestaltung humanitätsorientierter Verhaltensmuster und -normierungen bedarf eines adäquaten Verhaltensmodells. Ein sustainabilitygerechtes Verhaltensmodell muß dementsprechend folgende Anforderungen erfüllen:

1. Abbildung genetisch geprägter Verhaltensmuster als Quellantriebe für Altruismus bzw. ethikgestützte außerökonomische Verhaltensimpulse;

2. Erklärungskraft bezüglich der Wirkung ökonomischer Verhaltensimpulse und ihrer Selbstverstärkung bis hin zu sustainabilityfeindlichem, ja selbstzerstörerischem Verhalten;

2. Ableitbarkeit von Gestaltungsansätzen für sustainabilitygerechtes Verhalten.

---

[4] Altruismus ist die Basis der Befriedigung des Bedürfnisses nach Arterhaltung (Stichworte: Solidarität, Kooperation, symbiotische Arbeitsteilung, Verwandtenunterstützung, wechselseitiges Lernen, Sozialkontakte, Vermehrung, Paarbindung zur Jungenaufzucht etc.), aber auch der Verbesserung individueller Lebenschancen und Lebensqualität. Altruismus ist auch stark verbunden mit der Befriedigung immaterieller Bedürfnisse (Liebe, Sozialkontakte, sinnstiftende Körperaktivitäten etc.).

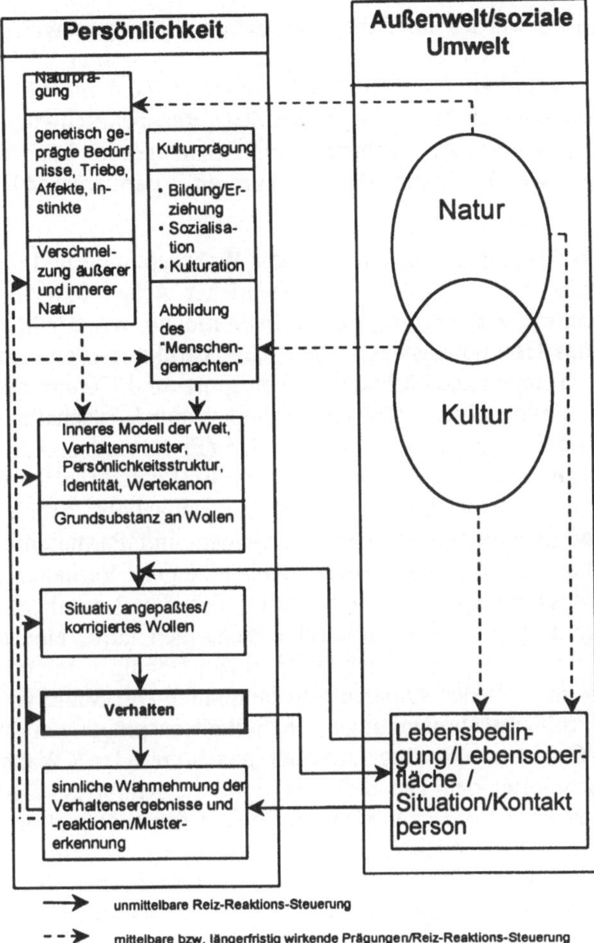

Abbildung 2:   Verhaltensmodell

Abbildung 2 stellt einen Vorschlag für ein derartiges sustainabilitygerechtes Verhaltensmodell mit folgenden Charakteristika dar:

1. Das menschliche Verhalten wird ausgehend von individuellen Werten und Antrieben (die z.T. genetisch geprägt, z.T. in einem rekursiven Prozeß erworben sind) durch Impulse aus der Natur, der Kultur und der konkreten individuellen Situation konditioniert.

2. Diese Konditionierung erfolgt im Rahmen von Interaktionsprozessen zwischen Individuum und Umwelt (bei besonderem Gewicht der sozialen Umwelt) in einem Lern- bzw. Anpassungsprozeß.

3. Die Naturimpulse werden über die genetischen Prägungen wirksam, die auf
   Lebensdienlichkeit in Gruppen/Stammesverbänden gerichtet sind. Die genetischen Prägungen sind vor allem als Muster angelegt. Zu deren Aktivierung sind
   also Mustererkennungen (mit entsprechenden „Resonanzschwingungen") erforderlich (z.B. in Form der Wahrnehmung faszinierender Landschaften, Na-
   turschauspiele, weiblicher/männlicher Formen, partnerschaftlicher Reiz-
   Reaktionen).

4. Die kulturellen Prägungen entstehen mit der Wahrnehmung und Reflexion des
   „Menschengemachten" (Ergebnisse menschlicher Arbeit bzw. Interaktionen,
   wie Städte, Technik, Kulturgüter, soziale Institutionen, wie der Markt, das Bil-
   dungswesen, das Gesundheitswesen, Wirtschaftsstrukturen, politische Strukturen, Familien, Gruppenzugehörigkeiten, Transport- und Kommunikationswege
   und -medien, Philosophien, Mensch-Technik-Natur-Wirtschafts-Verhältnisse
   etc.) vermittels der Einbindung des eigenen Ich (Erwartungen, Aktivitäten, Anpassungen etc.) in diese Kultur. Die kulturellen Einflüsse schaffen ein gewisses
   Kontinuum der Lebensoberfläche (z.B. Bildungsangebote, Arbeitsmarktchan-
   cen, Freizeitmöglichkeiten, Gruppenerwartungen und Partnerambitionen) als
   Orientierungsbasis für das längerfristig angelegte eigene Verhalten bzw. die eigene Werteanpassung im „inneren Modell", das die Persönlichkeit von der
   Außenwelt hat. Deshalb haben kulturelle Prägungen i.d.R. eine relativ hohe
   Stabilität und Intensität, wenngleich sie in einem ständigen interaktiven Lern-
   prozeß auch immer wieder Anpassungen beinhalten (im Sinne von Werteent-
   wicklungen, Problemwahrnehmungen, Fähigkeitsausprägungen und Verhaltensmustern). Qualitative Sprünge sind bei „erschütternden" Wahrnehmungen
   möglich. So scheint es denkbar, daß eine etablierte Kultur des Umganges mit
   Naturressourcen über Bord geworfen wird, wenn deren Negativfolgen gravierende Breitenwirkung erreichen. Dies gilt analog für Teilkomponenten, wie
   Klimawirkungen, Gesundheitsrisiken etc. aus spezifischen Naturnutzungen
   bzw. Technologieanwendungen (wie z.B. der Atomindustrie).

5. Situative Einflüsse verkörpern die Augenblickssituation bzw. Augenblicks-
   anforderung der Umwelt an das Individuum. Diese Augenblickskomponente
   kann die kulturellen Prägungen unterstützen, ergänzen und stabilisieren. Es
   sind aber auch gegenläufige Verhaltensimpulse möglich. So können stark
   emotionsgeladene Wahrnehmungen die genetischen Prägungen spontan aktivieren und kulturelle Einflüsse zurückdrängen (z.B. Opfer- und Hilfsbereit-
   schaft in Notsituationen kann starke Egoismusprägung überwinden oder Ver-
   liebtheit kann karriere- und geldorientierte Aktivitäten verdrängen). Andererseits können die konkreten situativen Zwänge (Gruppendruck, Alternativenlo-
   sigkeit etwa bei der Jobsuche, starke Sanktionsandrohung durch Machtpoten-
   tiale etc.) ethisch gebotene bzw. durch genetische Prägungen beinhaltete Verhaltensweisen (z.B. in Richtung Umweltschutz) verdrängen.

Zweites Zwischenfazit:
Der Grad der Sustainabilitygerechtigkeit des Verhaltens (insbesondere) der Wirt-
schaftssubjekte bestimmt die zukünftigen Chancen für das Überleben bzw. die

Ausprägungen von gut, sinnvoll und frei leben, also kurz die Lebensqualität heutiger und zukünftiger Generationen.
Folgende miteinander korrespondierende Aussagen zur Unterstützung sustainabilitygerechten Verhaltens lassen sich aus dem Verhaltensmodell (Abbildung 2) ableiten:

1. Kontraproduktive situative Zwänge sind abzubauen (Gewaltfreiheit, Abbau von Machtkonzentrationen, Machtlegitimation durch demokratische Wahl- und Kontrollmechanismen, Schaffung von alternativen Aktionsfeldern etc.), um Selbstorganisationspotentiale mit starker Sozialorientierung zu aktivieren (also keine neuen Spielarten des Zwanges von oben etwa in Richtung Öko-Diktatur, sondern Abbau der bestehenden ökonomiezentrierten Zwänge als Aktivitätsbasis im Rahmen ökosozialer Marktwirtschaft bzw. eines sozial und ökologisch verpflichteten Einsatzes von Technik, Menschen, Macht und Eigentum).

2. Die genetischen Prägungen sind mit Blick auf altruistische Verhaltensmuster angemessen zu (re-)aktivieren. Emotionalität und ganzheitsorientierte, teilautonome Gruppenarbeit sind dabei entscheidende Komponenten. Die mit der Reaktivierung der genetischen Prägungen verbundenen Altruismusimpulse sind vor allem notwendig, um den Selbstzerstörungstendenzen einer rein ökonomiebzw. egoismusfixierten Kulturentwicklung entgegenzuwirken.

3. Die Reaktivierung genetischer Prägungen ist eine notwendige, aber keine hinreichende Bedingung sustainabilityorientierten Verhaltens, da diese Prägungen auf das erfolgreiche Kooperieren in regional agierenden (Klein-) Gruppen abstellen (in der Zeit der „Jäger und Sammler" in wesentlichen Zügen herauskristallisierte Verhaltensmuster - vgl. Morris 1994). Es sind deshalb auf Basis dialogischer Verständigung Verhaltensnormen abzuleiten (vgl. zur Methodik Steinmann u. Löhr 1991; Ulrich 1997; Kreikebaum 1996), die im Sinne einer sustainable ethics (vgl. Zabel 1999) eine sustainabilitygerechte Funktionsweise der vorhandenen Großorganisationen im Umgang mit Großtechnologien ermöglichen. Dies ist eine kulturelle Herausforderung letztendlich an die gesamte Zivilisation (deren Gelingen offen ist, da die genetische Basis des Menschen nicht auf die humanitätsorientierte Beherrschung von Großorganisationen „ausgelegt" ist, sondern im Kontext von Gruppenzusammenarbeit auf kurzschleifige Reiz-Reaktions-Regelkreise, in denen die Wahrnehmung der Gruppenreaktion auf eigenes Agieren die nächste Verhaltensrunde steuert).

4. Die Ordnungsimpulse für das Verhalten der Wirtschaftssubjekte sollten entropische Gesetzmäßigkeiten beachten. Demnach kann als Überlebensbasis biotischer Systeme deren Enropiebilanzstabilisierung angesehen werden (vgl. Prigogine u. Stengers 1990). Für die weltweiten intensiven Wirtschaftsaktivitäten erfordert die Entropiebilanzstabilisierung:

   - die Nutzung der Außenzufuhr von Energie (zumindest im Maße des Verbrauchens systeminterner Energien etwa in Form fossiler Energieträger) in Form regenerativer Energien auf Basis der Sonnenenergienutzung zum

Ausgleich der Entropiezunahmen aus energieverbrauchenden Prozeßvoll-
zügen;

- Kreislaufführungen von materiellen Prozessen, um aus dem Vollzug der
natürlichen Kreisläufe die für das Wirtschaften benötigten Naturleistungen
durch deren Reproduktion immer wieder entnehmen zu können;

- die Einbindung von Stoffwechselprozessen (Individuum, Gruppe, Wirtschaftssystem) in die natürlichen Kreisläufe auf symbiotischer Basis einer
wechselseitig vorteilhaften Input-Output-Verknüpfung (Versorgung durch
Entsorgung);

- die Erhaltung einer genügenden Artenvielfalt als Flexibilitätsreserve für die
dynamische Neuordnung natürlicher Kreisläufe sowie als Verhaltensimpuls
(*variatio delectat*);

- die Begrenzung eines entropieerhöhenden Wachstums materieller und
energetischer (Wirtschafts-)Transformationen; dies schließt die Anpassung
der Lebensstile und Konsummuster an die o.g. Kreislauferfordernisse ein
(vgl. die Suffizienzstrategie Sachs 1993) und bedeutet mehr Lebensglück
mit weniger Naturinanspruchnahme;

- die Aufrechterhaltung der auf Entropiebilanzstabilisierung gerichteten
Verhaltensimpulse genetischer Prägungen (Vermeidung ihrer irreversiblen
Zerstörung etwa durch genetische Manipulationen oder machtzentrierte
Verdrängung);

- den effektiven und effizienten Einsatz sozialer Energien (ebenfalls nach
dem Symbioseprinzip wechselseitig vorteilhafter Kooperation und vorsor-
georientierter Sozialkontakte).

Letztendlich geht es im Zuge der Entropiebilanzstabilisierung um eine kreislauforientierte Verhaltensausrichtung vermittels der Harmonisierung äußerer Ordnung
(Wirtschaftsstrukturen, Organisationen, Institutionen) und innerer Ordnung (Ver-
haltensdispositionen) nach analogen Mustern (Vielfalt, Stoffwechselverbund,
Kreislauf, Wachstumsbarrieren, Reziprozität etc. – vgl. Abbildung 3).

4. Impulse für ein betriebliches Umweltmanagement

Sustainabilitygerechtes Verhalten kann weder verordnet noch erzwungen werden.
Es kann vielmehr nur entstehen in einem Interaktionsnetzwerk, in dem sich im
Zuge von Kommunikation und Kooperation die Ausrichtung auf altruistische
Verhaltensmuster bezüglich der Befriedigung materieller und immaterieller Be-
dürfnisse als wechselseitig vorteilhafter erweist.

In einem solchen Interaktionsnetzwerk sind die Unternehmungen (neben einer
Vielzahl an Stakeholdern bzw. Kommunikations- und auch Kooperationsteilneh-
mern) als wesentliche Akteure (weil wesentliche Prozeßvollzüge und Wirkungen
auslösend) integriert (wenngleich als die eigentlichen Verhaltenssubjekte die im
Unternehmen bzw. im Zielkontext des Unternehmens agierenden, in gruppendy-
namischen Prozessen interdependent verknüpften Individuen sind).

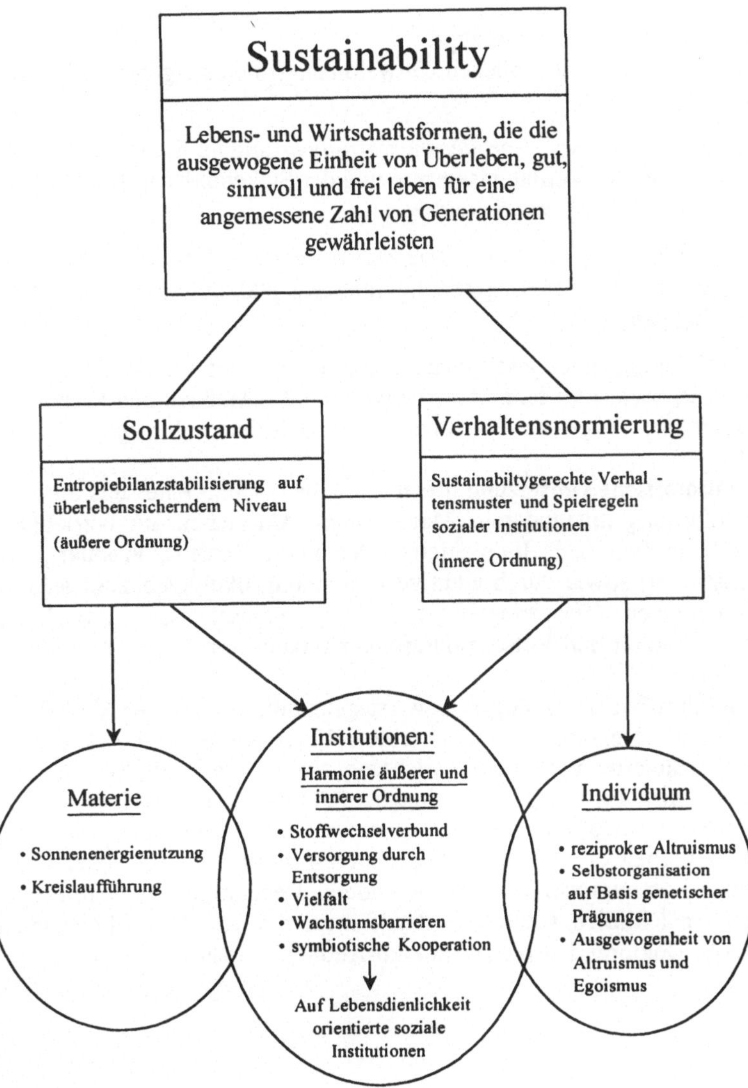

Abbildung 3:   Sustainability und Entropiebilanz

Betriebliches Umweltmanagement verkörpert Managementaktivitäten im Betrieb, die ökologie- bzw. sustainabilitygerechte Verhaltensausrichtungen der relevanten Interaktionsteilnehmer im Kontext der betrieblichen Erfolgssicherung befördern. Langfristig ist Ökologie- bzw. Sustainabilitygerechtigkeit eine allgemeine Erfolgsvoraussetzung. In kürzeren Fristen wird die betriebsinterne Ökologieausrichtung von Prozessen, Produkten und Verhalten in dem Maße erfolgswirksam belohnt, wie die Verhaltensmuster der Interaktionspartner ebenfalls ökologieorientiert sind, so daß deren Beförderung länger- und kürzerfristige Erfolgssicherung nachhaltig verknüpft.

Als Aufgaben des betrieblichen Umweltmanagements ergeben sich daraus (vgl. Abbildung 4):

1. die Wahrnehmung von *Normierungsverantwortung* im Sinne von Beiträgen zur Unterstützung der Verhaltensnormierung der Stakeholder in Richtung Umwelt- bzw. Sustainabilitygerechtigkeit[5];

2. die Wahrnehmung von *Umweltverantwortung* im Sinne von Vorsorge bzw. Vermeidung und/oder Begrenzung nichtakzeptabler bzw. irreversibler Umweltwirkungen;

3. die Aktivierung einer gediegenen Schnittmenge aus ökonomisch und ökologisch (und sozial) vorteilhaften (Umweltschutz-)Maßnahmen (Schnittmengenmanagement)   (vgl. zu Potentialen und Beispielen: Meffert u. Kirchgeorg 1998).

Die organisatorische Umsetzung dieser Aufgaben erfolgt einerseits durch integrative Verknüpfung mit anderen (Management-)Aktivitäten zur betrieblichen Erfolgssicherung (wie z.B. Innovations-, Personal-, Kosten-, Produkt-, Produktionsmanagement) sowie durch additive Einbindung ökologiebezogener Organisationskomponenten (Beauftragtensystem, Umweltausschüsse, umweltorientierte Kleingruppenarbeit und Entscheidungsunterstützung etc. – vgl. Abbildung 4 und Antes 1996).

Als Basisinstitution ökologie- bzw. sustainabilityorientierter Verhaltensbeeinflussung dient eine sustainabilitygerichtete Unternehmenskultur. Diese muß die unternehmensinterne Verhaltensausrichtung auf die o.g. Aufgaben aus der Sicht allgemeiner Absichten (vgl. Kreikebaum 1997) bzw. Zielkorridore (z.B. Vorsorge, Produktverantwortung für den gesamten Produktlebenszyklus, Offenheit, Dialog-, Mitarbeiter- und Stakeholderinteressenorientierung) unterstützen und nach außen kommunizieren – mit besonderer Bedeutung sustainabilitygerechter Unternehmensleitlinien sowie der Zertifizierungen von Umweltmanagementsystemen (vgl. Doktoranden-Netzwerk Öko-Audit e.V. 1998).

---

[5] In Bezug auf die Rekursivität der Wahrnehmung von Normierungsverantwortung im Rahmen eines Interaktionsnetzwerkes der beteiligten und betroffenen Stakeholder stellen Meffert u. Kirchgeorg (1993, S. 45) fest: „Erst im Zusammenwirken von veränderten umweltpolitischen Rahmenbedingungen, verstärkter gesellschaftlicher Ansprüche zum Umweltschutz und wahrgenommener Umweltverantwortung aller Beteiligten werden die Unternehmen mit ihrer ganzen Innovationskraft zu Schrittmachern einer dauerhaften Entwicklung."

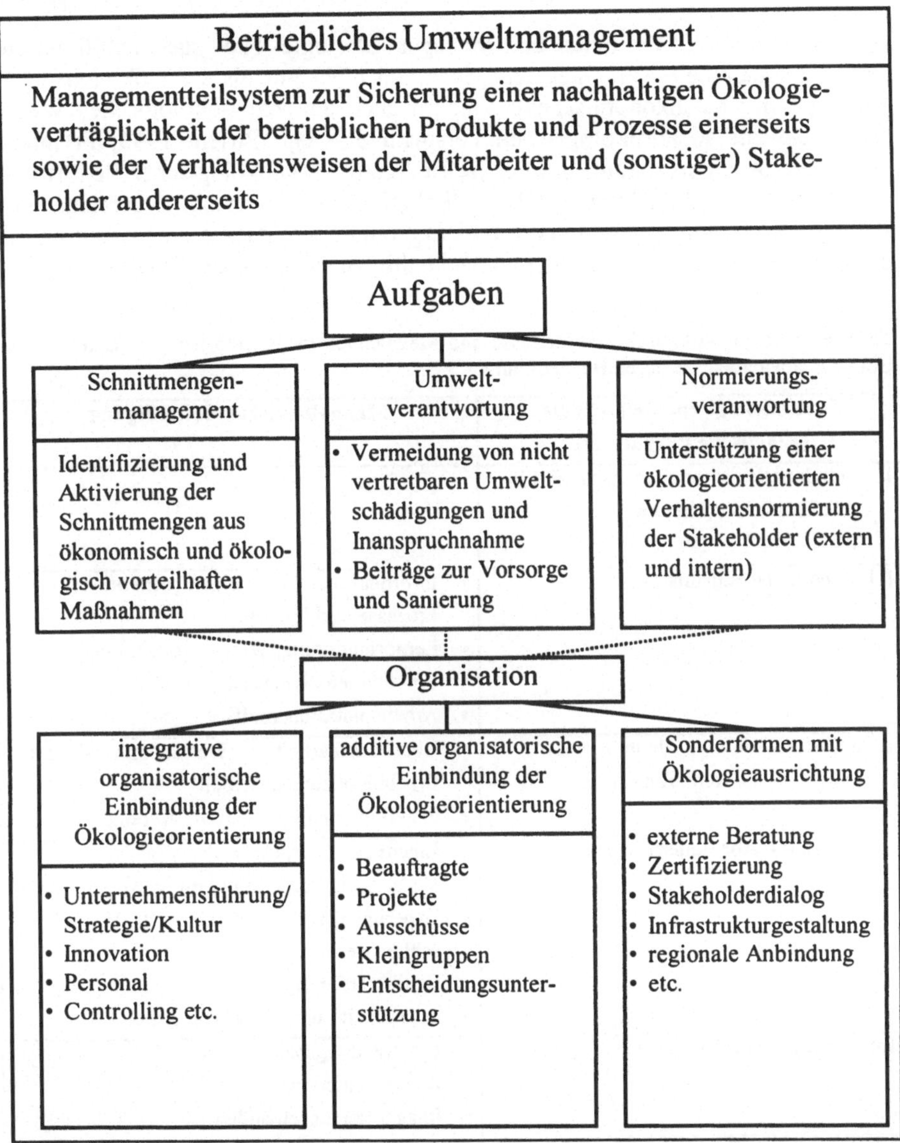

Abbildung 4: Betriebliches Umweltmanagement – Definitionen, Aufgaben und Organisation

Die strategische Ausrichtung des Unternehmens muß die o.g. Aufgaben im Interesse der Sicherung längerfristiger Erfolgspotentiale auf dem Wege der Ökologie- bzw. Sustainabilitygerechtigkeit von Produkten, Prozessen und Verhaltensweisen unterstützen.

Von zentraler Bedeutung ist im Kontext betrieblicher Erfolgssicherung vermittels eines betrieblichen Umweltmanagements natürlich eine ökologieorientierte Personalarbeit bzw. Personalentwicklung zur Unterstützung sustainabilitygerechten Verhaltens der Mitarbeiter und Manager. Ökologie- bzw. sustainabilityorientierte Personalarbeit betrachtet den Menschen nicht nur als sozialökonomisches (oder gar nur als ökonomisches), sondern auch als sozial-ökologisches Wesen (allgemein zur sozial-ökologischen Perspektive – vgl. Pfriem 1995; Freimann 1996). Sie orientiert darauf, mit der Befriedigung sozialökologischer Bedürfnisse der Organisationsteilnehmer im Zuge ökologie- bzw. sustainabilitygerechter Gestaltung der Bedingungen, Inhalte und Ergebnisse der Arbeit deren Beitrag zur unternehmerischen Erfolgssicherung nachhaltig zu sichern (vgl. Tabelle 1).

Tabelle 1: Sozialökologische Bedürfnisse und Maßnahmen im Betrieb bzw. im Betrieblichen Umweltmanagement zu deren Befriedigung

Sozialökologische Bedürfnisse (genetische Prägungen)	Maßnahmen zur Befriedigung
1. Individuelles Überleben und individuelle Entfaltung (eher egoistisch orientiert)	
1.1 Sicherheitsbedürfnis	• Informationen über Folgen betrieblicher Prozesse und Produkte • Lernorientierung, Wissensvermittlung • Einkommenssicherheit • Arbeitsplatzsicherheit
1.2 Selbstbestätigung; „Beuteorientierung"; Sinnorientierung	• Überschaubarkeit und Wahrnehmbarkeit der Ergebnisse eigener Arbeit • materielle und immaterielle Anreize
1.3 Neugierde/Abenteuer/Fitness	• Eigenverantwortung • Verbindung körperlicher mit geistiger Arbeit • Experimentierchancen (Lernstatt, Vorschlagswesen etc.) • Fitnessförderung • gesundheitl. unbedenkliche Arbeit
1.4 Geltungsbedürfnis	• Entscheidungspartizipation • Karrierechancen • Imagepflege nach außen
1.5 Biorhythmische Aktivitätsausrichtung (zur effizienten Nutzung und Reproduktion individueller Ressourcen)	• Arbeitszeit und -belastung auf Biorhythmus einstellen
1.6 Begegnung mit „gesunder" Natur	• „grüne" betriebliche Infrastruktur (Fassadenbegrünung, Bepflanzung, Grünflächen, Kleinbiotope) • Beiträge zur Landschaftsgestaltung der Region • Ökologieverträglichkeit der betrieblichen Produkte, Prozesse und Verhaltensweisen

2. Bedürfnis nach dem Überleben der Art (eher altruismusorientiert)	
2.1 Bedürfnis nach arteigener Kommunikation und nach sinnstiftenden, erlebnisorientierten und harmonischen, durch Hilfsbereitschaft gekennzeichneten Sozialkontakten sowie nach stabiler Gruppenzugehörigkeit	• solidaritäts- und konsensorientierte Unternehmenskultur • Dialogorientierung (nach innen und außen) • Gruppenarbeit (teilautonom) • partizipativer Führungsstil • begegnungs- und erlebnisorientierte Arbeitswelt (z. B. Bildungsangebote, Arbeitsplatzgestaltung, Visionsteams, Messebesuche, Begegnungsmöglichkeiten, Lehrgänge) • Sabbaticals • Feiern, Gruppenfahrten etc.
2.2 Zukunftsorientierung	• praktizierte und kommunizierte Umweltverantwortung in Breite und Tiefe
2.3 Bedürfnis nach Liebe, Partnerschaft, Vermehrung, „Jungenaufzucht" etc.	• Angebot von Halbtagsjobs • Toleranz, Unterstützung • Beurlaubungsmöglichkeiten • Wiedereinstiegschancen

5. Zusammenfassung und Ausblick

Zusammenfassung in Thesen:

These 1:
Sustainability ist das entscheidende Gebot ökonomischer Vernunft, um die knappen Ressourcen auf humanistische Bedürfnisbefriedigung auszurichten und so die Einheit von überleben, gut, sinnvoll und frei leben zu gewährleisten.

These 2:
„Kreislaufwirtschaft ist unser Schicksal". Diese an die Metapher von W. Rathenau („Wirtschaft ist unser Schicksal") angelehnte Aussage verdeutlicht, daß der Grad der Kreislaufgerechtigkeit des Wirtschaftens letztendlich den Grad humanistischer Bedürfnisbefriedigung bestimmen wird.

These 3:
Altruismus ist die entscheidende Komponente der Verhaltensausrichtung auf Sustainability. Ethikintegration in Entscheidungsprozesse bzw. die Reaktivierung genetischer Prägungen in den Verhaltensmustern sind die Hauptpfade zur Sicherung eines angemessenen Altruismus.

These 4:
Der *homo vitalis* ist das Menschenbild der sustainability[6], da der *homo vitalis* den Ressourceneinsatz auf dem Wege eines adäquaten Mixes aus Egoismus und Altruismus vermittels der Reaktivierung der genetischen Prägungen in Richtung Lebensdienlichkeit „optimiert".

These 5:
Betriebliches Umweltmanagement hat einen Beitrag zur Durchsetzung von Sustainability-Postulaten zu leisten. Dabei ist die Wahrnehmung von umweltverantwortlichem Handeln zu kombinieren mit der Beförderung eines ökologie- bzw. sustainabilitygerechten Verhaltens der Stakeholder, damit umweltverantwortliches Handeln durch betrieblichen Erfolg belohnt werden kann.

Ausblick in Thesen:

These 1:
Die Spielregeln des Wirtschaftens sind in Richtung des Ökonomiefokus sowie der Egoismusfixierung verfestigt. Problemursachen für ökologische und soziale Knappheiten werden damit fortgeschrieben und verstärkt „globalisiert".

These 2:
Es gibt zwar eine Vielzahl sustainabilityorientierter Impulse und Engagements. Diese bewegen jedoch die „Mächtigen" im Wirtschaftsgeschehen eher noch nicht zu Verhaltensänderungen. Die „starken" Akteure im wirtschaftsrelevanten Netzwerk orientieren sich nach wie vor am Ökonomiefokus. Das Engagement ist also eher das Engagement der „Schwachen".

These 3:
Altruismusorientierung bedeutet u.a. den Verzicht der „Mächtigen" darauf, sich durch Luxus, Machtkonzentration und überversorgenden Besitz von anderen abzuheben. Dieser Verzicht scheint eher undenkbar (wenngleich dieser Verzicht gleichzeitig einen Verzicht auf Krankheit, Einsamkeit, Ungerechtigkeit etc. einschließen würde).

Fazit für das Jahr 2050:
Das Engagement der Schwachen wird das Undenkbare in die Chance transformieren müssen, Kreislaufwirtschaft, Gerechtigkeit und Altruismus (kurz: Sustainability) durchzusetzen. „Wir hatten keine Chance, aber wir haben sie genutzt" werden meine Urenkel im Jahre 2050 im Gedenken an meinen 100. Geburtstag konstatieren. (Dieser Optimismus stützt sich auf die Analyse und den Befund von Eberhard Seidel, daß seinerzeit die Chancen für den Wandel in Richtung sozialer Marktwirtschaft denkbar schlecht waren, da alle einflußreichen Kräfte konservativ orientiert waren. Dennoch ist dieser Wandel relativ schnell und „schmerzarm" vollzogen worden).

---

[6] Siebenhüner (i.E.) spricht vom homo sustinens mit einer eher kulturhistorischen Begründung.

Literaturverzeichnis

Antes, R.: Präventiver Umweltschutz und seine Organisation im Unternehmen, Wiesbaden 1996.

Bergh, J. C.J.M. van den; Straaten, J. van der (Hrsg.): Toward Sustainable Development. Concepts, Methods, and Policy, Washington, Covelo.

Daly, H. E.; Cobb, J. B.: For the Common Good: Redirecting the Economy toward Community, the Environment, and a Sustainable Future, 2. Aufl., Boston 1994.

Daly, H. E.: Beyond Growth, Boston 1996.

Doktoranden-Netzwerk Öko-Audit e.V. (Hrsg.): Umweltmanagementsysteme zwischen Anspruch und Wirklichkeit, Berlin u.a. 1998.

Freimann, J.: Betriebliche Umweltpolitik. Praxis, Theorie, Instrumente, Bern 1996.

Georgescu-Roegen, N.: The Entropy Law and the Economic Process, Cambridge (Mass.) 1971.

Kreikebaum, H.: Grundlagen der Unternehmensethik, Stuttgart 1996.

Kreikebaum, H.: Strategische Unternehmensplanung, 6. Aufl., Stuttgart 1997.

Meffert, H.; Kirchgeorg, M.: Das neue Leitbild Sustainable Development - der Weg ist das Ziel, In: Harvard Business Manager, Nr. 2/1993, 1993 S. 34-45.

Meffert, H.; Kirchgeorg, M.: Marktorientiertes Umweltmanagement. Konzeption, Strategie, Implementation mit Praxisfällen, 3. Aufl., Stuttgart 1998.

Meier, H. (Hrsg.): Die Herausforderung der Evolutionsbiologie, München 1988.

Morris, D.: Das Tier Mensch, Köln 1994.

Nutzinger, H.-G./Radke, V.: Das Konzept der nachhaltigen Wirtschaftsweise. Historische, theoretische und politische Aspekte, In: Nutzinger, H.G. (Hrsg.): Nachhaltige Wirtschaftsweise und Energieversorgung: Konzepte, Bedingungen, Ansatzpunkte, Marburg 1995, S. 13-49.

Pfriem, R.: Unternehmenspolitik in sozialökologischen Perspektiven, Marburg 1995.

Prigogine, I.; Stengers, I.: Dialog mit der Natur. Neue Wege naturwissenschaftlichen Denkens, 6. Aufl., München 1990.

Sachs, W.: Die vier E's. Merkposten für einen maßvollen Wirtschaftsstil, In: Politische Ökologie, Jg. 11, Nr. 33, 1993, S. 69-72.

Seidel, E.: Für ein engeres und fruchtbareres Verhältnis von Betriebswirtschaftslehre und Landschaftsökologie, In: ders. (Hrsg.): Betrieblicher Umweltschutz. Landschaftsökologie und Betriebswirtschaftslehre, Wiesbaden 1992, S. 1-14.

Seidel, E.: Buchbesprechung zu Herbert Gruhl: Himmelfahrt ins Nichts. In: UmweltWirtschaftsForum, 1. Jg., Heft 1, 1992, S. 82-84.

Seidel, E.; Strebel, H. (Hrsg.): Umwelt und Ökonomie. Reader zur ökologieorientierten Betriebswirtschaftslehre, Wiesbaden 1991.

Seidel, E.; Strebel, H. (Hrsg.): Betriebliche Umweltökonomie: Reader zur oekologieorientierten Betriebswirtschaftslehre (1988 - 1991), Wiesbaden 1993.

Siebenhüner, B.: Das Ökologische in der ökologischen Ökonomik. Einige Gedanken zu den methodologischen Grundlagen, In: Zeitschrift für angewandte Umweltforschung (ZAU), 9. Jg., H. 2, 1996, S. 210-222.

Siebenhüner, B.: Homo sustinens - Ein neues Menschenbild im Zeichen der Nachhaltigkeit, erscheint in: Universitas 1999.

Steinmann, H.; Löhr, A. (Hrsg.): Unternehmensethik, 2. Aufl., Stuttgart 1991.

SRU (Rat von Sachverständigen für Umweltfragen): Umweltgutachten 1994. Für eine dauerhaft-umweltgerechte Entwicklung, Stuttgart 1994.

Ulrich, P.: Integrative Wirtschaftsethik. Grundlagen einer lebensdienlichen Ökonomie, Bern, Stuttgart 1997.

Zabel, H.-U.: Innovationsmanagement unter besonderer Berücksichtigung ökologischer Aspekte, In: UmweltWirtschaftsForum, 3. Jg., H. 4, 1995, S. 9-15.

Zabel, H.-U.: Entropie und Kreislaufwirtschaft, In: VDI-Forschungsberichte: Wirtschaft, Wissenschaft und Umwelt, Reihe 15, Nr. 180, Essen, 1997, S. 55-97.
Zabel, H.-U.: Ethik im Sustainability-Kontext. In: Wagner, G.R. (Hrsg.): Unternehmensführung, Ethik und Umwelt, Festschrift zum 65. Geburtstag von Hartmut Kreikebaum, Wiesbaden 1999, S. 151-182.

Umweltwirtschaft oder Wirtschaftsökologie? Vorüberlegungen zu einer Theorie des Ressourcenmanagements

Georg Müller-Christ und Andreas Remer

Die große Herausforderung der Erhaltung der natürlichen Grundlagen des Wirtschaftens wurde in Wissenschaft und Praxis zuerst mit der Notwendigkeit einer *Ökologieorientierung* von Wirtschaft und Unternehmen umschrieben. Heute dagegen wird eher von einer *nachhaltigen Entwicklung* als Lösungsansatz gesprochen. Dennoch kann die vorherrschende Tendenz, in der das Umweltschutzproblem immer noch bearbeitet wird, unserer Meinung nach am besten mit dem Begriff der Umweltwirtschaft bezeichnet werden. Das Charakteristikum dieser Strömung ist die Vorstellung, daß die Natur das Objekt, die Wirtschaft bzw. die Wirtschaftswissenschaften die Subjekte bzw. die Methodenlieferanten des Handelns sind: *Die natürliche Umwelt als Ressourcenlager wird bewirtschaftet.* Dieser Ansatz ist wichtig und hat bis heute wesentliche Fortschritte in der Erkennung und Steuerung der Energie- und Stoffströme im Wirtschaftsprozeß gebracht. Inwiefern er wiederum ausreichen wird, die Schonung der natürlichen Ressourcen erfolgreich zu gewährleisten, ist heute noch fraglich. Zwar wurde zwischenzeitlich durch verschiedene Maßnahmen das Wirtschaftswachstum von der Steigerung des Ressourcenverbrauchs mit Erfolg entkoppelt und der Ausstoß einiger Schadstoffarten drastisch reduziert, es ist aber bis heute noch nicht gelungen, den Ressourcenverbrauch insgesamt deutlich zu senken. Für das 21. Jahrhundert hat die einzelwirtschaftliche (Umweltmanagement) und die gesamtwirtschaftliche (Umweltökonomie) Umweltwirtschaft also noch große Herausforderungen zu bestehen. Hierfür wird sie ihre bekannten Instrumente verfeinern und anwendungsfreundlicher gestalten müssen. Zumeist geht es hierbei darum, die immanenten Bewertungsprobleme zu lösen.

Das Postulat einer nachhaltigen Entwicklung (Sustainable Development[1]) ist die Antwort auf den weltweiten Umgang mit den natürlichen Ressourcen. Seine intentionale Umschreibung ist weniger eine Definition im herkömmlichen Sinne als vielmehr eine Zielvorgabe. Dieses normative Ziel der intergenerativen Ge-

---

[1] „Sustainable development is development that meets the needs of the present without comprimising the ability of future generations to meet their own needs". Abschlußbericht der Brundtland-Kommission der UN: Our Common Future. 1987, S. 43.

rechtigkeit hat unserer Meinung nach eine Qualität, die über das Anliegen einer effizienten Bewirtschaftung der Natur deutlich hinausgeht. Die dauerhafte Bedürfnisbefriedigungsmöglichkeit wird nämlich nicht allein dadurch erreicht, daß die vorhandenen Ressourcen sparsam bewirtschaftet werden. Nachhaltig erscheint uns eine Entwicklung vielmehr dann, wenn der *Verbrauch* an Entwicklungschancen (Ressourcen) zumindest kompensiert wird durch die Bereitstellung oder den *Nachschub* an neuen Entwicklungschancen.

Der Vorteil der Definition von *Nachhaltigkeit als Quotient von Nachschub und Verbrauch* von Ressourcen ist der, daß das Nachhaltigkeitspostulat deshalb fruchtbar für die Managementlehre erschlossen werden kann, weil eine analoge Form zu den herkömmlichen betriebswirtschaftlichen Effizienzkriterien wie Wirtschaftlichkeit, Produktivität und Rentabilität geschaffen wird. Wir führen demnach mit dieser Definition von Nachhaltigkeit eine neue Problemsicht ein, die zu erheblichen Konsequenzen für das strategische Management führen wird. Zu diesem Zweck werden wir im folgenden als erstes zeigen, daß die Managementlehre sich zwar seit einiger Zeit mit dem Umgang mit Ressourcen beschäftigt, jedoch unter dem aktuellen Schlagwort „Ressourcenorientierung" in Bezug auf Nachhaltigkeit noch einen verkürzten Ansatz verfolgt.

1. Die Verwendung des Ressourcenbegriffs in der gegenwärtigen Managementlehre

Als Ressourcen werden bisher in der Managementlehre all jene materiellen und immateriellen Faktoren bezeichnet, die als Input in den betrieblichen Leistungsprozeß eingehen. Unterschieden wird in finanzielle, physische, organisatorische, technologische und humane Ressourcen.[2] In der Abgrenzung zu Rohstoffen und (Produktions-)Mitteln wird deutlich, warum der Begriff der Ressourcen zur Zeit Karriere macht. Rohstoffe werden üblicherweise auch als *natürliche Ressourcen* bezeichnet, Menschen mittlerweile als *humane Ressourcen*. Rohstoffe und Menschen werden indes erst zu (Produktions-)Mitteln, wenn sie auf eine bestimmte Verwendung hin festgelegt werden. Hierin liegt der entscheidende Unterschied: Ressourcen sind *latente* Mittel. Im Vergleich zu *manifesten* Mitteln sind sie weniger spezifisch und eben nicht auf eine bestimmte Verwendung hin formuliert.[3]

In dem Maße, in dem das Management unter dynamischen und komplexen Bedingungen nicht mehr auf bekannte Ursache-Wirkungs-Beziehungen und Ziel-Mittel-Relationen zurückgreifen kann, erfährt die Mittelebene eine neue Bedeutung: In Bezug auf Humanressourcen, Finanzkapital, Innovationsprozesse, gesellschaftliche Beziehungen, Bearbeitung des Marktes usw. lassen sich kaum noch stabile Anforderungen definieren, die in betriebliche Mittel übersetzt werden kön-

---

[2] Vgl. Steinmann, H./Schreyögg, G.: Management. Grundlagen der Unternehmensführung. 4. Aufl. Wiesbaden 1997, S. 180.

[3] Vgl. Remer, A.: Personal und Management im Wandel der Strategien. S. 411. In: Klimecki, G./Remer, A. (Hrsg.): Personal als Strategie. Mit flexiblen und lernbereiten Human-Ressourcen Kernkompetenzen aufbauen. Neuwied u.a. 1997, S. 399-417.

nen. Je flexibler aber die Mittel sein müssen, desto eher wird von Ressourcen gesprochen.

Ressourcen bezieht ein Unternehmen von seinen Umwelten. So ist es leicht erklärlich, warum genau in jenen Funktionsbereichen, die im Unternehmen eine Umwelt vertreten, die Verwendung des Ressourcenbegriffs zunimmt: im *Marketing*, im *Personalwesen* und im *Umweltschutz*. Die gängige Thematisierung der Unternehmens-Umwelt-Beziehung läuft durchweg in der folgenden Form ab: Betonung der Notwendigkeit, die Umwelt zu berücksichtigen, Zerlegung der Gesamtumwelt in Teilumwelten (politisch, technisch, rechtlich, sozial usw. oder in unterscheidbare Anspruchsgruppen), Schilderung der Entwicklungen und Ansprüche der Teilumwelten. Die mehr oder weniger formulierte Absicht dabei ist es, die Unternehmensumwelt anhand ihrer Ressourcenbedeutung für das Unternehmen zu analysieren und den betrieblichen Anpassungsbedarf abzuleiten.[4] Das implizite Gestaltungskriterium ist die bessere *Beherrschung* der externen Ressourcen.

Die Ressourcenbeherrschung als dominantes Gestaltungskriterium der Unternehmens-Umwelt-Beziehung steht deshalb im Vordergrund, weil es gegenwärtig nur einen gängigen Ansatz zum rationalen Umgang mit Ressourcen gibt, der gleichwohl weniger eine Theorie als vielmehr ein Axiom darstellt: der *Resource-Dependence-Approach*. Wir wollen diesen Bezugsrahmen kurz vorstellen, um seine Differenz zum Nachhaltigkeitsansatz besonders zu betonen.

1.1 Der Resource-Dependence-Approach und seine Differenz zum Nachhaltigkeitsansatz

Der Resource-Dependence-Approach (Ressourcen-Abhängigkeits-Theorem) stellt eine Fokussierung des Unternehmens-Umwelt-Verhältnisses auf eine *Ressourcenbeziehung* dar.[5] Der Ansatz geht davon aus, daß Unternehmen zur Leistungserstellung Ressourcen verschiedener Art benötigen, über die in der Regel nicht sie selbst, sondern externe Organisationen verfügen. Die Enge der Austauschbeziehungen und die Exklusivität von Ressourcen gibt den Grad der Ressourcenabhängigkeit vor. Besonders große Ressourcenabhängigkeiten der Unternehmen führen zu Ungewißheiten und Unwägbarkeiten im Ressourcenzugang, durch die die Planung zukünftiger Aktivitäten erschwert oder die tägliche Leistungserstellung von außen bedroht werden. Unternehmen können infolgedessen nur überleben, wenn sie ihren Ressourcenzugang und den von ihnen abhängigen Umwelten kontrollieren. Deshalb gilt die *Vermeidung*, *Ausnutzung* und *Entwicklung* von Ressourcenabhängigkeiten als rational.[6] Die Kontrolle über das Verhalten der Umwelt und damit über den Zugang zu den benötigten Ressourcen kann durch die Ausnutzung von Machtbeziehungen oder durch den Aufbau von Kooperationen bewerkstelligt werden.

---

[4] Vgl. Schreyögg, G.: Umfeld der Unternehmung. In: Wittmann, W. u.a. (Hrsg.): Handwörterbuch der Betriebswirtschaft. 5. Aufl. Stuttgart 1993, Sp.4231-4247.

[5] Vgl. Thompson, J.D.: Organizations in Action. New York 1967.

[6] Vgl. ausführlicher zum Resource-Dependence-Ansatz: Sydow, J.: Strategische Netzwerke. Evolution und Organisation. Wiesbaden 1993, S. 196ff sowie die dort angegebene Literatur.

Die *Gemeinsamkeit* zwischen dem Ressourcen-Abhängigkeits-Theorem und dem Nachhaltigkeitsansatz ist die Betrachtung der Verbindung zwischen Unternehmen und Umwelten als eine Ressourcenbeziehungen. Die Differenz wiederum ist die folgende: Während das Ressourcen-Abhängigkeits-Theorem im Grunde genommen die Umwelt lediglich auf einen *Pool von Ressourcen* reduziert, fordert der Nachhaltigkeitsansatz geradezu ein anderes Umweltverständnis. Unternehmen können den *Nachschub* ihrer Ressourcen nur dann gewährleisten, wenn sie die Eigengesetzlichkeiten (Überlebens- und Reproduktionsbedingungen) ihrer Ressourcenquellen beachten und zulassen. Die Umwelten des Unternehmens sind nämlich letztendlich als Ressourcenquellen wiederum selbst Systeme, die von weiteren Ressourcen abhängig sind. Nachhaltigkeit kann infolgedessen nur dann entstehen, wenn alle Systeme durch den Aufbau von *wechselseitigen Ressourcenbeziehungen* dafür sorgen, daß die „gemeinsamen Lebensmittel" nicht knapp werden. Dieser Gedanke schließt in letzter Konsequenz sogar die Notwendigkeit der gegenseitigen Erhaltung der Systeme mit ein.[7]

1.2 Die Gestaltung externer Ressourcenbeziehungen in den betrieblichen Funktionsbereichen Marketing, Personal und Umweltschutz

Bei der folgenden Betrachtung des Marketing-, Personal- und Umweltschutzmanagement verwenden wir eine enge Ressourcenperspektive und fragen ausschließlich danach, ob die betrieblichen Funktionsbereiche ihre spezifische Umwelt lediglich als *Ressourcenpool* betrachten, der verbraucht werden darf, oder ob es bereits Tendenzen gibt, über *Ressourcenbeziehung*en (besonders Nachschub von Ressourcen) nachzudenken.

Den Nachhaltigkeitsansatz müssen wir zu diesem Zweck aber noch operationalisieren. Als einen ersten, noch vorläufigen Indikator für nachhaltiges Denken werten wir, wenn die Funktionsbereiche ihre Aufgabe explizit als die *Vermittlung* zwischen den spezifischen Überlebensbedingungen des Unternehmens und denen der von ihnen vertretenen Teilumwelten verstehen. Diese strategische Rücksichtnahme erfolgt gleichwohl nicht freiwillig oder ohne Hintersinn: Vielmehr muß das System (Unternehmen), wenn es seine Umwelten gefährdet, langfristig mit bestandsgefährdenden Rückwirkungen auf das eigene System rechnen.[8] Damit gilt in

---

[7] Vgl. Remer, A.: Vom Zweckmanagement zum ökologischen Management. Paradigmawandel in der Betriebswirtschaftslehre, in: Universitas, 1993, S. 454-464. Zu diesen Systemzusammenhängen siehe auch: Seidel, E.: Nachhaltiges Wirtschaften und Fristigkeit des ökonomischen Kalküls. In: Das Naturverständnis der Ökonomik. Beiträge zur Ethikdebatte in den Wirtschaftswissenschaften, Tagungsband, Evangelische Akademie Tutzing 1994, S. 147-174. Und: Seidel, E. : Kooperation als Voraussetzung von Umweltschutz. In: Praxis der betrieblichen Umweltpolitik, hrsg. v. J. Freimann u. E. Hildebrandt, Wiesbaden 1995, S. 201-210.
[8] Vgl. Luhmann, N.: Soziale Systeme. Grundriß einer allgemeinen Theorie. Frankfurt 1985, S. 642.

letzter Konsequenz: „Ein System, das über seine Umwelt verfügt, verfügt im Endeffekt über sich selbst."[9] (Vgl. Abbildung 1).

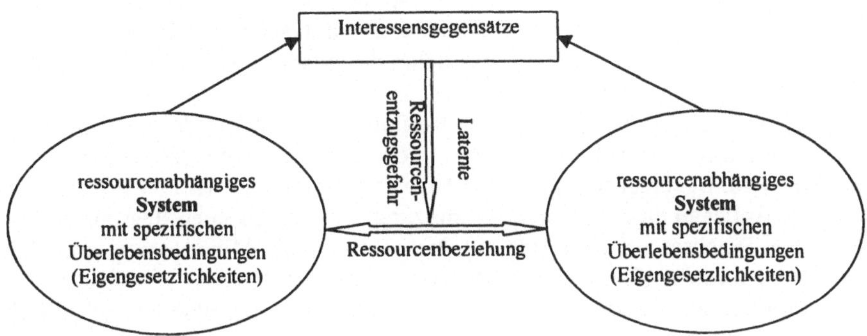

Abbildung 1:   System-Umwelt-Problematik aus der Ressourcenperspektive

1.2.1 Ressourcenorientierung im Marketing

Die Begriffswelt des Marketing korrespondiert kaum mit den hier verwendeten
Umschreibungen der Unternehmens-Umwelt-Beziehungen. Dies liegt sicherlich
zum Teil daran, daß der Markt nicht unbedingt als Umwelt wahrgenommen wurde, sondern vielmehr als das alles entscheidende Außen des Unternehmens. Diese
Vorstellung konkretisiert sich bis heute im *Primat des Absatzes*: Der gesamte
Unternehmenserfolg hängt linear vom Markterfolg ab. Als Markterfolg gilt es,
wenn der Kunde mit dem Produkt zufrieden ist und bei erneutem Kauf wiederum
auf das gleiche Produkt zurückgreift.[10] Die Überbetonung der Kundenorientierung
läßt leicht den Eindruck aufkommen, als gäbe es keine Grenze zwischen Unternehmen und Markt bzw. Kunden. Vielleicht ist gerade deshalb im Marketing ein
ressourcenorientierter Denkansatz entstanden. Unter dem Terminus „*Resource-
Based-View*" werden alle die Ansätze zusammengefaßt, die den individuellen
Markterfolg eines Unternehmens über die Existenz einzigartiger betriebsinterner
Ressourcen zu erklären versuchen.[11] Als Quelle von Wettbewerbsvorteilen und
damit automatisch von Unternehmenserfolg gelten vor allem die *intangiblen Ressourcen*, die tief im Unternehmen verwurzelt sind und in ihrer Verwertung an
dieses gebunden sind (organisatorische Fähigkeiten, technisches Know-how, Pa-

---

[9] Vgl. Wilden, A.: System and Structure: Essay in Communication and Exchange. London 1972,
     S. 207 (übersetzt).

[10] Vgl. Hill, W./Rieser, I.: Marketingmanagement. Bern u.a. 1993, S. 15.

[11] Vgl. Rasche, C.: Wettbewerbsvorteile durch Kernkompetenzen. Ein ressourcenorientierter
     Ansatz. Wiesbaden 1994, S. 37f.

tente usw.).[12] Gerade weil diese Ressourcenkategorie nicht oder nur unter größeren Wertverlusten extern zu beschaffen ist[13] (Nicht-Imitierbarkeit), stabilisiert sie das Denken in Ressourcenpools: Die richtigen Ressourcen sind entweder schon vorhanden oder eben nicht. Denn nicht-imitierbare Ressourcen können auch nicht von den Unternehmen kurzfristig aufgebaut werden, da die Vergangenheitsentwicklung des Unternehmens, die Interdependenzen mit anderen Ressourcen und die Unklarheit über die Entstehungskausalitäten die entscheidenden Einflußgrößen der Nicht-Imitierbarkeit sind.[14]

Insgesamt scheint der Gewinn des Resource-Based-View der zu sein, daß die Entstehung des Unternehmenserfolges mehr von der Seite der Ressourcen her gedacht wird. In seiner jetzigen Grundausrichtung können wir den Ansatz jedoch nur dem Anliegen einer besseren Ausnutzung von vorhandenen Ressourcen und – durch den Wechsel auf die inside-out-Perspektive – der Minimierung von Abhängigkeiten zuordnen. (Resource-Dependence-Approach).

Vermutlich aus diesem Grunde gibt es auch schon eine eine Art „*Nachhaltigkeitskritik*" am Resource-Based-View. Statt auf die Nicht-Imitierbarkeit von Ressourcen zu achten, könnte es für den eigenen Unternehmenserfolg durchaus sinnvoll sein, den Konkurrenten gerade die Imitation der zum Erfolg führenden Ressource zu ermöglichen. Besonders wenn neue technische Standards auf dem Markt durchgesetzt werden sollen, könnte es durchaus eine entscheidende Erfolgsvoraussetzung sein, diese Standards auch den Konkurrenten zur Verfügung zu stellen.[15] Eine derartige Handlungsweise setzt indes das Verständnis eines Unternehmens voraus, daß es gerade auch mit seinen Konkurrenten in einer *wechselseitigen Ressourcenbeziehung* lebt.

Eine über den Resource-Based-View hinausgehende und eher beziehungsorientierte Denkweise läßt sich aus der Vorstellung ableiten, daß zwischen Unternehmen und Markt eine Austauschbeziehung besteht.[16] Diese neutrale Formulierung läßt die Interpretation zu, daß auch im Marketing die Unternehmens-Markt-Beziehung nicht mehr allein als die Summe von Kaufhandlungen (Ware gegen Geld) gesehen werden müssen. Diesem Gedanken scheint der aktuelle Ansatz des *Beziehungsmarketings* zu folgen. Er fordert die Steuerung und Ausgestaltung langfristiger und zufriedenstellender Austauschprozesse mit den wichtigsten

---

[12] Vgl. Peteraf, M.A.: The Cornerstones of Competitive Advantage: A Resource-Based View. In: Strategic Management Journal. 14 (1993) S. 179-191.

[13] Vgl. Bresser, R.: Strategische Managementtheorie. Berlin, New York 1998, S. 306.

[14] Vgl. Rasche, C./Wolfrum, B.: Ressourcenorientierte Unternehmensführung. S. 504. In: DBW 54 (1994) 4, S. 501-517.

[15] Ein Beispiel aus der Computerindustrie findet sich bei Garud, R./Kumaraswamy, A.: Changing Competitive Dynamics in Network Industries: An Exploration of Sun Microsystems ‚Open Systems Strategy'. Strategic Management Journal Jg. 14, 1993, S. 351-369. Vgl. auch Bresser, R.: Strategische Managementtheorie. Berlin, New York 1998, S. 309.

[16] Die offizielle Marketingdefinition der American Marketing Association von 1985 lautet: „Marketing(-Management) ist der Planungs- und Durchführungsprozeß der Konzipierung, Preisfindung, Förderung und Verbreitung von Ideen, Waren, und Dienstleistungen, um Austauschprozesse zur Zufriedenstellung individueller und organisatorischer Ziele herbeizuführen." Zitiert in Kotler, P./Bliemel, F.: Marketing-Management. Stuttgart 1999, S. 17.

Marktpartnern: Kunden, Lieferanten, Absatzmittlern.[17] Dieses Konzept, Marktbeziehungen als Austauschprozesse langfristig zu gestalten, verbunden mit einer Ressourcenorientierung, wollen wir hier – noch sehr zurückhaltend – als ausbaubaren *Nachhaltigkeitsansatz* interpretieren. In den aktuellen Gestaltungsempfehlungen der Marketinglehre lassen sich demnach Indizien für die Tendenz erkennen, Unternehmen in ihrem Marktergebnis in einer Form von ihren Austauschpartnern abhängig zu sehen, die nicht eine *Beherrschung* (Umweltkontrolle) als vielmehr eine *Berücksichtigung* der gegenseitigen Überlebensbedingungen nahelegt.[18]

1.2.2 Ressourcenorientierung im Personalwesen

Auch im Personalmanagement wird seit einigen Jahren der Ressourcenbegriff verwendet: Zunehmend wird statt von Personal von *Humanressourcen* gesprochen. Mit *Human Resource Management* wurde ursprünglich ein amerikanisches Konzept bezeichnet (Harvard Modell), welches auf die Lösung von typisch amerikanischen Personalproblemen zielte (commitment, competence, congruence, cost-effectivness).[19]

Das Gros der Literatur zum strategischen Human Resource Management konzentriert sich gegenwärtig auf die Frage nach einer strategiekonformen Personalstruktur.[20] Dieser Ansatz ist der herkömmlichen Annahme einer eindeutigen Ziel-Mittel-Hierarchie verpflichtet: Das Personalmanagement folgt den Vorgaben der Unternehmensstrategie. Hiermit korrespondiert die Vorstellung, daß es Aufgabe des Personal- oder Human Resource Managements ist, die vorhandenen Humanressourcen deshalb vollständig *auszuschöpfen,*[21] weil nicht ausgeschöpfte Fähigkeiten negative Auswirkungen auf die Motivation und damit auf das Betriebsergebnis und die Wettbewerbsfähigkeit haben.[22] Diese Art von Human Resource

---

[17] Vgl. Bruhn, M./Bunge, B. (1994) S. 47 (Bruhn, M./Bunge, B. (1994): Beziehungsmarketing - Neuorientierung für Marketingwissenschaft und -praxis?. In: Bruhn, M./Meffert, H./Wehrle, F. (Hrsg.): Marktorientierte Unternehmensführung im Umbruch. Stuttgart 1994, S. 41-83).

[18] Im Rahmen des Beziehungsmarketings wird zum Beispiel darüber nachgedacht, ob nicht die Unternehmen ihren Kunden mehr Konsum-Kompetenz vermitteln sollten. Dieser Ansatz läßt sich durchaus im Sinne der Gestaltung einer wechselseitigen Ressourcenbeziehung interpretieren. Vgl. Henning-Thurau, Th.: Steigert die Vermittlung von Konsum-Kompetenz den Erfolg des Beziehungsmarketings? Das Beispiel Consumer Electronics. In: Die Unternehmung, Nr. 1/1999 S. 21-38.

[19] Das Modell geht zurück auf Beer, M. u.a.: Human Resource Management. A General Manager's Perspective. New York, London, 1985.

[20] Vgl. Wächter, H.: Vom Personalmanagement zum Strategic Human Resource Management. S. 327. In: Staehle, W./Conrad, P. (Hrsg.): Managementforschung 2. Berlin, New York 1992, S. 313-340.

[21] Vgl. z.B. Fröhlich, W.: Personalmanagement und Führung. Visionen zur Gestaltung eines erfolgreichen Human Resources Management. S.303ff. In: Klimecki, R./Remer, A. (Hrsg.): Personal als Strategie. Mit flexiblen und lernbereiten Human-Ressourcen Kernkompetenzen aufbauen. Neuwied u.a. 1997, S. 301-318.

[22] Zu diesem Ansatz vgl. bspw. Lattmann, C. et. al.: Die Förderung der Leistungsbereitschaft des Mitarbeiters als Aufgabe der Unternehmensführung. Heidelberg 1992.

Management unterscheidet sich nicht von einem Personalmanagement, welches davon ausgeht, daß man das richtige Personal zwar nicht mehr kaufen, aber doch machen kann. Hintergrund ist die Vorstellung, daß das Personal einen *Pool von Ressourcen* darstellt, der gestaltbar ist und effizient genutzt werden muß.

Nun gibt es im deutschen Personalmanagement schon länger eine Art Ressourcenorientierung, die deutlich über das amerikanische Human Resource Management hinausgeht. Zumindest die deutsche Art der Berufsbildung scheint ein deutlicher Indikator dafür zu sein, daß in der Wirtschaft der *Nachschub* von qualifizierten Personal eine Aufgabe ist, die nicht allein von der betrieblichen Umwelt zu gewährleisten ist.[23] Von daher ist es bedauerlich, daß es gegenwärtig in der Wirtschaft die Tendenz gibt, diese Aufgabe nicht mehr konsequent zu verfolgen. Der Nachschubgedanke (Angebot an Ausbildungsplätzen in Industrie und Handwerk) wird dem Kostendruck geopfert. Ähnlich kontraproduktiv aus der Ressourcenperspektive ist es, wenn die Wirtschaft zeitweise bestimmte Berufe (z.B. Ingenieure oder Naturwissenschaftler) nicht mehr nachfragt und an den Hochschulen daraufhin die Studentenzahlen deutlich zurückgehen. Gegenwärtig beklagt sich die Wirtschaft wiederum über den Nachwuchsmangel, den sie aber selber mitverursacht hat.

Die moderne Personalmanagementliteratur zeigt auf, daß die dauerhafte Sicherung von Humanressourcen unumgänglich verlangt, daß sich die Unternehmen auf die *Eigengesetzlichkeiten* der Umwelt Personal einlassen (z.B. des Arbeitsmarktes oder der Motivationsentstehung).[24] Hierbei geht es nicht allein um die Regenerationsbedingungen des aktiven Personals (z.B. Arbeitszeiten) als zunehmend auch um die Frage, was Unternehmen selbst in ihrer Umwelt tun müssen, um in Zukunft dauerhaft auf qualifiziertes Personal zurückgreifen zu können (nachhaltige Personalwirtschaft). Daß dieses Ressourcenproblem in der Praxis allemal erkannt wird, zeigt die gerade gegründete Selbst-GmbH, ein Netzwerk deutscher Personalmanager, die sich zusammengetan haben, um an der Veränderung des Systems Arbeit mitzuwirken. Ein konkretes Anliegen dabei ist es, die Arbeitsmarktfähigkeit der Mitarbeiter zu erhalten.[25] In unserem Sinne kann man dieses Anliegen durchaus als Vorstellung interpretieren, daß die Unternehmen, auch was das Personal angeht, in einer Art Ressourcengemeinschaft leben, in der jeder für den Nachschub und Pflege an Ressourcen für andere mitverantwortlich ist.

1.2.3 Ressourcenorientierung im Umweltschutzmanagement

Der vorliegende Band ist der Frage gewidmet, welche Entwicklungen es im *Umwelt(schutz)management* im kommenden Jahrhundert geben wird. Die bisherige Entwicklung haben wir einleitend unter dem Begriff der Umweltwirtschaft zusammengefaßt. Gerade für den Umgang mit natürlichen Ressourcen scheint es

---

[23] Vgl. Staehle, W.H.: Entwicklung und Stand der deutschen Personalwirtschaftslehre. In: Beiträge zur Arbeitsmarkt- und Berufsforschung 109, S. 45-66.

[24] Vgl. Remer, A.: Personal und Management im Wandel der Strategien. S. 408. In: Klimecki, G./Remer, A. (Hrsg.): Personal als Strategie. Neuwied u.a. 1997, S.399-417.

[25] Vgl. die Internetseite http://www.selbst-gmbh.de

aufgrund ihrer definitiven Begrenztheit nur ein Postulat zu geben: *Ressourcenschonung*. Diese Schonung des Potentials der Natur gilt sowohl für ihre Rohstoffe als Input in den Produktionsprozeß, als auch für ihre Aufnahmefähigkeit für Abfall und Emissionen auf der Outputseite. Erfolgreich und dauerhaft ist die natürliche Umwelt geschützt, wenn es der Wirtschaft gelingt, die Managementregeln einzuhalten, die als Prämissen einer strengen Nachhaltigkeit von der Enquete Kommission „Schutz des Menschen und der Umwelt" des Deutschen Bundestages formuliert worden sind.[26]

Nun braucht man keine großen empirischen Untersuchungen, um festzustellen, daß das betriebliche Umweltmanagement bis heute nur sehr partiell erfolgreiche Beiträge zur Ressourcenschonung liefern konnte.[27] Sicherlich wurde durch die Einführung von Umweltmanagement in den Betrieben ein Großteil der Kostensenkungspotentiale durch Umweltschutz ausgenutzt, wobei aber eben nicht die Schonung der Natur, sondern die des Geldbeutels im Vordergrund stand. *Ökologische Gratiseffekte* nennt man üblicherweise die durch effizienteres Wirtschaften oder effizientere Technologien entstehenden Einsparungen von Ressourcen, wenn sie nicht gleich durch Produktionswachstum wieder kompensiert wurden.[28]

Man kann für die Erklärung des Umgangs der Wirtschaft mit der Natur noch nicht einmal den *Resource-Dependence-Approach* zugrunde legen. De facto besteht natürlich eine Ressourcenabhängigkeit der Wirtschaft von der Natur, tatsächlich ist dieses Abhängigkeitsverhältnis nicht institutionell geregelt. Die Natur kann nicht mit Ressourcenentzug drohen, falls die erheblichen Einwirkungen auf sie nicht reduziert werden. Der betriebliche Einsatz für die Regeneration von Ressourcen, wie sie die Managementregeln der ökologischen Nachhaltigkeit fordern, ist indes aus Sicht des Resource-Dependence-Approach nur dann rational, wenn bei Nichtbeachtung Gefahr für den kontinuierlichen Ressourcenzufluß des Unternehmens entsteht. Dies wird jedoch kurzfristig nicht der Fall sein.

---

[26] Nutzung erneuerbarer Ressourcen: Die Abbaurate erneuerbarer Ressourcen soll ihre Regenerationsrate nicht überschreiten. Dies entspricht der Forderung nach Aufrechterhaltung der ökologischen Leistungsfähigkeit, d.h. (mindestens) nach Erhaltung des von den Funktionen her definierten ökologischen Realkapitals. Nutzung nicht-erneuerbarer Ressourcen: Nicht-erneuerbare Ressourcen sollen nur in dem Umfang genutzt werden, in dem ein physisch und funktionell gleichwertiger Ersatz in Form erneuerbarer Ressourcen oder höherer Produktivität der erneuerbaren sowie der nicht-erneuerbaren geschaffen wird. Inanspruchnahme der Aufnahmekapazität der Umwelt: Stoffeinträge in die Umwelt sollen sich an der Belastbarkeit der Umweltmedien orientieren, wobei alle Funktionen zu berücksichtigen sind, nicht zuletzt auch die „stille" und empfindlichere Regelungsfunktion. Beachtung der Zeitmaße: Das Zeitmaß anthropogener Einträge bzw. Eingriffe in die Umwelt muß im ausgewogenen Verhältnis zum Zeitmaß der für das Reaktionsvermögen der Umwelt relevanten Prozesse stehen. Vgl. Enquete-Kommission (1994) S. 42ff (Enquete-Kommission „Schutz des Menschen und der Umwelt" des Deutschen Bundestages (Hrsg.) (1994): Die Industriegesellschaft gestalten - Perspektiven für einen nachhaltigen Umgang mit Stoff- und Materialströmen. Bonn.)

[27] Kritisch zu den Erfolgen ist Steger, U.: Eine Dekade Umweltmanagement – ein Rückblick. In: derselbe (Hrsg.): Handbuch des integrierten Umweltmanagements. München 1997, S. 2-29.

[28] Die meisten der erzielten deutlichen Verbesserungen von Luft-, Wasser- und Bodenqualität wurden im wesentlichen durch die Gesetzgebung erzwungen.

Die Nachhaltigkeitsanforderungen im Umgang mit der Natur sind derart streng formuliert, daß sie nicht in naher Zukunft erfüllt werden können,[29] ohne daß die Wirtschaft stirbt. Infolgedessen muß zwischen den Überlebensbedingungen der Unternehmen (Produktion und damit Ressourcenverbrauch) und den Überlebensbedingungen der Natur vermittelt werden. Dies gelingt dem Umweltschutzmanagement solange nicht, wie es die Natur als einen Ressourcenpool betrachtet, dessen Ausbeutungspotential (*Verbrauch*) begrenzt ist.[30] In Bezug auf unsere Nachhaltigkeitsdefinition (Quotient aus Nachschub und Verbrauch) fehlt dem Umweltmanagement noch fast völlig der Zugang zur Aufgabe, natürliche Ressourcen zu reproduzieren[31] (*Nachschub*[32]). Dieser Vermittlungsnotwendigkeit kommt übrigens der Ansatz des *Stoffstrommanagements* schon viel näher. Sein Ziel ist die Erhaltung der Reproduktionsbedingungen und der Reproduktionsfähigkeiten der menschlichen Wirtschaftsgesellschaft.[33]

1.3 Resümee: Von Nachhaltigkeit keine Spur?

Natürlich können die Erkenntnisse, die wir holzschnittartig aus dem Überblick über die Funktionsbereiche gezogen haben, nur vorläufig sein. Es bedarf einer noch viel eingehenderen Analyse, um die Tendenzen, die wir erspürt haben, definitiv zu bestätigen. Da es uns jedoch im wesentlichen darum geht, ein neues *Interpretationsschema* der erfolgreichen Unternehmens-Umwelt-Beziehungen anzubieten, darf das Ergebnis ruhig streitbar sein, um Diskussionen auszulösen.

Mit unserer Ressourcenperspektive haben wir die betrieblichen Funktionsbereiche Marketing, Personal und Umweltschutz dahingehend analysiert, in welcher Form sie die Umwelten, die sie im Unternehmen vertreten, wahrnehmen: als zu beherrschende Ressourcenumwelt oder als eine Umwelt, die *eigene Überlebensbedingungen* hat (Eigengesetzlichkeiten) und hierbei durch die Einwirkungen des Unternehmen in ihrer Funktionsfähigkeit gestört werden kann (wechselseitige Ressourcenbeziehung). Unsere folgenden Ergebnisse zeigen, daß die einzelnen Funktionsbereiche zwar inhaltlich jeweils unterschiedliche Ressourcenprobleme

---

[29] Vgl. Hofmeister, S.: Von der Abfallwirtschaft zur ökologischen Stoffwirtschaft. Opladen 1998 S. 294.

[30] Zu einer Kritik dieser Tendenz und den damit verbundenen Konsequenzen für die Natur vgl. Hofmeister, S.: Von der Abfallwirtschaft zur ökologischen Stoffwirtschaft. Opladen 1998 S. 88ff.

[31] Recycling reproduziert keine Ressourcen, sondern streckt nur deren Ausbeutungsmöglichkeit durch Mehrfachnutzung.

[32] Praktisches Beispiel: Die Deutsche Bundesstiftung Umwelt fördert die Anpflanzung von 30 ha Wald in der polnisch-tschechisch-deutschen Grenzregion, um die 283 t Kohlendioxid „auszugleichen", die beim Betrieb der Geschäftsstelle in Osnabrück durch Heizung, Stromverbrauch und Dienstreisen jährlich anfallen. Vgl. Umwelt-Kommunale ökologische Briefe, Nr. 13-14/1998, S. 13.

[33] Vgl. dazu Hofmeister, S.: Von der Abfallwirtschaft zur ökologischen Stoffwirtschaft. Opladen 1998 S. 287; Kirchgeorg, M.: Marktstrategisches Kreislaufmanagement. Wiesbaden 1999. Vgl. auch: Seidel, E.: Abfallwirtschaft als strategischer Erfolgsfaktor. In: Unternehmenserfolg durch Umweltschutz. Rahmenbedingungen, Instrumente, Praxisbeispiele, hrsg. v. H. Kreikebaum, E. Seidel u. H.U. Zabel, Wiesbaden 1994, S. 135-162.

bearbeiten, in ihrer Art des Ressourcenumgang aber einer identischen Rationalität folgen:

1. Das Ressourcenproblem des *Umweltschutzmanagements* ist das der *Schonung*. Das Umweltschutzmanagement nimmt die Natur allein als Ressourcenpool wahr. Die Begrenztheit der natürlichen Ressourcen zwingt zur Vermeidung bzw. Streckung ihrer Ausnutzung. Der immensen Anforderung, den Ressourcenverbrauch drastisch zu reduzieren, konnte das Umweltschutzmanagement noch kaum gerecht werden. *Nachhaltigkeitstendenzen in unserem Sinne lassen sich kaum erkennen.*

2. Das Ressourcenproblem des *Human Resource Managements* ist das der *Ausschöpfung*. Das gängige (amerikanisierte) Human Resource Management versteht den Mitarbeiter als Träger von noch unerschlossenen Potentialen, um ungewisse Zukunftsprobleme zu lösen (*Ressourcenpool*). Ein *Nachhaltigkeitsgedanke* wird heute in der Art und Weise, wie die Berufsausbildung erfolgt, realisiert. In der Praxis zeigt sich aber, daß die Unternehmen mit ihrem Ausbildungsangebot (*Nachschub* an Fachkräften) eher Rückschritte als Fortschritte machen.

3. Das Ressourcenproblem des *Marketings* ist das der *Erkennung* und *Ausnutzung*. Zugleich läßt sich eine Tendenz erkennen, Marktbeziehungen langfristig zu gestalten. Der Resource-Based-View und das Beziehungsmarketing stehen aber noch unverbunden nebeneinander. Ihre Verknüpfung könnte zur Gestaltung einer *nachhaltigen Marktbeziehung* führen.

Die erste Bilanz fällt ganz offensichtlich noch negativ aus. Die Managementlehre hat sich noch nicht wirklich auf die Anforderungen einer nachhaltigen Entwicklung eingelassen. Vielmehr herrscht implizit noch die Meinung vor, daß die Umwelt entweder einen „Sack voller Ressourcen" darstellt oder aber die lästige Fähigkeit besitzt, den Unternehmen den Zugang zu überlebenswichtigen Ressourcen zu erschweren. Gerade auch im Umweltschutzmanagement, wo man Nachhaltigkeitstendenzen in erster Linie vermuten sollte, steht allein die Minimierung des Verbrauchs von Ressourcen im Vordergrund.

Wir werden dagegen im weiteren zeigen, daß es durchaus Vorbilder für Systeme gibt, die deshalb nachhaltig sind, weil sich Ressourcenverbrauch und -nachschub die Waage halten. Derart wechselseitige Ressourcenbeziehungen finden sich in *Ökosystemen*. Wir wollen die Art und Weise, wie Ökosysteme mit Ressourcen umgehen, als Metapher[34] verwenden, um erste Vorüberlegungen für eine ökologische Theorie anzustellen. Im Endeffekt können wir auch darlegen, daß die Anforderungen einer nachhaltigen Entwicklung sich nicht gegen die Eigengesetzlichkeiten der Wirtschaft richtet, sondern genau im Gegenteil einen wertvollen Beitrag zum Überleben von Wirtschaft, Gesellschaft und Natur darstellen. Unsere folgende *ökologische Interpretation* von Wirtschaft und Gesellschaft soll deshalb einen neuen Erkenntnisweg dahingehend erschließen, daß strategische Rücksichtnahme auf die Umwelt ein entscheidender Beitrag dazu ist, daß ein System lang-

---

[34] Zu einer metaphorischen Anwendung des Ökosystembegriffs auf Unternehmensprobleme vgl. auch Moore, J.F.: Das Ende des Wettbewerbs. Führung und Strategie im Zeitalter unternehmerischer Ökosysteme. Stuttgart 1998.

fristig fortbestehen kann. *Umweltmanagement* – als Gestaltung von allen relevanten Umweltbeziehungen einschließlich zur Natur – bekommt dann eine erhebliche *strategische Bedeutung.*

2. Bausteine einer ökologischen Theorie

Der Einsatz einer Metapher bezweckt die Konstruktion eines neuen Kontextes, in dem das Beobachtungsphänomen der Zielwissenschaft in einem neuen Licht erscheint.[35] Mit dieser neuen Betrachtungsperspektive eröffnen sich möglicherweise neue Forschungshorizonte.[36] Ihr Wert ist demnach vorerst ein heuristischer. Für die Verwendung einer Metapher, also einer bildhaften Übertragung, reicht es aus, wenn es eine eher oberflächliche Ähnlichkeit zwischen den beiden Untersuchungsphänomen gibt.

Diese Ähnlichkeit sehen wir in der Art der Ressourcenbeziehungen in Ökosystemen und den Anforderungen einer nachhaltigen Entwicklung. Die meisten reifen Ökosysteme schaffen es deshalb über einen langen Zeitraum hinweg hoch effizient mit Ressourcen zu wirtschaften, weil ihre Organismen in *wechselseitigen Ressourcenbeziehungen* leben. Außer Wasser und Sonnenenergie gibt es nur unwesentliche Stoffeinträge von außen.[37] Natürlich haben sich die wechselseitigen Ressourcenbeziehungen in natürlichen Ökosystemen *herausevolutioniert* und sind nicht das Ergebnis einer *gezielten Überlebensstrategie.* Eine solche wollen wir aber aus den Fähigkeiten von Ökosystemen für das Überleben des Wirtschaftssystems gewinnen.

Die Metapher des Ökosystems erschließt uns nämlich eine Problemsicht, die die Gesellschaft als eine Art *Ressourcengemeinschaft* interpretiert, in der die verschiedenen Teilsysteme in wechselseitigen Ressourcenbeziehungen zu einander leben. Von der Aufrechterhaltung aller Ressourcenbeziehungen hängt sowohl das Wohlergehen des Gesamtsystems als auch das der einzelnen Systeme ab.[38] Wir wollen im weiteren zeigen, daß der Systemansatz, der Ko-Evolutionsansatz und

---

[35] Der Einsatz einer Metapher ist nicht zu verwechseln mit einer Analogiebildung. Bei einer Analogiebildung werden eben auch die Lösungsansätze der Ausgangswissenschaft übertragen. Diese Diskussion über die Erkenntniskraft einer Analogie von natürlichen und kultürlichen Systemen ist in der Managementlehre bereits als wenig fruchtbar abgeschlossen. Vgl. hierzu exemplarisch: Sandner, K.: Zur Reduktion von Management auf Kybernetik. In: Die Unternehmung, 36 (1982) Nr. 2, S. 113-121.

[36] Zu einer Klassifikation von Ähnlichkeitsformen vgl. Beer, S.: Decision and Control. The meaning of Operational Research und Management Cybernetics. London u.a 1966.

[37] Das Ökosystem als ein Netzwerk von im Kreis geführten Ressourcen (Kreislaufmodell: Produzenten, Konsumenten, Destruenten) zu definieren, stellt nur eine Teilmenge der wechselseitigen Ressourcenbeziehungen dar. Dieses Modell ist so plausibel, daß es scheinbar kaum Schwierigkeiten mit einer Analogiebildung hat. Die Kreislaufwirtschaft löst jedoch im wesentlichen ein Stoffproblem und hat das Ziel der Schonung der natürlichen Ressourcen. Über diesen Ansatz wollen wir jedoch hinausgehen, weswegen wir im folgenden den Begriff des Kreislaufes vermeiden.

[38] Vgl. Remer, A.: Vom Zweckmanagement zum ökologischen Management. Paradigmawandel in der Betriebswirtschaftslehre, in: Universitas, 5/1993, S. 454-464.

der Haushaltsansatz eine Art Ressourcengemeinschaft als ökologische Überlebensstrategie nahelegen.

2.1 Der Systemansatz

Mit dem systemtheoretischen Ansatz ist es der Managementlehre gelungen, die Außenbezüge eines Unternehmens zu erfassen und zum Gegenstand der Theoriebildung zu machen. Eine gemeinsame Entwicklungslinie der sehr heterogenen systemtheoretischen Ansätze ist die Theorie offener Systeme. Soziale Systeme können demnach nur überleben, wenn sie sich materiell ihrer Umwelt gegenüber öffnen. Sie sind nämlich auf Ressourcen aus ihrer Umwelt angewiesen. Diese Einsicht führt aber deshalb nicht zu einer Konzentration auf die Frage des sicheren Ressourcenzugangs, weil das System sich zunehmend auf die Eigengesetzlichkeiten der Umwelt einlassen muß, um die materiellen und finanziellen Stoffströme zu sichern. Je stärker es sich auf die Gesetze der Umwelt einläßt, desto bedrohter ist wiederum die Identität des Systems.[39] Materielle Öffnungstendenzen brauchen im Gegenzug ideelle Schließung, damit das System nicht in der Umwelt aufgeht.[40]

2.2 Der Ko-Evolutionsansatz

Der biologisch-geprägte Evolutionsansatz versucht die Frage zu beantworten, warum bestimmte Systeme ihr Überleben sichern konnten, andere hingegen nicht. Wie in der Natur filtert in der Grundannahme dieses Ansatzes die Umwelt aus der Vielfalt der Systeme diejenigen heraus, die sich nicht hinreichend an die speziellen externen Gegebenheiten angepaßt haben. Da die Population Ecology-Ansätze ihre Konzepte in engster Analogie zu den Theorien der biologischen Evolution entwickeln,[41] wird in der Managementlehre der Evolutionsansatz häufig mit dem ökologischen Ansatz gleichgesetzt.[42]

Eine enge und beinahe unauflösliche Verbindung gehen Ökologie und Evolutionstheorie unseres Erachtens nach eher im Ko-Evolutionsansatz ein, der nicht

---

[39] Vgl. dazu Remer, A.: Personal und Management im Wandel der Strategien. S. 408. In: Klimecki, G./Remer, A. (Hrsg.): Personal als Strategie. Neuwied u.a. 1997, S.399-417.

[40] Aus diesem Grunde wurde in der weiteren Entwicklung der Systemtheorie die Aufmerksamkeit von der Theorie offener Systeme auf die Theorie selbstreferentieller, autopoietischer Systeme verlagert. In dieser bleibt die Umwelt zwar für die Erhaltung des Systems, für Nachschub von Energie und Information bedeutsam. Für die Theorie selbstreferentieller Systeme ist die Umwelt aber vielmehr Voraussetzung der Identität des Systems: Systemidentität ist nur durch Differenz zur Umwelt möglich. Umwelt und System sind in dieser Theorie zwar gleich ursprünglich, dennoch aber ist das System und nicht die Umwelt Ausgangspunkt der Betrachtungen. Aus diesem Grunde ging vermutlich der Fokus auf die Umwelt als lebenserhaltender Ressourcenlieferant verloren. Vgl. zur Theorie selbstreferentieller Systeme Luhmann, N.: Soziale Systeme. Grundriß einer allgemeinen Theorie. Frankfurt 1985, S. 242.

[41] Vgl. z.B. Aldrich, H.E.: Organizations and environments. Englewood Cliffs, New York 1979.

[42] Z.B. von Steinmann, H./Schreyögg, G.: Management. Grundlagen der Unternehmensführung. 4. Aufl. Wiesbaden 1997, S. 65.

allein die Anpassungsvoraussetzungen von Unternehmen (evolutionäres Management) erklären will, sondern die Entwicklung von Unternehmen in Ko-Evolution mit der Entwicklung ihrer Umwelten. Ko-Evolution bedeutet, daß der Selektionsprozeß von den überlebensrelevanten Beziehungen zwischen den Systemen gesteuert wird. Systeme sind in dieser Wahrnehmung existentiell miteinander und nicht einfach mit der Umwelt verknüpft. Der koevolutionäre Gedanke, daß alle Systeme in einem Systemgefüge demnach nur deshalb überlebt hätten, weil sie eine überlebensrelevante Funktion für andere Systeme übernommen haben,[43] hat demnach nur dort Raum, wo statt von Umwelt genauer von Systemen-in-der-Umwelt gesprochen wird. Diese Aussage zum Überleben in einer Gemeinschaft ist eine ko-evolutionstheoretische, weil im Kern die Entstehung einer Lebensgemeinschaft thematisiert wird. Die Ökologie macht aus dieser Lebensgemeinschaft ein Ökosystem und thematisiert die Beziehungen zwischen den Systemelementen. Die entscheidende ökologische Aussage, aufbauend auf der Beschreibung einer Gemeinschaftsentstehung als Ko-Evolution, ist nun die, daß in einem Ökosystem sich kein Teil wandeln kann, ohne daß alle anderen Teile in ihrer Beziehung zueinander sich wandeln. In letzter Konsequenz kann aus einem Ökosystem kein Element herausgenommen werden kann, ohne negative Wirkungen auf das Gesamtgefüge hervorzurufen. Hier schließt sich die Argumentation, daß ein System, das über seine Umwelt verfügt, letztendlich über sich selbst verfügt.[44]

2.3 Der Haushaltsansatz

Mit dem Haushaltsansatz wollen wir nun eine neues Konstrukt einführen, das die systemtheoretische Aussage der Offenheit von Systemen und die ko-evolutionäre Erkenntnis der Entwicklung in Gemeinschaft zu einer neuen ökologischen Überlebenstrategie für Unternehmen zusammenführt.

Die Fachrichtung *Ökologie* wurde von Haeckel als Lehre vom Hauhalt der Natur eingeführt. Interessanterweise spielt aber das Konstrukt des Haushaltes in der sich anschließenden naturwissenschaftlich-ökologischen Forschung keine große Rolle mehr.[45] Zwar ist der Naturhaushalt heute ein zentraler Begriff des Natur-

---

[43] Vgl. z.B. Wiener, W.: Genom und Gehirn: Information und Kommunikation in der Biologie. München 1970, S. 30f; Thomas, L.: The Lives of a Cell: Notes of a Biology Watcher. Toronto u.a. 1980, S. 12.

[44] Die Psychologie hat sich den ökologischen Denkansatz schon viel früher erschlossen und mit seiner Hilfe erkannt, daß die Entwicklung eines Individuums nicht von seiner Umwelt gesteuert oder beschränkt wird, sondern von den Beziehungen zwischen Individuen (System-System-Beziehungen) geprägt wird. Vgl. z.B. Willi, J.: Die Koevolution. Die Kunst des gemeinsamen Wachsen. Reinbek 1985.

[45] Einen sehr guten Überblick über die Entwicklung des ökologischen Denkens durch ausgewählte Texte, inklusive des Beitrags von Haeckel von 1866, findet sich bei Schramm, E. (Hrsg.): Ökologie-Lesebuch. Vom Beginn der Neuzeit bis zum Club of Rome 1971. Frankfurt a. M. 1984.

schutzrechts (§8 BNatSchG.), aber auch hier wird der Begriff als eine bildhafte Vorstellung, die sämtliche Vorgänge in der Natur umfassen soll, verwendet.[46]

Uns erscheint jedoch gerade der Haushaltsansatz als das entscheidende Denkmodell, um die zukünftigen Probleme der Wirtschaft zu lösen. Die griechische Wurzel des Begriffs oikos wurde damals schon im Terminus Ökonomie verwandt, womit seit Aristoteles die Normen (nomos) einer guten Haushaltsführung gemeint waren. Gut war die Haushaltsführung dann, wenn der Bedarf der Haushaltsangehörigen gedeckt und zugleich die Lebensvoraussetzungen gesichert werden konnten.[47]

Wir gehen davon aus, daß die modernen Aufgaben der Unternehmensführung sich zunehmend wieder mit dieser Problemformel begreifen lassen: Bedarfsdeckung (Gewinn, Güterversorgung) und Lebenserhalt, d.h. nachhaltige Bedürfnisbefriedigung, Gewinn und Überleben werden zunehmend zu unabhängigen Variablen, die nicht mehr aufeinander zurückzuführen sind im Sinne von: Überleben durch Gewinn. Mit dieser Emanzipierung von Fragen des Lebenserhaltes über die der Bedarfsdeckung kann die Metapher des Haushaltes zu neuen Gestaltungsempfehlungen für das Management führen. Das Wesen des Haushaltes läßt sich am besten erfassen, wenn wir ihn als einen *gedanklichen Ort des Ressourcenverbrauchs und zugleich den der Ressourcenpflege und Ressourcenbildung* verstehen. Haushälterisches Handeln zielt aber nicht in erster Linie auf die Ressourcenschonung (Nichtnutzung von Ressourcen). Eine gute Haushaltsführung ist vielmehr die, die am Ende mit Hilfe der vorhandenen Ressourcen unter Erhaltung der Ressourcenbasis die meisten Probleme gelöst oder Bedürfnisse befriedigt hat und eben nicht die, die am Ende möglichst viele Ressourcen angehäuft hat.

Mit diesem Verständnis von Haushalt wollen wir folglich eine neue Problemlösungssicht einführen, die nicht allein dem Überleben der Wirtschaft (Werte schaffen zu können) und dem der Natur (Verminderung der Eingriffstiefe durch Ressourcenschonung und Abfallminimierung) verpflichtet ist. Vielmehr lassen sich Unternehmen mit all ihren Umwelten als eine Art Haushaltsgemeinschaft denken, in der vielfältige wechselseitige Ressourcenbeziehungen bestehen, von deren Aufrechterhaltung das Wohlergehen sowohl der einzelnen Systeme als auch das des Gesamtsystems abhängt. Diese Denkrichtung wollen wir als *Wirtschaftsökologie* bezeichnen, eine Denkrichtung, die eben auch die Wirtschaft zum Objekt der Gestaltung macht. Damit läßt sich auch eine deutliche Differenz zur Umweltwirtschaft ziehen, in der die Umwelt das Objekt und die Wirtschaft das Subjekt des Handelns ist.

---

[46] Lt. Marticke schütteln Ökologen nur den Kopf, wenn sie die Metapher Naturhaushalt hören, weil sie schwer oder gar nicht operationalisierbar ist. Vgl. Marticke, U.: Zur rechtlichen Überprüfung von Umweltbewertungen. S. 223. In: Daschkeit, A./Schröder, W. (Hrsg.): Umweltforschung quergedacht. Perspektiven integrativer Umweltforschung und -Lehre. Berlin u.a. 1998., S. 209-233.

[47] Der „Oikos" umfaßte eine selbständig wirtschaftende Einheit, die unter Leitung eines Hausvaters die Daseinsvorsorge einer Menschengruppe zu gewährleisten hatte. Es handelte sich hierbei um eine Unterhaltswirtschaft (im Gegensatz zur Erwerbswirtschaft heute), deren Schwerpunkt in der Sicherung des Lebensunterhaltes der Oikos- oder Haushaltsfamilie. Ausführlich zur alteuropäischen Lehre von der Haushaltungskunst Vgl. von Schweitzer, R. (1991) S. 51ff.

3. Ausblick: Vom Umweltmanagement zum strategischen Ressourcenmanagement

Wenn heute von Umweltmanagement gesprochen wird, dann wird implizit die Frage thematisiert, wie Unternehmen so wirtschaften können, daß sie ihre Ziele erreichen, gleichzeitig aber die Natur maximal geschont wird. Wir haben diese Frage als Anliegen eines Umwelt*schutz*managements bezeichnet. Genauer noch müßte man eigentlich „Naturschutzmanagement" sagen. Unternehmen haben allerdings viele Umwelten, zu denen sie eine Beziehung gestalten müssen. Diese Beziehungen wären mit „Umweltschutz" kaum adäquat bezeichnet. Statt dessen wollen wir von „Wirtschaftsökologie" sprechen und damit die Aufmerksamkeit auf die *gegenseitigen* Haushaltsbeziehungen aller natürlichen und kultürlichen Teilsysteme (bzw. Umwelten) lenken. Im Gegensatz hierzu haben wir in unserer noch holzschnittartigen Analyse festgestellt, daß im strategischen Management noch allzusehr davon ausgegangen wird, daß die betrieblichen Umwelten einen Pool von Ressourcen darstellen, die für die Erreichung der betrieblichen Zwecke ausgenutzt werden können. Diese Rationalität des Resource-Dependence-Approach halten wir für nicht ausreichend, um das Überleben von Unternehmen zu gewährleisten.

Unser neues Interpretationsangebot für die Unternehmens-Umwelt-Beziehungen ist das der *Ressourcengemeinschaft*. Unter Anwendung ökologischer, systemtheoretischer und ko-evolutionärer Teileinsichten haben wir versucht darzulegen, daß die *ressourcenstrategische Rücksichtnahme* auf alle betrieblichen Umwelten eine langfristig angelegte Überlebensstrategie für Unternehmen sein kann. Aus dem herkömmlichen Umweltmanagement wird auf der Basis unseres wirtschaftsökologischen Ansatzes so ein *strategisches Ressourcenmanagement*. Unternehmen leben mit ihren Umwelten (Ressourcenquellen) in einer Haushaltsgemeinschaft, in der es darauf ankommt dafür zu sorgen, daß die (gemeinsamen) Lebensmittel nicht knapp werden, d.h. Verbrauch und Nachschub von Ressourcen sich die Waage halten.

Eine stärkere Ressourcenorientierung hat zur Folge, daß das Unternehmen nicht mehr allein von den Zwecken (Gewinn, Marktanteile usw.) her geführt werden kann. Durch die Ressourcenorientierung erfahren vielmehr die Mittel einen erheblichen Bedeutungszuwachs. Das strategische Management kann sich somit immer weniger auf die klassische Zweck-Mittel-Hierarchie verlassen und muß zunehmend eine widersprüchliche Aufgabe lösen: den Unternehmenserfolg sowohl von den Zwecken als auch von der langfristigen Ressourcensicherung her zu denken. Hierfür wird die herkömmliche Umweltanalyse des strategischen Planungsprozesses eine neue Ausrichtung erhalten. Umwelt kann nicht mehr allein unter Chancen/Risiken-Gesichtspunkten (SWOT-Analyse) analysiert werden. Aus der Analyse muß ein Reflexionsprozeß werden: Welche Einwirkungen hat das betriebliche Handeln auf die Systeme-in-der-Umwelt (Ressourcenquellen) und welche ressourcenorientierten Rückwirkungen auf das Unternehmen sind zu erwarten? Aus der Systemplanung (optimaler Weg zum Ziel) wird mithin eine Umweltplanung, die mehr an den Eigengesetzlichkeiten des Weges anknüpft. Eine solche Planungsart ist inkrementaler, dialektischer. Sie kann letztlich sogar dazu führen, daß die Mittel zum Zweck werden.[48] Insgesamt wird diese konsequente strategische Rücksichtnahme auf die Umwelten dazu führen, daß aus Umwelten Haushaltsteilnehmer werden können.

Was können die einzelnen Funktionsbereiche zu einer konsequenten Ressourcenorientierung beitragen? Im *Marketing* kann der Ansatz des Beziehungsmarketings mit dem Resource-Based-View verknüpft wird: die langfristige Gestaltung der Marktbeziehungen unter dem Gesichtspunkt der dauerhaften Ressourcensicherung für alle Marktpartner. Im *Umweltschutz* müssen die Reproduktionsbedingungen der Natur deutlicher berücksichtigt werden, bis hin zur aktiven Förderung des Ressourcennachschubs (Aufbau von Naturpotentialen). Am deutlichsten spürbar wird die ernstgenommene Ressourcenorientierung im *Personalwesen*. Da der Mitarbeiter zugleich Mensch in verschiedenen betrieblichen Umwelten (Familie; Politik, Kirche, Umweltschutzgruppierungen usw.) ist, bedeutet hier strategische Rücksichtnahme einschneidende Selbstbeschränkung in der Ausnutzung der Ressource Mensch. Dieser darf eben nicht soweit vereinnahmt werden, daß er seine Rollen in den angrenzenden Systemen (Haushaltspartner) nicht mehr wahrnehmen kann und somit deren Existenz bedroht ist.[49] Zugleich wird der Mensch aber die entscheidende Ressource für die Lebensfähigkeit des Unternehmens, wie es allenthalben betont wird. Vermutlich wird die *ökologische Wende* zum strategischen Ressourcenmanagement deswegen vom Personalmanagement her eingeleitet werden, weil hier die Problematik eines nachhaltigen Umgangs mit Ressourcen evident ist: den dauerhaften *Nachschub* von qualifiziertem Personal zu gewährleisten funktioniert nur, wenn die Eigengesetzlichkeiten des Bildungs-, Arbeits- und Familiensystems berücksichtigt und ihre Funktionsfähigkeit gefördert wird (z.B. Bildungs-Sponsoring). Zugleich aber muß die Ressource Mensch unternehmensintern immer anspruchsvollere Aufgaben bewältigen. Mithin verändert sich auch das *Verbrauchs*verhalten: Die Lösung ungewisser Aufgaben erfordert eine General-Management-Kompetenz, deren Förderung und Einsatz erheblicher organisatorischer Freiräume bedarf. Diese Mittelorientierung in Personal und Organisation schlägt wiederum auf die Art der Strategiebildung durch und führt in letzter Konsequenz dazu, daß der nachhaltige Umgang mit Ressourcen ein Unternehmensziel neben der Gewinnorientierung wird. Ressourcenorientiert-geführte Unternehmen werden dann vielleicht in ihren Jahresabschlüssen nicht nur darüber berichten, ob sie ihre eigenen Ziele (Shareholder-Value) erreicht haben, sondern auch darüber, wie sich ihre Ressourcenquellen (Umwelten) entwickeln und was sie dafür investiert haben. Über diese neue Art eines *Sustainability-Reportings* wird heute schon nachgedacht.[50]

---

[48] Vgl. Luhmann, N.: Zweckbegriff und Systemrationalität. Frankfurt 1984, 2. Aufl. S. 143ff.

[49] Vgl. Remer, A.: Vom Zweckmanagement zum ökologischen Management. In: Universitas 5/1993, S. 462f.

[50] Vgl. Seifert, E.K.: Kennzahlen zur Umweltleistungsbewertung – Der internationale ISO-14031-Standard im Kontext einer zukunftsfähigen Umweltberichterstattung. In: Seidel, E./-Clausen, J./Seifert, E.K. (Hrsg.): Umweltkennzahlen. München 1998, S. 71-120.

Literaturverzeichnis

Aldrich, H.E.: Organizations and environments. Englewood Cliffs, New York 1979.

Beer, M. u.a.: Human Resource Management. A General Manager's Perspective. New York, London, 1985.

Beer, S.: Decision and Control. The meaning of Operational Research und Management Cybernetics. London u.a. 1966.

Bresser, R.: Strategische Managementtheorie. Berlin, New York 1998.

Bruhn, M.; Bunge, B.: Beziehungsmarketing - Neuorientierung für Marketingwissenschaft und -praxis?. In: Bruhn, M.; Meffert, H.; Wehrle, F. (Hrsg.): Marktorientierte Unternehmensführung im Umbruch. Stuttgart 1994, S. 41-83.

Brundtland-Kommission der UN: "Sustainable development is development that meets the needs of the present without comprimising the ability of future generations to meet their own needs". Abschlußbericht der Brundtland-Kommission der UN: Our Common Future. 1987.

Enquete-Kommission: (Enquete-Kommission „Schutz des Menschen und der Umwelt" des Deutschen Bundestages (Hrsg.): Die Industriegesellschaft gestalten - Perspektiven für einen nachhaltigen Umgang mit Stoff- und Materialströmen. Bonn 1994.

Fröhlich, W.: Personalmanagement und Führung. Visionen zur Gestaltung eines erfolgreichen Human Resources Management. S.303ff. In: Klimecki, R.; Remer, A. (Hrsg.): Personal als Strategie. Mit flexiblen und lernbereiten Human-Ressourcen Kernkompetenzen aufbauen. Neuwied u.a. 1997, S. 301-318.

Garud, R.: Kumaraswamy, A.: Changing Competitive Dynamics in Network Industries: An Exploration of Sun Microsystems, Open Systems Strategy'. Strategic Management Journal Jg. 14, 1993, S. 351-369.

Henning-Thurau, T.: Steigert die Vermittlung von Konsum-Kompetenz den Erfolg des Beziehungsmarketings? Das Beispiel Consumer Electronics. In: Die Unternehmung, Nr. 1/1999 S. 21-38.

Hill, W.; Rieser, I.: Marketingmanagement. Bern u.a. 1993.

Hofmeister, S.: Von der Abfallwirtschaft zur ökologischen Stoffwirtschaft. Opladen 1998.

http://www.selbst-gmbh.de

Kirchgeorg, M.: Marktstrategisches Kreislaufmanagement. Wiesbaden 1999.

Kotler, P.; Bliemel, F.: Marketing-Management. Stuttgart 1999.

Lattmann, C. et. al.: Die Förderung der Leistungsbereitschaft des Mitarbeiters als Aufgabe der Unternehmensführung. Heidelberg 1992.

Luhmann, N.: Soziale Systeme. Grundriß einer allgemeinen Theorie. Frankfurt 1985.

Luhmann, N.: Zweckbegriff und Systemrationalität. Frankfurt 1984.

Marticke, U.: Zur rechtlichen Überprüfung von Umweltbewertungen. S. 223. In: Daschkeit, A.; Schröder, W. (Hrsg.): Umweltforschung quergedacht. Perspektiven integrativer Umweltforschung und -Lehre. Berlin u.a. 1998., S. 209-233.

Moore, J.F.: Das Ende des Wettbewerbs. Führung und Strategie im Zeitalter unternehmerischer Ökosysteme. Stuttgart 1998.

Peteraf, M.A.: The Cornerstones of Competitive Advantage: A Resource-Based View. In: Strategic Management Journal. 14; 1993 S. 179-191.

Rasche, C./Wolfrum, B.: Ressourcenorientierte Unternehmensführung. S. 504. In: DBW 54 (1994) 4, S. 501-517.

Rasche, C.: Wettbewerbsvorteile durch Kernkompetenzen. Ein ressourcenorientierter Ansatz. Wiesbaden 1994.

Remer, A.: Personal und Management im Wandel der Strategien. S. 408. In: Klimecki, G.; Remer, A. (Hrsg.): Personal als Strategie. Neuwied u.a. 1997, S.399-417.

Remer, A.: Vom Zweckmanagement zum ökologischen Management. Paradigmawandel in der Betriebswirtschaftslehre, In: Universitas, 5; 1993, S. 454-464.

Sandner, K.: Zur Reduktion von Management auf Kybernetik. In: Die Unternehmung, 36 1982 Nr. 2, S. 113-121.

Schramm, E. (Hrsg.): Ökologie-Lesebuch. Vom Beginn der Neuzeit bis zum Club of Rome 1971. Frankfurt a. M. 1984.

Schreyögg, G.: Umfeld der Unternehmung. In: Wittmann, W. u.a. (Hrsg.): Handwörterbuch der Betriebswirtschaft. 5. Aufl. Stuttgart 1993, Sp.4231-4247.

Seidel, E.: Abfallwirtschaft als strategischer Erfolgsfaktor. In: Unternehmenserfolg durch Umweltschutz. Rahmenbedingungen, Instrumente, Praxisbeispiele, hrsg. v. H. Kreikebaum, E. Seidel u. H.U. Zabel, Wiesbaden 1994, S. 135-162.

Seidel, E.: Nachhaltiges Wirtschaften und Fristigkeit des ökonomischen Kalküls. In: Das Naturverständnis der Ökonomik. Beiträge zur Ethikdebatte in den Wirtschaftswissenschaften, Tagungsband, Evangelische Akademie Tutzing 1994, S. 147-174.

Seidel; E.: Kooperation als Voraussetzung von Umweltschutz. In: Praxis der betrieblichen Umweltpolitik, hrsg. v. J. Freimann u. E. Hildebrandt, Wiesbaden 1995, S. 201-210.

Seifert, E.K.: Kennzahlen zur Umweltleistungsbewertung – Der internationale ISO-14031-Standard im Kontext einer zukunftsfähigen Umweltberichterstattung. In: Seidel, E.; Clausen, J.; Seifert, E.K. (Hrsg.): Umweltkennzahlen. München 1998, S. 71-120.

Staehle, W.H.: Entwicklung und Stand der deutschen Personalwirtschaftslehre. In: Beiträge zur Arbeitsmarkt- und Berufsforschung 109, S. 45-66.

Steger, U.: Eine Dekade Umweltmanagement – ein Rückblick. In: derselbe (Hrsg.): Handbuch des integrierten Umweltmanagements. München 1997.

Steinmann, H.; Schreyögg, G.: Management. Grundlagen der Unternehmensführung. 4. Aufl. Wiesbaden 1997.

Sydow, J.: Strategische Netzwerke. Evolution und Organisation. Wiesbaden 1993.

Thompson, J.D.: Organizations in Action. New York 1967.

Umwelt-Kommunale ökologische Briefe, Nr. 13-14/1998.

Wächter, H.: Vom Personalmanagement zum Strategic Human Resource Management. S. 327. In: Staehle, W.; Conrad, P. (Hrsg.): Managementforschung 2. Berlin, New York 1992, S. 313-340.

Wiener, W.: Genom und Gehirn: Information und Kommunikation in der Biologie. München 1970, S. 30f; Thomas, L.: The Lives of a Cell: Notes of a Biology Watcher. Toronto u.a. 1980.

Wilden, A.: System and Structure: Essay in Communication and Exchange. London 1972.

Willi, J.: Die Koevolution. Die Kunst des gemeinsamen Wachsen. Reinbek 1985.

Die Ethikkomponente im Umweltmanagement

Hartmut Kreikebaum

1. Problemstellung

Wir verdanken der technischen Zivilisation nicht nur entscheidende Verbesserungen der Lebenslage und des wirtschaftlichen Wohlstands der Menschheit, sondern auch die Zunahme von Risiken der Lebensgestaltung. Es muß deshalb sorgfältig geprüft werden, ob das Wissen, daß die Erde für den Menschen unbewohnbar gemacht werden kann, gleichzeitig auch zu einem höheren Maß an Verantwortung in Technik, Politik und Wirtschaft geführt hat. Die Vermutung geht dahin, daß ein Hang zur Gigomanie besteht, der tendenziell zur ethischen Deformierung führt. Die Devise: „Das, was gemacht werden kann, soll auch gemacht werden" signalisiert den Wunsch nach einem ethikfreien Raum, in dem der Zweck die Mittel heiligt. Und da wir uns die endgültigen Konsequenzen unseres Tuns oder Unterlassens nicht mehr vorstellen können, sind wir auch unfähig geworden, uns vor ihnen zu ängstigen.

Nun wissen wir aber, daß weder technische noch wirtschaftliche Entscheidungen in einem moralfreien Bezirk getroffen werden, da Ethik und Ökonomik in einem Verhältnis gegenseitiger Verflechtung und Abhängigkeit stehen. Allerdings ergeben sich daraus noch keine präzisen Hinweise für unser Thema. Wenn den Ethiker eine „Orakelpflicht" (Odo Marquard) träfe, so hätte er nach landläufigem Verständnis nebulös zu reden und vieldeutig-interpretierbare Aussagen zu machen. Allerdings würde diese Auslegung dem historischen Kern des Delphi-Orakels nicht gerecht: Pythia formulierte ihren Spruch stets in enger Anlehnung an das politische Wollen der Athener Führung. Wenn beispielsweise Themistokles sein Flottenbau-Programm durchbringen wollte, ließ das Orakel mit dem Spruch „Athen soll sich hinter hölzernen Mauern verteidigen" kaum eine andere Interpretation als den forcierten Bau von Schiffen zu.

Für die Umweltethik ergeben sich daraus zwei Folgerungen. Erstens sind ihre Aussagen pragmatisch auf den Gegenstand der Entscheidungen zu fokussieren, zweitens gilt es die langfristig-strategischen Konsequenzen unternehmerischen Handelns kritisch zu bedenken. Im Kern geht es also um die Übertragung einer Verantwortungsethik auf das Umweltmanagement.

Dem Rahmen der Veröffentlichung entsprechend konzentrieren wir uns auf Zukunftsperspektiven des Umweltmanagements, und zwar in doppelter Hinsicht. Wir fragen einmal danach, welche Ansprüche an das Umweltmanagement in den nächsten Jahrzehnten aus der Sicht einer Umweltethik erwachsen. Es ist also zu prüfen, welche normativen Aussagen heute zu treffen sind, wenn die intergenerationelle Verantwortung ernst genommen und langfristig ein „ökologisches Existenzminimum" im Sinne des Nachhaltigkeitsprinzips angestrebt wird. Zum anderen wollen wir untersuchen, welche Rückwirkungen sich aus der Konzeption einer ökologisch verstandenen Verantwortungsethik für das gegenwärtige Handeln der Entscheidungsträger in den Unternehmen abzeichnen. Denn es wird heute darüber entschieden, wie morgen die natürliche Umwelt aussieht. Es kann folglich nicht um eine konsequenzenlose Debatte wünschenswerter Optionen für die Zukunft gehen. Vielmehr müssen die Resultate der umweltethischen Reflexion in unternehmerische Entscheidungsprozesse Eingang finden. Welche Änderungsprozesse im einzelnen notwendig sind, wie diese erlernt und institutionalisiert werden müssen – das sind die zentralen Probleme der vorgegebenen Fragestellung.

2. Umweltethik in betrieblicher Perspektive

2.1 Umweltethik als Element eines normativen Managements

Umweltethische Aussagen lassen sich deskriptiv ableiten oder normativ formulieren. In deskriptiver Sicht geht es darum, die unterschiedlichen Wertvorstellungen der Entscheidungs- und Interessenträger kennenzulernen, die möglichen Konsequenzen des Handelns kritisch zu reflektieren und konkrete Konfliktsituationen zu analysieren. Dabei stößt man in der Regel auf ein „ethisches Dilemma". Das ethisch relevante Problem läßt sich nämlich vielfach nur schwer benennen, es ist an mehrere (oft konkurrierende) Anspruchsgruppen adressiert und spricht mehrere Werte an. Die handelnden Personen wollen zwar das „Richtige" machen, sie wissen aber entweder nicht, was das „Richtige" ist, oder verfügen nicht über die entsprechende Fähigkeit es zu tun.[1]

Das nachfolgende Beispiel verdeutlicht einen Umweltkonfliktfall aus der Sicht des Unternehmens.[2] Vor dem Abriß einer alten Lackiererei ergibt eine chemische Bodenprobe ein hohes Maß an Kontaminierung der Oberfläche. Die daraufhin vom Umweltschutzbeauftragten durchgeführte Probe unterhalb des Gebäudes zeigt, daß die Erde bis zu einer Tiefe von 8 m hochtoxisch ist. Im Unternehmen herrscht jedoch eine stille Übereinkunft darüber, mögliche Umweltschäden aus Kostengründen nicht näher zu analysieren.

Damit aus der Beschreibung einer solchen Dilemmasituation inhaltliche und prozessuale Normen abgeleitet werden können, sind ethisch relevante Konflikte zu entdecken, zu analysieren und zu beurteilen. Die Lösung eines Konflikts kann nach einem Ablaufdiagramm erfolgen, das die Konfliktsituation in Verbindung

---

[1] Vgl. Toffler, B.L.: Tough Choices - Managers talk Ethics, New York et al. 1986, pp. 20-22.
[2] Siehe dazu ausführlich Kreikebaum, H.: Grundlagen der Unternehmensethik, Stuttgart 1996, S. 205-207.

mit einer ethischen Leitlinie bringt.[3] Normative Vorprägungen bilden das Filter für rationale Entscheidungen. Aus der Sicht der Sozialethik werden Verhaltensleitlinien heute weniger daran gemessen, ob sie zu einer „gerechten" Preis- und Lohnfindung beitragen. Vielmehr ist danach gefragt, wie z. B. eine toxische Belastung der verschiedenen Medien möglichst von vornherein vermieden werden kann. Dabei wird rationales Handeln im Sinne einer praktischen Vernunft gefordert, die aber letztlich nicht vom Menschen verbürgt werden kann. Die hier vertretene normative Position sieht eine Verknüpfung von zweck-rationalem Handeln und egoistischem Selbstinteresse nicht als sinnstiftend an. Sie bezieht vielmehr die Liebe zum Nächsten und dessen Schutz in das Handeln ein. Das zentrale Gebot „Liebe Deinen Nächsten wie Dich selbst" beinhaltet das Gebot des solidarischen Teilens und die Überwindung von Eifersüchteleien. Die „Bereitschaft von moralischen Vorleistungen"[4] kann gerade im Umweltschutz auch andere Unternehmen dazu anregen, anreizorientierte ökologische Leitlinien zu verabschieden.

2.2 Unterschiedliche Konzepte einer Umweltethik

Im Mittelpunkt einer Umweltethik steht das Begründungsproblem als die Frage, von welchem Ansatz her über das zulässige und gewollte wirtschaftliche Handeln im Umweltbereich entschieden werden soll. Dabei lassen sich eine anthropozentrische und eine nicht-anthropozentrische Konzeption voneinander unterschieden.

2.2.1 Anthropozentrischer Ansatz

Eine „Ethik in ökologischer Absicht" ist nach Ulrich als eine moderne Vernunftethik zu entwerfen. Sie findet ihre Grundlage „allein in den denknotwendigen Bedingungen der Möglichkeit ethisch-praktisch vernünftigen Argumentierens und Handelns."[5] Diese Position zielt auf eine strikte Abgrenzung gegenüber einer Naturrechtsmetaphysik, die sich als romantisch-verklärte Ontologie einer „heilen", „unversehrten" Natur versteht.

Mittelstraß argumentiert noch deutlicher, indem er sich gegen den Versuch wehrt, eine anthropozentrische bzw. Vernunftethik durch eine ökologische oder Umweltethik zu ersetzen. „Die Zukunft ökologischer Vernunft liegt nicht in einem neuen Ökozentrismus, sondern in einer von allen Elementen eines Humanegoismus und einer ökologischen Romantik befreiten Vernunftethik."[6] Dahinter steht

---

[3] Vgl. Kreikebaum (1996), a.a.O., S. 238-249.

[4] Koslowski, P.: Prinzipien der ethischen Ökonomie: Grundlegung der Wirtschaftsethik und der auf die Ökonomie bezogenen Ethik, Tübingen 1988, S. 39.

[5] Siehe dazu ausführlich Ulrich, P.: Lassen sich Ökonomie und Ökologie wirtschaftsethisch versöhnen?, in: Seifert, E.K./ Pfriem, R. (Hrsg.): Wirtschaftsethik und ökologische Wirtschaftsforschung, Bern-Stuttgart 1989, S. 129-149, hier S. 130; Ulrich, P.: Unternehmerische Umweltverantwortung aus diskursethischer Sicht, in: Steinmann, H./ Wagner, G.R. (Hrsg.): Umwelt und Wirtschaftsethik, Stuttgart 1998, S. 33-47; Ulrich, P.: Integrative Wirtschaftsethik. Grundlagen einer lebensdienlichen Ökonomie, 2. Auflage, Bern-Stuttgart-Wien 1998.

[6] Mittelstraß, J.: Ökologie und Ethik - Zur philosophischen Verbindung zweier Leitbilder, in: Steinmann, H./ Wagner, G.R. (Hrsg.): Umwelt und Wirtschaftsethik, a.a.O., S. 19-32, hier S. 27.

die Überlegung, daß die Umweltprobleme aus keiner anderen Sicht als der des Menschen beurteilt werden können, und nicht aus der Sicht eines Ökosystems bzw. der Natur selbst. Aus dieser auf Kant zurückgehenden Position ergibt sich die Unmöglichkeit, daß die Ökologie als Ethikansatz fungieren könne.

In der Tat ist Ethik nur als Reflexion der humanen Vernunft auf die Bedingungen ihrer eigenen Möglichkeit zu begründen. Dennoch ist kritisch zu bedenken, daß das vernünftige allein nicht den ausschließlichen Maßstab des Denkens und Handelns ausmachen kann.[7] Zwar existiert keine Alternative dazu, daß dem Menschen auch in seinem ethischen Verhalten rationales Handeln, unter Berücksichtigung aller Umstände der jeweiligen Entscheidung, aufgegeben ist. Jedoch vermittelt ein erfahrungsgebundenes Wissen keinen Sinnzusammenhang. Dieser resultiert erst daraus, daß verpflichtender ein Lebenswert in den Mittelpunkt gerückt wird.

2.2.2 Nicht-anthropozentrischer Ansatz

Diese Konzeption geht von der Annahme aus, daß sich normative Aussagen aus dem Konsens oder der Natur ergeben. Es komme deshalb darauf an, die „Interessen der Natur" wahrzunehmen, in deren Kreisläufe der Mensch eingebunden sei, und mit der Natur Frieden zu schließen.[8] Die Natur gewinnt damit einen Subjektcharakter. Da nach dieser Auffassung alle Dinge miteinander „verwandt" sind, kann der Mensch sich auch stellvertretend zum Sprecher der Natur machen.

Eine weitere Argumentationskette setzt an dem neuen Weltbild der New Age-Bewegung an.[9] Deren Vertreter begreifen den Kosmos als ein lebendes Wesen, das ein eigenes Bewußtsein besitzt und über quasi-göttliche Eigenschaften verfügt. In dieser pantheistischen Sicht kommen Mensch und Kosmos auf dem Weg einer „Transformation" des menschlichen Bewußtsein zu einer höheren Einheit.[10]

Zu Recht wird von Pfriem an dieser „fundamentalökologischen" Haltung bemängelt, daß sie das Spannungsverhältnis zwischen der belebten und unbelebten Natur einerseits und dem wirtschaftenden Menschen andererseits negiere.[11] Weder aus dem Kosmos noch aus einer „Leitwissenschaft Ökologie" lassen sich normative Regeln des Umweltmanagements ableiten. Nach biblisch-theologischem Verständnis wird hier zudem Schöpfung und Schöpfer miteinander verwechselt.[12] Danach hat sich der Mensch seine Bestimmung nicht selbst gesetzt, vielmehr ist

---

[7] Vgl. Kreikebaum, H.: Beiträge der Theologie zu Grundfragen der Unternehmensethik, in: Aschenbrücker, K./ Pleiß, U. (Hrsg.): Menschenführung und Menschenbildung, Hohengehren 1991, S. 113-122.

[8] Siehe Meyer-Albich, K.M.: Wege zum Frieden mit der Natur. Praktische Naturphilosophie für die Umweltpolitik, München 1984.

[9] Vgl. dazu insbesondere Capra, F.: Wendezeit. Bausteine für ein neues Weltbild, Bern-München-Wien 1983.

[10] Siehe Ferguson, M.: Die sanfte Verschwörung, Basel 1982.

[11] Vgl. Pfriem, R.: Können Unternehmungen von der Natur lernen? Ein Begründungsversuch für Unternehmensethik aus der Sicht des ökologischen Diskurses, in: Freimann, J. (Hrsg.): Ökologische Herausforderung der Betriebswirtschaftslehre, Wiesbaden 1991, S. 19-41, hier S. 23-24.

[12] Siehe Kreikebaum, H.: Beiträge der Theologie zu Grundfragen der Unternehmensethik, a.a.O., S. 118-119.

sie ihm von Gott mit seinem Geschaffensein vorgegeben. Seine Existenz kann er aus eigener Kraft nur dann bewältigen, wenn er sich aus allen selbstverschuldeten Bindungen befreien läßt. Dazu zählt auch die Auffassung, der Mensch könne sein Glück von dem Geschaffenen allein erhoffen und sei autonom in einem Umfeld wertfreier Selbstverwirklichung. Aus dem Vorverständnis des christlichen Glaubens erweisen sich sowohl der Nicht-Anthropozentrismus als auch der Anthropozentrismus als ein zu überwindender Ansatz, „der unausrottbar das Credo aller Umweltschützer durchsetzt und pervertiert."[13]

3. Umweltmanagement aus der Sicht einer Verantwortungsethik

3.1 Die Konzeption einer Verantwortungsethik aus ökologischer Perspektive

Verantwortung tragen wir für „übernommene Aufgaben, eigenes Tun und Lassen sowie Charaktereigenschaften vor einer Instanz".[14] Dieser Bezug ist deshalb wichtig, weil die Aussage „Ich nehme die Verantwortung auf mich" ohne die Verpflichtung gegenüber einer Instanz oder Person, die nicht wir selbst sind, inhaltsleer ist. Über die Verantwortung für Aufgaben und Rollen hinaus existiert eine Handlungs- (ergebnis-) verantwortung sowie eine moralische Verantwortung.[15] Letztere ist vom Gewissen des einzelnen geprägt und ermöglicht im Unterschied zur rechtlichen Verantwortung eine Wiedergutmachung in Form des Verzeihens. In der Betriebswirtschaftslehre wird der Verantwortungsaspekt erst in jüngster Zeit in Verbindung mit der Integration ethischer Vorstellungen intensiver diskutiert.[16] Durch den Bezug auf die natürliche Umwelt des Unternehmens gewinnt Verantwortung eine zusätzliche Dimension: die Verantwortung für das gesamte Natursystem.[17]

Eine Ethik, die sich als Entwurf der Zukunft begreift, könnte z. B. von der Normenvorstellung ausgehen: „Es sind Entscheidungen zu treffen, die eine lang-

---

[13] Altner, G.: Schöpfung am Abgrund. Die Theologie vor der Umweltfrage, Neunkirchen-Vluyn 1977, S. 156.

[14] Höffe, O., Lexikon der Ethik, 3. Aufl., München 1986, S. 263.

[15] Siehe Lenk, H.: Über Verantwortungsbegriffe und das Verantwortungsbewußtsein in der Technik, in: Lenk, H. / Ropohl, G. (Hrsg.): Ethik und Technik, Stuttgart 1987, S. 112-148, hier S. 119-121.

[16] Verwiesen sei hier besonders auf die Arbeiten von Hans-Ulrich Küpper. Vgl. Küpper H.-U.: Verantwortung in der Wirtschaftswissenschaft, in: ZfbF, 40. Jg. (1988), Heft 4, S. 318-339; derselbe: Unternehmensethik - ein Gegenstand betriebswirtschaftlicher Forschung und Lehre?, in: BFuP, 44. Jg. (1992), Heft 6, S. 498-518; derselbe: Normenanalyse - eine betriebswirtschaftliche Aufgabe, in: Wagner, G.R. (Hrsg.): Unternehmensführung, Ethik und Umwelt, Hartmut Kreikebaum zum 65. Geburtstag, Wiesbaden 1999, S. 55-73, hier S. 69-71.

[17] Diesen Aspekt betont vor allem Jonas, H.: Das Prinzip Verantwortung - Versuch einer Ethik für die technologische Zivilisation, Frankfurt 1979, S. 64.

fristige Sicherung des Unternehmens nicht gefährden, aber auch moralisch legitimiert sind."[18] Die Zuständigkeit für die langfristigen Auswirkungen von Entscheidungen kommt in der Forderung nach einem „Denken vom Ende her" im Rahmen der strategischen Unternehmensplanung zum Ausdruck.[19] Sie artikuliert den Vorrang einer Gesamtverantwortung des Unternehmens angesichts der ökologischen Grenzen des Wachstums im Sinne einer „Gärtnerhaltung" und der prinzipiellen Weltoffenheit gegenüber einer Verfolgung partikularer Eigeninteressen.

Besonders zu berücksichtigen sind dabei die Interessen der zukünftigen Generationen. Um außer den noch nicht geborenen Generationen auch die heutigen Kinder und Jugendlichen einzubeziehen, hat die „Stiftung für die Rechte zukünftiger Generationen" in ihrem Vorschlag zur Neufassung des Artikel 20a Grundgesetz die Bezeichnung „nachrückende Generation" gewählt: „Die Bundesrepublik schützt die Rechte und Interessen nachrückender Generationen nach Maßgabe von Gesetz und Recht durch die vollziehende Gewalt und die Rechtsprechung". Mit dieser Formulierung soll ein wesentlicher Mangel der bisherigen Norm behoben werden, nämlich die fehlende Konkretisierung von Ziel und Niveau des gebotenen Schutzes der natürlichen Lebensgrundlagen für künftige Generationen. Da die alte Fassung von Artikel 20a GG keine Pflichten festgelegt hat, sind Klagen gegen ökologische Schäden de facto auch nicht justiziabel.[20]

Im übrigen entspricht der Vorschlag zur Neufassung weitgehend den Bestimmungen von Artikel 5 der UNESCO-Deklaration vom 12.11.1997 „Declaration on the Responsibilities of the Present Generation towards Future Generations". Nachhaltige Entwicklung wird hier als ein unverzichtbares Mittel angemahnt, um Generationengerechtigkeit zu erzielen. Insbesondere hat der Staat zu gewährleisten, daß die Umweltmedien nur entsprechend ihrer natürlichen Regenerationsfähigkeit mit Schadstoffen belastet werden dürfen, nicht-erneuerbare Rohstoffe und Energieressourcen sehr sparsam einzusetzen sind und die Artenvielfalt zu erhalten ist.

Eine solche gesetzliche Regelung unterstützt eine verantwortlich mit den Ressourcen umgehende Umweltpolitik. Sie entspricht damit dem von Hans Jonas bereits 1979 eingeforderten Zukunftsethos: „Handle so, daß die Wirkungen deiner Handlung verträglich sind mit der Permanenz echten menschlichen Lebens auf Erden."[21] Allerdings müßte genauer beschrieben werden, in welcher Weise ein „echtes" menschliches Leben auch in Zukunft ermöglicht werden kann. Es geht ja nicht nur um eine Nicht-Schlechterstellung, sondern ebenso um die Verbesserung der zukünftigen Lebenschancen kommender Generationen. Angesichts der akuten Bedrohungen durch den irreversiblen Ressourcenverzehr und Artenrückgang, die insbesondere in Teilen der dritten Welt bedrohliche Umweltverschmutzung sowie die Gesundheitsrisiken infolge der Ozonschichtzerstörung und atomarer Katastro-

---

[18] Kreikebaum, H.: Grundlagen der Unternehmensethik, a.a.O., S. 181.

[19] Kreikebaum, H.: Strategische Unternehmensplanung, 6. Aufl., Stuttgart-Berlin-Köln 1997, S. 166-167.

[20] Siehe dazu Tremmel. J./ Laukemann, M./ Lux, Ch.: Die Verankerung von Generationengerechtigkeit im Grundgesetz - Vorschlag für einen neuen Art. 20a GG, unveröffentlichtes Manuskript, Stiftung für die Rechte zukünftiger Generationen, Oberursel 1999.

[21] Jonas, H.: Das Prinzip der Verantwortung, a.a.O., S. 36.

phen ist das Leben auf unserem Globus wie nie zuvor in der Geschichte der
Menschheit akut bedroht. Die Probleme unserer „Risikogesellschaft" (Ulrich
Beck) werden allerdings kaum im Lichte der Zukunft thematisiert. Der Nachwelt-
schutz gerät auch deshalb leicht aus dem Blickfeld, weil die politische Willensbil-
dung in einer parlamentarischen Demokratie mit einem Strukturproblem behaftet
ist, „nämlich der Verherrlichung der Gegenwart und der Vernachlässigung der
Zukunft".[22] Den gewählten Politikern steht jeweils nur eine begrenzte Legislatur-
periode zur Verfügung, in deren Hektik langfristig bedeutsame Entscheidungen in
der Regel zu Gunsten von kurzfristigen erfolgversprechenden Projekten zurück-
treten.

Die Verantwortung unserer Generation für das Offenhalten von Freiheitsräu-
men einer möglichst unbedrohten Lebensführung der nachkommenden Ge-
schlechter wird neuerdings auch unter dem Vorzeichen der „Schöpfung" diskutiert. Allerdings verbinden sich damit unterschiedliche Deutungsmuster. Aus
kirchlich-theologischer Perspektive wird die Einführung einer „Verantwortung für
die Schöpfung" als Staatsziel in das Grundgesetz befürwortet. Die Begründung
lautet, daß damit nicht der Mensch zum letzten Maßstab aller Dinge wird, wie dies
beim alternativ diskutierten Begriff „natürliche Umwelt des Menschen" immer
noch unterstellt wird.

Nach Rendtorff kann unsere Wirklichkeit und auch die Natur nicht als Ergebnis
menschlicher Tätigkeit verstanden werden. Vielmehr gilt: „Subjekt der Schöpfung
– im neuzeitlichen Verständnis von „Subjekt" – ist nicht der Mensch, sondern
Gott. Die Schöpfung ist Gottes Werk, und der Mensch soll sich als Geschöpf verstehen."[23] Allerdings ist kritisch darauf hinzuweisen, daß die Kategorie „Schöpfung" nicht moralisiert werden darf, weil sie sonst dem theologischen Gehalt des
Begriffs widerspricht. Theologisch gesehen handelt es sich bei der Bewahrung der
Schöpfung um eine Aussage über Gott und nicht über die Fähigkeit des Menschen, die Schöpfung zu erhalten oder zu zerstören. Dies gilt gleichermaßen für
die jüdische wie die christliche Theologie. Hätte der Mensch beispielsweise die
Fähigkeit zur Zerstörung der Welt, würde er Gott als Schöpfer seinen Rang streitig
machen und ihm sogar überlegen sein – ein fundamentales Mißverständnis der
biblischen Schöpfungslehre. Unter der Schöpfung ist kein ein für allemal abgeschlossener Akt zu verstehen, vielmehr handelt es sich um ein die Welt durchgängig bestimmendes Handeln Gottes („conservatio continua").[24] Dieses besteht auch
gegenüber Negativerfahrungen des Menschen. Die Güte des Schöpfers und das
Gutsein der Schöpfung kommt in der abschließenden Aussage des ersten Schöp-
fungsberichts wie folgt zum Ausdruck: „Und Gott sah an alles, was er gemacht
hatte, und siehe: es war sehr gut" (1. Mose, 1, 31).

Gott entschließt sich trotz der Bosheit der Menschen, die Erde zu erhalten. Er
macht sich im Bündnisschluß mit Noah unabhängig von der menschlichen Moral:

---

[22] Siehe Weizsäcker, R. von: Die Herausforderung Zukunft: Deutschland im Dialog. Ein Appell der
jungen Generation, Berlin 1998, S. 53.

[23] Vgl. Rendtorff, T.: Vielspältiges: protestantische Beiträge zur ethischen Kultur, Stuttgart-Berlin-
Köln 1991, S. 136.

[24] Rendtorff, T.: Ethik: Grundelemente, Methodologie und Konkretionen einer ethischen Theologie, 2.
Aufl., Stuttgart-Berlin-Köln 1990, S. 122.

„Ich will hinfort nicht mehr die Erde verfluchen um des Menschen willen; denn das Dichten und Trachten des menschlichen Herzens ist böse von Jugend auf" (1. Mose 8, 21). Die zentrale Aussage des neuen Bundesschlusses lautet: „Solange die Erde steht, soll nicht aufhören Saat und Ernte, Frost und Hitze, Sommer und Winter, Tag und Nacht" (1. Mose 8, 22).

Im Neuen Testament nimmt Jesus diese Formel wieder auf und bezieht sie auf das Gebot der Feindesliebe. Sie wird erläutert mit den Worten: „Gott läßt seine Sonne aufgehen über die Guten und die Bösen und läßt regnen über Gerechte und Ungerechte" (Matthäus 5, 25). Auch wenn der Fortbestand der Erde nicht abhängig ist von der Güte des Menschen, erhält dieser doch den ganz bestimmten Auftrag, mit der Natur haushälterisch umzugehen. Das Gebot, den Garten zu bebauen und zu bewahren (1. Mose 2, 15), konkretisiert den göttlichen Herrschaftsauftrag aus Genesis 1, 28: „Macht Euch die Erde untertan!", in dem es vom Menschen einen pfleglichen Umgang mit der Erde fordert. Daß der egoistische Mißbrauch des „dominum terrae" mit zur Umweltzerstörung beigetragen hat, ist bei genauer Exegese nicht dem Text selbst anzulasten, sondern erweist sich als ein Stück „Ungehorsamsgeschichte des Christentums".[25] Der Herrschaftsauftrag Gottes an den Menschen stellt nur eine Konfliktregel dar, die vielfach aus dem biblischen Gesamtzusammenhang herausgerissen wurde. Danach soll der Mensch bei Konflikten zwischen Mensch und Schöpfung stellvertretend eine Schiedsrichterfunktion übernehmen und dafür sorgen, daß alles wieder in einen Friedenszustand gebracht wird. Wechselseitige Schutzmaßnahmen für Tier und Mensch machen den Kern einer verantwortlichen Umweltethik aus.[26] Sie erfordern Entscheidungen im Sinne eines Ausgleichs, der Versöhnung und einer überlebensfähigen Symbiose der verschiedenen Formen des Lebens auf der Erde. Dieser anthropologischen Seite entspricht die theologische Aussage, daß der Schöpfer aller Dinge durch seinen Geist nicht nur in jedem einzelnen Menschen am Werke ist, sondern auch der Schöpfung im Ganzen innewohnt: Die „Einwohnung" Gottes bezeichnet nach Jürgen Moltmann das innere Geheimnis der Schöpfung (hebräisch: schechina).[27] Dadurch soll alles Geschaffene zum Haus Gottes gemacht werden. Die Welt bleibt Gottes Eigentum, das der Mensch als Treuhänder zu erhalten und verantwortungsvoll zu verwalten hat.

Da die ökologische Krise identisch ist mit einem krisenhaften Zustand unserer technischen Zivilisation und industriellen Welt, kann sie auch nur durch institutionelle Veränderungen der ökonomischen und sozialen Bedingungen in der Gesellschaft selbst behoben werden. Nach Rich fällt der Wirtschaft die Aufgabe zu, im ökologischen Bereich Rohstoffe, Energiequellen, Luft, Wasser und Pflanzen schonend zu nutzen und dadurch die Chancen für das Überleben der gesamten

---

[25] Siehe Altner, G.: Wahrnehmung der Interesssen der Natur. Bestimmung des Eigenrechts der Natur und Möglichkeiten, diese im Zivilisationsprozeß zur Geltung zu bringen, in: Meyer-Abich, K. (Hrsg.): Frieden mit der Natur, Freiburg u.a. 1979, S. 72-75. Vgl. zu dieser Auseinandersetzung ausführlich auch Kreikebaum, H.: Kehrtwende zur Zukunft, Neuhausen-Stuttgart 1988, S. 65-71.

[26] Siehe dazu Liedke, G.: Im Bauch des Fisches, 4. Aufl., Stuttgart 1984.

[27] Moltmann, J.: Gott in der Schöpfung. Ökologische Schöpfungslehre, München 1985, S. 30. In ähnlicher Weise argumentiert Helmut Thielicke. Siehe Thielicke, H.: Theologische Ethik, II. Band, Entfaltung, 1. Teil, Mensch und Welt, 5. Aufl., Tübingen 1986, S. 419-426.

Lebenswelt zu verbessern.[28] Von dieser Grundposition einer Verantwortungsethik ausgehend sollen nun Leitlinien eines betrieblichen Umweltmanagements entwickelt werden. Sie orientieren sich an der Forderung eines haushälterischen Umgangs mit den natürlichen Ressourcen, einer langfristig-nachhaltigen Wirtschaftsgestaltung und kreatürlicher Bescheidenheit anstelle von ausbeutendem Raubbau gegenüber den Gütern der Natur.

3.2 Konsequenzen für das betriebliche Umweltmanagement

Die Verantwortungsethik ermöglicht eine Position der Weltoffenheit und Vorurteilsfreiheit neuen Entwicklungschancen gegenüber. Sie fordert dazu auf, selbstkritisch und situationsspezifisch zu prüfen, welche Chancen sich unter Berücksichtigung des vorhandenen Potentials in einem Unternehmen bieten, um beispielsweise im Markt für Umweltschutztechnologien und -produkte tätig zu werden. Gerade der Vermeidungs- und Vorsorgestrategien verwirklichende produktionsintegrierte Umweltschutz bietet dazu erfolgsversprechende Optionen. Dabei dient das Sustainable Development-Konzept als ökologisches Leitbild der Unternehmensführung mit einem verpflichtenden, zukunftsbezogenen Anspruchsniveau.[29]

Aus der Kreislaufwirtschaft, die diesem Konzept entspricht, resultieren neue Herausforderungen an das Umweltmanagement. Zusammenfassend geht es darum, deren Zielsetzung in die Unternehmensphilosophie sowie die Markt- und Wettbewerbsstrategien aufzunehmen sowie Stoffkreisläufe in Produkt-, Produktions- und Recyclingprozessen zu berücksichtigen. Ein möglicher Konfliktbereich ergibt sich insbesondere für multinationale Unternehmen zwischen dem Anspruch der Nachhaltigkeit einerseits und der Expansion bzw. Wachstumsorientierung andererseits.[30]

Konflikte entstehen insbesondere im internationalen Rahmen auch dann, wenn ökologische Interessen mit sozialen Zielen kollidieren und z. B. Bioprodukte unter nicht akzeptablen Arbeitsbedingungen hergestellt werden.[31] Hier stoßen wir erneut

---

[28] Rich, A.: Wirtschaftsethik, Band II, Marktwirtschaft, Planwirtschaft, Weltwirtschaft aus sozialethischer Sicht, Gütersloh 1990, S. 31-35. Siehe auch bereits Rich, A.: Wirtschaftsethik. Grundlagen in theologischer Perspektive, 3. Aufl., Gütersloh 1987.

[29] Siehe dazu im einzelnen Matten, D./Wagner, G.R.: Konzeptionelle Fundierung und Perspektiven des Sustainable Development - Leitbildes, in: Steinmann, H./Wagner, G.R. (Hrsg.): Umwelt und Wirtschaftsethik, a.a.O., S. 51-79; Wagner, G.R.: Betriebswirtschaftliche Umweltökonomie, Stuttgart 1997, S. 34-48; Matten, D.: Sustainable Development - Darstellung des Konzepts und Kritik aus biblischer Sicht, in: Factum, o.Jg. (1995), Heft 10, S. 12-15, und Heft 12, S. 16-21; Meadows, D.H./Meadows, D.L./Randers, J.: Die neuen Grenzen des Wachstums. Die Lage der Menschheit: Bedrohung und Zukunftschancen, 2. Aufl., Stuttgart 1992, S. 250-257.

[30] Siehe dazu Kirchgeorg, M./Meffert, H.: Ziele und Strategien des betrieblichen Umweltmanagements im Wandel, in: Wagner, G.R. (Hrsg.): Unternehmensführung, Ethik und Umwelt, a.a.O., S. 491-508, hier S. 504-506.

[31] Vgl. dazu das Beispiel bei Hoegen, M.: Sauber ausgebeutet, in: Die ZEIT, Nr. 17, vom 22.04.1997, S. 35.

auf das oben beschriebene „ethische Dilemma", das häufig rational unlösbar erscheint und auf die immanenten Grenzen einer Verantwortungsethik hinweist.

3.3 Notwendige Änderungsprozesse

Die dargestellten Konsequenzen bleiben Stückwerk, wenn sie nicht sorgfältig
analysiert und tatkräftig durchgesetzt werden. Die Implementierung stellt sich
erstens als ein Problem der Werteentwicklung dar, sie bedingt zweitens ganz bestimmte organisatorische Voraussetzungen und sie erweist sich drittens als ein
personelles Problem.

Unter ethischen Aspekten ist nicht die Primärerwerbung von Werten relevant –
sie ist vielmehr Gegenstand der Entwicklungspsychologie – , sondern die Erset-
zung bzw. Veränderung bereits bestehender Werte. Dieser Prozeß ist deshalb
schwierig zu bewältigen, weil er mit einem Verlernen beginnt. Der Entscheidungsträger muß also zunächst davon überzeugt werden, wie verkehrt oder ände-
rungsbedürftig ein bisher für richtig gehaltener Wert ist. Die Schwierigkeit beginnt damit, daß jeder Manager nicht die gesamte Umwelt des Unternehmens
wahrnimmt, sondern lediglich denjenigen Ausschnitt, den er für relevant bzw.
sinnvoll ansieht. Es liegt nun einmal auf der Hand, daß durch dieses 'Fenster'
wirtschaftliche Ziele als primär betrachtet und Umweltziele als konfliktär angesehen werden, auch wenn es sich dabei um keinen echten Zielkonflikt handelt. Dieses Vorurteil hängt mit der traditionellen Sicht zusammen, die Umweltmanagement ausschließlich mit Kosten und nicht auch mit Umsatz bzw. Nutzen assoziiert.

Die Adaption einer veränderten Werthaltung erfolgt zweckmäßig auf kognitive
und emotionale Weise. Eine Führungskraft wird ihre Überzeugung nur dann ändern, wenn nicht nur an ihr Gewissen – mit oder ohne äußeren Druck verknüpft –
appelliert wird, sondern auch rationale Argumente den Wissensstand verbessern
und Hinweise auf ein beispielhaftes Verhalten anderer Unternehmen kommuni-
ziert werden.

4. Zusammenfassende Thesen

These 1
Der Umgang mit den technischen Risiken unserer Zivilisation kann nicht der von
Hans Jonas empfohlenen Linie einer „Heuristik der Furcht" folgen. In letzter Konsequenz bedeutete dies, bei Ungewißheit über die Auswirkungen von Entscheidungen auf ein Handeln ganz zu verzichten. Dadurch könnten aber gerade nicht
die riskanten Folgen eines Entscheidungsverzichts aufgehoben werden. Dies käme
einer „Formel der Ohnmacht" (Rendtorff) gleich. So verständlich das Streben
nach moralischer Integrität auch erscheint, so wenig können wir auf einen ver-
nunftbestimmten Umgang mit Risiken und Gefahren verzichten. Auch die Umweltethik muß sich am Sachstand der Vernunft messen lassen.

These 2
Zukunftsrisiken ergeben sich aus dem immer noch hohen Maß an Gefährdung und
Zerstörung der natürlichen Umwelt. Der Beitrag einer Unternehmensethik zu
einem umweltbewußten Management kann deshalb im Kern nur in der mitkrea-
türlichen Verantwortung gesehen werden. Diese umfaßt die individuelle Bereitschaft zur Veränderung des Bewußtseins und die Verantwortung der Unternehmen
zur Durchführung struktureller Änderungen.

These 3
Der Mensch kann seinen Herrschaftsauftrag mißbrauchen und verfehlen, wenn er
sich aus seiner Sinn- und Verantwortung für die Natur herausnimmt und die Umwelt für seine Zwecke „ohne Rücksicht auf Verluste" mißbraucht. Die Natur kann
aus der Position einer Verantwortungsethik heraus deshalb weder als Spielwiese
für den Menschen betrachtet werden, noch weist sie eine unabhängige Logik auf.
Der Schöpfungsauftrag an den Menschen schließt vielmehr eine partnerschaftliche
Grundhaltung zur Natur und damit eine Sonderstellung des Menschen ein, die
dieser innerhalb und nicht außerhalb der Natur einnimmt.

These 4
Verantwortung bedeutet ein Sich-Verantworten für Entscheidungen und deren
Auswirkungen (auch auf Personen) und die Wahrnehmung der Verantwortlichkeit
gegenüber jemand bzw. einer Instanz. Am Beispiel der Umweltethik heißt dies:
Entscheidungsträger und Unternehmen sind für eine umweltgerechte Produktion
und für die Entwicklung umweltschonender Produkte zuständig. Sie müssen sich
gleichzeitig gegenüber den Bürgern, dem Gesetzgeber und, aus einer theologischen Sicht, gegenüber Gott für ihr Tun oder Unterlassen verantworten.

Literaturverzeichnis

Altner, G.: Schöpfung am Abgrund. Die Theologie vor der Umweltfrage, Neunkirchen-Vluyn 1977.

Altner, G.: Wahrnehmung der Interesssen der Natur. Bestimmung des Eigenrechts der Natur und Möglichkeiten, diese im Zivilsationsprozeß zur Geltung zu bringen, in: Meyer-Abich, K. (Hrsg.): Frieden mit der Natur, Freiburg u.a. 1979, S. 72-75.

Capra, F.: Wendezeit. Bausteine für ein neues Weltbild, Bern-München-Wien 1983.

Ferguson, M.: Die sanfte Verschwörung, Basel 1982.

Hoegen, M.: Sauber ausgebeutet, in: Die ZEIT, Nr. 17, vom 22.04.1997, S. 35.

Höffe, O.: Lexikon der Ethik, 3. Aufl., München 1986.

Jonas, H.: Das Prinzip Verantwortung - Versuch einer Ethik für die technologische Zivilisation, Frankfurt 1979.

Kirchgeorg, M./Meffert, H.: Ziele und Strategien des betrieblichen Umweltmanagements im Wandel, in: Wagner, G.R. (Hrsg.): Unternehmensführung, Ethik und Umwelt, Stuttgart 1998, S. 491-508.

Koslowski, P.: Prinzipien der ethischen Ökonomie: Grundlegung der Wirtschaftsethik und der auf die Ökonomie bezogenen Ethik, Tübingen 1988.

Kreikebaum, H.: Kehrtwende zur Zukunft, Neuhausen-Stuttgart 1988.

Kreikebaum, H.: Beiträge der Theologie zu Grundfragen der Unternehmensethik, in: Aschenbrücker, K./Pleiß, U. (Hrsg.): Menschenführung und Menschenbildung, Hohengehren 1991, S. 113-122.

Kreikebaum, H.: Grundlagen der Unternehmensethik, Stuttgart 1996.

Kreikebaum, H.: Strategische Unternehmensplanung, 6. Aufl., Stuttgart-Berlin-Köln 1997.

Küpper H.-U.: Verantwortung in der Wirtschaftswissenschaft, in: ZfbF, 40. Jg. (1988), Heft 4, S. 318-339.

Küpper, H.-U.: Unternehmensethik - ein Gegenstand betriebswirtschaftlicher Forschung und Lehre?, in: BFuP, 44. Jg. (1992), Heft 6, S. 498-518.

Küpper, H.-U.: Normenanalyse - eine betriebswirtschaftliche Aufgabe, in: Wagner, G.R. (Hrsg.): Unternehmensführung, Ethik und Umwelt, Hartmut Kreikebaum zum 65. Geburtstag, Wiesbaden 1999, S. 55-73.

Lenk, H.: Über Verantwortungsbegriffe und das Verantwortungsbewußtsein in der Technik, in: Lenk, H./Ropohl, G. (Hrsg.): Ethik und Technik, Stuttgart 1987, S. 112-148.

Liedke, G.: Im Bauch des Fisches, 4. Aufl., Stuttgart 1984.

Matten, D./Wagner, G.R.: Konzeptionelle Fundierung und Perspektiven des Sustainable Development - Leitbildes, in: Steinmann, H./Wagner, G.R. (Hrsg.): Umwelt und Wirtschaftsethik, Stuttgart 1998, S. 51-79.

Matten, D.: Sustainable Development - Darstellung des Konzepts und Kritik aus biblischer Sicht, in: Factum, o.Jg. (1995), Heft 10, S.12-15, und Heft 12, S.16-21.

Meadows, D.H./Meadows, D.L./Randers, J.: Die neuen Grenzen des Wachstums. Die Lage der Menschheit: Bedrohung und Zukunftschancen, 2. Aufl., Stuttgart 1992.

Meyer-Albich, K.M.: Wege zum Frieden mit der Natur. Praktische Naturphilosophie für die Umweltpolitik, München 1984.

Mittelstraß, J.: Ökologie und Ethik - Zur philosophischen Verbindung zweier Leitbilder, in: Steinmann, H./ Wagner, G.R. (Hrsg.): Umwelt und Wirtschaftsethik, Stuttgart 1998, S. 19-32.

Moltmann, J.: Gott in der Schöpfung. Ökologische Schöpfungslehre, München 1985.

Pfriem, R.: Können Unternehmungen von der Natur lernen? Ein Begründungsversuch für Unternehmensethik aus der Sicht des ökologischen Diskurses, in: Freimann, J. (Hrsg.): Ökologische Herausforderung der Betriebswirtschaftslehre, Wiesbaden 1991, S. 19-41.

Rendtorff, T.: Ethik: Grundelemente, Methodologie und Konkretionen einer ethischen Theologie, 2. Aufl., Stuttgart-Berlin-Köln 1990.

Rendtorff, T.: Vielfältiges: protestantische Beiträge zur ethischen Kultur, Stuttgart-Berlin-Köln 1991.

Rich, A.: Wirtschaftsethik, Band II, Marktwirtschaft, Planwirtschaft, Weltwirtschaft aus sozialethischer Sicht, Gütersloh 1990.

Rich, A.: Wirtschaftsethik. Grundlagen in theologischer Perspektive, 3. Aufl., Gütersloh 1987.

Thielicke, H.: Theologische Ethik, II. Band, Entfaltung, 1. Teil, Mensch und Welt, 5. Aufl., Tübingen 1986.

Toffler, B.L.: Tough Choices - Managers talk Ethics, New York et al. 1986.

Tremmel. J./ Laukemann, M./ Lux, Ch.: Die Verankerung von Generationengerechtigkeit im Grundgesetz - Vorschlag für einen neuen Art. 20a GG, unveröffentlichtes Manuskript, Stiftung für die Rechte zukünftiger Generationen, Oberursel 1999.

Ulrich, P.: Integrative Wirtschaftsethik. Grundlagen einer lebensdienlichen Ökonomie, 2. Auflage, Bern-Stuttgart-Wien 1998.

Ulrich, P.: Lassen sich Ökonomie und Ökologie wirtschaftsethisch versöhnen?, in: Seifert, E.K./ Pfriem, R. (Hrsg.): Wirtschaftsethik und ökologische Wirtschaftsforschung, Bern-Stuttgart 1989, S. 129-149.

Ulrich, P.: Unternehmerische Umweltverantwortung aus diskursethischer Sicht, in: Steinmann, H./Wagner, G.R. (Hrsg.): Umwelt und Wirtschaftsethik, Stuttgart 1998, S. 33-47

Wagner, G.R.: Betriebswirtschaftliche Umweltökonomie, Stuttgart 1997.

Weizsäcker, R. von: Die Herausforderung Zukunft: Deutschland im Dialog. Ein Appell der jungen Generation, Berlin 1998.

Woher kommt die Rahmenordnung und wo geht sie hin?
– Zu Bedingungen ökologischer Klugheit für eine interaktive gesellschaftliche Umweltpolitik

Reinhard Pfriem

„Wahrheit ist somit nicht etwas, was da wäre und das aufzufinden, zu entdecken wäre, – sondern etwas, das zu schaffen ist." (Friedrich Nietzsche)

„Nur wenn er (der Mensch, R.P.) die Unausweichlichkeit des Irrtums bewußt auf sich nimmt, kann er die Wahrheit erkennen und vollziehen." (Georg Picht, Nietzsche)

30 Jahre ist es her, daß eine deutsche Bundesregierung erstmals systematische Umweltpolitik angekündigt hat, 28 Jahre seit dem ersten einschlägigen Regierungsprogramm. Wenn der Titel des von Eberhard Seidel herausgegebenen Sammelbandes das 21. Jahrhundert in Blick nimmt, dann sollten drei Jahrzehnte im Sinne eines Blicks zurück nach vorn schon einiges Material liefern. Sie tun es auch, und das möchte ich in drei Schritten zeigen: (1) rekonstruiere ich das gängige ökonomische Denken über die Beziehung zwischen Unternehmen und sogenannten Rahmenbedingungen, das Unternehmen als ökologische Anpassungsoptimierer vorstellt, inklusive der Grenzen dieses Denkens. (2) beziehe ich neuere Überlegungen für eine andere Selbstbeschreibung gesellschaftlicher Umweltpolitik ein, die für Unternehmen neue Spielräume eröffnet. Und (3) diskutiere ich die mögliche Rolle von Unternehmen als Akteuren ökologischen Strukturwandels (und damit als Veränderern dessen, was der Begriff des Ordnungsrahmens zu fassen sucht).

1. Das (neo)klassische Modell: Unternehmen als (auch ökologische) Anpassungsoptimierer

„In der öffentlichen Umweltdebatte werden üblicherweise Probleme benannt und umstandslos an den Staat adressiert."[1] Dieser Befund stammt nicht aus einer frühen Entwicklungsphase bundesdeutscher Umweltpolitik, sondern findet sich in einem soeben erschienenen Lern- und Arbeitsbuch.

Gerade in Deutschland ist Umweltpolitik nicht nur als staatliche Politik auf den Weg gebracht worden, das hierzulande überkommene zentralbürokratische Staatsverständnis hatte (und hat immer noch) leichtes Spiel, soweit die verschiedenen anderen gesellschaftlichen Akteure, insbesondere die ökonomischen, von sich aus gar nicht mitspielen wollen. Insofern Umweltschutz als Kostenfaktor und Regulierungsproblem, damit als Behinderung erfolgsorientierten unternehmerischen Handelns gefaßt wird, ist die Neigung zum Mitspielen „natürlich" gering.

Bekanntermaßen hat sich seit bald 15 Jahren die Szene geändert. Nach dem Zwischenschritt, mindestens über Beschäftigungs- und Wachstumseffekte der expandierenden (sanierenden und reparierenden, also ökologisch suboptimalen) Umweltschutzindustrie eine positive volkswirtschaftliche Korrelation von Ökologie und Ökonomie zu erreichen[2], machten sich Unternehmen und Unternehmer öffentlichkeitswirksam und programmatisch auf, ökologische Unternehmenspolitik zum Teil des eigenen Geschäfts zu erklären – die Gründungen von BAUM (Bundesdeutscher Arbeitskreis Umweltbewußtes Management) und Förderkreis Umwelt – future gaben dem organisatorischen Ausdruck.

Ökologische Unternehmenspolitik ist von der Grundidee her der Versuch, die überkommene Logik ökonomischen Handelns umzudrehen. Innerhalb derer handeln Unternehmen im strategischen Sinne eigentlich nicht, sondern verhalten sich in bezug auf gegebene bzw. sich verändernde Rahmenbedingungen. Ökonomische Rationalität ist hier dezidiert als optimales Verhalten gegenüber (externen) Restriktionen definiert.[3] Die Unternehmen und Unternehmer, die sich seit mehr als zehn Jahren in zunächst stark steigender Zahl auf den ökologischen Weg machten, fällten tatsächlich nicht weniger als eine normative Grundentscheidung und entsprachen damit durchaus nicht dem ökonomischen Verhaltensmodell. Zwar gab es von Anfang an eine Reihe von Verheißungen, mit aktivem Umweltschutz gute Geschäfte machen zu können[4], bezo-

---

[1] Jänicke, M./Kunig, Ph./Stitzel, M.: Umweltpolitik, Bonn 1999, S.16.
[2] S. Meißner, W./Hödl, E.: Beschäftigungseffekte der Umweltpolitik, Bonn 1978.
[3] Vgl. Kirchgässner, G.: Homo oeconomicus, Tübingen 1991, z.B. S.18.
[4] Absichtsvoll stellte das Berliner Umweltbundesamt seinerzeit sein größtes empirisches Forschungsprojekt zur ökologischen Unternehmenspolitik unter die Formel „Gewinn durch Umweltschutz", vgl. FUUF/Forschungsgruppe Umweltorientierte Unternehmensführung(Hg.): Umweltorientierte Unternehmensführung. Möglichkeiten zur Kostensenkung und Erlössteigerung – Modellvorhaben und Kongreß, Reihe Berichte des Umweltbundesamtes, Bd. 11/91, Berlin 1991.

gen auf die Gesamtmenge der Unternehmen war dies freilich eine minoritäre Wahrnehmung. Verhaltensrational war das offensichtlich nicht.

In der Rückschau läßt sich der Prozeß vielleicht so beschreiben, daß der erste grobe Blick auf die Ökologie als mögliches Handlungsfeld von Unternehmen zu einer Fülle von Aktivitäten führte, die auf der technischen, der ökonomischen und der organisatorischen Ebene definiert werden können. Technische Veränderungen von Verfahren oder an Produkten wurden vorgenommen, weil die ökologische Betrachtung das nahelegte und die weitere Prüfung zu ökonomischer Vorteil- statt Nachteilhaftigkeit führte. Die Formel des Umweltbundesamtes gelangte in vielen Maßnahmen zu ihrem Recht: ökologische Rationalisierung förderte ökonomische Rationalisierung. Sicher spielten absehbare Verschärfungen umweltpolitischer Rahmenbedingungen ebenso eine Rolle wie steigende ökologische Ansprüche auf der Kundenseite, die wirkten aber gerade nicht im Sinne einer Verhaltensdetermination, sondern mußten eben mit der eigenen strategischen Brille als solche erfaßt und verarbeitet werden.

Eigenständige Aktivitäten ökologischer Unternehmenspolitik transportierten von Anfang an viel Hoffnung auf respondierendes Staatshandeln, nämlich auf den Abbau umweltrechtlicher Überreglementierung.[5] Der eingangs zitierte Befund geht freilich nicht fehl. Eine langjährige Debatte über auflagenorientierte Umweltpolitik versus marktwirtschaftliche Instrumente hat zwar Tagungsthemen zu definieren und Bücherschränke zu füllen vermocht, jedoch kaum Eingang in die praktische Umweltpolitik gefunden. Der politische Scheinkonsens für die Überlegenheit marktwirtschaftlicher Instrumente und im Ergebnis damit eine flexiblere und von den Unternehmen prozedural stärker mitgeprägte Umweltpolitik konnte schon deshalb nicht durchschlagen, weil sich bei den politisch verantwortlichen Entscheidungsträgern (zu Recht!) die Einsicht durchsetzte, daß auch die sogenannten marktwirtschaftlichen Instrumente an die Definition nennenswerter ökologischer Qualitätsziele gebunden sind. Deren Setzung und Kommunikation ging in einem Politikstil unter, den Umweltminister zur Rolle des aufrechten und gescheiten Rhetorikers zu verdammen.

Eben wegen des geradezu systematischen Ausblendens der ökologischen Dimension des Wirtschaftens vorher gelangen ökologischer Unternehmenspolitik in den Jahren nach 1985 so viele Anfangserfolge. Und eben diese Euphorie erlaubte auch, mit weitreichenden Konzeptionen ökologischer Unternehmensethik[6] eine normative Ebene draufzusetzen. Als Startaktivitäten bewegten sich nämlich die damaligen unternehmensseitigen Bemühungen bei allem Ankündigungspathos erst einmal im eher operativen Bereich, da gab es zunächst mehr als genug zu tun. So fiel kaum auf, daß das strategische Bindeglied weitgehend fehlte: die Generierung von Strategien, mittels derer die Unternehmen zu einem nachhaltigen ökologischen Strukturwandel beitragen

---

[5] S. dazu aus betriebswirtschaftlicher Sicht Wagner, G.R.: Betriebswirtschaftliche Umweltökonomie, Stuttgart 1997, insbesondere S.219 ff.

[6] S. als vergleichenden Überblick für diese Phase Pfriem, R.: Unternehmenspolitik in sozialökologischen Perspektiven, Marburg 1995, S.191 ff.

könnten, Staat und Gesellschaft im Gegensatz zur alten Bremserrolle mit ökologischen Schachzügen unter Druck setzen würden.

Nachhollernen ist bei Licht besehen Anpassungslernen, trat jedoch zumal unter Ausschmückung durch das ethische Begleitwerk als Veränderungslernen auf. Dieser Handlungsrahmen mußte sich zwangsläufig alsbald erschöpfen, und wegen des Mangels von direkten oder indirekten staatlich-politischen Anstößen zu einer höheren Stufe ökologischer Unternehmenspolitik lief diese tendenziell leer: diejenigen Unternehmen, die eine normative Grundentscheidung für Ökologie gefällt hatten, bekamen (1) kaum weiteren Zulauf mehr und fingen (2) selber an zu stagnieren.

Erlahmende Lebendigkeit in der umweltpolitischen Interaktion zwischen Staat und Unternehmen brachte das Projekt einer interaktiven gesellschaftlichen Umweltpolitik erst recht zum Stocken. Speiste sich die gesellschaftliche Umweltpolitik in der Frühphase in Deutschland vor allem aus den Auseinandersetzungen zwischen radikaler ökologischer Bewegung und staatlicher Politik, konfrontativ zentriert an den Auseinandersetzungen um das sozialdemokratische Atomkraftwerksprogramm der siebziger Jahre[7], so war inzwischen allerdings ein Zustand erreicht, bei dem die Beziehung zwischen Unternehmen und staatlicher Politik ausschlaggebend geworden war für das akteursbezogene Gesamtgefüge gesellschaftlicher Umweltpolitik. Ökologische Lernprozesse in der Gesellschaft sind wohl mehr denn je auf die Entwicklung dieser Beziehung angewiesen. Deren Erlahmung wirkt(e) insofern auf die Vitalität des gesamten Akteursgefüges negativ zurück.

In der Unbestimmtheit wissenschaftlicher Stellungnahmen zu diesem Akteursgefüge scheinen die Schwierigkeiten zum Ausdruck zu kommen. Bei Jänicke u.a.[8] werden – in nicht näher begründeter Reihenfolge – genannt: (a) staatliche Umweltinstitutionen, (b) Umweltverbände, (c) Medien, (d) umweltbewußte Unternehmen und ihre Organisationen, quer dazu ökologische Wissensgemeinschaften in Universitäten, Forschungseinrichtungen etc. Ohne weitere Erläuterung bleiben hier etwa die Konsumenten/Kunden/Nachfrager völlig außen vor, obwohl diese in der jüngeren Vergangenheit z.B. beim Brent-Spar-Konflikt der Shell AG eine prominente Rolle gespielt haben.

Die Medien scheinen ambivalent einzuordnen sein. Jedenfalls weisen Jänicke u.a. neben der Funktion, ökologische Probleme einer breiteren Öffentlichkeit vorzustellen, den Medien auch das Risiko zu, „mit ihrer Tendenz zur Entpolitisierung der Berichterstattung und ihrer latenten Propagierung einer ökologisch bedenkenlosen Konsumfreiheit"[9] der ökologischen Sache eher zu schaden. In der Betriebswirtschafts- und Managementlehre war in der Vergangenheit hierzu eher verbreitet, in der Öffentlichkeit den

---

[7] S. zur kritischen Rekonstruktion Pfriem, R.: Ökologische Unternehmensführung oder: Wie werden die Bösen die Guten? In: Einblicke – Forschungsmagazin der Carl von Ossietzky Universität Oldenburg, Nr. 26, 1997, S. 15-18.

[8] S. Jänicke, M./Kunig, Ph./Stitzel, M. a.a.O. S.84 ff.

[9] Jänicke u.a. a.a.O. S.86 f.

systematischen Ort der Moral zu sehen.[10] Ich sehe darin eher den fragwürdigen Versuch, einen scheinbar sicheren Rettungsanker nicht preisgeben zu müssen.

In theoretisch reflektierter Form ist die Frage nach den Möglichkeiten (sozial)ökologischer Unternehmensethik für das Gelingen von ökologischer Unternehmenspolitik fundamental. Ich werde im dritten Abschnitt noch darauf zurückkommen.

2. New Public Environmental Management, oder: ein neues Selbstverständnis staatlicher Umweltpolitik, um gesellschaftliche Umweltpolitik möglich zu machen

Der Gedanke, daß es ein starkes Vorurteil sein könnte, den Staat in umweltpolitischer Hinsicht vor allem als um Entlastung bemüht zu denken, daß der Staat erst einmal als Produzent ökologischer Probleme betrachtet werden sollte, ist ganz so neu nicht. So führte etwa das Berliner Institut für ökologische Wirtschaftsforschung vor 1990 seine Jahrestagung zu diesem Thema durch.

Das Risiko, de facto vor allem diese (negative) Rolle zu spielen, scheint allerdings in dem Maße gegeben zu sein, in dem der Staat versucht, im Netz der gesellschaftlichen Akteure die dominante Position zu besetzen und sich damit systematisch zu überfordern: das Marktversagen, mit dem terminologisch auf das Problem negativer externer Effekte aufmerksam gemacht wurde, wird durch ein Staatsversagen ergänzt.[11] Von daher ist es vernünftig, über eine neue Selbstbeschreibung staatlicher Aktivitäten nachzudenken. Minsch u.a. sprechen in ihrem Plädoyer für „Mut zum ökologischen Umbau" von „ökologischer Grobsteuerung"[12], mittels derer eine nachhaltige Entwicklung von Wirtschaft und Gesellschaft auf den Weg gebracht werden soll.

Schärfer gefaßt wird das für nötig gehaltene neue Selbstverständnis ökologieorientierten Staatshandelns bei Schaltegger u.a., die konkrete „Schritte zu einem New Public Environmental Management"(NPEM) vorschlagen.[13] Zentral für die dort befürwortete Transformation ist ein Rollenwechsel von Politikern und Beamten zu Managern. Dazu wird zweierlei für erforderlich gehalten: (1) eine erhöhte Transparenz

---

[10] Konzeptionell dazu Ulrich, P.: Transformation der ökonomischen Vernunft, Bern/Stuttgart 1986. Passend zu meinem Befund auch der Umstand, daß bei Dyllick in seiner Grundidee eines „Managements der Umweltbeziehungen"(so der Titel von Dyllick 1989) die Öffentlichkeit als dritter unternehmensumgreifende Ring jenseits von Markt und Politik im Laufe der Ausarbeitung die Moral ersetzte.

[11] S. dazu schon früh Jänicke, M.: Staatsversagen, München 1987.

[12] Minsch, J./Eberle, A./Meier, B./Schneidewind, U.: Mut zum ökologischen Umbau. Innovationsstrategien für Unternehmen, Politik und Akteurnetze, Basel/Boston/Berlin 1996, S.121 ff.

[13] S. Schaltegger, S./Kubat, R./Hilber, C./Vaterlaus, S.: Innovatives Management staatlicher Umweltpolitik. Das Konzept des New Public Environmental Management, Basel/Boston/Berlin 1996, S.247 ff.

durch neue Meß- und Beurteilungskonzepte. Hier stehen im Vordergrund bessere Konzepte zur Messung und Aufbereitung von Daten über die Umweltverschmutzung, die Entwicklung von betriebswirtschaftlichen Managementkonzepten für die Verwaltung sowie die Verbesserung der volkswirtschaftlichen Konzepte zur Wirkungsmessung staatlicher Maßnahmen. (2) wird der Änderung institutioneller Rahmenbedingungen das Wort geredet. Die Ermöglichung und Förderung von Wettbewerb und die Implementierung anreizorientierter Managementgrundsätze sind hier von besonderem Gewicht.

„Eine der wichtigsten politischen Maßnahmen des New Public Management ist die leistungsgesteuerte Globalbudgetierung. Das Prinzip der leistungsgesteuerten Globalbudgetierung ist im deutschen Sprachraum unter dem Titel „Tilburger Modell" bekannt. Dabei wird die heute vorherrschende Inputsteuerung über Budgets durch die globale Vorgabe von Kostendächern bei gleichzeitiger Erhöhung des Spielraums der Verwaltung ersetzt. Neben der Erhöhung der Effizienz trägt der Wettbewerb als Entdeckungsverfahren auch zur Steigerung der Innovation bei. So fördert erst der Wettbewerb die Lernprozesse bei den privaten Anbietern und in der Verwaltung."[14]

Paradigmatisch läßt sich New Public Management (das ökologische Handlungsfeld ist ja nur einer von zahlreichen Anwendungsbereichen) als akteursbezogenes Modell strategischer regulatorischer Planung verstehen. Die Steuerung erfolgt nicht so sehr über allgemeine Regeln, sondern über konkrete Organisationstätigkeiten. Der Schwerpunkt liegt nicht bei Entscheidung und Vollzug, sondern bei Zielbildung und Ergebniskontrolle. Statt allgemeiner Ziele und konkreter Instrumente (von der lähmenden Instrumentalismusdebatte war oben schon die Rede) sollen konkrete Ziele Raum für flexible Instrumente geben. Hierarchische Handlungsimpulse, abgesichert durch das parlamentarisch-repräsentative Politiksystem, werden durch die Erschließung dezentraler Handlungsmotive abgelöst.[15]

Mit einem solchen Politikwandel wird die real existierende Vielfalt politischer Akteure in komplexen Gesellschaften in ihr Recht gesetzt. Staatliche Politik wird gerade dadurch intelligent und erfolgreich, daß sie sich auf die Rolle des Moderators, des Anregers und Koordinators „zurückzieht". Zu der neuen Flexibilität gehören weit größere Möglichkeiten, das jeweilige Akteursfeld problem- und themenbezogen zu strukturieren. Der aus der Betriebswirtschafts- und Managementlehre bekannte Stakeholder-Ansatz[16] wird auf das Feld der gesellschaftlichen Umweltpolitik übertragen, mit der bemerkenswerten Differenz, daß bei der unternehmenspolitischen Ausprägung dieses Ansatzes stakeholders als diejenigen definiert sind, die von unternehmenspolitischen Entscheidungen betroffen sind und/oder darauf Einfluß ausüben können, die

---

[14] Schaltegger u.a. a.a.O. S.259 f.

[15] Vgl. Jänicke u.a. a.a.O. S.71.

[16] S. ursprünglich Freeman, R.E.: Strategic management. A stakeholder approach, Boston u.a. 1984; vgl. a. Fischer, D./Kühling, B./Pfriem, R./Schwarzer, Ch.: Kommunikation zwischen Unternehmen und Gesellschaft. Voraussetzungen angemessener Umweltberichterstattung von Unternehmen, 2.Auflage Oldenburg 1995.

Organisation Unternehmung also im Zentrum steht, während der Staat diese Rolle gerade vermeiden soll.

Deswegen trifft eher eine Beschreibung kooperativer Verhandlungssysteme zu, denen der dominierende Faktor (möglichst) fehlt. Solche kooperativen Verhandlungssysteme können bei hinreichender Aufgeschlossenheit der beteiligten Akteure durchaus zum Ort von strategischen Lernprozessen werden, die sogar über das Auffinden verständigungsorientierter Problemlösungen hinausgehen mögen. Duschek und Sydow haben jüngst am Beispiel der Kooperation von Unternehmen in Netzwerken aufgezeigt, daß darin enthaltene Lernchancen zwar einseitig ausgenutzt werden können, freilich auch Chancen bieten zur Entwicklung kooperativer Kernkompetenzen, die zur Quelle dauerhafter Produkt- und Prozeßinnovationen werden.[17]

Das Geflecht von ökologischen, ökonomischen, speziell beschäftigungspolitischen und sozialen Interessen und Zielsetzungen bereitet der Entwicklung zu solchen kooperativen Verhandlungssystemen freilich noch allerhand Schwierigkeiten. In solchen Auseinandersetzungen wie jener (erneuten) um die Atomenergie, der um die Magnetschwebebahn Transrapid sowie Konflikten um erweiterten Braunkohletagebau (Garzweiler II) oder ein Sperrwerk an der Ems, hinter dem angeblich das Küstenschutzinteresse steht, dessen ausschlaggebender Grund allerdings in den besonderen Interessen der immer noch im Binnenland tätigen Meyer Werft in Papenburg zu suchen ist[18] – in all solchen Auseinandersetzungen scheinen die Konfliktlinien von Anfang an derart verriegelt zu sein, daß Verhandlungen im Sinne prinzipieller Möglichkeiten zur Korrektur einmal eingenommener Positionen kaum auf den Weg gebracht werden können.

Das beruht natürlich nicht darauf, daß beschäftigungspolitische Zielsetzungen verbieten würden, den industriepolitischen Einmarsch in ökologische Sackgassen sein zu lassen. Wirksam wird hier vor allem der Mangel des Denkenkönnens (und noch vorher -wollens) in Alternativen. Wenn der jetzige Bundeskanzler zum Beharren seiner nordrhein-westfälischen Parteifreunde auf dem ökologisch wie energiewirtschaftlich unsinnigen Projekt Garzweiler II erklärte, das zeige, daß dort noch Industriepolitik gemacht werden könne, oder des öfteren mit dem Spruch aufwartet, es gebe keine sozialdemokratische, christdemokratische o.a. Wirtschaftspolitik, sondern nur gute oder schlechte, dann liefert dies für den Verbleib in deterministischen und linearen Denkstrukturen peinlichen Beleg. Unter der kulturellen Voraussetzung, geistige Inflexibilität nicht länger als persönliche Stärke mißzuverstehen, wäre selbstverständlich prinzipiell auch in solche ideologisch stark aufgeladenen Konflikte zwischen Ökonomie und Ökologie Bewegung zu bringen, aber: es bräuchte hinreichend breit diese kulturelle Voraussetzung.

Kooperative Verhandlungssysteme im hier beschriebenen und befürworteten Sinne sollten nicht verwechselt werden mit konzertierten Aktionen von Funktionsträgern, die

---

[17] Duschek, St./Sydow, J.: Netzwerkkooperationen als Quelle neuer Produkte und Prozesse, in: THEXIS 3/99, S.21-25.

[18] S. dazu Dobberkau, M./Eickhoff, B.: Der Plan eines Sperrwerkes bzw. Stauwehres an der Ems. Eine sozialökologische Analyse, Oldenburg 1998.

ihrer jeweiligen gesellschaftlichen Basis reichlich enthoben sind. Hinter dem ökonomischen und gesellschaftlichen Strukturwandel hängen vor langer Zeit einmal etablierte Organisationsformen zunehmend stärker zurück, wie sich nicht zuletzt am Beispiel der überholten industriellen Großorganisationen auf den beiden tarifpartnerschaftlichen Seiten zeigen läßt.[19] Mit anderen Worten: kooperative Verhandlungssysteme müssen basisnah ausgelegt werden, wenn sie dem Kriterium des stakeholder-Ansatzes genügen sollen, diejenigen einzubeziehen, die betroffen sind und/oder Einfluß ausüben können.

Wie (hoffentlich) gezeigt worden ist, macht die neue Selbstbescheidenheit staatlicher Umweltpolitik im Sinne eines new public management den Staat keineswegs schwach, wie vordergründig gemeint werden könnte. Durch den Auftrag, die Definition konkreter Qualitätsziele in seine Koordinationsfunktion einzubeziehen, wird er in wichtiger Hinsicht sogar gestärkt. Jänicke u.a. sehen sogar in der Erarbeitung nationaler Umweltpläne ein wichtiges Element des neuen Politiktypus.[20]

Bei Qualitätszielen stellt sich die Frage nach angemessener gesellschaftlicher Kommunikation vor, während und nach deren Definition. Unbestreitbar sein sollte dabei, daß sie im Maße gesellschaftlicher Akzeptanz Motivation und Engagement begünstigen können. Die von der derzeitigen Bundesregierung auf den Weg gebrachte ökologische Steuerreform leistet dies nach Ansicht des Verfassers überhaupt nicht, insofern sie Ausdruck des überkommenen und abschaffungsbedürftigen ökologischen Instrumentalismus ist, von dem oben schon hinreichend die Rede war. Die Einnahmen aus den Ökosteuern werden nicht genutzt, um daraus einen ökologischen Strukturwandel zu finanzieren, für den die Bevölkerung bereit wäre (oder dazu gebracht werden könnte), Ökosteuern zu zahlen, sondern das Geld fließt in die Senkung von Lohnnebenkosten, die im internationalen Vergleich sowieso überfällig ist.[21]

3. Kulturrevolution, oder: der Wirtschaftsstil des ökologischen Selbst

An ökologische Umgestaltungskonzepte geht der Betriebswirt mit einem natürlichen Interesse an der Frage heran, welche Rolle denn Unternehmen dabei zukommen könnte. Nach meinem Dafürhalten liegt allerdings gerade hier ein verbreitetes Manko. Die „ökologische" Herangehensweise verstellt befremdlich oft den Blick auf das Problem, wer denn aus welchen Handlungs- und Strukturbedingungen heraus den konzeptionell vorgetragenen Wandel bewirken solle. Und soweit die Frage nach den Ak-

---

[19] S. dazu Günther, K./Pfriem, R.: Die Zukunft gewinnen. Vom Versorgungsstaat zur sozialökologischen Unternehmergesellschaft, München 1999.

[20] Jänicke, M./Carius, A./Jörgens, H.: Nationale Umweltpläne in ausgewählten Industrieländern, Berlin u.a. 1997.

[21] Zu dieser Kritik vgl. a. Günther/Pfriem a.a.O. S.96 ff.

teuren überhaupt aufgeworfen wird, bietet sich häufig Anlaß zur Verwunderung über das Wie bzw. die konkrete Modellierung.

In dem ökologisch sehr ergiebigen Report des Umweltbundesamtes zu deutschen Perspektiven nachhaltiger Entwicklung findet sich zwar ein ausführliches Kapitel über „Konsummuster für eine nachhaltige Entwicklung"[22], der Akteur Unternehmung wird hingegen in eher normativen Auslassungen zum Stoffstrommanagement versteckt und keiner Analyse von Handlungsbedingungen und Restriktionen unterzogen. Bei Jänikke/Kunig/Stitzel wird der gesellschaftliche Akteur Unternehmung ohne weitere Begründung auf einen auch nicht näher definierten Kreis ökologischer Pioniere eingeschränkt: "Den umweltbewußten Unternehmen und ihren Organisationen kommt seit Ende der achtziger Jahre eine wachsende Bedeutung als nichtstaatlicher Einflußfaktor zu."[23] Analog war schon in der vielbeachteten Studie des Wuppertal-Instituts für Klima, Umwelt und Energie[24] von grünen Unternehmern die Rede, für den Verfasser dieses Textes pikanterweise mit ausdrücklichem Bezug auf seine Habilitationsschrift, obwohl diese im Gegenteil ausdrücklich bemüht war, die Unternehmung allgemein als ökonomische Organisationsform in den Blick zu nehmen und gerade nicht besondere Verhaltensweisen irgendwelcher Pioniere herbeizutheoretisieren.[25]

Interaktive gesellschaftliche Umweltpolitik läßt sich als Kommunikation über Bedingungen und Möglichkeiten eines ökologischen Strukturwandels von Wirtschaft und Gesellschaft charakterisieren. Dabei besteht ein Geflecht zwischen Rahmenbedingungen einerseits und leitenden Handlungsnormen andererseits (bzw. Änderungen davon), das in ökonomischen Analysen gewöhnlich auf die erste Seite kurzgeschlossen wird. Sicherlich ist an den gegenwärtigen Rahmenbedingungen des Wirtschaftens unter ökologischen Gesichtspunkten einiges reformbedürftig, notwendig scheint aber nicht vorrangig der ökologische Ordnungsrahmen (wo käme der auch her), sondern ein entsprechender Wandel in den Köpfen, eine Veränderung der Einstellungsmuster. Die Rede vom Wirtschaftsstil schließt insofern die Arbeits- und Lebensstile/-modelle zwangsläufig ein, die nachfragerelevanten Konsummuster sind nur ein Teil davon.

„Der ökologische Lebensstil zeichnet sich durch einen Genuß des Lebens aus, dessen Voraussetzung die volle Entfaltung der Sinne ist."[26] Dieser philosophische Hinweis (von Schmid stammt in eben demselben „Sinne" auch der Begriff des ökologischen Selbst) soll akzentuieren, daß eine Umweltpolitik, die darauf setzt, sich als Akteuren zu verordnen, was auf der Ebene der wirklichen Akteure gar nicht gewollt wird,

---

[22] (Hrsg.) Umweltbundesamt: Nachhaltiges Deutschland. Wege zu einer dauerhaft umweltgerechten Entwicklung, Berlin 1997, S.220 ff.

[23] Jänicke/Kunig/Stitzel a.a.O. S.87.

[24] Veröffentlicht als BUND und MISEREOR: Zukunftsfähiges Deutschland. Ein Beitrag zu einer global nachhaltigen Entwicklung, Basel u.a. 1996.

[25] Vgl. dazu Pfriem, R.: Unternehmenspolitik in sozialökologischen Perspektiven, 2.Auflage Marburg 1996. Siehe auch: Seidel, E./Menn, H.: Ökologisch orientierte Betriebswirtschaft, Stuttgart 1988.

[26] Schmid, W.: Philosophie der Lebenskunst. Eine Grundlegung, Frankfurt 1999, S.434.

von Anfang an zum Scheitern verurteilt ist. Ein im Kern asketisches Programm der Selbstbindung via Ordnungsrahmen kann nicht funktionieren.

Funktionieren kann hingegen möglicherweise ein solches Handeln der ökonomischen und gesellschaftlichen Akteure, das struktur- und kulturbildend im Sinne einer stärkeren Berücksichtigung ökologischer Zielsetzungen wirkt. Wenn wir im Anschluß an Williamson und mit Wieland governance definieren als „eine Steuerungsstruktur oder eine Steuerungsmatrix zur Abwicklung wirtschaftlicher und gesellschaftlicher Transaktionen"[27], dann sind die in dieser Struktur handelnden Akteure zur Strategienfindung auf strategische Suchprozesse angewiesen, in denen sie ökologischen Zielsetzungen eine je größere oder kleinere Bedeutung beimessen können.

Und eine Lehre aus den bisherigen Erfahrungen mit ökologischer Unternehmensführung lautet, daß ökologische Intentionen neue Ressourcen ökonomischer Erfolgsorientierung erschlossen haben. Auf diesem Wege kommt ökologische Ethik, im speziellen Fall ökologische Unternehmensethik ins Spiel, die nichts anderes ist als Mentalitätswandel und Kulturorientierung, keinesfalls als public-relations-Masche nach üblichem Strickmuster zu denunzieren.

Literaturverzeichnis

BUND/MISEREOR: Zukunftsfähiges Deutschland. Ein Beitrag zu einer global nachhaltigen Entwicklung, Basel u.a. 1996.
Dobberkau, M.; Eickhoff, B.: Der Plan eines Sperrwerkes bzw. Stauwehres an der Ems. Eine sozialökologische Analyse, Oldenburg 1998.
Duschek, S.; Sydow, J.: Netzwerkkooperationen als Quelle neuer Produkte und Prozesse, in: THEXIS 3/99, S. 21-25.
Dyllick, Th.: Management der Umweltbeziehungen, Wiesbaden 1989.
Fischer, D.; Kühling, B.; Pfriem, R.; Schwarzer, C.: Kommunikation zwischen Unternehmen und Gesellschaft. Voraussetzungen angemessener Umweltberichterstattung von Unternehmen, 2.Auflage, Oldenburg 1995.
Freeman, R. E.: Strategic management. A stakeholder approach, Boston u.a. 1984.
FUUF/Forschungsgruppe Umweltorientierte Unternehmensführung (Hrsg.): Umweltorientierte Unternehmensführung. Möglichkeiten zur Kostensenkung und Erlössteigerung – Modellvorhaben und Kongreß, Reihe Berichte des Umweltbundesamtes, Bd. 11/91, Berlin 1991.
Günther, K.; Pfriem, R.: Die Zukunft gewinnen. Vom Versorgungsstaat zur sozialökologischen Unternehmergesellschaft, München 1999.
Jänicke, M.; Carius, A.; Jörgens, H.: Nationale Umweltpläne in ausgewählten Industrieländern, Berlin u.a. 1997.
Jänicke, M.; Kunig, P.; Stitzel, M.: Umweltpolitik, Bonn 1999.
Jänicke, M.: Staatsversagen, München 1987.
Kirchgässner, G.: Homo oeconomicus, Tübingen 1991.

---

[27] Wieland, J.: Die Ethik der Governance, Marburg 1999, S.7.

Minsch, J.; Eberle, A.; Meier, B.; Schneidewind, U.: Mut zum ökologischen Umbau. Innovationsstrategien für Unternehmen, Politik und Akteurnetze, Basel/Boston/Berlin 1996.

Pfriem, R.: Ökologische Unternehmensführung oder: Wie werden die Bösen die Guten? In: Einblicke – Forschungsmagazin der Carl von Ossietzky Universität Oldenburg, Nr. 26, 1997, S. 15-18.

Pfriem, R.: Unternehmenspolitik in sozialökologischen Perspektiven, 2.Auflage, Marburg 1996.

Meißner, W.; Hödl, E.: Beschäftigungseffekte der Umweltpolitik, Bonn 1978.

Schaltegger, S.; Kubat, R.; Hilber, C.; Vaterlaus, S.: Innovatives Management staatlicher Umweltpolitik. Das Konzept des New Public Environmental Management, Basel/Boston/Berlin 1996.

Schmid, W.: Philosophie der Lebenskunst. Eine Grundlegung, Frankfurt 1999.

Seidel, E.; Menn, H.: Ökologisch orientierte Betriebswirtschaft, Stuttgart 1988.

Ulrich, P.: Transformation der ökonomischen Vernunft, Bern/Stuttgart 1986.

Umweltbundesamt (Hrsg.): Nachhaltiges Deutschland. Wege zu einer dauerhaft umweltgerechten Entwicklung, Berlin 1997.

Wagner, G. R.: Betriebswirtschaftliche Umweltökonomie, Stuttgart 1997.

Wieland, J.: Die Ethik der Governance, Marburg 1999.

III. Umweltmanagement im Kontext der Unternehmensführung

Wirkungen und Weiterentwicklungen von Umweltmanagementsystemen

Thomas Dyllick

Umweltmanagementsysteme (UMS) sind im Bereich des betrieblichen Umweltschutzes in den 1990er Jahren in den Mittelpunkt des Interesses von Wissenschaft und Praxis getreten. Vor dem Hintergrund der durch die UN-Konferenz für Umwelt und Entwicklung in Rio de Janeiro 1992 verursachten umweltpolitischen Aufbruchsstimmung sind zwei parallele Umweltmanagementsystem-Normen entstanden. Die europäische EMAS-Verordnung wurde im April 1995 wirksam, 21 Monate nach ihrer formellen Inkraftsetzung im Juli 1993. Die weitgehend ähnlich ausgestaltete, weltweit gültige ISO-Norm 14001 „Umweltmanagementsysteme" trat im September 1996 mit ihrer Publikation in Kraft. Bis März 1999 haben sich weltweit ca. 9000 Unternehmen nach der ISO 14001 zertifizieren lassen, während EU-weit 2500 Standorte nach EMAS validiert wurden. Beide Normensysteme haben somit eine rasche Diffusion in der Praxis erfahren.[1]

In umweltpolitischer Perspektive stellen die beiden Normensysteme moderne Vollzugsinstrumente dar, die auf der Idee einer *kontrollierten Eigenverantwortung der Unternehmen* beruhen. Einerseits wird ein verbindlicher organisatorischer Rahmen und Vorgehensablauf für die Umsetzung, Überprüfung und Weiterentwicklung der unternehmerischen Umweltpolitik definiert, andererseits wird ein Anreiz für den Nachweis des UMS gegenüber Dritten angeboten, in Form eines durch fachkundige Dritte bestätigten Zertifikats. In der Perspektive des betrieblichen Umweltmanagements sind UMS nicht Vollzugsinstrumente des staatlichen Umweltrechts, sondern primär einmal interne Führungsinstrumente, welche die Voraussetzungen und Instrumente eines effizienten und effektiven Umgangs mit ökologischen Herausforderungen schaffen. Sie haben dabei zwei verschiedene Funktionen: Sie dienen sowohl als Instrument der Kontrolle und Beherrschung umweltrelevanter Prozesse, somit der Vermeidung ökologischer Risiken, als auch der Entwicklung und Nutzung ökologischer Profilierungs- und Differenzierungspotentiale.

Beiden Normensystemen sind drei grundlegende Zielsetzungen gemein: Es geht darum, (1) ein wirksames UMS für die Umsetzung selbstdefinierter Umweltziele

---

[1] So brauchte es z.B. in der Schweiz 5 Jahre ab Publikation der Norm (1987) bis 350 Zertifizierungen gemäss der Qualitätsmanagementnorm ISO 9001ff erreicht waren, während es im Fall der jüngeren ISO 14001-Norm lediglich die Hälfte der Zeit (2,5 Jahre, bis März 1999) brauchte, um die selbe Zahl an Zertifizierungen zu erreichen.

aufzubauen, das (2) im Sinne eines Minimalziels die Einhaltung aller einschlägigen Umweltgesetze und -vorschriften sicherstellt, das darüber hinaus aber auch (3) die Verpflichtung zu einer kontinuierlichen Verbesserung des Umweltschutzes beinhaltet. Hierbei ist der Zielraum nur nach unten hin durch die einschlägigen Umweltvorschriften begrenzt, während er nach oben offen ist und durch die Unternehmen selbst auszugestalten ist. Was als Fortschritt im Hinblick auf die geforderte kontinuierliche Verbesserung gilt, wie weitreichend und in welchem Tempo sich diese entfaltet, bleibt aber offen und ist durch die Unternehmen zu definieren. Statt inhaltliche Leistungskriterien vorzugeben, wird alternativ ein wirksames UMS verlangt, das durch seinen Einsatz de facto in die selbe Richtung führen soll. Inwiefern sich diese Hoffnung auch erfüllt, ist eine offene, nur empirisch beantwortbare Frage.

Der vorliegende Beitrag analysiert zunächst die vorliegenden empirischen Erkenntnisse bzgl. der Wirkungen von UMS (Kap. 1.1) und geht dann auf deren Weiterentwicklungen ein (Kap. 1.2).

1. Wirkungen von UMS: Eine Bestandsaufnahme

UMS sind vielseitig einsetzbare und gestaltbare „Breitbandinstrumente". Ihre Implementierung ist dementsprechend je nach Zweck und Ausrichtung der Instrumente auch mit ganz unterschiedlichen Nutzenpotentialen für die Unternehmen verbunden. Abbildung 1 listet typische interne und externe Nutzenpotentiale auf, die zur Begründung und Motivation eines UMS-Aufbaus angeführt werden können.

Interne Nutzenpotentiale	Externe Nutzenpotentiale
• Systematisierung bestehender Umweltmassnahmen	• Verbessertes Image in der Öffentlichkeit
• Erhöhung der Mitarbeitermotivation	• Stärkung der Wettbewerbsfähigkeit
• Risikovorsorge und Haftungsvermeidung	• Erleichterungen bei Banken und Versicherungen
• Erkennen von Kostensenkungspotentialen	• Verbesserung der Beziehungen zu Behörden

Abbildung 1:   Nutzenpotentiale von Umweltmanagementsystemen.
Quelle: Dyllick/Gilgen/Häfliger/Wasmer, 1996, S. 8.

Betrachtet man nicht den ökonomischen Nutzen, sondern die ökologische Wirksamkeit von UMS, so können hier unterschiedliche Dimensionen der ökologischen Effizienz unterschieden werden wie z.B.: (1) Materialintensität, (2) Energieintensität, (3) Toxizität von Freisetzungen (Risiken für Mensch und Umwelt), (4) Einsatz erneuerbarer Ressourcen, (5) Recycling (Wiederverwertung), (6) Verlängerung der Produktlebensdauer und (7) Produktverantwortung.[2]

---

[2] Vgl. DeSimone/Popoff et al., 1997, S. 56ff.

Jenseits solcher Klassifizierungen der potentiellen Wirkungen von UMS liegen bisher erst wenige empirisch begründete Erkenntnisse bzgl. der realisierten Wirkungen von UMS vor. Eine jüngst durchgeführte Auswertung der wichtigsten empirischen Untersuchungen vermittelt ein aktuelles Bild des Wissenstandes bzgl. der ökonomischen und ökologischen Wirkungen von UMS. Diese lassen sich in folgenden Punkten zusammenfassen:[3]

1.1 Ökonomische Wirkungen von UMS

1. Die Untersuchungen stellen eine *grosse Streuung UMS-bezogener (Aufbau-) Kosten* fest. Variierte diese Streuung anfangs noch zwischen 48 TDM und 1 Mio. DM,[4] so ist der Bereich in der neueren UNI/ASU-Studie auf 69 TDM bis 255 TDM eingeengt worden.[5] Eine zentrale Rolle spielt hierbei die Unternehmensgrösse. Für kleine Unternehmen fallen meist überproportional hohe Aufbau- und Beratungskosten an, weil sie die organisatorischen Voraussetzungen erst schaffen müssen, während in Grossunternehmen diese oftmals bereits bestehen. Bezieht man die Gesamtkosten auf die Anzahl der Mitarbeiter, sind bei zunehmender Unternehmensgrösse sinkende Kosten pro Mitarbeiter zu verzeichnen. Betragen diese gemäss Durchschnittswerten der UNI/ASU-Studie für Unternehmen mit weniger als 20 Mitarbeitern 3500 DM/Mitarbeiter, so sinkt dieser Wert für Unternehmen mit mehr als 500 Mitarbeitern auf 500 DM/Mitarbeiter.

2. Es liegen bislang nur *wenig differenzierte Angaben* zu den betriebswirtschaftlichen Kosten von UMS vor. Eine Unterteilung der Gesamtkosten in Aufbaukosten und Zertifizierungskosten nimmt nur die UNI/ASU-Studie vor.[6] In keiner Studie werden die Betriebskosten von UMS erfasst. Dies ist wohl dadurch zu erklären, dass angesichts der kurzen Betriebszeit der UMS hier erst wenig Erfahrungen vorliegen. Dementsprechend finden sich auch keine Angaben zu den UMS-induzierten Investitionskosten (z.B. für eine neue Abwasserreinigung oder die Substitution von Problemstoffen) in den Studien. Eine bewusste Differenzierung der Kostenarten nach (1) Aufbau, (2) Zertifizierung/Begutachtung, (3) Betrieb und (4) Massnahmen bzw. Investitionen dürfte hierbei helfen, neben den einmalig anfallenden Kosten des UMS-Aufbaus auch die laufenden Kosten des UMS-Betriebs und der Weiterentwicklung zu erkennen. Nachdem die Ermittlung des ökonomischen Nutzens von UMS bisher ausschliesslich vermittels Befragungen und auf eine eher pauschale Art und Weise erfolgt ist, dürfte es zudem sinnvoll sein, anhand qualitativer Fallstudien ein vertieftes Verständnis der UMS-relevanten Ko-

---

[3] Vgl. zum Folgenden die detaillierte Auswertung in: Dyllick/Hamschmidt, 1999.
[4] Vgl. Hessisches Ministerium, 1995, S. 72.
[5] Vgl. UNI/ASU, 1997, Abb. A21, ohne Seitenangabe.
[6] Gemäss den Ergebnissen in UNI/ASU, 1997, S. 25, Abb. 4, verteilen sich die durchschnittlichen Gesamtkosten in Höhe von 161 TDM für den UMS-Aufbau zu 58% auf interne Kosten, zu 21% auf Beraterkosten und zu jeweils 10% auf Kosten für Umweltgutachter/Zertifizierer und Umwelterklärung.

stenarten und Kostentreiber zu entwickeln, aber auch der Abgrenzung und Zuordnung von Kosten.

3. Das *Kosten-Nutzen-Verhältnis* der UMS wird durchwegs *positiv* beurteilt, obwohl die Grundlage solcher Beurteilungen oftmals wenig fundiert erscheint.[7] Der UMS-Aufbau führt in der Regel zu Umweltmassnahmen, die zugleich auch bedeutende Kosteneinsparungen ermöglichen. Nur wenige Studien machen jedoch quantitative Angaben über die Höhe der erzielten Kostensenkungen. Die UNI/ASU-Studie kommt zum Ergebnis, dass für knapp die Hälfte der befragten Unternehmen die Amortisationszeit von UMS bei weniger als 1,5 Jahren liegt. UMS sind somit in vielen Fällen offensichtlich „ökonomisch ausserordentlich interessante Investitionen"[8]. Andere Studien sind hier etwas vorsichtiger und beschreiben UMS als Investitionen, die sich neben der Erzielung direkt messbarer Einsparungen durch positive „Verbundwirkungen" auszeichnen, welche auf unterschiedlichen Wegen und zumeist erst auf mittlere Frist zu ökonomischen Vorteilen führen.[9]

4. Unterteilt man den ökonomischen Nutzen in internen und externen Nutzen, so steht der *interne Nutzen* bei allen Studien deutlich im Vordergrund. Er wird durchgängig als gross eingestuft. Hier stehen neben Kostensenkungen insbesondere die Verbesserung von Rechtssicherheit, Transparenz und Mitarbeitermotivation als wesentliche Nutzenfaktoren im Vordergrund.[10] Im Gegensatz dazu fällt der erhoffte Nutzen in Bezug auf Märkte und externe Anspruchsgruppen (z.B. eine verbesserte Beziehung zu Kunden, Lieferanten, Dienstleistern wie Versicherungen und Banken sowie eine positive Imagewirkung) bislang gering aus.[11] Erklärungen für diesen *geringen externen Nutzen von UMS* werden darin gesehen, dass dieser bei vielen Unternehmen nicht im Vordergrund der Erwartungen steht, dass EMAS und ISO 14001 noch weitgehend unbekannt sind und dass das Instrument UMS insgesamt noch am Anfang seiner Entwicklung steht. Dementsprechend wird z.B. für eine „massive Werbekampagne" zugunsten von UMS plädiert.[12] Ein anderer Erklärungsansatz ergibt sich aus der Art des Einsatzes von UMS. Bislang konzentrieren sich die Massnahmen im Rahmen von UMS auf die operative Ebene und sind primär nach innen gerichtet: Die Erschliessung interner betriebsökologischer Optimierungspotentiale steht im Vordergrund. Für marktorientierte Strategien und ökologische Produktinnovationen werden UMS hingegen kaum genutzt. Es sollte deshalb auch nicht überraschen, wenn die bislang festgestellten Reaktionen von Markt und Umfeld so schwach ausfallen. Wei-

---

[7] Vgl. Freimann, 1998, S. 75.

[8] UNI/ASU, 1997, S. 34.

[9] Vgl. z.B. Hessisches Ministerium, 1995, S. 73; Weber/Seidel, 1998, S. 24; Budde/Wagner, 1997, S. 10.

[10] Vgl. FEU, 1998, S. 16f.; UNI/ASU, 1997, S. 4f.; Jürgens et al., 1997, S. 48: Jäger et al., 1998, S. 48; Steinle/Baumast, 1996, S. 25.

[11] Vgl. FEU, 1998, S. 16; Hessisches Ministerium, 1995, S. 74f; Jürgens et al., 1997, S. 49; UNI/ASU, 1997, S. 36; Weber/Seidel, 1998, S. 23; Höppner et al., 1998a, S. 31; Berret/Poltermann, 1998, S. 131; Freimann, 1998, S. 77.

[12] Vgl. FEU, 1998, S. 18.

tergehende ökologische Strategien verlangen hier nach einer unternehmens-übergreifenden Vernetzung und nach kooperativen Strategien.

5. Da die praktische Ausgestaltung von UMS unternehmensspezifisch erfolgt, dürfte es keinen Sinn machen, die ökonomischen Wirkungen allgemein zu beurteilen, vielmehr muss es darum gehen, sie situationsspezifisch zu bewerten. Zu denken ist hier einerseits an den vorgängig erreichten *Entwicklungsstand des Unternehmens und seines UMS* (ökologisches Pionierunternehmen vs. Neueinsteiger), aber auch an *unterschiedliche Zwecke und Auslegungsformen des UMS*. Zweckbezogen sind UMS ganz unterschiedlich zu bewerten, je nachdem, ob sie dafür ausgelegt sind eine Zertifizierung mit minimalem Aufwand zu erreichen, ob sie als Instrument zur Verbesserung der Rechtssicherheit, der Kosteneffizienz im Ressourcenbereich, des Risikomanagements, der Imagebildung oder der ökologischen Differenzierung und Innovation eingesetzt werden. Hier ist die bisherige Behandlung von UMS durch eine beachtliche Undifferenziertheit geprägt.

1.2 Ökologische Wirkungen von UMS

1. Im Hinblick auf die ökologischen Wirkungen von UMS stehen *Verbesserungen der Ressourceneffizienz* im Vordergrund. Sie betreffen vor allem die „klassischen" Massnahmenbereiche Energie-, Wasser- und Rohstoffeinsatz sowie auf der Outputseite den Abfall- und Entsorgungsbereich. Zugleich ist eine Konzentration auf Umweltentlastungen festzustellen, die mit Kosteneinsparungen einhergehen.

2. Es wird zwar festgestellt, dass durch die Implementierung von UMS zusätzliche, über die gesetzlichen Anforderungen hinausgehende Umweltaktivitiäten initiiert werden. Dabei wird jedoch nicht deutlich, inwieweit die Einführung eines UMS tatsächlich zur *Formulierung anspruchsvollerer Umweltziele als vorher* führt.[13] Mit anderen Worten: Es scheint so, dass in den Unternehmen nun das mit UMS gemacht wird, was man vorher auch schon, allerdings ohne UMS gemacht hat.

3. Entsprechend den vorliegenden empirischen Befunden kann konstatiert werden, dass zwar in vielen Unternehmen Produkte in das UMS einbezogen werden. Dennoch ist eine *deutliche Dominanz betriebsökologischer Aspekte* festzustellen. Dies mag im Zusammenhang stehen mit der in der Unternehmenspraxis derzeit weit verbreiteten Konzentration auf Prozessoptimierungen. Ein Hauptgrund hierfür ist jedoch in der unklaren Position der EMAS-Verordnung zu sehen, welche die Produktdimension höchstens am Rande erwähnt.[14] Hier verfolgt die ISO-Norm 14001 eine andere Position und bezieht sich durchgängig auf „Tätigkeiten, Produkte und Dienstleistungen" des Un-

---

[13] Vgl. FEU, 1998, S. 13 und Schwedt, 1998, S. 13; Ankele et al., 1998, S. 40.
[14] Und zwar in Anhang I, Teil C, Punkt 7 (Produktplanung) der EMAS-Verordnung.

ternehmens.[15] Naturgemäss kann und soll ein UMS-Zertifikat kein produktspezifisches Öko-Label ersetzen, aber eine Ausklammerung der Produkte und Dienstleistungen sowie der Einflussmöglichkeiten von Unternehmen auf diese führt zu zweifelhaften Konsequenzen, worauf bereits andere Autoren zu Recht aufmerksam gemacht haben: „Das nur an öko-auditierten Standorten gefertigte 12-l-Automobil kann nicht die schlussendliche Perspektive des ökologischen Umbaus der Wirtschaft darstellen."[16]

4. Aufgrund der vorliegenden Erkenntnisse lassen sich keine Aussagen über die Entwicklung der *absoluten Umweltbelastungen* treffen. Damit sind auch Beurteilungen der Richtungsstabilität von UMS in Bezug auf Schritte zu einer nachhaltigen Entwicklung nicht möglich. Es ist jedoch zu vermuten, dass trotz signifikanter Steigerungen der Öko-Effizienz in Teilbereichen die Umweltentlastungen durch Wachstumseffekte insgesamt überkompensiert werden. Der Vorschlag, auf dem Weg einer Vorgabe quantitativer Zielsetzungen in Form von Umweltqualitätszielen und einer Umweltprioritätenliste[17], eine Abstimmung von UMS–Zielen mit den nationalen Umweltzielen zu ermöglichen, könnte hier weiter helfen.[18]

5. Abschliessend ist festzustellen, dass aufgrund der vorliegenden Untersuchungen *keine Unterschiede bzgl. der ökologischen Wirksamkeit von EMAS und ISO 14001* in der Unternehmenspraxis festgestellt wurden. Die ökologischen Auswirkungen hängen offensichtlich stärker von der Umsetzung bzw. Interpretation des UMS als von der Auswahl des zugrundeliegenden UMS-Standards ab. Dies ist angesichts der Unterschiede in der Konstruktion beider Normen sowie der - teilweise allzu - intensiv geführten Abgrenzungsdiskussion „EMAS versus ISO" ein aufschlussreicher Befund. Er ist für diejenigen ernüchternd, die ihre Hoffnungen auf die Öffentlichkeitswirkung der im Rahmen von EMAS – nicht aber von ISO 14001 – verlangten Umwelterklärung gesetzt haben.

---

[15] Dieses Manko dürfte mit der vorgesehenen Übernahme des kompletten Texts der ISO-Norm 14001 in den Anhang der revidierten EMAS-Verordnung (EMAS II) behoben werden.

[16] Hessisches Ministerium, 1995, S. 123.

[17] Ein erster Schritt in diese Richtung ist der im Mai 1998 vorgestellte "Entwurf eines umweltpolitischen Schwerpunktprogrammes" des dt. Bundesministeriums für Umwelt, in dem auf einer noch sehr allgemeinen Ebene ein "Umwelt-Barometer Deutschland" mit sieben Indikatoren und Zielsetzungen vorgestellt wird (Vgl. BMU, 1998).

[18] Vgl. FEU, 1998, S. 15.

2. Weiterentwicklungen von UMS

Die hier wiedergegebenen empirischen Erkenntnisse zu den Wirkungen von UMS verweisen darauf, dass der Anreiz „Validierung" (EMAS) oder „Zertifizierung" (ISO) im Normalfall offenbar nur für den Systemaufbau sorgt, somit für die Einrichtung der erforderlichen Managementinfrastruktur. Dies ist zwar notwendig, aber noch nicht hinreichend für effektive Verbesserungsmassnahmen. Soll das System zu dem von beiden UMS-Normen geforderten dynamischen Prozess einer kontinuierlichen Verbesserung der Umweltleistung führen, so bedarf es hierfür weitergehender Anreize. Diese können von unterschiedlicher Seite kommen: von Kunden, Finanzmärkten oder Behörden. Fehlen diese Anreize oder bleiben sie so schwach, wie dies aus den bisherigen empirischen Erkenntnissen hervorgeht, so steht zu befürchten, dass das Interesse an UMS wieder erlahmen wird. Wie diese externen Anreize insbesondere aus Sicht von Staat und Behörden ausgestaltet werden sollten, wird im Auftrag des deutschen Bundesministeriums für Umwelt und des Umweltbundesamtes im Rahmen eines breiten Forschungsverbunds untersucht.[19] Die Ergebnisse sollen in die laufende erste EMAS-Revision einfliessen. Neben einer Verbesserung der externen Anreize und Rahmenbedingungen bedarf es aber auch Anpassungen und Weiterentwicklungen in den Unternehmen, um die Wirksamkeit der UMS zu verbessern. Hier sollen zwei Bereiche einer solchen Weiterentwicklung näher betrachtet werden, die von besonderem praktischen Interesse sind: die Integration von Managementsystemen und die strategische Ausrichtung von UMS.

2.1 Integration von Managementsystemen

Man beobachtet häufig, dass UMS als separate Managementsysteme aufgebaut werden, die in personeller und organisatorischer Hinsicht vom allgemeinen Managementsystem losgelöst sind. Die Planung, ausführende Massnahmen und Regelungen, aber auch die Verantwortlichen sind Teil einer eigenen Parallelstruktur, mit denen die Verantwortlichen der Abteilungen oder der Produkt- und Geschäftsbereiche oftmals nur wenig zu tun haben, teilweise auch mangels Anerkennung ihrer Bedeutung und mangels klarer Vorgaben der Unternehmensleitung nichts zu tun haben wollen. Dies führt zu einem wenig sinnvollen Nebeneinander von Managementsystemen, das durch geringe Effizienz, ungenügende Effektivität und fehlendes Engagement der Führung gekennzeichnet ist. Doppelspurigkeiten, hoher Abstimmungs- und Koordinationsaufwand, aber auch eine begrenzte Wirkung der Massnahmen im Umweltbereich sind die Folge.

Vor allem aus der Praxis ist die Forderung nach einer Integration des UMS sehr früh gekommen. Mittlerweile ist sie zu einem Allgemeingut geworden: „Spezielle Managementsysteme sind zu integrieren. Ziel ist ein integriertes Managementsystem!" Aber was heisst das denn? Betrachtet man die entsprechenden Konzeptionen in Literatur und UMS-Praxis, so kann man feststellen, dass „Integration" in

---

[19] Vgl. FEU, 1998.

aller Regel auf die Integration des UMS mit einem Qualitätsmanagementsystem[20] allenfalls auch noch mit einem Arbeitssicherheitsmanagementsystem bezogen wird.[21] Dieses verkürzte Verständnis bezieht sich somit bestenfalls auf eine partielle Integration, vor allem mit Bezug auf normierte Managementsysteme. Entscheidend für eine erfolgreiche Weiterentwicklung der UMS dürfte jedoch eine ganz andere Integration sein: die Integration mit dem allgemeinen Managementsystem, dem Managementsystem eines jeden Unternehmens also, in dessen Rahmen die zentralen geschäftspolitischen Entscheide getroffen, umgesetzt und verantwortet werden.

Was soll unter Integration des UMS in das allgemeine Managementsystem verstanden werden? Die Beantwortung dieser Frage kann an drei Kernelementen festgemacht werden: (1) Integration der Umweltverantwortung in die Linienverantwortung, (2) Integration der Umweltziele und -programme in die bestehenden Planungs-, Budgetierungs- und Controllingsysteme sowie (3) Integration der UMS-Prozesse in die bestehenden Kernprozesse des Unternehmens.[22]

1. Bleibt Umweltschutz im Unternehmen die Aufgabe einer Stabsstelle oder Stabsabteilung, so führt dies im Unternehmensalltag dazu, dass die umweltrelevanten Aufgaben an diese delegiert werden. Eine solche Situation ist nicht nur in hohem Masse undankbar, die hieran geknüpften Erwartungen sind auch in aller Regel unlösbar. Erst wenn Umweltschutz eine *integrierte Verantwortung jeder Linienstelle* ist, die sowohl für die Planung wie auch die Erreichung der Umweltziele selber verantwortlich ist, können die Erfolgs- und Zukunftsaussichten des Umweltmanagements als strukturell abgesichert gelten. Und erst dann kann auch eine zentrale Umweltstelle das tun, was sie eigentlich tun sollte: Unterstützung geben für die anderen Unternehmensbereiche und die Unternehmensleitung.

2. Im Mittelpunkt des allgemeinen Managements steht typischerweise das Planungs- und Controllingsystem, durch das im Rahmen einer rollenden Planung strategische Entscheide für das Unternehmen gefällt werden, die dann in Form operativer Pläne und Vorgaben die Tätigkeiten in den Bereichen Absatz, Produktion, Beschaffung und Logistik, aber auch Forschung & Entwicklung, Personal und Organisation lenken. Die Aufgaben der Überwachung und Kontrolle obliegen hierbei dem Controlling, das zumeist mit einer individuellen Ziel- und Leistungsbeurteilung verknüpft ist. Von einem effektiv integrierten Umweltmanagement kann erst gesprochen werden, wenn das UMS in diese für jedes Unternehmen zentralen Managementsysteme und -abläufe eingebunden ist, wenn somit die Planung von Umweltzielen und Umweltprogrammen *Teil der regulären Planungsaufgabe und ihrer Träger* ist, aber auch weiter bearbeitet wird im Rahmen von *Budgetierung, Controlling, Berichterstattung und Leistungsbeurteilung.*

---

[20] Grundlegend hierzu: Schweizerische Normenvereinigung, 1998, und Felix, 1999.

[21] Grundlegend hierzu: Pischon, 1999.

[22] Diese Elemente sind zunächst im Rahmen einer Arbeitsgruppe der Schweizerischen Normenvereinigung unter Leitung des Autors entwickelt worden (vgl. Schweizerische Normenvereinigung, 1998, S. 20ff). Die hier vorgelegte Fassung weicht jedoch bzgl. des dritten Elements von der früheren Fassung ab.

3. Unternehmen werden heute in zunehmendem Masse nach Geschäftsprozessen
    gegliedert und geführt. In Abkehrung von der klassischen Organisation nach
    vertikalen Bereichen und Funktionen werden Unternehmen im Rahmen eines
    prozessorientierten Ansatzes in horizontale Prozesse zerlegt. Das betriebliche
    Handeln wird hierbei als Kombination von Prozessen bzw. Prozessketten be-
    trachtet, wobei unter einem Prozess eine Abfolge wertvermehrender Tätigkei-
    ten verstanden wird, die eine Leistung für einen Kunden erbringen. Die Ge-
    schäftsprozesse eines Unternehmens werden untergliedert in Kernprozesse
    (z.B. Auftragsgewinnung oder Leistungserstellung), Managementprozesse
    (z.B. Planung oder Unternehmensentwicklung) und unterstützende Prozesse
    (z.B. Rechnungswesen, Arbeitssicherheit). Im Rahmen eines Prozessmanage-
    ments werden diese Unternehmensprozesse gezielt gelenkt, gestaltet und ent-
    wickelt.

Werden Unternehmen prozessorientiert geführt, so verlangt die Integration des
UMS in das allgemeine Managementsystem, dass auch die UMS-Prozesse *in die
bestehenden Geschäftsprozesse integriert* werden.[23] Dies bedingt einerseits eine
Ergänzung bestehender Prozesse (z.B. Beschaffung, Produktentwicklung, Schulung) um umweltrelevante Aspekte, andererseits die Spezifizierung neuer Prozesse
(z.B. Planung der Umweltziele und -programme, Sicherung der Rechtskonformi-
tät, Notfallvorsorge, Umweltberichterstattung, Auditierung des UMS, Bewertung
und kontinuierliche Verbesserung von UMS und Umweltleistung), um den UMS-
spezifischen Forderungen genügen zu können. Bereits seit mehreren Jahren ist zu
beobachten, dass Qualitätsmanagementsysteme gemäss ISO 9001ff, aber auch
kombinierte Qualitäts- und Umweltmanagementsysteme ganz überwiegend prozessorientiert aufgebaut werden. Dies wird noch verstärkt werden durch die revidierte ISO-Norm 9001 („Revision 2000"), die auf einer Prozessstruktur basiert.
Die revidierte Norm soll Anfang 2000 publiziert werden. In ihren Grundzügen ist
sie jedoch bereits seit Herbst 1998 bekannt und vorliegend.[24]

2.2 UMS in strategischer Perspektive

Moderne Managementkonzepte gehen davon aus, dass Führungsentscheide in
Unternehmen auf unterschiedlichen Ebenen der Komplexität und Reichweite an-
gesiedelt sind. Üblicherweise wird zwischen einer normativen, einer strategischen
und einer operativen Managementebene unterschieden.[25] Geht es auf normativer
Ebene darum, die generellen Ziele, Prinzipien und Regeln für die grundsätzliche
Ausrichtung der Unternehmenstätigkeiten festzulegen, so geht es auf strategischer
Ebene um den Aufbau, die Pflege und die Ausnützung von Erfolgspotentialen und
auf operativer Ebene schliesslich um die Erfolgsrealisierung mittels konkreter
Programme und Massnahmen. Wichtig ist die Erkenntnis, dass ein wirkungsvolles
Managementsystem über eine gleichgewichtige Ausprägung von Elementen auf
allen drei Managementebenen verfügen muss.

---

[23] Vgl. Schweizerische Normenvereinigung, 1998.
[24] Vgl. Zahner, 1998; Schweizerische Normenvereinigung, 1999.
[25] Vgl. Bleicher, 1991, und Dyllick/Hummel, 1997.

Dies ist nun aber bei beiden UMS-Normen nicht der Fall. EMAS-Verordnung wie ISO 14001 haftet diesbezüglich ein gravierendes *strategisches Defizit* an. Während mit der Forderung nach einer betrieblichen Umweltpolitik die normative Ebene zumindest angesprochen ist, sind die weiteren Elemente der operativen Ebene zuzuordnen. Was hingegen ausgespart bleibt, das ist die strategische Ebene. Hier findet sich nichts, was auf die Chancen und Gefahren des Umweltmanagements hinweisen würde oder der Unternehmensführung helfen könnte, die ökologischen Probleme und Veränderungen im unternehmerischen Umfeld als Anlass und Ausgangspunkte für eine gezielte Reduktion bestehender ökologischer Risikopotentiale sowie für einen Aufbau ökologischer Erfolgspotentiale zu verwenden. Dafür finden sich in den UMS-Normen eine Fülle detaillierter Vorgaben, die das Geschehen auf operativer Ebene betreffen. Wir haben schon früh auf die Gefahr hingewiesen, dass Unternehmen durch diesen *„operativen Bleifuss"* der Normforderungen einseitig belastet werden, statt dass sie durch strategische Perspektiven und Handlungsmöglichkeiten „beflügelt" werden.[26] Blickt man auf die empirischen Erkenntnisse, über die im vorliegenden Beitrag berichtet worden ist, so hat sich diese Befürchtung mittlerweile bestätigt.

Strategisch relevante Fragestellungen können – und sollten – sehr wohl mit dem Aufbau und Einsatz von UMS gezielt verknüpft werden. Die strategische Grundfrage lautet: *Wozu soll das UMS dienen?* Diese Grundfrage lässt sich in Form zweier Teilfragen weiter konkretisieren:

1. Welche Unternehmensziele und -strategien sollen durch das UMS ermöglicht bzw. unterstützt werden?

2. Inwiefern dient das UMS und seine Weiterentwicklung als Instrument der Unternehmensentwicklung?

Im Hinblick auf die Beantwortung dieser Fragen sind vor allem Aspekte wie die folgenden näher zu betrachten:
- Stehen interne oder externe Ziele im Vordergrund?
- Welche Anspruchsgruppen stehen im Vordergrund?
- Welche Aktivitäten und Massnahmen sind zu entwickeln?
- Bis wann sollen die Massnahmen greifen? Wann sind sie einzuleiten?
- Welche internen Stellen und Bereiche sind einzubinden?
- Welche Erwartungen an die Weiterentwicklung des UMS gibt es?

UMS werden in der Praxis für sehr unterschiedliche Zwecke aufgebaut. Sie dienen so unterschiedlichen Zwecken wie (1) Schaffen von Systematik und Transparenz im Umweltmanagement, (2) Stärkung der Mitarbeitermotivation, (3) Sicherung der Lieferfähigkeit, (4) Rechtssicherheit und Haftungsvorsorge, (5) effizientes Ressourcen- und Kostenmanagement, (6) Imagebildung in der Öffentlichkeit, (7) Erschliessung ökologischer Differenzierungs- und Wettbewerbspotentiale oder (8) Beeinflussung von Politik und Öffentlichkeit. Jeder dieser Zwecke kann im Rahmen einer strategischen Betrachtung unterschiedlichen Ausprägungen der Strategieausrichtung einerseits, des Strategiebezugs andererseits zugeordnet werden. Hierfür soll die Ty-

---

[26] Vgl. Dyllick/Hummel, 1995, S. 27.

pologie ökologischer Wettbewerbsstrategien von Dyllick/Belz/Schneidewind verwendet werden. Dies ergibt folgende Darstellung:

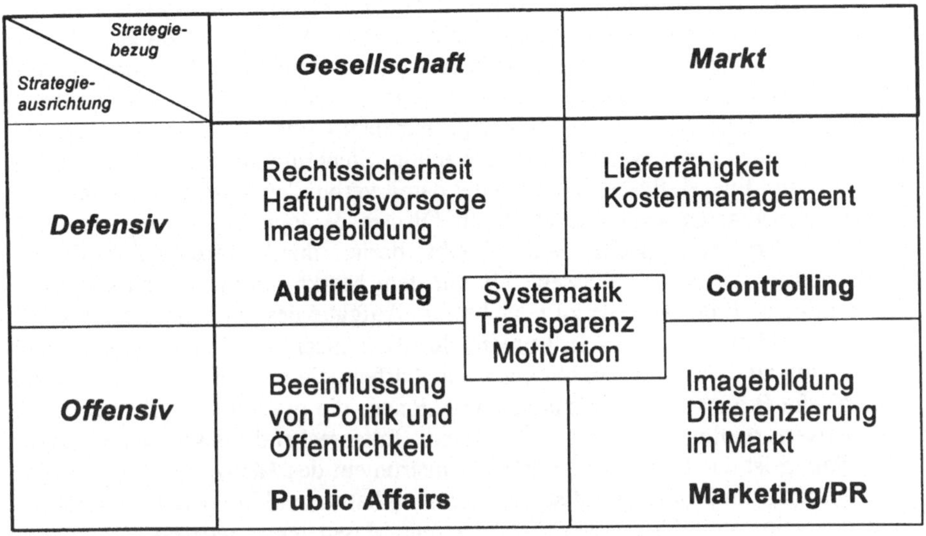

Strategiebezug / Strategieausrichtung	**Gesellschaft**	**Markt**
Defensiv	Rechtssicherheit Haftungsvorsorge Imagebildung **Auditierung**	Lieferfähigkeit Kostenmanagement **Controlling**
Offensiv	Beeinflussung von Politik und Öffentlichkeit **Public Affairs**	Imagebildung Differenzierung im Markt **Marketing/PR**

In der Mitte: Systematik, Transparenz, Motivation

Abbildung 2:   Zwecke und Ausprägungen von UMS in strategischer Perspektive

Abbildung 2 verdeutlicht den Zusammenhang zwischen Ausrichtung und Zweck des UMS einerseits und ökologischer Wettbewerbsstrategie andererseits. Während die in der Mitte angeordneten Zwecke eines UMS einen grundsätzlichen Charakter haben und strategisch unspezifisch sind, lassen sich die übrigen Zwecke ohne weiteres wettbewerbsstrategisch zuordnen. Je nachdem wie diese Zuordnung vorgenommen wird, erhält das UMS eine andere *Ausrichtung*. Und die Ausrichtung hat Konsequenzen für den Inhalt (Umfang, Fokus, Prioritäten etc.), die Form (Transparenz, Öffentlichkeit, Integration etc.), den Aufbau (Geschwindigkeit, Einbezug von Beteiligten, Kommunikation, Schulung etc.) und den Einsatz des UMS (Aufmerksamkeit, Breite und Tiefe der Verankerung etc.).

Im 1. Quadranten dient das UMS einer defensiven Marktabsicherung gegenüber gesellschaftlichen Herausforderungen. Das strategische Ziel ist es, ökologisch „clean" zu sein, somit ökologische Schwach- und Angriffspunkte frühzeitig zu erkennen und zu beseitigen. Bestehende Märkte und Geschäftätigkeiten sollen gegenüber ökologischen Ansprüchen abgesichert werden. Das UMS ist dementsprechend auf die Zwecke Rechtssicherheit, Haftungsvorsorge oder Imagebildung zur Abwehr von gesellschaftlichen Forderungen ausgerichtet. Entsprechend dieser strategischen Ausrichtung dient das UMS hier primär als Instrument der *Auditierung*. Im Vordergrund stehen Aufgaben der Absicherung, Überwachung und Kontrolle.

Im 2. Quadranten steht das UMS im Dienste ökologischer Kostenstrategien. Das strategische Ziel ist es hier, ökologischen Anforderungen möglichst „effizient", d.h. kostengünstig, zu erfüllen oder sogar Kosteneinsparungen zu realisieren. Aufgabe des UMS ist es einerseits die Lieferfähigkeit zu sichern, angesichts von Forderungen der Kunden, die zunehmend ökologische Kriterien in ihre Lieferantenbeurteilungen integrieren oder ein UMS zur Bedingung der weiteren Belieferung machen. Andererseits ist es hier die Aufgabe des UMS als Instrument eines effizienten Ressourcen- und Kostenmanagements zu dienen. Ausgehend von einer systematischen Analyse der Stoffflüsse, sind Ressourcenverbräuche, Emissionen, Abfälle und Risiken zu vermeiden und zu vermindern. Entsprechend dieser strategischen Ausrichtung dient das UMS hier primär dem *Controlling*. Im Vordergrund stehen Aufgaben einer systematischen Planung, Steuerung und Kontrolle sowohl der Stoff- und Energieflüsse, wie auch der damit verbunden Kostenwirkungen.

Im 3. Quadranten steht das UMS im Dienste ökologischer Differenzierungsstrategien. Das strategische Ziel besteht darin, durch Ökologie Differenzierungspotentiale zu erschliessen, d.h. auf dem Markt „innovativ" zu sein oder sich zumindest Imagevorteile zu verschaffen. Aufgabe des UMS im Hinblick auf die Imagebildung ist es, als Instrument der ökologischen Selbstdarstellung und Profilierung zu dienen. Im Hinblick auf eine Differenzierung im Markt geht es um ökologische Produkt- und Leistungsinnovationen, die gegenüber herkömmlichen Alternativen ökologisch vorteilhafter sind. Entsprechend dieser strategischen Ausrichtung ist das UMS hier primär ein Instrument des *Marketings und der Public Relations* Im Vordergrund stehen kommunikative und kooperative Massnahmen einerseits, produkt- und leistungsbezogene Massnahmen andererseits.

Im 4. Quadranten steht das UMS im Dienste ökologischer Marktentwicklungsstrategien. Sie entspringen einer offensiven Ausrichtung und beziehen sich auf die Rahmenbedingungen, innerhalb derer Wettbewerb stattfindet. Das Ziel besteht darin, die Voraussetzungen mitzugestalten, die zur Entstehung und Vergrösserung ökologischer Wettbewerbsfelder führen. Strategien dieser Art werden als „progressiv" bezeichnet. Sie zielen darauf ab, Öffentlichkeit, Politik oder das Marktumfeld im Sinne eines Meta-Marketing gezielt zu beeinflussen. Diese Strategie ist z.B. für die Anbieter von Sonnenkollektoren interessant, die sich ohne Weiterentwicklung der marktlichen Rahmenbedingungen kaum von alleine durchsetzen werden. Das UMS wird hier zu einem Instrument der *Public Affairs*. Es schafft Voraussetzungen und sichert Legitimität, damit Unternehmen als anerkannte Partner in öffentlichen und politischen Diskursen, somit als „strukturpolitische Akteure"[27] mitwirken können.

Die Betrachtung von UMS in einer wettbewerbsstrategischen Perspektive eröffnet einen systematischen Zugang zu einer strategischen Gestaltung des UMS-Einsatzes. Sie verdeutlicht insbesondere den Zusammenhang zwischen UMS und ökologischer Wettbewerbsstrategie des Unternehmens. Damit können und sollen Zwecksetzung und Ausgestaltung des UMS bewusst(er) vorgenommen werden.

---

[27] Vgl. Schneidewind, 1998.

> **Umweltmanagementsysteme in der Zukunft: Eine These**
> Der Anreiz „Validierung" (EMAS) oder „Zertifizierung" (ISO 14001) sorgt im
> Normalfall nur für den Systemaufbau, somit für die Einrichtung der
> erforderlichen Managementinfrastruktur. Dies ist zwar notwendig, aber noch
> nicht hinreichend für effektive Verbesserungsmassnahmen. Soll das System zu
> dem von beiden UMS-Normen geforderten dynamischen Prozess einer
> kontinuierlichen Verbesserung der Umweltleistung führen, so bedarf es hierfür
> weitergehender Anreize. Diese können von unterschiedlicher Seite kommen:
> von Kunden, Finanzmärkten oder Behörden. Fehlen diese Anreize oder bleiben
> sie so schwach, wie dies aus den bisherigen empirischen Erkenntnissen
> hervorgeht, so steht zu befürchten, dass das Interesse an UMS wieder erlahmen
> wird. Die weitere Geschichte der UMS ist damit noch sehr offen. Sie ist jedoch
> gestaltbar. Allerdings muss sie auch gestaltet werden.

Literaturverzeichnis

Ankele, K.; Fichter, K.; Heuvels, K.; Rehbinder, E.; Schebek, L.: Fachwissenschaftliche Untersuchung der Wirksamkeit der EG–Öko-Audit-Verordnung, in: Umweltwirtschaftsforum, 6.
Jg., 1998, H. 4, S.38-44.

Berret, S.; Poltermann, G.: ISO 14000ff. und Öko-Audit – Methodik und Umsetzung, Stuttgart,
1998.

Bleicher, K.: Das Konzept Integriertes Management. Frankfurt 1991.

Budde, A.; Wagner, H.: Erfahrungen mit dem Umwelt-Audit-System in Deutschland, in: Zeitschrift für Umweltrecht, Heft 5, 1997, S. 254-260.

BMU: Bundesministerium für Umwelt, Entwurf eines umweltpolitischen Schwerpunktprogramms - Zusammenfassung, in: Umwelt 5/1998, Sonderteil.

DeSimone, L.; Popoff, F. with the WBCSD: Eco-Efficiency. The Business Link to Sustainable
Development, Cambridge, Mass. 1997.

Dyllick, T.; Belz, F.; Schneidewind, U.: Ökologie und Wettbewerbsfähigkeit von Unternehmen,
München und Zürich, 1997.

Dyllick, T.; Gilgen, P.; Häfliger, B.; Wasmer, R.: SAQ-Leitfaden ISO 14001. Schweizerische
Arbeitsgemeinschaft für Qualitätsförderung: Olten, 1996.

Dyllick, T.; Hamschmidt, J.: Wirkungen von Umweltmanagementsystemen. Eine Bestandsaufnahme empirischer Studien. Erscheint in: Zeitschrift für Umweltpolitik und Umweltrecht,
1999.

Dyllick, T.; Hummel, J.: Integriertes Umweltmanagement im Rahmen des St. Galler Manage-
ment-Konzepts, in: Steger, U. (Hrsg.), Handbuch des integrierten Umweltmanagements,
München/Wien, 1997, S. 137-154.

Dyllick, T.; Hummel, J.: EMAS und/oder ISO 14001? Wider das strategische Defizit in den
Umweltmanagementsystemnormen, in: Umweltwirtschaftsforum, 3. Jg., 1995, H. 3, S. 24-28.

EMAS: Verordnung (EWG) Nr. 1836/93 des Rates vom 29. Juni 1993 über die freiwillige Beteiligung gewerblicher Unternehmen an einem Gemeinschaftssystem für das Umweltmanagement und die Umweltbetriebsprüfung, in: Amtsblatt der Europäischen Gemeinschaften, Nr.
L168 vom 10.7.1993, S. 1-18.

Felix, R.: Beziehungen und Synergien von Managementsystemen am Beispiel der Integration
von Qualitäts- und Umweltmanagementsystemen, Dissertation Nr. 2156 an der Universität St.
Gallen, Bamberg, 1999.

FEU: Vorläufige Untersuchungsergebnisse und Handlungsempfehlungen zum Forschungsprojekt
„Evaluierung von Umweltmanagementsystemen zur Vorbereitung der 1998 vorgesehenen

Überprüfung des gemeinschaftlichen Öko-Audit-Systems" des Bundesministeriums für Umwelt und des Umweltbundesamtes, Tagungsreader der Veranstaltung „Umweltmanagement in der Praxis" vom 12. Mai 1998, Frankfurt 1998.

Freimann, J.: EMAS – was wissen wir wirklich über seine Umsetzung in der Unternehmenspraxis, in: Umweltwirtschaftsforum, 6. Jg., 1998, H. 4, S.73-79.

Hessisches Ministerium für Wirtschaft, Verkehr und Landesentwicklung (Hrsg.): Pilot-Öko-Audit in Hessen - Erfahrungen und Ergebnisse. Ein Forschungsbericht, Wiesbaden, 1995.

Höppner, N.-O.; Sietz, M.; Seuring, S.: Analyse der Effizienz des Öko-Audits, in: Sietz (1998) Umweltschutz, Produktqualität und Unternehmenserfolg, Berlin, 1998, S. 1-41.

ISO 14001: Umweltmanagementsysteme - Spezifikation mit Anleitung zur Anwendung, Europäische Norm (EN), Schweizerische Normenvereinigung: Zürich, 1996.

Jäger, T.; Wellhausen, A.; Birke, M.; Schwarz, M.: Umweltschutz, Umweltmanagement und Umweltberatung - Ergebnisse einer Befragung in kleinen und mittleren Unternehmen, ISO Bericht 55, Köln, 1998.

Jürgens, G.; Liedtke, C.; Rohn, H.: Zukunftsfähiges Unternehmen (2) - Beurteilung des Öko-Audits im Hinblick auf Ressourcenmanagement in kleinen und mittleren Unternehmen - Eine Untersuchung von 13 Praxisbeispielen, Wuppertal Papers Nr. 72, April 1997.

Pischon, A.: Integrierte Managementsysteme für Qualität, Umweltschutz und Arbeitssicherheit, Berlin, Heidelberg, 1999.

Schneidewind, U.: Die Unternehmung als strukturpolitischer Akteur, Marburg, 1998.

Schwedt, B.: Evaluierung von Umweltmanagementsystemen - Überblick über ein Forschungsvorhaben und erste Ergebnisse, in: Umweltwirtschaftsforum, 6. Jg., 1998, H. 1, S. 12-15.

Schweizerische Normenvereinigung (Hrsg.): Komitee Entwurf SN ISO/CD2 9001 – 2000, Qualitätsmanagementsysteme – Forderungen, Schriftenreihe Qualitätsmanagementsysteme, Publikation 2, Zürich, 1999.

Schweizerische Normenvereinigung (Hrsg.): Leitfaden zur Integration von Umwelt- und Qualitätsmanagementsystem, Schriftenreihe Umweltmanagementsysteme, Publikation 4, Zürich, 1998.

Steinle, C.; Baumast, A., Öko-Audit: Problemstand und Erfahrungen für eine erfolgreiche Praxis, Projektbericht, Hannover, 1997.

UNI/ASU: Unternehmerinstitut e.V., Arbeitsgemeinschaft Selbständiger Unternehmer (Hrsg.), Öko-Audit in der mittelständischen Praxis - Evaluierung und Ansätze für eine Effizienzsteigerung von Umweltmanagementsystemen in der Praxis, Bonn, 1997.

Weber, F.; Seidel, E.: Die EMAS-Praxis in Deutschland – Ergebnisse einer kritischen Bestandsaufnahme, in: Umweltwirtschaftsforum, 6. Jg., 1998, H. 1, S.22- 27.

Zahner, T.: ISO 9000 – 2. Revision – die dynamische Weiterentwicklung, in. SNV (Schweizerische Normenvereinigung) Bulletin, Nr. 3, 1998, S. 21-25.

Jenseits von EMAS
Umweltmanagementsysteme – Erfahrungen und Perspektiven

Jürgen Freimann

Im Bemühen um den betrieblichen Umweltschutz markiert der 13. Juli 1993 einen Wendepunkt. An diesem Tag – drei Tage nach ihrer Veröffentlichung im Amtsblatt der Europäischen Gemeinschaften – trat die EG-Verordnung 1836/93 „über die freiwillige Beteiligung gewerblicher Unternehmen an einem Gemeinschaftssystem für das Umweltmanagement und die Umweltbetriebsprüfung" in Kraft.[1]

Seither gehen die Uhren im betrieblichen Umweltschutz anders. Bis dahin galt überwiegend die Maxime, die gesetzlichen Vorgaben mit möglichst geringem Aufwand zu erfüllen. Kam eine neue oder verschärfte gesetzliche Anforderung hinzu oder stieß der Umweltbeauftragte auf kostenträchtige ökologische Schwachstellen, dann wurden situativ und eher unsystematisch singuläre umwelttechnische Maßnahmen ergriffen.

In den Unternehmen bzw. Unternehmensstandorten, die sich am EMAS[2] beteiligen, wie das System in der Expertensprache inzwischen bedeutungsheischend genannt wird – bis heute sind es in Deutschland ca. 2000 und täglich kommen weitere hinzu – ist nun das gesetzlich Geforderte nurmehr der Mindeststandard. Zur Meßlatte für Umweltschutzaktivitäten wird jetzt das unternehmenspolitisch Gewollte, eigenständig gesetzte Ziele, die das Unternehmen im Umweltschutz erreichen will. Durch die Errichtung eines Umweltmanagementsystems und die regelmäßige Prüfung seiner Funktionstüchtigkeit sollen nicht nur systematische organisatorische Vorkehrungen getroffen, sondern sogar ein Prozeß der kontinuierlichen Verbesserung der betrieblichen Umweltleistung in Gang gesetzt werden.

Allerdings ließ die EU den Mitgliedsländern 20 Monate Zeit, um in nationaler Verantwortung die notwendigen Umsetzungsbedingungen für die Verordnung zu schaffen, insbesondere die Zulassungs- und Aufsichtsinstanzen zu errichten. Die vollgültige Teilnahme von Unternehmen konnte also erst ab 1995 erfolgen. Daher produzierte die Verordnung zunächst vor allem politische Kontroversen (insbes. um ihre angemessene nationale Umsetzung) und Literatur: Mißt man die Bedeu-

---

[1] Schulz/Schulz apostrophieren diese EG-Verordnung als „Grundgesetz des Ökomanagements" (Schulz/Schulz 1994, S. 2).

[2] Eco Management and Audit Scheme.

tung des EMAS an der Zahl der Veröffentlichungen, die seine Implementierung hervorgerufen hat, dann gab es in den frühen 90er Jahren kaum ein bedeutenderes betriebswirtschaftliches Thema als das Umweltmanagement.

Bis dahin waren Veröffentlichungen zum betrieblichen Umweltschutz eher ein Feld für wenige Spezialisten gewesen. Es gab auf der einen Seite die betrieblichen Praktiker, zumeist Ingenieure, die auf Grund gesetzlicher Vorschriften als Umweltbeauftragte ins Amt gesetzt wurden und ihre juristischen Berater, deren Literatur sich vor allem mit umwelttechnischen und rechtlichen Fragen befaßte. Auf der anderen Seite war in der Betriebswirtschaftslehre – eher am Rande als mitten aus dem Mainstream heraus – ein kleiner Literaturkreis entstanden, der die unternehmenspolitische Dimension der ökologischen Herausforderung thematisierte und der es sogar zu einer eigenen wissenschaftlichen Kommission[3] und einer Fachzeitschrift[4] gebracht hatte.

EMAS führte beide Literaturkreise zusammen, indem es – zumindest zu Beginn seiner Geltungszeit – die gesamte Aufmerksamkeit der Experten und sogar ein gewisses Interesse der Öffentlichkeit auf sich zog. Jeder größere Management-Verlag legte sich eine eigene Umweltmanagement-Reihe zu, zumeist mit explizit praxis- und anwendungsorientiertem Gepräge. Populäre Medien wie die Tagespresse, Funk und Fernsehen griffen das Thema auf und berichteten über den betrieblichen Umweltschutz, meist im Zusammenhang mit der erfolgreichen Öko-Audit-Teilnahme eines Unternehmens.

Ihren vorläufigen Höhepunkt – jedenfalls in der betriebswirtschaftlichen community – erreichte diese Entwicklung 1996. Die alljährliche Pfingsttagung des Verbandes der Hochschullehrer für Betriebswirtschaft wurde unter das Generalthema „Umweltmanagement" gestellt (vgl. Weber 1997). Das Thema war mehrheitsfähig geworden, die langjährigen Kontroversen um die angemessene fachwissenschaftliche Gründung und Orientierung einer ökologisch orientierten Betriebswirtschaftslehre konnten zunächst ad acta gelegt werden, hatte man doch vom europäischen Gesetzgeber ein System vorgesetzt bekommen, das theoretische Kontroversen ins akademische Hinterzimmer verbannte. Umweltmanagement, verstanden als das systematische betriebliche Bemühen um den Umweltschutz gehört seither in Managementlehre und Managementpraxis zum „state of the art" moderner Unternehmensführung. Das schien der Durchbruch, EMAS sei Dank. Oder?

Jetzt schreiben wir das Jahr 1999. Nur 3 Jahre nach dem vermeintlichen Durchbruch ist Ernüchterung zu konstatieren. Die gesellschaftliche Diskussion um den Umweltschutz ist fast auf dem Nullpunkt. Sie flammt allenfalls noch einmal kurzfristig auf, z.B. wenn die Bundesregierung den bescheidenen Einstieg in die ökologische Steuerreform wagt, dafür aus der Wirtschaft jedoch heftig gescholten wird. Die umweltrechtliche Deregulierung, die EMAS bringen sollte, steckt noch

---

[3] Der 1991 gegründeten Kommission „Umweltwirtschaft" im Verband der Hochschullehrer für Betriebswirtschaft.

[4] Dem UmweltWirtschaftsForum, das 1993 erstmalig erschien und maßgeblich von einer Initiative Eberhard Seidels beeinflußt wurde, der bereits 1990 mit dem von ihm gegründeten „Informationsdienst ökologisch orientierte Betriebswirtschaftslehre" deren Vorläufer ins Leben gerufen hatte.

immer in den Anfängen. EMAS ist in die Defensive geraten, nicht zuletzt weil die Öffentlichkeit kaum mehr Notiz davon nimmt, wenn weitere Unternehmen die EMAS-Validierung erhalten, geschweige denn daß die Teilnahme am System am Markt honoriert wird.

Der folgende Beitrag bemüht sich angesichts dieser Befunde zunächst um eine Zwischenbilanz des tatsächlich Erreichten in analytischer und empirischer Perspektive. Hat EMAS tatsächlich den kontinuierlichen Fortschritt im betrieblichen Umweltschutz in Gang gesetzt und unumkehrbar gemacht? Gibt es verbleibende Defizite und wie können sie beseitigt werden?

Anschließend wird ein Blick über den Tellerrand von EMAS hinaus versucht: Sind Umweltmanagementsysteme (UMS) eine ausreichende Basis für den Umbau der Unternehmen im bevorstehenden „Jahrhundert der Umwelt"?[5] Was bleibt zu tun, damit der bereits 1992 von umweltengagierten Unternehmern versprochene „Kurswechsel" (Schmidheiny 1992) nicht im Dickicht der betrieblichen Umweltschutz-Handbücher steckenbleibt? Was sind die betrieblichen Erfordernisse für unternehmenspolitische Beiträge zum „nachhaltigen Wirtschaften"?[6]

1. Nutzen und Reichweite von Umweltmanagementsystemen

Das EMAS als System scheint kaum mehr darstellungsbedürftig. Es ist in der Literatur ausführlich vorgestellt und diskutiert worden. (vgl. z.B. Fichter 1995, Klemmer/Meuser 1995 und Waskow 1997). Eine zusammenfassende Charakterisierung scheint dennoch als Grundlage der Bewertung bisher erzielter Erfahrungen nützlich.

Paten des Systems waren mit dem internationalen Standard zum Qualitätsmanagement ISO 9000 ff. und dem ersten nationalen (britischen) Umweltmanagementstandard BS 7750 zwei Normensysteme, die die Einrichtung formaler organisatorischer Vorkehrungen als probaten Weg für die Sicherung erwünschter (unternehmens)politischer Ziele ansehen und den Unternehmen selbst sowie externen Anspruchsgruppen (Kunden, Staat, Öffentlichkeit) durch die interne Prüfung (Auditierung) und unabhängige Zertifizierung der Managementsysteme Gewähr dafür geben sollen, daß hohe Qualitäts- bzw. Umweltleistungen erreicht werden. Damit obsiegte die angelsächsisch prozeßorientierte Denkweise über die traditionell deutsche Perspektive, die sowohl im Qualitätswesen als auch im betrieblichen Umweltschutz bis dahin vor allem die substantiellen Leistungen auf dem Wege technischer Kontrollen zu prüfen und zu sichern gewohnt gewesen war.

EMAS stellt in diesem Sinne einen Paradigmenwechsel für den betrieblichen Umweltschutz dar. Vor Geltung des Gesetzes entsprach es der Praxis in Unter-

---

[5] So einer der sozial-ökologischen Vordenker, Ernst Ulrich von Weizsäcker, im Untertitel seiner Schrift „Erdpolitik" (Weizsäcker 1994).

[6] Bei aller verbleibender Vieldeutigkeit scheint dieser Begriff sich als Ausdruck für die Vision einer intra- und intergenerationell globalisierbaren Wirtschaftsweise „im Einklang mit der Natur" durchgesetzt zu haben. Vgl. etwa de Gijsel et al. 1998.

nehmen, verbindliche Rechtsnormen, teilweise in formalen Genehmigungsverfahren auf die betrieblichen Belange zugeschnitten, vorgesetzt zu bekommen und einzuhalten, weil man mit der Kontrolle und Sanktionierung durch staatliche Aufsichtsbehörden rechnen mußte. Umwelt-Audits waren allenfalls als interne, sog. Compliance-Audits bekannt und gebräuchlich, mit denen man sich Gewißheit darüber zu schaffen suchte, daß alle für das Unternehmen zutreffenden Vorschriften eingehalten wurden (vgl. hierzu z.B. ICC 1989).

Unter EMAS gilt es nun, zunächst zu entscheiden, ob man sich am System beteiligt, denn die Einrichtung eines UMS und die regelmäßige Durchführung von Umweltbetriebsprüfungen ist freiwillig. Dazu sind Kosten-Nutzen-Abschätzungen anzustellen, ein bisher im betrieblichen Umweltschutz eher unübliches Vorgehen. Dann sind umfassende organisatorische Vorkehrungen zu treffen, darin eingeschlossen nicht nur die eigenständige Setzung von Umweltzielen, sondern auch die Initiierung eines kontinuierlichen Verbesserungsprozesses. Schließlich ist die interessierte Öffentlichkeit zu informieren und das ganze System einem nicht-staatlichen Umweltgutachter (gegen Vergütung) zur Prüfung und Validierung vorzulegen. Wer bisher gewohnt war, Ordnungsrecht möglichst buchstabengenau, aber kostenminimierend umzusetzen, sah sich nun umfassend unternehmenspolitisch gefordert. Es überrascht nicht, daß die empirischen Erfahrungen zu erkennen geben, daß hierin zumindest teilweise eine Überforderung der betrieblichen Akteure gegeben ist.[7]

Aber nicht nur im Bruch mit der bisherigen command-and-control-Umweltpolitik liegt eine Hürde für den mit EMAS intendierten umweltpolitischen Fortschritt. Das System selbst beinhaltet Konstruktionsschwächen.[8]

Es substituiert die staatliche Fremdkontrolle durch eine öffentlich überwachte Selbstkontrolle, fokussiert also vielleicht sogar stärker als das Ordnungsrecht auf die Dokumentation und die ständig zu wiederholende Kontrolle der getroffenen Vorkehrungen. Zugleich intendiert es die Einrichtung innovationsfördernder organisatorischer Prozeß- und Systemstrukturen. Damit verlangt es den internen Akteuren einerseits die strikte Befolgung formaler Vorschriften und deren prüfbaren Nachweis ab, andererseits sollen Motivation und Kreativität für ökologische Verbesserungsideen geschaffen und gefördert werden.

Es richtet sich sowohl nach innen als auch nach außen, wo es den externen Anspruchsgruppen einerseits die Einrichtung „wasserdichter" organisatorischer Vorkehrungen zur Verhinderung ökologischer Schäden aus dem Produktionsprozeß signalisieren und andererseits den Nachweis kontinuierlicher Verbesserung erbringen soll. Nicht zuletzt meint hier „außen" den Gesetzgeber und die Vollzugsbehörden, die im Vertrauen auf die „funktionale Äquivalenz" von EMAS-Vorkehrungen bisher wahrgenommene Dokumentations- und Kontrollpflichten

---

[7] Daß auch die „Gegenseite", insbesondere die staatlichen Vollzugsorgane der Umweltpolitik von diesem Paradigmenwechsel überfordert scheinen, belegt deren zum Teil heftiger Widerstand gegen die Anerkennung einer EMAS-Teilnahme als funktional äquivalent zur Erfüllung verschiedener ordnungsrechtlicher Vorschriften, insbesondere im Dokumentations- und Berichtswesen.

[8] Vgl. zum folgenden auch Freimann 1997, insbes. S. 170 ff.

lockern bzw. sogar fallenlassen sollen. Die Abbildung visualisiert den partiell widersprüchlichen Zusammenhang zwischen den verschiedenen Orientierungen.

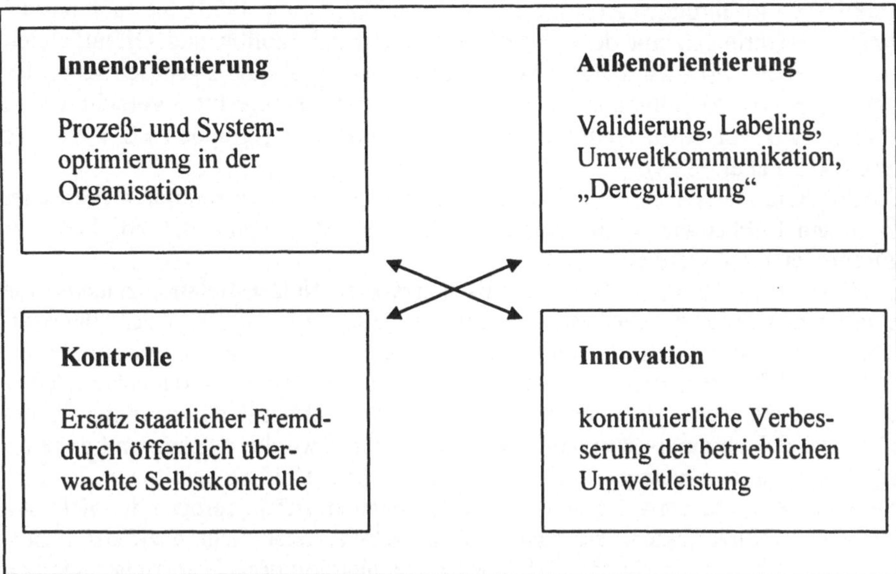

Abbildung 1:   Konfliktäre Orientierungen von Umweltmanagementsystemen

Nach allem, was die betriebswirtschaftliche Organisationsforschung bisher an Erkenntnissen gebracht hat, sind die genannten Orientierungen und Zielsetzungen nicht widerspruchsfrei. Sie verlangen unterschiedliche, schwer miteinander kompatible Vorgehensweisen. Kontrollierbar und für externe Anspruchgruppen dokumentierbar sind nur formalisierte Vorkehrungen. Nicht umsonst gilt vielen Praktikern EMAS als Synonym für Dokumentation und Bürokratie, das Umwelthandbuch als deren Inkarnation.

Innovationsförderung dagegen verlangt die Öffnung von Denk- und Handlungsspielräumen und die Entwicklung einer Partizipationskultur. Wer sie bewirken will, muß das „Selbstmanagement-Potential" (Remer/ Sandholzer 1992, S. 529) der MitarbeiterInnen entwickeln, das die ökologische Modernisierung als Element der allgemeinen unternehmenspolitischen Modernisierung begreift und praktiziert. Zwar ist Formalisierung nicht zwangsläufig innovationsfeindlich, sondern sie kann durchaus von den Beteiligten als Bedeutungszuwachs für ihren bisher als eher randständig wahrgenommenen Arbeitsbereich erlebt werden (vgl. Schwaderlapp 1999). Dennoch verlangt das System von den Akteuren eine Prioritätensetzung, die vor dem Hintergrund der bisher dominant vom Ordnungsrecht geprägten Praxis des betrieblichen Umweltschutzes und der Bindung der Zeichenvergabe an formal prüfbare Systemmerkmale nicht zufällig stärker auf Kontrolle und Formalisierung und weniger auf Innovation und Partizipation setzt.

Diese Charakterisierungen ergeben sich nicht allein aus der Analyse des Systems, wie es in der EG-Verordnung normiert ist. Sie werden auch durch die Befunde der verschiedenen empirischen Untersuchungen zur EMAS-Umsetzung bestätigt. Derartige Studien wurden insbesondere in Deutschland seit 1995 in stattlicher Zahl durchgeführt, sowohl um den Gesetzgebungsprozeß selbst mit praktischen Erfahrungen zu stützen (PA Consulting Group 1993), als auch um die Anfangserfahrungen mit dem System für Wirtschaft, Politik und Öffentlichkeit aufzubereiten (vgl. z.B. FBU 1995) und nicht zuletzt, um die eigentlich schon für 1998 geplante Novellierung der Verordnung erfahrungsgestützt vornehmen zu können (vgl. vor allem UNI/ASU 1997 sowie Forschungsgruppe FEU 1998a/b/c und Hillary et al. 1998).

Ihre Befunde sind zu vielfältig, um sie hier im Detail zu referieren (vgl. aber Freimann 1998 sowie Dyllick/Hamschmidt 1999). Sie sollen daher lediglich kurz zusammengefaßt werden.

Hinsichtlich der unternehmenspolitischen Kosten-Nutzen-Relation zeichnen die empirischen Studien kein besonders präzises Bild. Den stark von der Unternehmensgröße abhängigen EMAS-Kosten, die im Durchschnitt bei insgesamt ca. 150.000 DM liegen, stehen an „harten" monetären Nutzen zwar teilweise erhebliche Kosteneinsparungen beim Ressourceneinsatz und bei der Entsorgung gegenüber, die jedoch einerseits nicht valide zugerechnet werden können und andererseits stark davon abhängig sind, ob und in welchem Umfang bereits vor der Einrichtung des UMS umwelttechnische Maßnahmen ergriffen wurden oder nicht. An „weichen" Nutzeffekten, die sich monetär schwer oder nicht beziffern lassen, dominieren interne Wirkungen wie die Gewinnung von organisatorischer Klarheit und Systematik, Rechtssicherheit und positive Motivationseffekte gegenüber den vielfach nur sehr eingeschränkt feststellbaren externen Wirkungen hinsichtlich Imagegewinnen und Marktvorteilen. Insgesamt scheinen die Nutzeffekte deutliche Degressionstendenzen aufzuweisen: je länger ein UMS installiert ist und je mehr Unternehmen über ein solches verfügen, desto geringer scheinen die eintretenden Nutzenwirkungen zu sein.

Hinsichtlich des ökologischen Nutzens einer Teilnahme am EMAS sind noch keine gesicherten Aussagen möglich, da die meisten Teilnehmer erst vor kurzer Zeit ihre UMS eingerichtet haben. Wo sie dennoch in aller Vorläufigkeit getroffen werden, deuten sie darauf hin, daß UMS kaum Wirkungen entfalten, die über die Wirkungen des Ordnungsrechts hinausgehen: Es dominieren ökologisch wirksame Änderungen an vorhandenen Produktionsprozessen, produktbezogene oder unternehmensübergreifende Maßnahmen werden nur selten ergriffen.

Ob und inwieweit eine kontinuierliche Verbesserung des betrieblichen Umweltschutzes tatsächlich bereits beobachtbar ist, wird in den Studien mit unterschiedlichem Akzent eingeschätzt. Einerseits wird unstrittig durch die Notwendigkeit, in jedem EMAS-Zyklus neue Umweltziele zu formulieren, die Umweltleistung des Unternehmens ständig verbessert, jedenfalls sofern die Ziele auch erreicht werden. Andererseits ist damit eine „proaktive Selbststeuerung der Unternehmen im Umweltbereich" (Dyllick/Hamschmidt 1999, Ms.S. 27) noch keineswegs gewährleistet. Im Gegenteil: die unternehmenspolitisch-strategische Dimension einer EMAS-Teilnahme ist eindeutig defizitär: „Prozeßkontrolle obsiegt (bisher) über ökologische Entwicklung und Innovation" (ebenda).

Die Befunde scheinen somit die in analytischer Perspektive bereits herausgearbeiteten Konstruktionsmerkmale des EMAS zu bestätigen. Andererseits sind sie aber auch geprägt von der bisherigen vor allem in Deutschland dominant vom Ordnungsrecht bestimmten Praxis des betrieblichen Umweltschutzes. Der Paradigmawechsel läßt sich wesentlich leichter in Worte fassen und gesetzgeberisch postulieren, als im Tagesgeschäft umsetzen.

2. Die Perspektiven der Umweltmanagementsystem-Standards

Inzwischen hat EMAS Konkurrenz bekommen. Seit September 1996 ist die ISO-Norm 14.001 in Kraft und hat seither in fast allen Ländern der Welt mit Ausnahme von Deutschland und Österreich mehr Teilnehmer gefunden als das bereits länger gültige EMAS[9].

Das ISO-System orientiert sich in seinem Aufbau relativ eng am analogen Qualitätsmanagementstandard ISO 9001. Als Wirtschafts-Norm, die weltweite Geltung, aber keine Gesetzeskraft hat, wird die Teilnahme an diesem System von privatwirtschaftlichen Gutachtern zertifiziert und verzichtet insbesondere auf die Verpflichtung zur Öffentlichkeitsinformation in Form der Umwelterklärung. Zweiter wesentlicher Unterschied zwischen ISO 14.001 und EMAS ist die Bezugsgrundlage der Systeme: Während EMAS in seiner derzeitigen Fassung auf räumlich definierte Standorte bezogen ist, hat die ISO den Bezug auf die vielfach standortübergreifende Organisation gewählt. Zudem können sich am ISO-System grundsätzlich alle Organisationen beteiligen, von denen relevante Umweltwirkungen ausgehen, während EMAS europaweit auf die gewerbliche Wirtschaft beschränkt ist und lediglich in Deutschland durch Erweiterungsverordnung auch von weiteren Branchen genutzt werden kann (vgl. zum Vergleich der Systeme z.B. Dyllick 1995).

Damit ist insbesondere für international operierende Unternehmen, die in verschiedenen Branchen und Ländern Produktionsstandorte unterhalten, eine problematische Situation entstanden. Sie müssen nun nicht mehr nur darüber entscheiden, ob sie überhaupt ein normiertes Umweltmanagementsystem einrichten und regelmäßig extern prüfen lassen wollen, sondern für den Fall einer diesbezüglich positiven Entscheidung auch noch die Wahl zwischen verschiedenen Systemen treffen. Und das in einer Situation, in der es kaum verläßliche Entscheidungsgrundlagen darüber gibt, ob und wenn ja welches System in ökologischer, ökonomischer und sozialer Hinsicht als erfolgversprechend anzusehen ist.

Im Gegenteil: Angesichts der Tatsache, daß in beiden Systemen schon für die Zwecke der externen Prüfung in relativ großem Umfang Formalisierung und Verschriftlichung der betrieblichen Umweltaktivitäten erforderlich sind, ist der Verdacht kaum von der Hand zu weisen, daß die Etablierung eines UMS zwar kurzfristig die festgestellten positiven Ökologisierungs-, Motivations- und Kosteneinpa-

---

[9] Den gut 2.000 EMAS-Teilnehmern stehen weltweit deutlich mehr als 5.000 ISO-14.001-Teilnehmer gegenüber. Bezogen auf die Zahl der teilnahmeberechtigten Standorte/ Organisationen sind dies allerdings weniger als 1%.

rungseffekte mit sich bringt, aber auf längere Sicht fallende Nutzenwirkungen aufweisen, wenn nicht sogar Kontraproduktivitäten zeigen wird.

Diese Prognose hat verschiedene Gründe: Zum einen ist es nicht unwahrscheinlich, daß sich die betrieblichen Umweltexperten angesichts kurzer Prüfungszyklen zwar intensiv mit den formalen Erfordernissen der Systeme, aber weniger mit substantiellen Umweltschutzaktivitäten befassen. Zum zweiten lassen sich die in Befragungen berichteten Kostenseinparungen bei Abfällen und Ressourcenverbrauch und die damit verbundenen ökologischen Erfolge in mittlerer Sicht nicht aufrecht erhalten. Angesichts des strategischen Defizits der UMS (vgl. Dyllick/Hummel 1995) geraten den in UMS eingebundenen betrieblichen Akteuren jedoch die weiterreichenden Ökologisierungsperspektiven bei Produkten und in überbetrieblichen Kontexten (z.B. Branchenkooperationen oder regionalen Netzen) eher ausnahmsweise in den Blick.

Auch der europäische Gesetzgeber befindet sich in einer fast schon tragischen Situation: Was er auch tut im Kontext der erforderlichen Novellierung der EMAS-Verordnung, ob er das System mittelfristig am Leben erhalten und eine wirklich breite Beteiligung in möglichst vielen europäischen Ländern auf den Weg bringen kann, ist sehr fraglich.

Bereits derzeit stellt EMAS insbesondere wegen der notwendigen Öffentlichkeitsinformation höhere Anforderungenan das System als ISO 14.001, was vermutlich einer der Gründe für die Verbreitungsvorteile des ISO-Systems ist. Eine Reduzierung der EMAS-Anforderungen zur Verbesserung der Systemakzeptanz in der Wirtschaft kommt angesichts der Tatsache, daß für die Teilnahme ein EU-Label vergeben wird, wohl kaum in Betracht. Folgt der Gesetzgeber jedoch den Empfehlungen der Forschung, die auf eine Anhebung der Anforderungen gegenüber ISO 14.001 hinauslaufen[10], dann wird die Beteiligung am System eher zurückgehen als steigen.

Der vorliegende Entwurf für die EMAS-II-Verordnung vom 30.10. 1998 geht den zuletzt skizzierten Weg. Es findet zwar insoweit eine Angleichung an die Anforderungen des ISO-Standards und anderer nationaler Standards statt, als diese im Rahmen eines formalisierten Verfahrens als EMAS-gleichwertig anerkannt werden können. Für eine EMAS-Eintragung ist es dann nur noch erforderlich, dem zugelassenen Umweltgutachter nachzuweisen, daß auch die Anforderungen erfüllt werden, die zwar in EMAS, nicht aber in dem anerkannten Standards gestellt werden. Substantielle Anforderungen an die betrieblichen Umweltziele, die sich an entsprechenden nationalen oder europäischen Vorgaben orientieren werden allerdings nicht formuliert.

Zudem wird im Entwurf die Teilnahmebeschränkung auf die gewerbliche Wirtschaft aufgehoben und der bisherige Standortbezug durch den Organisationsbezug

---

[10] Dies ist die Quintessenz der Empfehlung der Forschungsgruppe Evaluierung von Umweltmanagementsystemen (FEU), die diese aus einer umfassenden Aufarbeitung der deutschen EMAS-Erfahrungen abgeleitet hat und die sich begrifflich in der Forderung ausdrückt, EMAS als ökologische „Star Performance" gegenüber ISO 14.001 („Environmental Literacy") zu positionieren. Die empirischen Befunde lassen diese Empfehlung allerdings nicht aus derzeit feststellbaren Performance-Unterschieden, sondern allenfalls aus Gesichtspunkten des „System-Marketing" nachvollziehbar erscheinen (vgl. Forschungsgruppe FEU 1998a).

ersetzt. Die Anforderungen an Umwelterklärungen werden einerseits präzisiert, andererseits wird der Druck und die Versendung der Umwelterklärung in Broschürenform nicht mehr gefordert. Allerdings wird der Validierungszyklus auf einmal pro Jahr verkürzt. Ein Inkrafttreten der neuen Verordnung ist voraussichtlich im Jahre 2.000 zu erwarten.

Somit stellt sich die Frage nach den Zukunftsperspektiven von normierten Umweltmanagementsystemen aus wirtschafts- und aus umweltpolitischer Sicht. Wirtschaftspolitisch beinhaltet sie die Frage nach der zu erwartenden Stabilität der Teilnahme bereits validierter bzw. zertifizierter Standorte/ Unternehmen und der weiteren Verbreitung der Systeme und die Frage nach den zukünftigen unternehmenspolitischen Kosten-Nutzen-Relationen. Umweltpolitisch stellt sich die Frage der Eignung der Systeme zur Substitution ordnungsrechtlicher Regulierung des betrieblichen Umweltschutzes und die Frage der grundsätzlichen Eignung von normierten Umweltmanagementsystemen als organisatorischen Grundlagen für den ökologischen Umbau der Wirtschaft, für die Erreichung nachhaltiger wirtschaftlicher Strukturen und Prozesse.

Die wirtschaftspolitischen Fragen hängen eng zusammen. Nur wenn die Einrichtung der Systeme eine überzeugend positive Kosten-Nutzen-Relation aufweist und von den externen betrieblichen Anspruchsgruppen honoriert wird, wird ihnen die notwendige Akzeptanz der Unternehmen und damit eine angemessene Verbreitung zuteil werden. Derzeit wissen wir relativ genau, was die Einrichtung von Umweltmanagementsystemen kostet. Im Gegenzug führen UMS jedoch offensichlich „zu einem bedeutenden Teil zu kaum quantifizierbaren „weichen" Nutzenwirkungen" (Dyllick/ Hamschmidt 1999, Ms.S. 20), so daß sie unternehmenspolitischen Einsparbedürfnissen leichter zum Opfer fallen dürften als Aktivitäten, die sich auch „hart" rechnen. Wenn weiterhin weder die Öffentlichkeit noch die Märkte die Einrichtung von UMS in größerem Umfang beachten und honorieren, dürfte die Gefolgschaft eher schwinden als wachsen.

Auch die umweltpolitischen Fragen sind nicht unabhängig davon zu beantworten. Das Umweltordnungsrecht wird von den Unternehmen überwiegend als zwanghafte „Überregulierung" wahrgenommen. Andererseits herrscht bei umweltpolitisch Verantwortlichen und in großen Teilen der Öffentlichkeit noch immer das Bild mangelnder umweltpolitischer Verantwortungsbereitschaft von Unternehmen vor. Das führt im Ergebnis zu einer unproduktiven umweltpolitischen Polarisierung. Sie kann nur durch Vertrauensbildung aufgebrochen werden. Dazu müssen einerseits die Unternehmen den Beweis ihrer Umweltverantwortlichkeit erbringen und andererseits der Staat und die Öffentlichkeit dies mit Deregulierung und Akzeptanz honorieren. Nicht die Einrichtung formaler organisatorischer Vorkehrungen und deren regelmäßige Prüfung und Verbesserung helfen hier weiter, sondern nur die nachprüfbare Offenlegung der substantiellen Erfolge dieser Vorkehrungen.

Insofern wäre es fatal, wenn die mit der betrieblichen Umweltberichterstattung eher mühevoll in Gang kommende öffentliche Umweltkommunikation, die zumindest anfangs von EMAS Impulse erhalten hat, derzeit jedoch eher wieder zu stagnieren droht, mit einem Umschwenken der Praxis auf das wenig kommunikationsorientierte ISO-System einen Rückschlag erleiden würde.

3. Über EMAS hinaus

Substantiell scheint der Erfolg der Einrichtung eines Umweltmanagementsystems weniger davon abzuhängen, welche der vorfindlichen Normen und Standards die Bezugsgrundlage gebildet hat, sondern mehr davon, ob es gelingt, ein lebendiges System zu errichten, das sich gut in die vorfindlichen organisatorischen und unternehmenskulturellen Strukturen einpaßt, und ob die innovative motivationsstiftende Dimension des Systems nicht zugunsten der Dokumentations- und Kontrollorientierung vernachlässigt wird.

Das kann nur gelingen, wenn sowohl in personeller als auch in organisatorischer Hinsicht Bedingungen vorliegen bzw. entwickelt werden, die es ermöglichen, daß das System „gelebt" wird und zu persönlichen und organisatorischen Lernprozessen führt, die die Systemgrenzen transzendieren. Dazu sind folgende Schritte notwendig:

– *Auswahl der richtigen Promotoren:* Die federführenden betrieblichen Akteure müssen von ihrer persönlichen Motivation und ihrer mikropolitischen Position im Unternehmen die Qualität akzeptierter Fachpromotoren besitzen oder sich darum bemühen, diese zu erwerben. „Weggelobte" Oberingenieure taugen hierzu ebensowenig wie „grüne Spinner" oder „unersetzliche" Experten, die die Systeme vor allem zur Festigung ihrer Stellung nutzen.

– *Gewinnung der notwendigen Verbündeten:* Das Managementsystem, vor allem aber seine grundlegenden Orientierungen und Ziele müssen sowohl die normative und strategische Unterstützung der Geschäftsführung haben, als auch die Diffusion in die Linienstellen und die verschiedenen Hierarchieebenen beinhalten. Wo eines davon fehlt, bleibt das System letztlich unwirksam.

– *Partizipative organisatorische Verankerung:* Das strategische Defizit der UMS kann nur durch sekundärorganisatorische Elemente (Umweltarbeitskreise, Ausschüsse, Steuerungskreise u.ä.) ausgeglichen werden, die die Kompetenz und das Engagement dazu haben, den Blick über den Tellerrand der produktionsökologischen Optimierung hinaus auf die vielfach ökologisch und unternehmenspolitisch wesentlich bedeutsameren Produkte und Systembezüge der Unternehmenstätigkeit zu richten.

– *Diffusion in die Unternehmenskultur:* Die zunächst formalen und für die Zwecke der externen Prüfung und Dokumentation in Arbeits- und Verfahrensanweisungen bzw. im Umwelthandbuch notwendigerweise verschriftlichten Vorschriften und Normen müssen sukzessive in persönliche Handlungsorientierungen der davon betroffenen Akteure überführt werden. Das System muß im Unternehmen einen „Prozeß der (ökologischen) Zivilisation" (Norbert Elias) in Gang setzen, der unumkehrbar ist.

– *Glaubwürdige externe Kommunikation:* Der interne sozial-ökologische Dialog muß die Werkstore überschreiten und Vertreter der externen Anspruchsgruppen einbeziehen. Nur so kann die „Öffnung der Wagenburg" (Heine/ Mautz 1995) gelingen, die notwendig ist, um die zwangsläufige Betriebsblindheit der internen Akteure zu überwinden und genau die Ökologisierungsschritte einzuleiten, die hohe ökologische Bedeutung haben und daher die beste Aussicht auf Honorierung durch Staat, Markt und Öffentlichkeit eröffnen.

So ausgestaltet, beinhaltet die Einrichtung eines Umweltmanagementsystems den ersten Schritt eines weitreichenden, weithin ergebnisoffenen Prozesses der sozial-ökologischen Modernisierung der Unternehmenspolitik. Denn in derartige Systeme involvierte MitarbeiterInnen werden die in diesem System erworbenen Orientierungen vermutlich auch auf ihre übrigen Aufgaben übertragen. Insoweit wird die betriebliche Umweltpolitik zum Einfallstor für soziale und technische Innovationen in allen betrieblichen Funktionsbereichen.

Es scheint allerdings notwendig, darauf hinzuweisen, daß das skizzierte Szenario seinerseits Bedingungen erfordert, die in Zeiten der Globalisierung und der Renaissance längst überwunden geglaubter „Heuer-und-feuer"-Praktiken nicht die Regel sein dürften. „Lean" Management kappt die Räume für sekundärorganisatorische Aktivitäten. Mitarbeiter, die um ihren Arbeitsplatz bangen, werden kaum motiviert sein, sich wirklich in den Unternehmenssprozeß einzubringen. Die Messung des Unternehmenserfolgs an Kurzfristrenditen läßt kaum Platz für strategisches Denken, das zur langfristigen Existenzsicherung von Unternehmen durchaus bereit und in der Lage sein muß, kurzfristige Aufwendungen mit „weichen" unternehmenspolitischen Nutzenerwartungen und längeren Amortisationszeiten zu tätigen.

In der Betrachtung der aktuellen wirtschaftlichen bzw. unternehmenspolitischen Randbedingungen wird ein weiteres mögliches Erklärungsmoment für die derzeitig dominante Formalisierungsorientierung der eingerichteten Umweltmanagementsysteme sichtbar. Formale Strukturen tendieren zur Festigung vorhandener betriebliche Herrschaftsverhältnisse, sie zementieren Expertokratie. Durch partizipative Lernprozesse, die soziale Innovationen bewirken, gerät diese in Gefahr. Denn es wird eine große Zahl von Experten geschaffen, die dazu neigen könnten, Hierarchien infragezustellen. Das dürfte kaum im mikropolitischen Interesse der Experten sein.

Auch das wirtschaftliche und soziale Umfeld der Unternehmenspolitik setzt derzeit nur geringe Impulse in Richtung Nachhaltigkeit. Die Furcht vor und die Betroffenheit von Arbeitslosigkeit scheint alle anderen Orientierungen soweit zu überlagern, daß die Umweltproblematik und ein eigener Beitrag zu deren Lösung von vielen derzeit nicht mehr als besonders relevant angesehen wird.

Notwendig wären dagegen das öffentliche Interesse für und die soziale Honorierung von ökologisch ambitionierten Unternehmen. Die sozial-ökologische Kommunikation braucht dialogbereite und -fähige Partner. Der Markt braucht die Entwicklung von zahlungsbereiter Nachfrage nach ökologisch vorteilhaften Produkt- und Leistungsalternativen, darin eingeschlossen die Abkehr von umweltzerstörenden Konsum- und Verhaltensmustern. Der derzeit vielfach beobachtbare Minimalkonsens der Placebo-Ökologen auf Seiten der Produzenten und der Konsumenten, die sich mit Problemlösungen wie dem Auto-Abgaskatalysator oder dem sog. grünen Punkt zufriedengeben, ist weder ökologisch zielführend noch unternehmenspolitisch motivierend.

Insofern liegt die Krise des betrieblichen Umweltschutzes nicht in der prinzipiellen Untauglichkeit von formalen Umweltmanagementsystemen zur Einleitung substantieller Prozesse der ökologischen Modernisierung der Wirtschaft begründet. Vielmehr ist die weitgehende Beschränkung auf deren formalistische, fast schon mechanistische Umsetzung ihrerseits Ausdruck der Tatsache, daß der Handlungsdruck, den die ökologische Herausforderung derzeit gesellschaftlich entfaltet, nicht sehr weitreichend zu sein scheint und es unternehmensintern zahlreiche Hemmnisse und mikropolitische Hinderungsgründe dafür gibt, mehr als äußerlich ambitioniert scheinende UMS einzurichten.

Die ökologischen Probleme sind jedoch keineswegs gelöst. Es handelt sich daher offensichtlich nur um ein vorübergehendes Tief der sozial-ökologischen Kommunikation. Gebraucht werden vor allem weitblickende Schumpetersche Unternehmer, die trotz dieses Tiefs das wahre Ausmaß der ökologischen Herausforderung erkennen und annehmen. Ihnen gebührt dann auch der Pioniergewinn für die notwendige ökologische Modernisierung, die sich nicht in den Fallstricken des Formalismus verheddert oder sich von ambitionierten Problemlösungen abwendet, nur weil sie derzeit prima facie an Bedeutung verloren zu haben scheinen.

Ausgehend von den installierten Umweltmanagementsystemen sind die notwendig bevorstehenden nächsten unternehmenspolitischen Schritte einer strategisch weitsichtigen ökologischen Unternehmensführung aus meiner Sicht die folgenden:

- *Umkehr der Rationalisierungsprioritäten:* Sozial-ökologische Modernisierung sucht ihre Rationalisierungspotentiale nicht länger vorrangig im Bereich der Einsparung menschlicher Arbeit, sondern in der Verbesserung der Ressourcenproduktivität. Denn nicht unerhebliche Anteile der kostenintensiv beschafften Roh- und Hilfsstoffe gelangen gar nicht ins erzeugte Produkt, sondern landen im wiederum kostenintensiv zu entsorgenden Abfall.[11]

- *Optimierung der Produkte und Leistungen:* EMAS klammert als standortbezogenes System bisher die Produkte weitgehend aus, ISO 14.001 als organisationsbezogenes System schließt sie ein. Perspektivisch müssen sie eingezogen werden, denn sowohl unter ökologischen als auch unter ökonomischen und sozialen Gesichtspunkten sind der betriebsökologisch-prozeßbezogenen Perspektive enge Grenzen gesetzt.

- *Einwirkung auf Lieferanten:* Im EMAS bereits angelegt, aber nur in geringem Umfang praktiziert, liegt in der Nutzung der Nachfragemacht erhebliches Ökologisierungspotential, das zugleich geeignet ist, ökologisch-kommuni-

---

[11] Praxisforschungsprojekte des Instituts für Management und Umwelt an der Universität Augsburg und vergleichbare US-amerikanische Studien lassen erkennen, daß der Umfang dieser doppelten Verschwendung knapper Ressourcen einen erheblichen Teil der eingesetzten Materialien umfaßt, deren Vermeidung zudem Einsparungspotentiale bei den Fertigungskosten in nicht unerheblicher Höhe erschließt. (vgl. Wagner/Strobel 1999).

kative Risiken für das Unternehmen abzubauen, die oft weniger in dem eigenen Wertschöpfungsabschnitt als vielmehr auf vorgelagerten Stufen liegen.

– *Kooperationen längs der Wertschöpfungskette:* Auch in Richtung nachgelagerter Produktions- und Distributionsstufen muß die Ökologisierung voranschreiten. Nicht die Öko-Nische, sondern der ökologische Massenmarkt eröffnet langfristige unternehmenspolitische Perspektiven. [12]

– *Regionale Netze:* Nur scheinbar im Widerspruch zur letztgenannten Option steht die Perspektive regionaler Kooperation. Denn es sind in der Regel Beziehungen über die eigene Branche hinaus, die sich in regionalen Verwendungs-, Verwertungs- und Kommunikationsnetzen herstellen lassen und die ebenfalls zahlreiche ökologische und unternehmenspolitische Perspektiven eröffnen. [13]

Eigentlich sind alle aufgeführten Optionen weder besonders neu noch ausgesprochen revolutionär. Sie haben jedoch bisher – nicht zuletzt bedingt durch die publizistische und praktische Dominanz der Umweltmanagementsysteme – nicht die notwendige Aufmerksamkeit und schon gar nicht verbreitete Anwendung gefunden. Zwar sind die genannten Maßnahmen nicht für alle Branchen und Unternehmensgrößen gleichermaßen attraktiv. Dennoch scheinen sie mir allenfalls auf den ersten Blick den ökonomischen Megatrends von Globalisierung und Virtualisierung der wirtschaftlichen Strukturen zu widersprechen. Dort wo sie es doch tun, stellt sich für alle Wirtschaftssubjekte die Frage danach, welches der Weg ist, den sie für richtig halten und mitgehen wollen. Denn bei aller Macht der Megatrends, die Rede von der Zwangsgesetzlichkeit der ökonomischen Entwicklung ist doch nur eine bequeme Ausrede für ihre Mitläufer. Der ökologische Umbau der Wirtschaft ist sicher der unbequemere Weg.

Literaturverzeichnis

de Gijsel, Peter et al. (Hrsg.): Nachhaltigkeit in der ökonomischen Theorie, Ökonomie und Gesellschaft, Jahrbuch 14 Frankfurt/ New York 1998.

Dyllick, Thomas: Die EU-Verordnung zum Umweltmanagement und zur Umweltbetriebsprüfung (EMAS-Verordnung)im Vergleich mit der geplanten ISO Norm14 001, in: Zeitschrift für Umweltpolitik und Umweltrecht Nr. 3 1995, S. 299 - 339.

Dyllick, Thomas; Belz, Frank; Schneidewind, Uwe: Ökologie und Wettbewerbsfähigkeit, München; Wien; Zürich 1997.

Dyllick, Thomas; Hamschmidt, Jost: Wirkungen von Umweltmanagementsystemen. Eine Bestandsaufnahme empirischer Studien, in: Zeitschrift für Umweltpolitik und Umweltrecht 1999 (im Erscheinen).

Dyllick, Thomas; Hummel, Johannes: EMAS und;oder ISO 14.001? Wider das strategische Defizit in den Umweltmanagementsystemnormen, in: UmweltWirtschaftsForum, Heft 3 1995, S. 24-28.

---

[12] Vgl. hierzu die interessanten Befunde in Dyllick/Belz/Schneidewind 1997.
[13] Vgl. hierzu z.B. Majer/Weinmüller 1997 sowie Strebel/Schwarz 1997.

Fichter, Klaus (Hrsg.): Die EG-Öko-Audit-Verordnung. Mit Öko-Controlling zum zertifizierten Umweltmanagementsystem, München; Wien 1995.

Forschungsgruppe Betriebliche Umweltpolitik (FBU): Pilot-Öko-Audits in Hessen - Erfahrungen und Ergebnisse. Ein Forschungsbericht, in: Hess. Ministerium für Wirtschaft (Hrsg.) Schriftenreihe Technologie in Hessen Wiesbaden 1995.

Forschungsgruppe Evaluierung Umweltaudit (FEU): Vorläufige Untersuchungsergebnisse und Handlungsempfehlungen zum Forschungsprojekt "Evaluierung von Umweltmanagementsystemen...", Oestrich-Winkel; Frankfurt(Main) 1998a.

Forschungsgruppe Evaluierung Umweltaudit (FEU): Umweltmanagement in der Praxis - Teilergebnisse eines Forschungsvorhabens zur Vorbereitung der 1998 vorgesehenen Überprüfung des gemeinschaftlichen Öko-Audit-Systems, Teile I - III, in: Umweltbundesamt (Hrsg.) Texte 20/98 Berlin 1998b.

Forschungsgruppe Evaluierung Umweltaudit (FEU): Umweltmanagement in der Praxis - Teilergebnisse eines Forschungsvorhabens zur Vorbereitung der 1998 vorgesehenen Überprüfung des gemeinschaftlichen Öko-Audit-Systems, Teile V und VI, in: Umweltbundesamt (Hrsg.) Texte 52/ 98 Berlin 1998c.

Freimann, Jürgen : EMAS - Was wissen wir wirklich über seine Umsetzung in der Unternehmenspraxis?, in: UmweltWirtschaftsForum Heft 4 1998, S.73-79.

Freimann, Jürgen: Öko-Audit. Normiertes Managementsystem zur umwelttechnischen Selbstkontrolle oder Einstieg in die ökologische Organisationsentwicklung?, in: Weber, Jürgen (Hrsg.) Umweltmanagement. Aspekte einer umweltbezogenen Unternehmensführung Stuttgart 1997, S. 159-178.

Heine, Hartwig; Mautz, Rüdiger: Öffnung der Wagenburg? - Antworten von Chemiemanagern auf ökologische Kritik, Berlin 1995.

Hillary, Ruth; Gelber, Mathias; Biondi, Vittorio: An Assessment of the Implementation Status of Council Regulation (No 1836/93) Eco-management and Audit Scheme in the Member States (AIMS-EMAS), in: European Commission DG XI (Hrsg.) EMAS help desk, http://www.emas.lu Brüssel 1998.

Internationale Handelskammer (ICC) (Hrsg.): Umweltschutz-Audits, Köln 1989.

Klemmer, Paul; Meurer, Thomas (Hrsg.): EG-Umweltaudit - Der Weg zum ökologischen Zertifikat, Wiesbaden 1995.

Lübbe-Wolff, G.: Öko-Audit und Deregulierung, in: Zeitschrift für Umweltrecht, Heft 4 1996, S. 173-180.

Majer, Helge; Weinmüller, Kai: Der Ulmer Initiativkreis nachhaltige Wirtschaftsentwicklung (UNW), in: UmweltWirtschaftsForum Heft 3 1997, S. 89-91.

PA Consulting Group: Pilot Exercise of Environmental Auditing - Final Report, ed. by European Commission DG XI, Brüssel 1993.

Remer, Andreas; Sandholzer, Ulrich: Ökologisches Management und Personalarbeit, in: Steger, Ulrich (Hrsg.) Handbuch des Umweltmanagements, München 1992, S.511-536.

Schmidheiny, Stefan: Kurswechsel: Globale unternehmerische Perspektiven für Entwicklung und Umwelt, München 1992.

Schulz, Erika; Schulz, Werner: Öko-Management, München 1994.

Schwaderlapp, Rolf: Umweltmanagementsysteme in der Praxis - Eine qualitative empirische Untersuchung über die organisatorischen Implikationen des Öko-Audits, München 1999 (im Erscheinen).

Strebel, Heinz; Schwarz, Erich: Rückstandsverwertung in industriellen Netzwerken, in: Weber, Jürgen (Hrsg.) Umweltmanagement. Aspekte einer umweltbezogenen Unternehmensführung Stuttgart 1997, S. 321-334.

Unternehmerinstitut/ Arbeitsgemeinschaft selbst. Unternehmer (UNI/ASU): Öko-Audit in der mittelständischen Praxis - Evaluierung und Ansätze für eine Effizienzsteigerung von Umweltmanagementsystemen in der Praxis, Bonn 1997.

Wagner, Bernd; Strobel, Markus: Kostenmanagement mit der Flußkostenrechnung, in: Freimann, Jürgen (Hrsg.): Werkzeuge erfolgreichen Umweltmanagements, Wiesbaden 1999 (im Erscheinen).

Waskow, Siegfried: Betriebliches Umweltmanagement. Anforderungen nach der Audit-Verordnung der EG, 2. Auflage Heidelberg 1997.

Weber, Frank M.; Seidel, Eberhard: Die EMAS-Praxis in Deutschland – Ergebnisse einer kritischen Bestandsaufnahme, in: Umweltwirtschaftsforum, 6. Jg., 1998, H. 1, S.22- 27.

Weber, Jürgen (Hrsg.): Umweltmanagement - Aspekte einer umweltbezogenen Unternehmensführung, Stuttgart 1997.

Weizsäcker, Ernst Ulrich von: Erdpolitik - Ökologische Realpolitik an der Schwelle zum Jahrhundert der Umwelt, 4. Aufl., Darmstadt 1994.

Internationales Umweltmanagement in Mittel- und Osteuropa

Matthias Kramer

1. Transformation und ökologische Entwicklungsfähigkeit

Die europäischen Integrationsprozesse gewinnen an Dynamik. Die CEEC 5 (Central and Eastern European Countries; Polen, Tschechien, Slowakei, Ungarn und Slowenien) haben in den 90er Jahren erhebliche Fortschritte bei der Angleichung der wirtschaftlichen Leistungsfähigkeit, Rechtsprechung[1], politischen, sozialen und gesellschaftlichen Bedingungen an die EU-Normen und -Standards erzielt. Die festgelegten Beitrittskriterien und der Anpassungsdruck durch den Systemwechsel haben in diesen Ländern zu einem gesellschaftlichen Strukturwandel geführt, der allgemein als „Transformation" Eingang in die wirtschafts- und sozialwissenschaftliche Forschung gefunden hat.[2] Andere Begriffe, wie Restrukturierung, Transition und Systemreform, sollen ebenfalls den tiefgreifenden Wandel in diesen Ländern umschreiben.[3] Die Analyse der quantitativen und qualitativen Reformfortschritte erfordert jedoch ein äußerst differenziertes Vorgehen. So müssen beispielsweise bei der Beurteilung des Fortschritts der Privatisierungsprozesse sowohl interne Voraussetzungen, wie die Größe eines Landes und die Bevölkerungszahl, Beschäftigungs-, Qualifikations- und Altersstrukturen, Branchen- und Infrastruktur, aber auch externe Faktoren, wie die Außenhandelsbedingungen, Kaufkraftparitäten und Wechselkurse, gleichermaßen berücksichtigt werden.[4] Anhand der üblicherweise genutzten und etablierten makroökonomischen Spitzenkennzahlen auf einem hohen Aggregationsniveau ist daher die Einschätzung des bisherigen Verlaufes der ökonomischen Transformation nur eingeschränkt möglich. Insbesondere für die Abschätzung der künftigen Entwicklungsmöglichkeiten bedürfte es einer detaillierteren Analyse. Unter Kenntnisnahme dieser Forderungen für eine vollständige Analyse ist es jedoch für eine grobe Einschätzung vertretbar, den Transformationsverlauf anhand der makroökonomischen Kennzahlen Bruttoinlandsprodukt, Arbeitslosenquote, Wachstumsraten der Konsumen-

---

[1] Für den Stand der Umweltrechtsprechung im Vergleich Deutschland, Polen, Tschechien vgl. Kramer; Brauweiler (Hrsg.): Internationales Umweltrecht, 1999.

[2] Vgl. Pütz: Einzelhandel im Transformationsprozeß, 1998, S. 9.

[3] Vgl. Merkel: Systemwechsel, 1994, S. 10, zitiert in: Pütz: a.a.O., 1998, S. 55

[4] Vgl. Möller: Ökologische Probleme der politischen Veränderungen in Osteuropa, 1999, S. 8.

tenpreise und der Exporte in die EU zu skizzieren. Der östliche Grenzverlauf der Europäischen Union und die dadurch begründete besondere logistische Position der Bundesrepublik Deutschland rechtfertigt darüber hinaus eine weitere Fokussierung der Darstellung auf Polen und Tschechien.

Tabelle 1: Transformationsindikatoren für Polen und Tschechien, Quelle: WIIW, Countries in Transition 1998, WIIW Handbook of Statistics, Wien 1998[5]

	Polen				*Tschechien*			
	1994	*1995*	*1996*	*1997*	*1994*	*1995*	*1996*	*1997*
Wachstumsraten des BIP (%)	5,2	7,0	6,1	6,9	3,2	6,4	3,9	1,0
Arbeitslosenquote (%)	16,0	14,9	13,2	10,5	3,2	2,9	3,5	5,2
Wachstumsrate des Index der Konsumentenpreise (%)	32,2	27,8	19,9	14,9	10,4	9,0	8,7	8,3
Wachstumsrate der Exporte (%)	52,4	43,1	12,2	24,1	16,7	12,8	-1,1	25,1

Es wird deutlich, dass es Polen und Tschechien gleichermaßen gelungen ist, die Unternehmen auf die westeuropäischen Märkte auszurichten und die Exporte in die EU zu erhöhen. Der einmalige Rückgang in der Tschechischen Republik im Jahr 1996 ist auf einen Importanstieg durch die kurzfristige Erhöhung der inländischen Kaufkraft zurückzuführen.[6] Allerdings ist es den Tschechen im Vergleich zu den Polen nicht gelungen, die Entwicklung des BIP auf einem stabilen Niveau bzw. auf Wachstumskurs zu halten. Für diese Entwicklung, aber auch die Umkehrung des Trends bei der Arbeitslosenquote, werden die verspätete Einleitung der Privatisierungsprozesse und Defizite in der Rechtsprechung verantwortlich gemacht.[7] Polen hat die erforderliche Anpassung früher vollzogen, die sich zu Beginn der 90er Jahre zwar im Vergleich mit den übrigen Transformationsländern kurzfristig negativ auswirkte, sich zwischenzeitlich aber deutlich amortisiert hat. Polen ist unter den CEEC 5 mittlerweile das Land mit dem größten Wachstumspotential bei rückläufiger Inflation und Arbeitslosenquote.

Bei Analysen mit makroökonomischen Kennzahlen ist zu beachten, dass sich die Transformationsvorgänge regional äußerst heterogen darstellen und entwikkeln. Durch die Transformationspolitik werden manche Standorte aufgewertet, andere abgewertet.[8] Die Transformationsforschung beschäftigt sich daher u. a. mit der Entwicklungsfähigkeit von Regionen. Fassmann schätzt ein, dass insbesondere

---

[5] Zitiert in: Fassmann: Regionale Transformationsforschung – Konzepte, Modelle und empirische Befunde, in: Pütz (Hrsg.): Ostmitteleuropa im Umbruch, 1999, S. 14 - 15.

[6] Ebenda S. 15.

[7] Vgl. Jilkova; Malkova: The Czech Republic – Source-book on Economic Instruments in CEE Countries, 1998, S. 2, zitiert in: Möller, a.a.O., 1999, S.10.

[8] Vgl. Fassmann: a.a.O., S. 15.

die Grenzgebiete zum westeuropäischen Ausland von der Transformation profitieren werden, wohingegen die östlichen Grenzgebiete eine neue Peripherie darstellen, von Gorzelak als „eastern wall" bezeichnet.[9] Diese Polarisierungstendenzen werden den künftigen Transformationsverlauf problematisch umrahmen. Aber auch für die Grenzregionen sind Spannungsfelder bei den weiteren Integrationsprozessen zu erwarten. Dies ist durch den Charakter der östlichen EU-Außengrenze bedingt, die auch als Wohlstandsgrenze definiert die gegenwärtige Situation zwischen dem „reichen Westen" und dem „armen Osten" beschreibt.[10] Die durch das Wohlstandsgefälle provozierten Ausgleichsströmungen lassen sich wie folgt skizzieren.

Tabelle 2: Wohlstandsgefälle und Ausgleichsströmungen an der Ostgrenze der EU, Quelle: Schamp: Die Bildung neuer grenzüberschreitender Regionen im östlichen Mitteleuropa, 1995[11]

„Wohlstandsland"	*„Armutsland"*
Hohe Einkommen	Niedrige Einkommen
Hohe Löhne	Niedrige Löhne
Stabile Regeln für wirtschaftliches Handeln	Instabile Regeln für wirtschaftliches Handeln
Relativ hohes Niveau der Infrastruktur	Niedriges Niveau der Infrastruktur
Großer Markt	Kleiner Markt
Relative Kapitalknappheit	Absolute Kapitalknappheit

Legale und illegale Migration ←

Kapitaltransfer →

Nachfrage durch private Haushalte →

Viele der gegenwärtigen internationalen Austauschbeziehungen werden fast ausschließlich von dem Ausnutzen des ökonomischen Gefälles bestimmt.[12] Die europäische Integration muß aber auch von interkulturellen, interdisziplinär konsistenten, ökonomischen, sozialen und ökologisch nachhaltigen Prozessen bestimmt sein. Zur Unterstützung dieser anspruchsvollen Zielstellungen wurden auch an den östlichen EU-Außengrenzen Euroregionen gegründet. Auf dem Gebiet der Bundesrepublik Deutschland existieren gegenwärtig in Partnerschaft mit Polen und Tschechien acht Euroregionen.

---

[9] Vgl. Gorzelak: The Regional Dimension of Transformation in Central Europe, 1996, zitiert in: Fassmann: a.a.O., S. 17.

[10] Vgl. Kowalke: Grenzüberschreitende Zusammenarbeit zwischen Ost und West – die neuen Euroregionen an der östlichen Grenze der EU, in: Pütz (Hrsg.): Ostmitteleuropa im Umbruch, 1999, S. 119.

[11] Zitiert in: Ebenda, S. 120.

[12] Ebenda, S. 120.

2. Der betriebliche Umweltschutz im Transformationsprozeß

Angesichts der zuvor beschriebenen ökonomisch dominierten Transformationsvorgänge und unter Berücksichtigung der insbesondere bis 1989 verursachten Umweltschäden kommt dem betrieblichen Umweltschutz eine besondere Bedeutung im Rahmen der weiteren europäischen Integrationsprozesse zu. Ein zusätzlicher Anpassungsdruck wird für polnische und tschechische Unternehmen durch

- die Exportbeziehungen zu europäischen, speziell deutschen Unternehmen,
- zu erwartende Restriktionen in der Umwelt- bzw. Haftungsgesetzgebung,
- die Erhöhung der Umweltkosten in den Unternehmen,
- latent vorhandenes hohes Marktpotential im Bereich des Umweltschutzes
- und den Einfluß interner und externer Interessengruppen (z. B. Erhöhung des Umweltbewußtseins der Bevölkerung) entstehen.[13]

Die Prüfung der Einsatzmöglichkeiten von Umweltmanagementinstrumenten und –systemen wird daher auch für polnische und tschechische Unternehmen eine strategische Herausforderung darstellen.[14] Eine besondere Verantwortung haben in diesem Zusammenhang die Hochschulen, die den künftigen Führungsnachwuchs entsprechend interdisziplinär, international und interkulturell zu qualifizieren haben. Das Internationale Hochschulinstitut Zittau ist 1993 als fünfte Universität des Freistaates Sachsen exakt mit dem Ziel gegründet worden, ein entsprechendes Studienangebot für das zusammenwachsende Europa am Standort in der Euroregion Neiße zu entwickeln. Im Studiengang Betriebswirtschaftslehre wird seit 1998 mit Unterstützung der Deutschen Bundesstiftung Umwelt u. a. der Hauptstudiumsschwerpunkt „Internationales und interdispliäres Umweltmanagement in Zukunftsmärkten" angeboten. Auf Grundlage einer Analyse der gegenwärtigen Umweltmanagementpraktiken in deutschen, tschechischen und polnischen Unternehmen sowie des gegenwärtigen Ausbildungsstandes an Hochschulen wurden die curricularen Anforderungen für ein entsprechendes interdisziplinäres Studienangebot formuliert.[15]

---

[13] In Anlehnung an: Kaminske et al.: Umweltmanagement, 1995, S. 1; Tkaczynski: Polen im Umbruch, 1997, S. 98.

[14] Vgl. Kramer; Brauweiler; Vanecek; Hyrslova; Obrsalova: Umweltkostenmanagement in einem Chemieunternehmen der Tschechischen Republik, in: Kramer; Reichel (Hrsg.): Internationales Umweltmanagement und europäische Integration, 1998, S. 215.

[15] Die Festlegungen erfolgten unter Berücksichtigung des verfügbaren internationalen Erfahrungswissens. In besonderer Weise ist hierbei die Kooperation mit Herrn Prof. Dr. Seidel von der Universität Siegen zu erwähnen. Anläßlich seines 10-jährigen Institutsjubiläums im September/Oktober 1999 kommt es zu einem intensiven Erfahrungsaustausch zwischen deutschen, tschechischen und polnischen Experten mit Schwerpunkten des grenzüberschreitenden Umweltmanagements in Mittel- und Osteuropa.

3. Umweltmanagement in Theorie und Praxis – Ein Vergleich zwischen Deutschland, Polen und Tschechien

3.1 Die ökonomische Entwicklungsfähigkeit als Basis für umweltorientierte Zielstellungen

Um eine effiziente Verzahnung zwischen den ökonomischen Zielstellungen der Unternehmen und den umweltrelevanten Prozessen aus Sicht der Euroregion zu gewährleisten, erfolgte zunächst eine umfangreiche Branchenstrukturanalyse.[16] Das Ziel war, die ökonomische Entwicklungsfähigkeit der Region zu bestimmen, um darauf aufbauend strategische Allianzen und Kooperationen zum Umweltmanagement zwischen maßgeblichen Akteuren der Region ableiten zu können. Eine weitere Annahme war, dass die Entwicklungsfähigkeit der gesamten Region zukünftig wesentlich von den Branchen geprägt wird, die bereits zum jetzigen Zeitpunkt eine dominante Rolle einnehmen. Zusätzliche Perspektiven durch innovative Entwicklungen, beispielsweise durch Existenzgründer, wurden bei der Analyse zunächst vernachlässigt. Wesentlich war ebenfalls, dass die Vollständigkeit des vorhandenen Datenmaterials vorausgesetzt wurde. Auf dieser Grundlage erfolgte eine Differenzierung und Gruppierung der regionalen Strukturen nach Wirtschaftsbereichen und -branchen. Zwei Betrachtungsebenen waren dabei ausschlaggebend. Durch die Operationalisierung von Einzelindikatoren wurde zunächst der ökonomisch dominante Wirtschaftsbereich definiert. Eine Dominanz lag vor, wenn der relative Anteil der verwendeten Indikatoren Beschäftigung und Bruttoinlandsprodukt den höchsten Wert an der Gesamtwirtschaft ausmachte. Der so definierte dominante Wirtschaftsbereich, der in allen Untersuchungsregionen durch das Verarbeitende Gewerbe bestimmt war, wurde mit Hilfe eines Indikatorensystems aus Beschäftigung, Umsatz und Arbeitsproduktivität weiter nach ökonomisch maßgeblichen und ökonomisch unmaßgeblichen Branchen differenziert. Um die unterschiedlichen Ausprägungen/Dimensionen der Indikatoren Beschäftigung, Umsatz und Arbeitsproduktivität über eine gemeinsame Kennziffer darstellen zu können, erfolgte eine Normierung der Ausgangsdaten auf einheitsunabhängigen bzw. einheitsgleichen Skalen. Die Unterschiede zwischen den Merkmalsausprägungen der verwendeten Indikatoren wurden sowohl nach der Portfolio-Technik als auch nach der ABC-Analyse voneinander abgegrenzt. Auf dieser Grundlage war folgende zusammenfassende Beschreibung und Abgrenzung der Branchenstrukturen im internationalen Maßstab möglich.

---

[16] Die Ergebnisse der Branchenstrukturanalyse werden veröffentlicht in: Kramer; Brauweiler: Kostenorientiertes Qualitäts- und Umweltmanagement in globalen Märkten; Ein Vergleich zwischen Deutschland, Polen und Tschechien, Gabler, Wiesbaden, erscheint demnächst.

	Deutschland	dt. Teil der ERN	Polen	poln. Teil der ERN	Tschechien	tschech. Teil der ERN
maßgebliche Branchen	Ern Kfz Min Met Mas Ele Che	Ern Kfz Gla Ele Tex Met	Ern Che Met Kfz Mas Tex Min	Ern Che Tex Gla Mas	Ern Kfz Met Mas Tex Min Che Ele	Kfz Son Tex Gla Ern Gum
indifferente Branchen	*Pap** *Gum** *Gla**	*Hol**	*Ele** *Pap**	*Hol** *Pap** *Gum** *Met** *Ele**	*Pap** *Gum**	
unmaßgebliche Branchen	Tex Hol Led Son	Che Son Pap Led	Gla Gum Son Hol Led	Led Kfz Son	Gla Hol Led Son	Pap Mas Met Ele

hoch ↑ Beschäftigung, Umsatz und Arbeitsproduktivität ↓ niedrig

Legende:
ERN – Euroregion Neiße, **Ern** - Ernährungsgewerbe und Tabakverarbeitung, **Tex** - Textil- u. Bekleidungsgewerbe, **Led** - Ledergewerbe, **Hol** - Holzgewerbe (ohne Herstellung von Möbeln), **Pap** - Papier-, Verlags- u. Druckgewerbe, **Min** - Kokerei, Mineralölverarbeitung, Herstellung und Verarbeitung von Spalt- und Brutstoffen, **Che** - Chemische Industrie, **Gum** – Herstellung von Gummi- u. Kunststoffwaren, **Gla** – Glasgewerbe, Keramik, Verarbeitung von Steinen und Erden, **Met** - Metallerzeugung u. –bearbeitung, Herstellung von Metallerzeugnissen, **Mas** - Maschinenbau, **Ele** - Herstellung von Büromaschinen, ADV-Geräten und –einrichtungen, Elektrotechnik, Feinmechanik, Optik, **Kfz/Fah** - Fahrzeugbau, **Son** - Recycling, Herstellung von Möbeln, Schmuck, Musikinstrumenten, Sportgeräten, Spielwaren

Abbildung 1: Zusammengefaßte Abgrenzung maßgeblicher und unmaßgeblicher Branchen auf Basis der Ergebnisse der Portfolio- und ABC-Analyse

Das Verarbeitende Gewerbe weist in sechs Branchen erhebliche Übereinstimmungen im internationalen und interregionalen Vergleich zwischen Deutschland, Polen und Tschechien auf. Damit ist die Grundlage für Unternehmenskooperationen und einen grenzüberschreitenden Know-How-Transfer nach den klassischen betriebswirtschaftlichen Zielstellungen, z. B. im Rahmen eines Benchmarkings, prinzipiell gegeben. Für die weitere Analyse des Anwendungsstandards von Umweltmanagementsystemen und –instrumenten wurde vorausgesetzt, dass diesbezügliche internationale Kooperationen zunächst vorrangig für die Unternehmen von Interesse sind, die ein hohes Maß an ökonomischer Entwicklungsfähigkeit aufweisen.

3.2 Umweltmanagementanwendungen und -vorstellungen im internationalen Vergleich

Die aktuellen Transformationsprozessse in Mittel- und Osteuropa, der zumindest mittelfristig zu erwartende Beitritt Polens und Tschechiens in die EU und die daraus resultierende Intensivierung der wirtschaftlichen Beziehungen, insbesondere zu Deutschland, werden auch in tschechischen und polnischen Unternehmen einen Implementierungsdruck für eine umweltorientierte Unternehmensführung auslösen.[17] Sofern man als ersten Indikator für die Richtigkeit dieser Annahme die gegenwärtige Zahl der nach EMAS oder ISO 14001 zertifizierten Unternehmen heranzieht, müßte jedoch umgehend eine Korrektur dieser Erwartung erfolgen. Gegenwärtig sind lediglich 28 tschechische und 13 polnische Unternehmen nach ISO 14001 zertifiziert (im Vergleich dazu in Deutschland ca. 1.400).[18] Obwohl polnische und tschechische Unternehmen einen zeitlich gesehen vergleichbaren Zugang zu der ISO-Norm 14001 hatten und seit der Gültigkeit der Norm ein ständiger Anstieg zertifizierter Unternehmen in Tschechien und Polen beobachtet werden kann, erfolgte ihre Umsetzung bezogen auf die rein quantitative Anzahl zertifizierter Unternehmen nicht so dynamisch, wie es in den anderen europäischen Ländern der Fall war. Eine andere Sichtweise ergibt sich jedoch, wenn man die Anzahl zertifizierter Unternehmen auf volkswirtschaftliche Grundkennziffern (z. B. Bruttoinlandsprodukt oder Einwohnerzahl) bezieht. Die absolute Anzahl zertifizierter Unternehmen in einem Land ermöglicht daher noch keine allgemeingültige Aussage über den qualitativen Anwendungsstandard von Umweltmanagementsystemen. Die polnische Standardisierungsorganisation hat mittlerweile einen nationalen ISO 14001 Standard in polnischer Sprache publiziert, um polnische Unternehmen bei ihren Zertifizierungsaktivitäten und –vorhaben zu unterstützen.[19] In Tschechien wurden die Normen der Reihe ISO 14000 ff. ebenfalls in das nationale Normungssystem eingegliedert und veröffentlicht.[20]

Nach der Verabschiedung der EMAS wurde diese Norm zunächst für polnische und tschechische Unternehmen relevant, für die das Mutterunternehmen aus einem EU-Land das einzurichtende Umweltmanagementsystem auch für ihre ausländischen Produktionsstandorte vorgab. Für Standorte polnischer und tschechischer Unternehmen ist es zwar grundsätzlich möglich, am Öko-Audit-System teilzunehmen, aufgrund der Nichtmitgliedschaft zur EU können diese Standorte aber nur bis zur Validierung durch einen externen Umweltgutachter gelangen, gegenwärtig aber noch nicht zertifiziert werden.[21] Auf Basis der nationalen Umweltpoli-

---

[17] Vgl. Kramer; Brauweiler; Gozdziaszek: Kennzeichen der Implementierung des Umwelt-Audit-Systems nach der EG-Verordnung im internationalen Maßstab am Beispiel von Produktionsstandorten in Deutschland und Polen der Dr. Oetker KG, in: Kramer; Reichel (Hrsg.): a.a.O., S. 187.

[18] Informationen zum Stand: 7.6.99 aus: reinhard.peglau@uba.de.

[19] Vgl. The Regional Environmental Centre; Czech Environmental Management Centre, Praha: The state of the environmental management in 11 countries of Central and Eastern Europe, Prague, 1998, S. 12 und 26.

[20] Vgl. Suchanek: Einführung des Umweltmanagements in Form der EMS-Normen, in: o.V.: Wirtschaft und Handel in der Tschechischen Republik, 10/97, S. 13.

[21] Vgl. Kramer; Brauweiler; Gozdziaszek: a.a.O., S. 189.

tik und im Zuge der legislativen Harmonisierung mit der EU wurde daher von der tschechischen Regierung der Beschluß erlassen, ein nationales EMAS-Programm in Tschechien einzuführen. Damit ist die Einführung eines Umweltmanagementsystems nach EMAS auf Basis des nationalen Programms in Tschechien möglich. Die nach diesem System validierten Umwelterklärungen werden durch Brüssel anerkannt und in Form einer Konformitätsbescheinigung bestätigt.[22] In Polen existiert keine nationale EMAS. Dies ist v. a. auf die Erfolge zurückzuführen, die polnische Unternehmen bereits durch ihr Engagement in den nationalen „Cleaner Production"-Programmen erreicht haben sowie durch die hohe Popularität der ISO 14001.

In Westeuropa setzte sich Cleaner Production (CP) besonders in den Niederlanden und Norwegen durch. Die Anwendung und Verbreitung der CP Idee wird auf internationaler,[23] nationaler[24] und regionaler Ebene[25] unterstützt.

Nach einer Definition der UNEP werden CP Concepts als eine dauerhaft integrierte, systematische Umweltschutzstrategie bezeichnet, die sich auf Prozesse, Produkte und Dienstleistungen gleichermaßen konzentriert, um eine Verminderung ökologischer Risiken unter ökonomischen Gesichtspunkten zu erreichen.[26] Der Vermeidungsansatz hat Vorrang vor dem Wiederverwertungs- und dem Entsorgungsansatz. Die Erarbeitung und Einführung der CP Maßnahmen erfolgt durch CP Schulen, die die teilnehmenden Unternehmensvertreter nach folgendem Muster qualifizieren: Die CP Implementierung erfolgt in einem ersten Schritt häufig mit dem Ziel der Reduzierung des Abfallaufkommens (Waste Minimization Assessment-WMA).[27] Aber auch die Anwendungsmöglichkeiten von Umweltmanagementinstrumenten nehmen einen wichtigen Stellenwert ein. Zum CP Programm gehören des Weiteren Schulungs-, Trainings- und Weiterbildungsmaßnahmen und die Förderung der Umsetzungskontinuität. Dadurch wird die Einführung von CP keine einmalige Tätigkeit, sondern ein Prozeß der kontinuierlichen Verbesserung.[28]

---

[22] Beschluß Nr. 466 vom 1.7.1998. Vgl. Suchanek: a.a.O., 1997, S. 13 f.; vgl.: Ponert: Einführung von EMAS in: Brauweiler; Vojtasova; Hrebicek (Hrsg.): Umweltmärkte Mittel- und Osteuropa, Sammelband zum deutsch-tschechischen Workshop auf der EnviBrno 1998, Brno 1998, S. 52 f. sowie vgl. The Regional Environmental Centre; Czech Environmental Management Centre, Praha: a.a.O., 1998, S. 30.

[23] United Nation Environment Programm (UNEP), United Nation Environment Programm Industrie and Environment (UNEP IE), OECD; ICC; Weltbank.

[24] Z.B. in Dänemark, Finnland, Norwegen, Frankreich, UK, USA, Japan, Australien, China.

[25] Regionale Cleaner Production Centren.

[26] Vgl.: Nowak: The Polish CP Program – NGO in action, in: Industry and Environment – UNEP Bulletin, 1993

[27] Vgl. Buchholz: Environmental Policies and Practice in the United States, 1996, S. 334.

[28] Vgl. Kruszewska: Strategies to Promote Clean Production, 1995, S. 1.

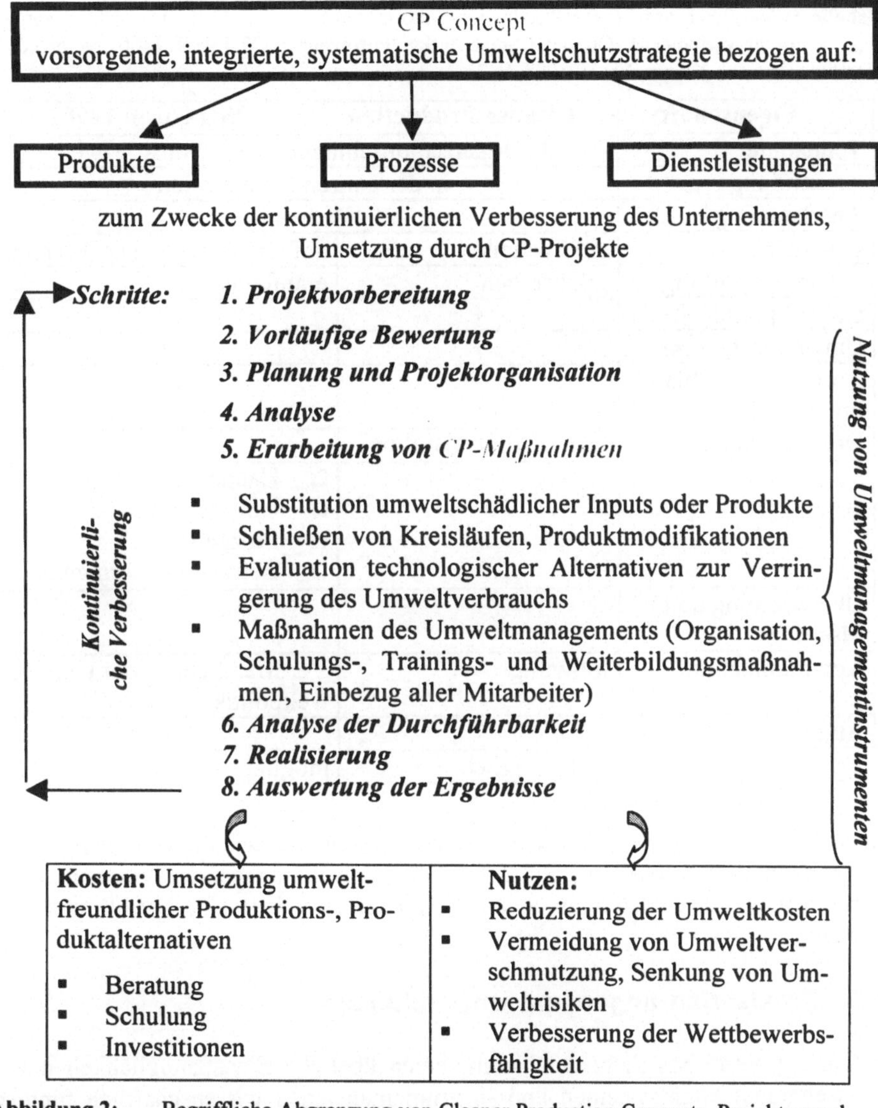

Abbildung 2:   Begriffliche Abgrenzung von Cleaner Production Concepts, Projekten und Maßnahmen; Quelle: Darstellung in Anlehnung an: http://www.unepie.org/cp/cp_ginf.html, 6.11.98

Eine Reihe von CP-Anforderungen ist vergleichbar mit den Bestandteilen der ISO 14001. Dadurch wird CP-Unternehmen eine später angestrebte Zertifizierung nach dem ISO-Standard erleichtert. Die Konzepte sind wie folgt vergleichbar.

Tabelle 3: Vergleich des Cleaner-Production-Konzepts mit der ISO-Norm 14001 ("+" vorhanden; "-" nicht vorhanden), Quelle: Chrzanowska: Porownanie CP i ISO 14001 w przedsiebiorstwie, in CP-Biuletyn, Nr. 10/1998, S. 2

Eigenschaft	Cleaner Production	ISO-Norm 14001
Teilnahme	alle Organisationseinheiten aller Industriezweige	
Anwendung	in der ganzen Organisation	
Anerkennung	Weltweit	
Orientierung	auf Technik	auf Organisation und Technik
1. Umweltprüfung	erforderlich	empfohlen
Umweltpolitik, -ziele	+	+
Umweltprogramm	+	+
Aufbau- und Ablauforganisation	-	+
Dokumentation	❑ CP-Deklaration	-
	- - - -	❑ Handbuch ❑ Umweltprogramm ❑ Prozeduren ❑ Betriebsanweisungen
Überwachung und Messung	+	+
Kommunikation	freiwillig	Veröffentlichung der Umweltpolitik
Audit	-	+
Zertifizierung	nicht möglich	möglich

Im weiteren Verlauf der Analyse war nun von Interesse, wie die Unternehmen die Wirkungen und Effekte des Einsatzes von Umweltmanagementsystemen und -instrumenten einschätzten, u. a. im Vergleich zwischen CP, EMAS und ISO 14001.

3.3   Praxiserfahrungen und -anwendungen

Erfahrungswerte aus Sicht der Unternehmen über die Einsatzmöglichkeiten von Umweltmanagementsystemen und -instrumenten lagen wissenschaftlich fundiert nicht vor, so dass es erforderlich war, durch eine Interviewbefragung erste Ergebnisse über den Stand des Wissens und das Anwendungsniveau zu gewinnen.[29] Auf Grundlage der Ergebnisse der Branchenstrukturanalyse wurden aus den ökonomisch maßgeblichen Branchen 20 tschechische, 19 polnische und 21 deutsche Unternehmen ausgewählt,[30] um folgende Zielstellungen zu verfolgen:

---

[29] Die Ergebnisse dieser Interviewerhebung werden veröffentlicht in: Kramer; Brauweiler: a.a.O., erscheint demnächst.

[30] In Abhängigkeit von der Untersuchungsregion Deutschland: Region Zittau-Löbau-Görlitz, Polen: Niederschlesien, Tschechien: Nordböhmen, wurden in Deutschland Unternehmen in den für die Euroregion Neiße erarbeiteten ökonomisch maßgeblichen Branchen befragt. In Polen

1. Welche besonderen Kennzeichen, Probleme und Effekte der umweltorientierten Unternehmensführung lassen sich in polnischen und tschechischen Unternehmen im Vergleich mit deutschen Unternehmen abgrenzen?
2. Welche strategischen Handlungsempfehlungen können auf Basis der Ergebnisse unter 1. gegeben werden, um die Einführung von Umweltmanagementsystemen im internationalen Verbund zu fördern?

Den Zielstellungen von Pilotstudien folgend,[31] bestand das Untersuchungsziel in der Herausarbeitung grundsätzlicher Informationen über die Implementierung von Umweltschutzmaßnahmen und Umweltmanagementsystemen im internationalen Vergleich. Die Vorgehensweise genügte somit den quantitativen Mindestansprüchen an eine Erhebung, um eine aussagefähige Interpretation der Ergebnisse zulassen zu können. Es erfolgte eine Differenzierung zwischen Unternehmen, die sich bereits strategisch für umweltorientierte Aspekte geöffnet haben (z. B. durch eine Mitgliedschaft beim CP Center, dem Czech Environmental Management Center CEMC), oder an einer Zertifizierung bislang kaum oder nicht interessiert waren.[32] Dadurch wurden zusätzliche Erkenntnisse bezüglich der Wirkung des Engagements von umweltorientierten Unternehmensverbünden und der Qualifizierung von Entscheidungsträgern in Unternehmen gewonnen. Zusammenfassend waren folgende Ergebnisse von Interesse:[33]

1. Der Kenntnisstand über die Einsatzmöglichkeiten von Umweltmanagementinstrumenten war im Durchschnitt nur gering ausgeprägt. Das größte Informationsdefizit war bei den tschechischen Unternehmen festzustellen. Über 50% der befragten Unternehmen waren beispielsweise die Einsatzmöglichkeiten der Ökobilanzierung, des Ökocontrollings und des Ökoaudits nicht bekannt. Zwischen 10 und 30% setzten die Instrumente ein bzw. planten die Anwendung. Hierbei handelte es sich vorrangig um CP- und CEMC-Unternehmen. In Polen waren weitaus mehr Unternehmen informiert, setzten die Instrumente aber ebenfalls nur in geringem Umfang ein (ca. 20%). Trotzdem zeigte sich, dass der

---

und Tschechien wurden dagegen Unternehmen in den für das gesamte Land sowie für die Euroregion Neiße festgestellten ökonomisch dominanten Branchen befragt. Für Unternehmen der Branchen *Son* und *Gum* konnten dabei in Tschechien keine Erhebungen durchgeführt werden, stattdessen wurden aus Gründen der internationalen Vergleichbarkeit Unternehmen der Branche *Met* befragt. In Polen war für Unternehmen der Branchen *Min* ebenfalls kein Interviewtermin möglich, aus diesem Grund wurden Unternehmen der im polnischen Teil der Euroregion Neiße als indifferent geltenden Branchen *Hol* und *Pap* sowie im Sinne der internationalen Vergleichbarkeit auch Unternehmen der Branche *Ele* befragt.

[31] Vgl. Berekoven; Eckert; Ellenrieder: Marktforschung, 1996, S. 95.

[32] Zur Vorgehensweise bei der Durchführung des Umweltmanagement-Barometers Schweiz vgl. Dyllick: Praktische Realisierung des Umweltmanagements in entwickelten Volkswirtschaften, in: Kramer; Reichel (Hrsg.): a.a.O., 1998, S. 29 – 31.

[33] Eine Verallgemeinerung der nachfolgenden Aussagen, für die eine Stichprobe Voraussetzung wäre, deren „...Verteilung aller interessierenden Merkmale der Gesamtmasse entspricht, d.h. ein zwar verkleinertes, aber sonst wirklichkeitstreues Abbild der Gesamtheit darstellt...(und) ... einen Rückschluß auf die Gesamtmasse zuläßt", war im Rahmen dieser Analyse nicht möglich und wurde auch nicht angestrebt. Vgl. Berekoven; Eckert; Ellenrieder: a.a.O., 1996, S. 50; vgl. Bausch: Stichprobenverfahren in der Marktforschung, 1990, S. 32.

Kenntnisstand in Polen weitaus ausgeprägter war.

2. Die Öko-Audit-Verordnung war zwar durchschnittlich 90% der polnischen und ca. 50% der tschechischen Unternehmen bekannt, eine mittelfristige Anwendung planten jedoch lediglich 10%. Quasi kompensiert wird dieses Informations- und Handlungsdefizit in über 70% der polnischen und ca. 20% der tschechischen Unternehmen, da sie sich auf CP Aktivitäten ausrichten wollten. Erstaunlicherweise waren 50% der befragten tschechischen Unternehmen die CP-Möglichkeiten nicht bekannt. Keines der deutschen Unternehmen hatte eine Kenntnis über die CP-Zielstellungen. Nahezu 25% der befragten deutschen Unternehmen waren bereits nach EMAS zertifiziert bzw. planten ein entsprechendes Engagement.

3. Die tschechischen und polnischen Unternehmen entschieden sich bevorzugt (50-65%) für künftige Anwendungen nach der ISO 14001. Überraschend war, dass die Mehrheit der deutschen Unternehmen weder ein ISO 14001- (ca. 80%) noch ein EMAS-Engagement (60%) planten. Bei den tschechischen Unternehmen fiel auf, dass 20-50% keine Vorstellungen über die Umweltmanagementsysteme ISO 14001 bzw. EMAS hatten.

4. Der Bekanntheitsgrad der ISO 9000 ff. betrug in allen Unternehmen durchschnittlich 90%. In Polen und Tschechien waren bereits 50% der befragten Unternehmen zertifiziert, in Deutschland lediglich 30%. Im Durchschnitt waren ca. 30% der deutschen, polnischen und tschechischen Unternehmen der Meinung, durch ihr Qualitätsmanagement auch ausreichend Umweltmanagementaspekte berücksichtigt zu haben. Im Gegensatz zu den Umweltmanagementerfahrungen und –erwartungen nach ISO 14001 und EMAS, die international erheblich variierten, gab es über die Einsatzmöglichkeiten und den Stellenwert des Qualitätsmanagements keine signifikanten Unterschiede zwischen deutschen, polnischen und tschechischen Unternehmen.

5. Die Erwartungshaltung an das Umweltmanagementsystem bezüglich der Kostenwirkungen, der Koordinierungsnotwendigkeiten, der Stärkung der Wettbewerbsfähigkeit durch Imageverbesserung, Erhöhung der Kundenzufriedenheit und Verbesserung der Marktsituation sowie der Sicherung der Arbeitsplätze stellt sich auf unterschiedlichen Ausprägungsniveaus wie folgt dar.

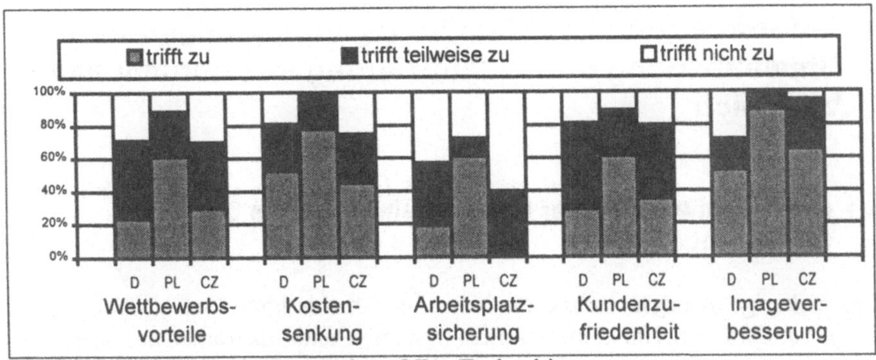

D = Deutschland, PL = Polen, CZ = Tschechien

Abbildung 3:   Von den Unternehmen erwartete Effekte durch Umweltmanagement

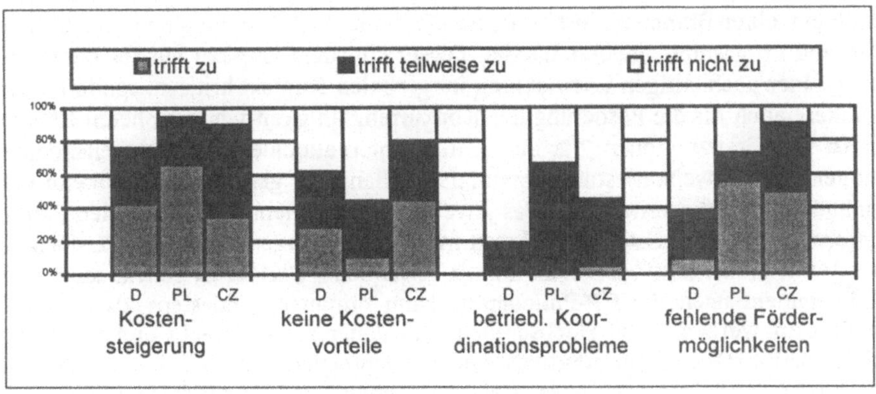

D = Deutschland, PL = Polen, CZ = Tschechien

Abbildung 4:   Von den Unternehmen erwartete Probleme durch Umweltmanagement

Erwähnenswert ist, dass die Unternehmen recht unentschlossen und unsicher auf diese Wirkungsfragen reagierten. Beispielsweise gab ein Teil der Unternehmen Kostensenkung als Effekt und gleichzeitig fehlende Kostenvorteile als ein Problem von Umweltschutzmaßnahmen an. Weiterhin schätzte die Mehrheit ein, dass sie nur teilweise von einzelnen Aspekten betroffen sei. Die polnischen und tschechischen Unternehmen sahen insbesondere Finanzierungsprobleme bei der Umsetzung, hofften daher auf Fördermöglichkeiten. Einen positiven Arbeitsplatzeffekt vermuteten im Durchschnitt nur 30%, wobei dies bei einer intensiveren Analyse im Zusammenhang mit Image-, Kunden-, Kosten- und Wettbewerbsaspekten zu sehen wäre. Eine dementsprechende Konsistenzprüfung der Antworten untereinander ist allerdings bislang nicht erfolgt.

4. Anforderungen und Handlungsempfehlungen für die Umweltbildung und -qualifizierung im internationalen Vergleich

4.1 Die Verantwortung der Hochschulen – Status quo der Studienangebote

Die bisherige Analyse hat gezeigt, dass das Know-how über und der Anwendungsstandard von Umweltmangementsystemen und –instrumenten äußerst heterogen ist. Trotz der vermeintlich guten Basis für Unternehmenskooperationen und –vergleiche durch die gemeinsame Zugehörigkeit zu den nach der Strukturanalyse definierten dominanten Branchen, weichen die Vorstellungen über die Wirkungen einer umweltorientierten Unternehmensführung im internationalen Vergleich erheblich voneinander ab. Bedenklich ist vor allem das Informationsdefizit innerhalb einzelner Branchen, insbesondere die mangelnde Kenntnis über die Aktivitäten und Programme anderer Länder. Dieser Umstand ist nicht nur für die Gestaltung einer nachhaltigen Entwicklung im globalen Kontext kritisch, sondern insbesondere auch für die Förderung der Konkurrenzfähigkeit von peripheren Räumen, z. B. von Grenzregionen. Für den Aufbau internationaler Unternehmenskooperationen mit Umweltentlastungspotentialen entlang der gesamten Prozeßkette ist es unabdingbar erforderlich, über das jeweilige Engagement des potentiellen Partners informiert zu sein. Ein Unternehmen muß nicht zwingend nach der EG-Öko-Audit-Verordnung zertifiziert sein, um als verläßlicher Partner zu gelten, sondern ein Engagement nach der CP-Philosophie kann mitunter mindestens als äquivalent eingestuft werden.[34] Die Hochschulen sind daher in der Pflicht und Verantwortung, den künftigen Führungsnachwuchs entsprechend zu qualifizieren. Aus diesem Grund erfolgte eine umfangreiche Erhebung und Auswertung der aktuellen Studienangebote. Insgesamt wurden die Studienmöglichkeiten von 58 deutschen, 17 tschechischen und 32 polnischen Hochschulen miteinander verglichen und im Zusammenhang dargestellt. Als Ergebnis entstand eine umfangreiche Datenbank, die mittlerweile von allgemeinen Hochschulinformationen über Studienschwerpunkte bis hin zu Darstellungen über spezifische Studienmöglichkeiten reicht.[35] Die detailliert vorliegenden und ausgewerteten Ergebnisse der Analyse wurden in ein Stärken-Schwächen-Profil eingeordnet, um darauf aufbauend Forderungen für ein innovatives Studienangebot ableiten zu können.

---

[34] Zur Erinnerung: Keinem der befragten deutschen Unternehmen waren die CP-Aktivitäten in Polen und Tschechien bekannt.

[35] Nach Evaluation der Umfrageergebnisse, die gegenwärtig an den befragten Hochschulen durchgeführt wird, werden die Ergebnisse veröffentlicht.

4.2 Stärken und Schwächen des gegenwärtigen Ausbildungsniveaus

Bedingt durch die langfristige Entwicklung des Umweltbewußtseins in Deutschland seit den 70er Jahren, hat sich an den deutschen Hochschulen ein vielschichtiges Bild, nicht nur der umweltorientierten Bildung im allgemeinen, sondern im speziellen auch in den Wirtschaftswissenschaften, herausgebildet.[36] In vielen Universitäten, Gesamt- und Fachhochschulen sind wirtschaftswissenschaftliche Fächer mit Umweltbezug etabliert. Das Angebot reicht von zusätzlich angebotenen Wahlfächern über wahlobligatorische Spezialisierungen bis hin zu Pflichtfächern und sogar eigenen Studiengängen. In Polen und Tschechien erfolgt die Betrachtung umweltorientierter Fragestellungen insbesondere aus naturwissenschaftlich/technischer Sicht. Die Implementierung von Umweltmanagementkonzepten in die wirtschaftswissenschaftliche Ausbildung ist dagegen unterrepräsentiert.

Zwar werden weitergehende Fragestellungen zur Umweltpoliitik, dem Umweltrecht und den Einsatzmöglichkeiten von Umweltmanagementsystemen und –instrumenten in Ansätzen behandelt, größtenteils unberücksichtigt blieben aber sowohl in Polen als auch in Tschechien Themengebiete zum operativen Umweltmanagement.

Bei der Vielfältigkeit und dem erheblichen Umfang der betrachteten Aspekte an deutschen Hochschulen fällt auf, dass bisher eine internationale Ausrichtung der umweltorientierten Wirtschaftswissenschaften nur unzureichend erfolgt, insbesondere auch dann nicht, wenn man eine Fokussierung auf Mittel- und Osteuropa sucht. Dies ist vor dem Hintergrund der zunehmenden Globalisierung der Märkte und der zukünftigen EU-Osterweiterung äußerst problematisch. Die internationale Ausrichtung wurde aber auch an den polnischen und tschechischen Hochschulen bislang kaum integriert. Eine entsprechende Erweiterung der Studienangebote und –inhalte hat angesichts der künftigen Anforderungen an die Unternehmensführung dringend zu erfolgen. Zusammenfassend sind die Stärken und Schwächen der gegenwärtigen Ausbildungsangebote wie folgt zu skizzieren.

---

[36] Exemplarisch sei hier auf einige Arbeiten von Seidel hingewiesen, die die Entwicklung der „Betrieblichen Umweltökonomie" maßgeblich beeinflußt haben:
- Seidel; Menn: Ökologisch orientierte Betriebswirtschaft, 1988,
- Seidel; Strebel: Betriebliche Umweltökonomie, 1993,
- Seidel: Ökologisches Controlling - Zur Konzeption einer ökologisch verpflichteten Führung von und in Unternehmen, in: Wunderer, R. (Hrsg.): Betriebswirtschaftslehre als Management- und Führungslehre, 1995, S. 353 - 371,
- Fichter; Loew; Seidel: Betriebliche Umweltkostenrechnung, Methoden und praxisgerechte Weiterentwicklung, 1997,
- Seidel: Instrumente umweltorientierter Unternehmensführung im internationalen Kontext, in: Kramer; Reichel (Hrsg.): a.a.O., S. 53 - 69,
- Seidel; Clausen; Seifert: Umweltkennzahlen: Planungs-, Steuerungs- und Kontrollgrößen für ein umweltorientiertes Management, 1998.

Tabelle 4: Stärken und Schwächen der umweltorientierten Ausbildung im internationalen Vergleich[37]

Land	Stärken	Schwächen
Deutschland	• Differenzierter Einbezug umweltorientierter Fragestellungen in die wirtschaftswissenschaftliche Ausbildung (Spezialisierung, Pflichtfach, Wahlfach) • Vielschichtige Berücksichtigung von Umweltfragen i. R. der allgemeinen BWL / VWL sowie der speziellen BWL / VWL sowie durch Einbezug anderer Disziplinen (Technik, Recht, Geographie) in die wirtschaftswissenschaftliche Ausbildung • Besondere Schwerpunkte: Ökonomie/Ökologie, operatives Umweltmanagement	• Selten Anwendung in Kooperation mit der Praxis • Defizite bei der Berücksichtigung interdisziplinärer Aspekte im Rahmen eines fächerübergreifenden Curriculums • Internationale Ausrichtung des Lehrangebotes ist gering
Polen	• Schwerpunkte bei der umwelttechnischen Ausbildung • Einordnung i. d. R. als Spezialisierung, dabei • Orientierung auf Fragen der Umweltpolitik, des Umweltrechts, Ökonomie/Ökologie und des technischen Umweltschutzes	• Allgemeine Behandlung umweltorientierter Fragestellungen • Unterrepräsentiert sind Fragestellungen der Umweltmanagementsysteme und des operativen Umweltmanagements • Internationale Ausrichtung des Lehrangebotes ist gering
Tschechien	• Schwerpunkte bei der umwelttechnischen Ausbildung • Einordnung i. d. R. als eigener Studiengang, dabei • Orientierung auf Fragen des Umweltrechts, der Umweltmanagementinstrumente, Umweltmanagementsysteme sowie des technischen Umweltschutzes • Relativ großes Interesse von Studierenden an umweltbezogenen Wahl- und Pflichtfächern in wirtschaftswissenschaftlichen Studienrichtungen	• Umweltorientierte Fragestellungen in den Wirtschaftswissenschaften unterrepräsentiert • Berücksichtigung in den Wirtschaftswissenschaften häufig lediglich als Wahlfach dabei • i. d. R. Behandlung allgemeiner Fragestellungen des Umweltschutzes • Defizite bei der Berücksichtigung umweltorientierter Fragestellungen bei operativen Fragen der BWL • Internationale Ausrichtung des Lehrangebotes ist gering

---

[37] Vgl. zur Übersicht von umweltorientierten Studienangeboten in Deutschland: Strebel, H.: Nachhaltige Wirtschaft – Sustainable Development als Problem einer umweltorientierten Betriebswirtschaftslehre, UWF, 2/97, S. 14 - 19; vgl. de Haan et al.: Der Studienführer Umweltschutz, 1999.

5. Chancen und Risiken für das grenzüberschreitende Umweltmanagement in Mittel- und Osteuropa

Auf dem Gebiet des betrieblichen Umweltmanagements liegt ein umfangreiches Erfahrungswissen aus Theorie und Praxis vor. Dieses Know-how steht zur Verfügung, um es im Zuge der weiteren Globalisierung und Internationalisierung für eine nachhaltige Entwicklung zu nutzen. Auch die mittel- und osteuropäischen Länder müssen in diesen Entwicklungsprozeß frühzeitig eingebunden werden. Die *Chance* besteht in der internationalen Kooperation, wobei diese durch eine partnerschaftliche Beziehung geprägt sein muß. Die Transformationsländer können durch eine frühzeitige Integration umweltentlastender Zielstellungen den Nachhaltigkeitsansatz zu einer zentralen Steuerungsgröße entwickeln. Der *Erfolg* dieses Ansatzes wird aber maßgeblich davon abhängen, inwieweit das Wohlstandsgefälle zwischen dem „reichen Westen" und dem „armen Osten" durch die europäischen Integrationsprozesse mittelfristig ausgeglichen werden kann.

Benötigt werden sowohl innovative Praxiserfahrungen des erfolgsorientierten betrieblichen Umweltmanagements als auch interdisziplinäre Ausbildungs- und Qualifizierungskonzepte für den künftigen Managementnachwuchs.

Abschließende These über die Entwicklungsfähigkeit des grenzüberschreitenden Umweltschutzes in Mittel- und Osteuropa:

Gelingt es nicht, die Transformationsprozesse entsprechend zu gestalten, wird die europäische Integration unter Nachhaltigkeitsgesichtspunkten *scheitern*. Das Umweltmanagement bleibt ein akademischer Luxus, der sich allenfalls durch eine größere Zahl zertifizierter Unternehmen in der Praxis ausdrücken wird, nicht aber durch eine Nettoumweltentlastung im globalen Maßstab.

Literaturverzeichnis

Bausch: Stichprobenverfahren in der Marktforschung, 1990.

Berdowski, J.; Malinowski, H.; Chrzanowska, L.: Aktualny Stan i Perspektywy Wdrozenia Systemow Zarzadzania Srodowiskowego na Podstawie Norm ISO serii 14000, in: ABC Jakosci. Akredytacja. Badania. Certyfikacja, Nr. 4/1997.

Berekoven; Eckert; Ellenrieder: Marktforschung, 1996.

Buchholz, R. A.: Environmental Policies and Practices in the United States – Regulatory Trends and Business Responses, in: Malinsky, A. H.: Betriebliche Umweltwirtschaft: Grundzüge und Schwerpunkte, 1996.

Chrzanowska, L.: Porownanie CP i ISO 14001 w przedsie-biorstwie, in: Cleaner Production-Biuletyn, Nr. 10/1998.

de Haan et al.: Der Studienführer Umweltschutz, 1999.

Dyllick, Th.: Praktische Realisierung des Umweltmanagements in entwickelten Volkswirtschaften, in: Kramer; Reichel (Hrsg.): a.a.O., 1998.

Gorzelak, G.: The Regional Dimension of Transformation in Central Europe, 1996.

Fassmann, H: Regionale Transformationsforschung – Konzepte, Modelle und empirische Befunde in: Pütz (Hrsg.): a.a.O., 1999.

Fichter, K.; Loew, Th.; Seidel, E.: Betriebliche Umweltkostenrechnung, Methoden und praxisgerechte Weiterentwicklung, 1997.

Jilkova, J.; Malkova, J.: The Czech Republic – Source-book on Economic Instruments in CEE Countries, 1998.

Kamiske, G.; Butterbrodt, D.; Dannich-Kappelmann, M.; Tammler, U.: Umweltmanagement. Moderne Methoden und Techniken zur Umsetzung, 1995.

Kowalke, H: Grenzüberschreitende Zusammenarbeit zwischen Ost und West - die neuen Euroregionen an der östlichen Grenze der EU, in: Pütz, R.: a.a.O., 1999.

Kramer, M.; Brauweiler, H.-Ch. (Hrsg.): Internationales Umweltrecht; Ein Vergleich zwischen Deutschland, Polen und Tschechien, 1999.

Kramer, M.; Brauweiler, J.; Gozdziaszek, P.: Kennzeichen der Implementierung des Umwelt-Audit-Systems nach der EG-Verordnung im internationalen Maßstab am Beispiel von Produktionsstandorten in Deutschland und Polen der Dr. Oetker KG, in: Kramer, M.; Reichel, M. (Hrsg.): a.a.O., 1998.

Kramer, M.; Brauweiler, J.; Vanecek, V.; Hyrslova, J.; Obrsalova, I.: Umweltkostenmanagement in einem Chemieunternehmen der Tschechischen Republik, in: Kramer, M.; Reichel, M. (Hrsg.): a.a.O., 1998.

Kramer, M; Brauweiler, J.: Kostenorientiertes Qualitäts- und Umweltmanagement in globalen Märkten; Ein Vergleich zwischen Deutschland, Polen und Tschechien, Gabler, Wiesbaden, erscheint demnächst.

Kramer, M.; Reichel, M. (Hrsg.): Internationales Umweltmanagement und europäische Integration, 1998.

Kruszewska, I: Strategies to Promote Clean Production. Greenpeace International, 1995.

Merkel, W.: Systemwechsel, 1994.

Milaszewski, R.: Czystsza Produkcja jako strategia zarzadzania Ochrona Srodowiska (Cleaner Production-eine Umweltmanagement-strategie). In: Czystsza Produkcja i ISO 14000 nowoczesnym modelem zarzadzania firma. NOT Poznan, 1998.

Möller, L.: Ökologische Probleme der politischen Veränderungen in Osteuropa, 1999.

Nowak, Z.: The Polish CP Program - NGO in action, in: Industry and Environment- UNEP Bulletin, 1993.

Ponert, J.: Einführung von EMAS, in: Brauweiler; Vojtasova; Hrebicek (Hrsg.): Umweltmärkte Mittel- und Osteuropa, Sammelband zum deutsch-tschechischen Workshop auf der EnviBrno 1998, Brno 1998.

Pütz, R. (Hrsg.): Ostmitteleuropa im Umbruch, Wirtschafts- und sozialgeographische Aspekte der Transformation, 1999.

Pütz, R.: Einzelhandel im Transformationsprozeß, 1998.

Regional Environmental Centre; Czech Environmental Management Centre, Praha: The state of the environmental management in 11 countries of Central and Eastern Europe, 1998.

Schamp, E. W.: Die Bildung neuer grenzüberschreitender Regionen im östlichen Mitteleuropa, 1995, zitiert in Kowalke, in Pütz, a.a.O., 1999, S. 120.

Seidel, E.: Instrumente umweltorientierter Unternehmensführung im internationalen Kontext, in: Kramer; Reichel (Hrsg.): a.a.O., S. 53 - 69.

Seidel, E.: Ökologisches Controlling - Zur Konzeption einer ökologisch verpflichteten Führung von und in Unternehmen, in: Wunderer, R. (Hrsg.): Betriebswirtschaftslehre als Management- und Führungslehre, 1995.

Seidel, E.; Clausen, J.; Seifert, E. K.: Umweltkennzahlen: Planungs-, Steuerungs- und Kontrollgrößen für ein umweltorientiertes Management, 1998.

Seidel, E.; Menn, H.: Ökologisch orientierte Betriebswirtschaft, 1988.

Seidel, E.; Strebel, H.: Betriebliche Umweltökonomie, 1993.

Skowinski, T.: Agros Milejow – Szkola CP przygotowaniem do wprowadzenia normy ISO 14000, in: Cleaner Production-Biuletyn, Nr. 10/1998.

Strebel, H.: Strebel, H.: Nachhaltige Wirtschaft – Sustainable Development als Problem einer umweltorientierten Betriebswirtschaftslehre, UWF, 2/97, S. 14 - 19.

Suchanek, Z.: Einführung des Umweltmanagements in Form der EMS-Normen, in: o.V.: Wirtschaft und Handel in der Tschechischen Republik, 10/97.

Tkaczynski, J.W.: Polen im Umbruch: Skizzen aus Geschichte, Wirtschaft und Politik, 1997.

WIIW: Countries in Transition 1998, WIIW Handbook of Statistics, 1998.

„Sustainable Enterprise" – wie alles anfing

Eberhard K. Seifert

1. Vorbemerkung

Wir schreiben das Jahr 2005 – das die frühere Regierung Kohl auf der denkwür-
digen Rio-Konferenz im Jahre 1992, wo die Agenda 21 verabschiedet wurde, zum
Zieljahr ihrer besonderen „Nachhaltigkeits"-Proklamation gewählt hatte: die
Emissionen des wichtigsten Treibhausgases, Kohlendioxyd (CO_2), in Deutschland
gegenüber 1990 um 25% zu senken.

Wie seit Beginn des Millenniums jährlich einmal tritt der „Nationale Rat für
Nachhaltige Entwicklung", der von der ersten Rot-Grünen Regierung nach An-
laufschwierigkeiten etabliert wurde, mit seinem aktuellen Bericht zu Fortschritten
und Hemmnissen der „Nachhaltigen Entwicklung in Deutschland" an die Öffentlichkeit.

Darin nimmt wie schon in den beiden vorigen Jahren des dreijährigen Count-
downs bis 2005 – neben den sehr viel umfassender angelegten Themen und
Trends zu Fragen der Nachhaltigkeit, die unterdessen mittels der seit 2002 weltweit einheitlich erhobenen CSD-Indikatoren fortlaufend dokumentiert werden –
die Lage der Nation zum Klimawandel im allgemeinen sowie den CO_2-
Emissionen im besonderen, eine gesonderte Stellung ein und die Message ist
allseits bekannt: es kann auf Erfolge verwiesen werden, doch es bleibt noch viel
zu tun zur Erreichung der gesteckten Ziele.

Aus Anlaß des jubilaren „Zieljahres" 2005 wird in dem Rats-Bericht darüber
hinaus kurz an die Anfänge der verschiedenartigsten Initiativen erinnert, die insgesamt zu den Fortschritten in der datenmäßigen Erfassung und Evaluierung von
Nachhaltigkeits-Prozessen beigetragen haben und darin wird in besonderer Weise
auch der Beitrag der Wirtschaft in dieser Frage gewürdigt.

Da diese Ursprünge in einer immer schnellebigeren Zeit vielfach der Verges-
senheit anheimzufallen drohen, ist es gerade mit Blick auf die noch unerledigten
großen Aufgaben doch ermutigend, sich einiger dieser Anfänge zu vergewissern,
die erst entscheidende Durchbrüche auf dem seitherigen, beträchtlichen Wege in
der Nachhaltigkeits-Berichterstattung im allg. sowie für „sustainable enterprises"
im besonderen eröffnet haben.

Wir beschränken uns hier auf einige exemplarische Initiativen und Beiträge zur
Entwicklung der Konturen jenes sich entwickelnden Gesamtbildes von „su-

stainable enterprise", das uns heute gleichsam selbstverständlich erscheint, das aber erst mosaiksteinmäßig aus jenen seinerzeit oftmals noch unverbundenen Elementen erwachsen ist.

2. Rio 92 und der Anstoß zu ISO-Normen zum 'UMS'

Den wohl entscheidendsten Anstoß hatte die Rio-Konferenz '92 zum Agenda 21-Prozeß gegeben: die Durchdeklinierung von Aufgaben für Prozesse „Nachhaltiger Entwicklung" in 40 Kapiteln, wobei aus heutiger Sicht auffällt, daß seinerzeit offensichtlich immer wieder erst noch betont werden mußte, daß in Nachhaltigkeits-Perspektive die ökologischen unauflöslich auch mit den ökonomischen, sozialen sowie institutionellen Gesichtspunkten verbunden sind.

In Kap. 30 wurde ein ganzer Katalog von Programmbereichen und Maßnahmen zur „Stärkung der Rolle der Privatwirtschaft" im Agenda-Prozeß aufgestellt, die auch heute noch keineswegs gänzlich erfüllt sind – recht blauäugig mutet daher die seinerzeitige Vorstellung an, daß diese „in den meisten Fällen nur eine Änderung der Ausrichtung bereits laufender Aktivitäten (erfordern), so daß keine wesentlichen zusätzlichen Kosten zu erwarten sind. Die Kosten der von den Regierungen und internationalen Organisationen zu ergreifenden Maßnahmen sind bereits in anderen Programmbereichen enthalten" (S.237) – wobei auch dort zumeist optimistisch untertrieben wurde.

Ein in jeder Hinsicht herausragendes Beispiel stellen in diesem Zusammenhang die Rio-induzierten ISO-Standards zur weltweiten Einführung von Umweltmanagementsystemen mittels der gesamten ISO-14000er Serie dar, die 1993 zunächst in fünf, produkt- bzw. standortbezogenen, Subcommittees startete (eine sechste bearbeitet „terms and definitions"). Ende des Jahrhunderts waren nicht nur das Flaggschiff der Serie, die zertifizierungsfähige ISO 14001, sowie Auditierungsnormen erstellt und bereits in Praxis.

Auch eine große Anzahl weiterer Normen – zum „Life Cycle Assessment", zum „Labelling" und zur „Environmental Performance Evaluation"(EPE) – befanden sich in der Fertigstellung bzw. ersten Erprobungen.

Gerade die ISO 14031 zur EPE hatte mit ihrer Betonung der operationalen (betriebsökologischen) Basierung der Umweltleistungsbewertung gegenüber der ISO 14001-Definition von Umweltleistung neue Akzente gesetzt und vor allem auch für KMUs Anwendungsvorzüglichkeiten nicht nur für ein „lean" praktizierbares UMS ermöglicht. Die gewählten drei Formen von „Umweltkennzahlen" (für das Managementsystem und die operationale Ebene) sowie die „Umweltindikatoren" erwiesen sich in der praktischen Anwendung als ein sowohl taugliches wie proaktives Instrument zur kontinuierlichen Verbesserung der Umweltleistung.

Darüber hinaus hatte diese Norm auch eine schlanke Art von „Umweltleistungsberichten" eröffnet (wie in dem weltweit ersten ISO-14031 Pilotprojekt in Deutschland zuerst demonstriert und dem ersten internationalen EPE-workshop während der ISO-Tagung in Korea 1999 vorgestellt wurde), die eine wesentliche quantitative Verbreiterung berichtender Organisationen in Gang setzte. Den weltweit ersten „Umweltleistungsbericht" nach der damals erst als ISO-FDIS verfügbaren ISO 14031 hatte der ...Öko-Pionier, die Kunert AG, im Juli 1999 vorgelegt und mit diesem „schlanken" Bericht von knapp 16 Seiten eine Wende gegenüber bis dato immer an Umfang gewachsenen Umwelt-Berichten eingeleitet; dieser Ansatz war in dem erwähnten deutschen Pilot-Projekt zur ISO 14031 herausgearbeitet worden, das vom Obmann des deutschen Spiegelgremium zum ISO-SC4, E.K. Seifert, initiiert und in allen Phasen beraten worden war.

Zudem war diese ursprünglich auf die 5 Bereiche begrenzte Normen-Entwicklungsarbeit sukzessive auf weitere Themen ausgeweitete worden – hervorzuheben aus diesbezüglichen Anfängen sind bspw. die insbesondere auch von Deutschland getragene DFE-Initiative (DFE=Design for the Environment) auf Produktebene oder die vom Englischen Standard-Büro seit 1998 maßgeblich beförderte „task force" zum Klimawandel.

Dieser zunächst von rund einem Dutzend von Delegationen unterstützten Ansatz startete 1997 zunächst bescheiden mit einer Bestandsaufnahme Klima-relevanter Anknüpfungspunkte in den bis dato entwickelten ISO-14000er Normen – und beförderte so erst ein wachsendes Bewußtsein innerhalb der im ISO-Prozeß Beteiligten sowie dann auch das Interesse weiterer interessierter Kreise an den Möglichkeiten einer weiteren Ausgestaltung von ISO-Normen zur freiwilligen Verfolgung von Klimawandel-Aspekten (insbesondere CO2) auf der Ebene von einzelwirtschaftlichen Organisationen.

Als strategisch ausgesprochen vorwärtstreibend erwies sich der Entschluß von Korea 1999, fünf Fallbeispiele zu erarbeiten, die gute Anwendungen der ISO 14000er Serie für Klima-relevante Aspekte aufzeigen und auf der Klimakonferenz COP5-Bonn im November 1999 präsentiert werden sollten. Hierauf aufbauend konnten dann auf der nachfolgenden ISO-Konfernz im Jahre 2000 in Stockholm – in Anwesenheit der neuen schwedischen EU-Umweltkommissarin – weiterführende proaktive Aktivitäten auf ISO-Ebene in enger Koordination mit den zuständigen UN-Gremien erarbeitet werden.

Eine besonders auch aus Diskussionen und praktischen Erfahrungen in Deutschland gespeiste Dimension ist heute schon allgemeine Praxis: die Energie-Audits in Unternehmen, die zugleich die Basis für eine flexibel-angepaßte Öko-Steuer darstellen. Ein mittlerweile allseits anerkanntes Instrument der neuen integrierten Umweltpolitik.

Ferner sei hier zu dem für ein proaktives Umweltmanagement heute gängigen Thema „Umweltkostenmanagement" als Instrument v.a. für Umweltschutz und Kostensenkung folgende Erfahrung in Erinnerung gerufen: hier bedurfte es nicht nur zunächst auf nationaler Ebene der zähesten Annäherungen unterschiedlicher Vorstellungen und Interessen gegenüber der mit diesen Ansätzen verbundenen Möglichkeiten und Grenzen, sondern auch der zunehmenden internationalen Befassung mit diesen Fragen, um dieses Thema auf ISO-Ebene interessant zu machen (siehe auch unter 4.)

Last but not least gilt dies auch für das Stichwort „reporting" bzw. Umweltberichterstattung. Auch hierzu wurde auf ISO-Ebene lange Zeit – fast – nichts unternommen: lediglich in dem nicht zertifizierungsfähigen EPE-Standard ISO 14031, der nach über 6 Jahren fortwährendem Ringen im SC4 Ende des Jahrhunderts das Licht der Welt erblickte, waren erstmals in der ISO-14000 Serie einige wenige Hinweise auf „interne und externe Berichterstattung und Kommunikation" enthalten.

Zu der Zeit war auch die Revision der ISO 14001 (SC1 zuständig) in Angriff genommen worden und im Hinblick auf die evtl. Zuständigkeits-Priorität für „reporting" zwischen den beiden Subcommittees auf TC 207-Ebene diplomatisch entschieden worden: SC4 (zuständig für EPE) wartet SC1-Revisions-Absichten ab. Allerdings hatte SC4 im Juni 1999 eine Resolution verfaßt und anschließend auch auf TC 207-Ebene durchgebracht. Demzufolge sollte dieses Thema aber bis dahin nicht brachliegen, sondern auf der ersten ISO-TC 207 Gesamttagung aller 14000er Kommittees/Arbeitsgruppen etc. im neuen Jahrtausend, im Juni 2000 in Stockholm, durch einen internationalen workshop sowie eine entsprechende ISO-website inhaltlich vorangebracht werden.

Ein entsprechendes „Flagge-zeigen" schien der SC4-leadership wohl nach den Erfahrungen im Frühjahr 99 dringend geboten, damit der „reporting"-Zug nicht womöglich ganz am ISO TC 207 vorbeirauschen würde. Dort war nämlich im Rahmen einer großen, u.a. von UNEP/IE mit getragenen internationalen Konferenz die – außerhalb von ISO entstandene – „Global Reporting Initiative" einer breiteren Öffentlichkeit vorgestellt worden. Diese von CERES/Boston koordinierte und unter Beteiligung div. stakeholder entwickelte Initiative intendierte erstmals einen breiten internationalen Konsens für eine unternehmensbezogene Berichterstattung zu „Sustainability" – hierzu daher im folgenden Abschnitt einige Anmerkungen.

Nahezu „aufgeschreckt" durch mißverständliche Informationen im Vorfeld war die SC4 leadership eigens zu dem GRI-Teil der Tagung angereist, um künftige Kooperationen und Koordinationen mit ISO-Aktivitäten auf dem reporting-Gebiet (die bereits durch individuelle Beteiligung einzelner ISO-Experten begonnen hatte) auch offiziell herbeizuführen. Allerdings war in dieser ersten historischen Runde von GRI-Vertretern und ISO-Experten herausgestellt worden, daß sich das TC 207, d.h. die ISO 14000er Serie zum Umweltmanagement auftragsgemäß einstweilen „nur" mit Umweltfragen befassen könne, nicht hingegen auch mit dem gesamten, breiten Spektrum von Sustainability-Berichtsinhalten.

3. Sustainability Reporting – Die „GRI" von CERES und der SA 8000

Diese Umwelt-„Beschränkung" einer zukunftsfähigen „Sustainability"-Berichterstattung zu überwinden, war das erklärte Ziel der „Global Reporting Initiative", die die Bostoner Coalition for Environmentally Responsible Economies seit 1997 konzeptionell entwickelt hatte und ab der Frühjahr 99 Tagung in London auch in praktische Erprobungen bei Pionierunternehmen überführt hatte.

Dabei konnten sich die daran beteiligten Unternehmen, NGOs, Wissenschaftler, Wirtschaftsprüfer etc. bereits auf jahrelange „propagandistische" Vorarbeiten insbesondere von UNEP/IE und die sie beratende Gruppe „SustainAbility" in London stützen. SustainAbility hatte für UNEP/IE regelmäßig die Evolution der

Umweltberichterstattung seit den frühen 90er Jahren evaluiert und ein sich immer verfeinerndes Stufenschema zunehmender Qualität dieser Berichte herausgearbeitet, das von ursprünglich bloßen Werbebroschüren bis hin schon zu ersten Ansätzen einer vollständigeren „Sustainability"-Berichterstattung am Ende des Jahrhunderts reichte. Mit solchen Nachhaltigkeits-Berichten etwa von Body-Shop wurden Pionierversuche immer wieder auch in dem Haus-Journal von SustainAbility, der Zeitschrift „Tomorrow" als leuchtende Vorbilder herausgestellt und jährlich entsprechende „Preise" vergeben, die bei Konkurrenten Aufholaktivitäten entfachten. Nicht nur, was zunächst nahelag, bei großen multinational operierenden Organisationen, die sich bei ihren Handelsgeschäften mit und in der sog. Dritten Welt besonders einer kritischen Öffentlichkeit ausgesetzt sahen (wie z.B. der deutsche OTTO Versand in Bezug auf Kinderarbeit in Asien), sondern zunehmend auch bei mittleren Organisationen, die sich ihrer Nachhaltigkeits-Verantwortung bewußt waren.

Wie auch auf der makro-Ebene der verschiedenen (supra)nationalen Indikatoren- und Berichterstattungs-Ansätze (v.a. UN-CSD-Indikatoren, OECD-Indikatoren, green national accounting, etc.) stellten sich allerdings auch auf der (einzelwirtschaftlichen) mikro-Ebene anfänglich sowohl erhebliche konzeptionelle Probleme bei der Einbeziehung weiterer, v.a. sozialer Dimensionen in eine umfassendere Sustainability-Berichterstattung, als auch waren hier in verschiedenen Ländern Reserven gegenüber einer solchen Ausweitung der Umweltberichterstattung zu überwinden - die ja auch heute, nach einem halben Jahrzehnt praktischer Erfahrungen noch keineswegs als gänzlich behoben betrachtet werden können: zum einen war vor einer Überforderung von Organisationen bei der Berichterstattung gewarnt worden, die zu großen Teilen ja überhaupt erst einmal zumindest zu einer regelmäßigen und seriösen Umweltberichterstattung überzeugt und nicht durch zusätzliche Anforderungen abgeschreckt werden sollten; zum anderen waren auch – wie auf der makro-Ebene – die neuartige (nicht bloß additive) Verknüpfung der drei (bzw. vier, wenn die wichtigen institutionellen Dimensionen mit einbezogen wurden) Nachhaltigkeitsebenen, ihre „interlinkages", keineswegs klar und zufriedenstellend ausgearbeitet. Zum dritten gab es in einigen – zumeist europäischen – Ländern und Unternehmen in Erinnerung an die „Sozialbilanz"-Bewegung der 7oer Jahre zum teil erhebliche Vorbehalte, an diese Totgeburt wieder anzuknüpfen.

In dieser Konstellation zu Ende der 90er Jahre war die vom US-Council for Economic Priorities geradezu „klammheimlich" und außerhalb all der internationalen Institutionen entwickelte SA 8000 ein Meilenstein der (wirtschafts)ethischen bzw. sozialen Bewertung von Unternehmensaktivitäten, die in zahlreichen nationalen Initiativen (in Deutschland etwa im Netzwerk Wirtschaftsethik) aber auch Organisationen (z.B. OTTO-Versand) großen Anklang fand. Erstmals konnten mit diesem „Proto-Standard" (aus der Perspektive der für internationale Standards zuständigen ISO) weltweit einheitliche Evaluierungsverfahren auf dem Gebiet des „Social Accounting" eingeführt und erprobt werden.

Zunächst zumeist noch separat von der Umweltleistungsbewertung, allmählich aber mehr und mehr in Verknüpfung mit diesen Ansätzen für soziale Aspekte einer Nachhaltigen Entwicklung, schufen derartige Zertifizierungs-Erfahrungen -

wie sie etwa von der schweizerischen SGS als erstem vom US-Council für die SA 8000 weltweit akkreditierten Zertifizierer in Angriff genommen wurden - auch auf diesem Terrain mit „weichen Faktoren" zunehmende Glaubwürdigkeiten.

Überhaupt, der beliebige „Wildwuchs" in der unternehmensbezogenen (Umwelt)Berichterstattung aus dem ersten Jahrzehnt der 90er Jahre des vorigen Jahrhunderts wich mehr und mehr einem wachsenden Bedürfnis bei Anwendern und Nutzern zugunsten einer vergleichbaren Harmonisierung, d.h. „Standardisierung". Auch kamen neue Interessen div. stakeholder mit ins Spiel, die diese Entwicklungen wesentlich beförderten.

Erinnernd hervorzuheben sind vor allem die Aktivitäten etwa des World Business Council for Sustainable Development (WBCSD) in bezug auf „Eco-Efficiency Indicators", vielfältige (inter)nationalen Bestrebungen von Wirtschaftsprüfungs-Gesellschaften/Verbänden, sich auf dem Gebiet der Verifizierung von unternehmensbezogenen (Umwelt)Berichten neue Geschäftsfelder zu eröffnen, aber auch regierungsnahe Interventionen in diese Bereiche, etwa aus Japan. Näheres hierzu im folgenden.

4. Parallele Initiativen: WBCSD, Wirtschaftsprüfer, regierungsnahe Aktivitäten, lokale Vernetzungen

Der WBCSD hatte parallel zu der GRI-Konzeption und Erprobungsphase bei einzelnen Pionierunternehmen Ende der 90er Jahre ebenfalls eine Initiative gestartet, um zu einem international verbindlichen core-set von Effizienz-Indikatoren zu gelangen.

Diese – in enger Kooperation mit GRI, UNEP und anderen stakeholdern und Umweltverbandsvertretungen gestartete – Initiative war zwar wiederum primär auf die Umwelt bezogen, genauer noch auf eine begrenzte Anzahl von vorrangigen Effizienz-Indikatoren begrenzt; doch gemeinsam mit den vorangenannten Ansätzen war die unverkennbare Absicht, zu einer Art „Proto-Standardisierung" in diesem Bereich zu gelangen, die allerdings erklärtermaßen erfahrungserprobt zusammen mit test-willigen Organisationen entwickelt werden sollte.

Ein weiteres Beispiel für begleitende Initiativen stellen die Wirtschaftsprüfer bzw. ihre Verbände dar, hier illustriert an der Verlautbarung der deutschen Wirtschaftsprüfer.

Schon im Jahre 1997 hatte das Deutsche Institut der Wirtschaftsprüfer in Düsseldorf einen ersten Entwurf zu einer Verlautbarung über „ordnungsgemäße Umweltberichtsprüfungen" vorgestellt, deren überarbeitete Fassung im Frühjahr 1999 dann einer Anhörung durch geladene interessierte Kreise unterzogen wurde.

Hierin schlugen die Wirtschaftsprüfer in Reaktion auf zunehmende Nachfragen ihrer Kunden aus der Wirtschaft vor, künftig ein einheitliches – berufsständisch abgesichertes – Verfahren zur Verifizierung von Umweltberichten durchzuführen, das unter Hinzuziehung von sachkompetenten Umweltexperten analog zu Testaten für die üblichen Geschäftsberichte auch im Umweltbereich für steigende Glaubwürdigkeits-Akzeptanz sorgen solle.

Dieser Vorschlag war bereits mit dem europäischen Dachverband abgestimmt und sollte dann als „Annex" einer entsprechenden europäischen, später evtl. auch eine Weltverbands-Verlautbarung aufgenommen werden.

Wie sich in der weiteren Entwicklung offenbarte, waren hierzu insbesondere noch Fragen zur Umweltkompetenz der Wirtschaftsprüfer (-Gesellschaften) in Koordination mit Umweltgutachter und Berater-Verbänden (wie dem IdU-Bonn) zu klären, bevor sich ein entsprechendes „Gütesiegel" in der Öffentlichkeit etablieren und damit dem unübersichtlichen Wildwuchs unterschiedlichster Praktiken begegnet werden konnte.

Darüber hinaus beteiligten sich Wirtschaftprüfer-Organisationen aus einzelnen Ländern aktiv an Klärungsprozessen in Fragen der Umweltkosten-Diskussion, die ebenfalls Ende der 90er Jahre in den Vordergrund des internationalen Interesses rückten.

Als ein Vorreiter konnte damals der Forschungs-Bericht des Canadian Institute of Chartered Accountants „Full Cost Accounting from an Environmental Perspective" aus dem Jahre 1997 angesehen werden: dort waren sowohl definitorische Klarstellungen zu den unterschiedlichst verwendeten Termini „Umweltkosten" vorgeschlagen worden, als auch waren darin anhand einiger Praxis-Beispiele Vorteile und Schwierigkeiten illustriert worden.

In gleiche Richtung zielte eine zunächst länger auf nationaler Ebene verharrende deutsche Initiative, die im DIN-NAGUS gestartet wurde mit dem Ziel, zu gegebener Zeit auch die internationale Diskussion auf ISO-Ebene zu beeinflussen. Die Basis dieser Bemühungen waren sowohl langjährige theoretische, aber bereits auch zahlreiche praktische Erfahrungen zu diesem Thema insbesondere im deutschen Sprachraum, die aufgrund der meist unterlassenen Übersetzungen ins Englische im Ausland vergleichsweise wenig wahrgenommen worden waren.

Allerdings bestanden über die ISO-Kontakte enge Kommunikationen zu gleichgelagerten ausländischen Initiativen, von denen hier beispielhaft die japanische angeführt werden soll, mit der zusammen auch eine deutsche Kooperation auf ISO-Ebene versucht worden war.

Es handelt sich hierbei zum ersten um den von der japanischen Umweltagentur (JEA) unterstützten „Network for Environmental Reporting" privater Organisationen, NGOs, Wissenschaftler etc., der im Juni 1998 gegründet worden war mit dem Ziel, Umweltberichterstattung und Kommunikation zu fördern – mit bereits über 300 Mitgliedern im darauffolgenden Jahr. Die JEA hatte schon im Jahre 1997 einen „Environmental Action Plan Awards" eingerichtet, den zunächst große Unternehmen wie Sony, IBM, Krion Beer etc. gewannen. Zudem wurde von der JEA ebenfalls im Jahre 1997 eine „Guideline for Publishing Environmental Report" vorgestellt.

Zum zweiten handelte es sich um den Vorschlag einer Arbeitsgruppe in der JEA „Grasping Environmental Cost Accounting: A Draft Guideline for Evaluating Environmental Cost and Publicly Disclosing Environmental Accounting Information" vom März 1999. Diese Vorstöße signalisierten sowohl in Deutschland als auch in den USA, wo von der dortigen Umweltagentur in Washington ebenfalls schon erste Schritte in diesen Hinsichten eingeleitet worden waren, daß die Zeit wohl reif geworden war für gemeinsame Anstrengungen auf diesem Gebiet – auch, was „Standardisierungen" anbetrifft, die letztlich nur auf ISO-Ebene verbindlich und im weltweiten Konsensus geregelt werden können.

Doch auch oder gerade unterhalb solch „offizieller" Bestrebungen zu einheitlichen Regelungen im Bereich von Umweltmanagementsystemen, ihrer Evaluierung und kontinuierlichen Verbesserung, Ausweitung auch auf finanzwirtschaftliche Fragen und öffentliche Offenlegung mit entsprechenden Testaten zur Schaffung größerer Glaubwürdigkeit, hatte es immer wieder auch eigenwillige Ansätze von Unternehmen oder Gruppen gegeben, die sich in keine dieser zunehmend auf „Standardisierung" ausgerichteten Schemata einreihen ließen. Gleichwohl sind es aber gerade auch derartige Pioniere, die immer wieder unerwartete, innovative Impulse für die internationale Entwicklung gegeben und gänzlich neue Wege auf dem Wege zu „sustainable enterprises" erkundet und vorbildhaft ausgebaut haben – ein solches Exempel zu einer lokalen Vernetzung unter dem Stichwort „Das Industriegebiet als Ökosystem" soll diesen historischen Exkurs auf Sustainability-Pionierunternehmen abschließen.

Hierbei handelte es sich um einen zufällig, doch organisch gewachsenen Prozeß der „Vernetzung" von unterschiedlichsten Unternehmen/Fabriken in einer Region mit dem heroischen Ziel: „Zero Emission Factory".

In der dänischen 20 000 Seelen-Gemeinde Kalundborg erprobten fünf Organisationen seit den 7oer Jahren eine solche symbiotische Vernetzung mit der einfachen, doch schwierig zu realisierenden Idee, ganze Fabriken so miteinander zu vernetzen, daß eine den Abfall der anderen als Rohstoff nutzt und damit endlich auch im industriellen Bereich eine Errungenschaft erobert werden könne, die in der Natur, in biologischen Zyklen, schon lange mit außerordentlichem Erfolg vorexerziert wird.

Von diesem Ideal einer „Null-Emissionen-Fabrik" waren zwar die fünf beteiligten Unternehmen/Geschäftspartner in Kalundborg nach rd. 25 jähriger Erprobung auch Ende der 90er Jahre noch immer weit entfernt; doch die Idee, ganze Betriebe so miteinander zu verflechten, daß der Aufwand für jeden einzelnen und die Gesamtbelastung für die Umwelt minimiert werden soll, ist so bestechend, daß sie – auf Basis erfahrungsgestützter Voraussetzungen für den Erfolg solcher Verbund-Projekte – als Rat an Nachahmer weitergegeben werden konnte.

5. Schlußbemerkung und Ausblick

Diese – und selbstverständlich eine ganze Reihe von weiteren, erwähnenswerten, hier jedoch nicht erinnerten – Initiativen aus den 90er Jahren des vorigen Jahrhunderts bildeten jenes patchwork-Mosaik, aus dem allmählich jenes umfassendere, klarer konturierte Bild von einem „sustainable enterprise" hervorgewachsen ist im ersten halben Jahrzehnt dieses Jahrhunderts.

Was heute schon selbstverständlich erscheint, ruht auf diesen vereinzelten, selbstorganisierenden und zumeist unverbundenen Ansätzen, die mit durchaus unterschiedlichen Akzenten das Ziel verfolgten, einen Beitrag zur nachhaltigen Entwicklung auf Unternehmens-Ebene zu leisten.

Auch heute besteht ja noch keineswegs volle Übereinstimmung darüber, was ein nachhaltiges Unternehmen ist oder sein solle – vielmehr gilt auch hier der fast schon ein wenig überstrapazierte Spruch: der Weg ist das Ziel.

Immerhin aber haben sich zumindest einige Grundelemente für „sustainable enterprises" herauskristallisiert, die stark von jenen oben skizzierten Elementen getragen werden und wie folgt charakterisiert werden können:

- sie basieren auf standardisierten, d.h. auch (sektoral) vergleichbaren Management-Systemen und Evaluierungsmethoden zur Umweltleistungsbewertung, die tendenziell auch eine benchmark-orientierte Vergleichbarkeit eröffnen,
- Öffnung dieser Systeme zugunsten einer erweiterten „Sustainability"-Perspektive, die über die klassischen Umweltaspekte hinaus auch die „interlinkages" zu den anderen Nachhaltigkeitssäulen aufnimmt,
- basierend auf entsprechend verbesserten, dv-gestützten (Umwelt) Informationssystemen, die mehr und mehr kompatibel gestaltet werden mit den klassischen finanzwirtschaftlichen Rechnungslegungssystemen, erfolgt eine steigende Integration aller internen für das Management sowie das stakeholder-Management relevanten/prioritären Informationsebenen in Organisationen,
- basierend auf diesen integrierten (dv-gestützten) Informationssystemen können in zunehmenden Maße auch die berechtigten externen Informationserfordernisse seitens der stakeholder, Behörden etc. durch entsprechende (Umweltleistungs- oder Nachhaltigkeits-) Berichte befriedigt werden,
- basierend auf diesen zunehmend auch für KMUs verfügbaren Informationssystemen können in einer früher für unmöglich erachteten Breite Organisationen schlanke Berichte erstellen sowie diese in einer für die Öffentlichkeit glaubwürdigen Form von entsprechend qualifizierten Prüfern „verifizieren" lassen,
- basierend auf diesen intern wie extern verfügbaren Informationen können die wechselseitigen Verknüpfungen zwischen makro- und mikro-Informationssystemen in einer Früher ungeahnten Leichtigkeit und Geschwindigkeit – oftmals schon on-line – ausgetauscht werden, so daß ein für Sustainability-Zwecke adäquates monitoring jederzeit und problem- wie bedarfsgerecht anwendbar wird,
- damit waren die informationstechnischen und unternehmensorganisatorischen Voraussetzungen für eine neue Phase „integrierter" Umweltschutzpolitik geschaffen worden, um den neuen und erweiterten Herausforderungen auf dem Wege zu einem „Sustainable Enterprise" zu begegnen.

Gleichwohl – auch dies ist eine wesentliche Erfahrung aus den bisherigen Prozessen kontinuierlicher Verbesserungen und Harmonisierungen – blieben in diesen „standardisierten" Systemen und ihrer fortschreitenden Verknüpfung auf Organisations- und lokaler Ebene aufgrund der Freiwilligkeit und der konsensual erarbeiteten Vereinbarungen der Beteiligten und Betroffenen die für Innovation, Kreativität und auch für Konkurrenz-Situationen unverzichtbare Geheimhaltungserfordernisse bislang immer gewahrt.

Frühere Befürchtungen, die sich oftmals mit dem Stichwort vom „gläsernen Unternehmen" verbanden, haben sich bislang entweder nicht bewahrheitet oder sind – da, wo sie Anlaß zu Besorgnis gegeben hatten – schnellstens ausgeräumt worden.

Diesen positiven Beitrag zu einer post-modernen Kultur und Ethik für die Ziele von „sustainable enterprises", in die die kommenden Jahrzehnte mit einigen Erwartungen blicken können, wie der eingangs erwähnte Jahresbericht des Nationalen Rates für Nachhaltige Entwicklung (zumindest für Deutschland) verlautet hat, verdanken wir nicht zuletzt den oftmals sehr kontroversen Auseinandersetzungen in den 9oer Jahren zwischen den interessierten Kreisen um die angemessenen Schritte auf dem kontinuierlich fortzusetzenden Weg der Nachhaltigen Entwicklung und entsprechender „sustainable enterprises".

Diese ermutigende Erinnerung sollte Ansporn sein auch für das nächste Jahrzehnt zur kontinuierlichen Verbesserung der eingeleiteten neuen, integrativen Umwelt- und Nachhaltigkeitspolitik auf allen Ebenen, insbesondere der einzelwirtschaftlichen. Hier 'spielt die Musik' nach wie vor bzw. wenn nicht vor allem dort, dann auch in den übrigen gesellschaftlichen Bereichen nicht.

Wünschenswert wäre daher nach wie vor – worauf Seidel geradezu visionär in „Umweltkennzahlen" (1998) hingewiesen hatte – v.a. eine noch stärkere Verknüpfung und Vernetzung der einzelwirtschaftlichen Informations- und Berichterstattungssysteme untereinander (s. Kalundborg) einerseits sowie mit den lokalen/regionalen bzw. (supra-) nationalen Nachhaltigkeits-Institutionen andererseits. Die holländischen „covenants" oder die dänischen „green accounts"-Ansätze der zweiten Hälfte der 9oer Jahre für diese 'mikro-makro-links' haben hier einen reichen Erfahrungsschatz bereitgestellt zur Evaluierung von entsprechenden Empfehlungen, wie sie bspw. auch schon der wissenschaftliche Beirat zu den Umweltökonomischen Gesamtrechnungen beim BMU in seinen drei letzten Stellungnahmen (1995/1998/2002) gegeben hatte.

Entsprechend verbesserte „links" sind auch weiterhin gefordert für die vertiefte Integration der umwelt-/nachhaltigkeits-orientierten mit den (finanz-) wirtschaftlichen Rechnungslegungssystemen insbesondere in einer auch für KMUs handhabbaren Dv-gestützten Form.

Und über allem lagern die immer noch nicht befriedigend gelösten Fragen nach den zweckmäßigen „interlinkages" zwischen den drei (bzw. vier) Nachhaltikeits-Dimensionen – genauer: ihrer künftig stärker zu entfaltenden integrativgleichzeitigen (anstatt immer noch additiven oder nachrangigen) Realisierung. Neben den fortwährenden Klärungsprozessen nach den geeigneten Aggregationsmöglichkeiten der Datenberge zu Nachhaltigkeitsaspekten liegen hier wohl immer noch die sowohl wissenschaftlich als auch politisch bedeutendsten ungelösten Fragen für die Zukunft des „sustainable enterprise".

Literaturverzeichnis

BMU: Umweltpolitik – Agenda 21. Konferenz der vereinten Nationen für Umwelt und Entwicklung im Juni 1992 in Rio de Janeiro, Dokumente, Bonn 1997.

BMU: Erprobung der CSD-Nachhaltigkeitsinidkatoren in Deutschland - Zwischenbericht der Bundesregierung, 2. überarbeiteter Entwurf, hektogr. MS, 10. Bonn Juni 1999.

BMU/UBA (Hrsg.): Leitfaden Betriebliche Umweltkennzahlen, Bonn/Berlin 1997.

Canadian Institute of Chartered Accountants: Full Cost Accounting from an Environmental Perspective, Research Report, Toronto 1997.

Diffenhard,V. u.a.: Kostenwirkungen betrieblicher Umweltschutzmaßnahmen, in: G. Winter (Hrsg.): ebd., 1998, S. 129-138.

DIW (Deutsches Institut für Wirtschaftsforschung): CO2-Emissionen in Deutschland: Weiterhin vom Zielpfad entfernt, in: DIW-Wochenbericht 6/99, 66. Jg., S. 1 ff.

IDW (Institut der Deutschen Wirtschaftsprüfer): Entwurf einer Verlautbarung: Grundsätze ordnungsgemäßer Durchführung von Umweltberichtsprüfungen, in: Fachnachrichten IDW, Nr. 7/1997.

IPTS (Institut für Technologische Zukunftsforschung): Sonderausgabe: Normung und FTE, in: IPTS-Report 35, Sevilla, Juni 1999.

Kunert AG: Umweltleistungsbericht 1998 nach DIN EN ISO 14031, Immenstadt Juli 1999.

Majer, H.: Wirtschaftswachstum und nachhaltige Entwicklung, 3. Auflg. , München/Wien 1998.

Presse- und Informationsamt der Bundesregierung: Klimavorsorge der deutschen Wirtschaft weiter erfolgreich – „CO$_2$-Selbstverpflichtung soll fortgeführt werden", Zweiter Monitoring-Bericht der „Erklärung der deutschen Wirtschaft zur Klimavorsorge vorgelegt", 16. Juni 1999.

Schaltegger, S.: Bildung und Durchsetzung von Interessen zwischen Stakeholdern der Unternehmung, in: Die Unternehmung, 53. Jg., Heft 1, 1999, S. 3-20.

Schmincke, E.; Seifert, E.K.: Bewertung von umweltorientierten Leistungen und deren Normenkonzepte, in: G. Winter (Hrsg.): ebd., S. 455-475.

Schmincke, E.; Seifert, E.K.: Umweltmanagement für nachhaltige Entwicklung - Standardisierung als Problemlösungsansatz, in: G. Winter (Hrsg.): ebd., S. 33-39.

Schnabel, U. : Das Industriegebiet als …Ökosystem, in: „DIE ZEIT" Nr. 14/1997, S. 37.

Seidel, E.; Clausen, J.; Seifert, E.K. (Hrsg.): Umweltkennzahlen, München 1998.

Seifert, E.K.: „Sustainable Development" - Dauerhaftes Wirtschaften. Für einen umweltverträglichen Wohlstand der Nationen, in: Seifert, E.K.; Priddat/B.P. (Hrsg.): Neuorientierungen in der ökonomischen Theorie. Zur moralischen, institutionellen und evolutorischen Dimension des Wirtschaftens, Marburg 1995.

Seifert, E.K.: Die „Globale Berichterstattungs-Initiative" von CERES, in: IdU-News Nov. Bonn 1998.

Seifert, E.K.: Nachhaltige Entwicklung und Agenda 21 - Herausforderung für Wissenschaft, Politik und Wirtschaft. In: G.Winter (Hrsg.): Das umweltbewußte Unternehmen. Die Zukunft beginnt heute, 6. Auflage, München 1998, S 22-32.

Umweltagentur Japan (JEA): „Grasping Environmental Cost Accounting: A Draft Guideline for Evaluating Environmental Cost and Publicly Disclosing Environmental Accounting Information", Tokio März 1999.

UN-CSD: Business and the UN: Partners in Sustainable Development - Industry and Technology, New York 1999.

IV. Kernstück: Reduktionswirtschaft

Das Konzept einer Reproduktionswirtschaft als Herausforderung für das Umweltmanagement

Dietfried G. Liesegang

1. Einführung

Wenn über die Aspekte, Aufgaben und Perspektiven des Umweltmanagements im 21. Jahrhunderts (so das kühne Motto dieses Sammelbandes) reflektiert werden soll, so sollte man sich zunächst fragen, wie es denn um das faktische Umweltmanagement zum Ausgang des 20. Jahrhunderts bestellt ist. Jede einigermaßen fundierte Prognose muß aufsetzen auf der Verortung des Ist-Zustandes und auf der Analyse des Prozesses, der zu diesem Ist-Zustand geführt hat. Nur wenn die aktuellen Wirkungsmechanismen einigermaßen plausibel erklärt worden sind, lassen sich Prognosen wagen.

Der vorliegende Beitrag interpretiert Umweltmanagement als den Versuch, in den wirtschaftenden Unternehmen die mit dem Wirtschaften einhergehenden Umweltbelastungen unter Beibehaltung der Wettbewerbsfähigkeit wesentlich zu verringern. Aufgrund der komplexen Zusammenhänge kann dies nur in einem langfristigen, fortwährenden Umsteuerungsprozeß geschehen. Dieses Umsteuern gelingt um so besser, wenn nicht nur die momentan zu umsteuernden Klippen im Blickfeld sind, sondern wenn es auch eine Vorstellung über einen langfristig einzuschlagenden Kurs gibt.

Die langfristige Kursrichtung der Industriegesellschaft in Bezug auf den Umgang mit Gütern und damit auch mit der Umwelt wird hier mit dem Konzept einer „Reproduktionswirtschaft" umrissen. In Bezug auf ein solches langfristige Ziel kann es kein Patentrezept für den einzuschlagenden Weg geben. Hier müssen die Gesellschaft und die wirtschaftenden Einheiten hinreichend viele Freiheitsgrade behalten, um in kreativen Suchprozessen Um- und Neugestaltungspfade zu entfalten. Jedoch kann man sich möglicherweise über die Methodik der Einbettung des Umweltmanagements in das allgemeine betriebliche Management verständigen. Dabei ist festzustellen, daß das innerbetriebliche Umweltmanagement zunehmend strategische Funktionen wahrnehmen muß. Zudem wird vorgeschlagen, auch in der volkswirtschaftlichen Betrachtung der Umweltpolitik nachsorgende Instrumentarien durch ein vorsorgendes Umweltmanagement zu ergänzen.

2. Über das Umweltmanagement zum Ausgang des 20. Jahrhunderts

Was versteht man denn zunächst einmal unter „Umweltmanagement"? Für die Fachleute, die etwa mit EMAS oder ISO 9000 zu tun haben, scheint dies eine ausgemachte Sache zu sein. Es gibt Unternehmensleitlinien, Anweisungen, Handbücher, Umweltbeauftragte usw. Nur richtet man wirklich etwas aus, wird etwas bewegt? Welche gesellschaftspolitischen Kräfte könnten in einer industriesoziologischen Studie ausgemacht werden, wenn es um die Gestaltung von Rahmenbedingungen gilt, die den Spielraum von umweltentlastenden Maßnahmen bestimmen. Wer ist denn wirklich im Umweltmanagement aktiv? Wer sind die Akteure, die wirklich steuern oder gegensteuern und gegebenenfalls ein Umweltmanagement betreiben oder hintertreiben? Betrachten wir das aktuelle Gerangele um eine europäische Altautoverordnung, dann wird schnell klar, daß Regierungen nicht vollkommen autonom in ihren Entscheidungen sein können, wenn die geschätzten Entsorgungskosten für derzeit rund 160 Millionen Autos auf den Straßen der EU sich auf etwa 15 Milliarden EURO belaufen (FAZ, 24. 7.99). Welche Funktion können dann noch das Umweltmanagement und die umweltpolitischen Planspiele und Modelle erfüllen, wenn die Macht des Faktischen sie anscheinend überrollen?

In japanischen Managementansätzen zur ganzheitlichen Qualitätsbetrachtung versucht man, die „Stimme des Kunden" in der Produktgestaltung und in der Produktion zu berücksichtigen. Wie sieht es aus mit dem tagtäglichen Bemühen, in den Betrieben der „Stimme der Umwelt" Gehör zu verschaffen? Betrachtet man die augenblickliche Entwicklung mit der Ungeduld des Machers, so scheint diese Entwicklung, zumindest in Deutschland, von Stillstand und teilweise auch Rückschritt geprägt zu sein. Dennoch, wenn wir etwa den Zeitraum der letzten 50 Jahre ins Visier nehmen – und das zumindest sollten wir tun, wenn wir Trends erkennen wollen – , so haben doch deutliche Veränderungen und Verbesserungen in Bezug auf die Entlastung der Umwelt stattgefunden. Das sich immer stärker durchsetzende Prinzip der Produktverantwortung kann eine ungeheure Langzeitwirkung entfalten, da es die Unternehmer aufruft, wesentlich stärker als zuvor die Nutzungs- und Entsorgungswege ihrer hervorgebrachten Güter in den strategischen Produktentscheidungen zu berücksichtigen. Umweltbezogene Kriterien haben Eingang gefunden in das Lastenheft des Konstrukteurs. In den Lieferantenverträgen zwischen Unternehmen werden immer häufiger Umweltaspekte, z. B. die Forderung nach einer LCA, in die Vertragsklauseln eingebunden. In der Öffentlichkeit hat sich trotz aller Unkenrufe ein zunehmendes Verständnis der

Umweltprobleme entwickelt. Die Diskussion der räumlichen und zeitlichen Gerechtigkeit auf unserem Globus hat in der komplexen Zielsetzung der Nachhaltigkeit einen Ausdruck gefunden, der auf vielfältige und kreative Weise in einem globalen virtuellen Netz von Akteuren interpretiert wird.

Gefördert werden die Prozesse der Nachhaltigkeitssicherung durch eine Revolution in der Telekommunikation und in der Miniaturisierung und Kostenerosion in der Informationsverarbeitung. Damit können heute ehemals zentralisierte Strukturen wieder entflochten werden und es schwindet der Drang zur Makrotechnologie und damit zur Energieverschwendung.

Betriebliches Umweltmanagement besteht aus vielfältigen Facetten, die in den Unternehmen diejenigen Lern- und Anpassungsvorgänge in die Wege leiten, aus denen Beiträge zur Umweltentlastung entstehen. Dies wird in Zukunft weit über das hinausgehen, was der technische Umweltschutz zur Einhaltung von Emissions- bzw. Immissionsgrenzwerten erforderte. Die dazu eingesetzte Technik hatte zumeist nachsorgenden Charakter. Die Umwelttechnik im herkömmlichen Sinne, so wie sie sich auch auf Umweltmessen, etwa auf der Entsorga oder der Envitec darstellt, ist nur ein Teilgebiet und ein kleiner Anfang dessen, was sich früher oder später im Sinne einer wirklich umweltverträglichen und mit den Prinzipien der Nachhaltigkeit im Einklang stehenden Technik entwickeln müßte und hoffentlich auch entwickeln wird.

Die weiteren Schritte des integrierten Umweltschutzes, seien sie bezogen auf Prozesse oder Produkte, erfordern eine ganzheitliche, mit innovativen Elementen gestützte Betrachtungsweise unter der Perspektive einer langfristigen Zielrichtung des Weges, dessen Schritte einen Beitrag leisten sollen zu verstärkter Ressourcenschonung in einer nachhaltigen Wirtschaftsweise. Hierzu ist jedoch eine Situationsanalyse der strategischen Lücke der heutigen industriellen Entwicklung zur Hervorbringung von Gütern zur Bedürfnisdeckung im Vergleich zu einer wie auch immer gearteten nachhaltigen Wirtschaftsweise vonnöten. Insofern soll eine Rückbetrachtung auf die Geschichte der Güterproduktion noch einmal den Blick schärfen für die Umsteuerungsprozesse, bei denen ein zukünftiges Umweltmanagement eine wesentliche Rolle spielen kann.

3. Entwicklungslinien der Güterwirtschaft

Wenngleich die Menschen schon in der Antike gewaltige technische Leistungen vollbrachten, so ist ein wirklich grundlegender Wandel in der Technik der Güterproduktion erst im 18. Jahrhundert festzustellen. Zuvor wurden zwar bereits standort- und zeitbedingte Wasser- und Windkräfte als zusätzliche Energielieferanten benutzt. Die Blütezeit der Industrialisierung begann aber damit, daß Kohle als reicher Energieträger im Verein mit der Dampfmaschine als Kraftwandler die industriellen Prozesse von der Begrenzung menschlicher und tierischer physischer Kräfte löste. Man sah in den Maschinen die Möglichkeit, ein bis dahin nicht vorstellbares Produktionsvolumen zu schaffen, welches die Mangelwirtschaft ablösen sollte.

Heute schätzt man diese Entwicklung nach einigen desillusionierenden Erfahrungen weit weniger euphorisch ein. Gerade die mit der Verbrennung von fossilen Brennstoffen zwangsläufig verbundene Anreicherung der Atmosphäre mit Kohlendioxid ist in ihren globalen und säkularen Auswirkungen kaum zu unterschätzen, da sie in menschlichen Zeiträumen nicht repariert werden kann. Einige Schätzungen gehen dahin, daß auf der Erde in einem Jahr soviel an fossilen Brennstoffen verfeuert wird, wie in etwa einer Jahrmillion akkumuliert wurde. Wenn wir also so weiter machen wie bisher, sind wir in der CO_2-Konzentration irgendwann wieder im Tertiär angelangt. Dabei haben sich diese Verbrennungsprozesse durch die zunehmende Automation von menschlichen Begrenztheiten gelöst und die Globalisierung der Wirtschaft und Technik verbreitet dieselben Verfahrensmuster der Energieumsetzung epidemisch weltweit. Insofern können nur Analogien die Tragweite annähernd beschreiben. Es drängt sich das Bild auf, daß die Menschheit sich in der Rolle des Zauberlehrlings befindet, der zwar dem Zaubermeister den Spruch abgelauscht hat, wie man den Zauberbesen als dienstwilliges Instrument in Bewegung setzen kann, nicht aber die Konsequenzen bedacht hat und unfreiwillig mit dem Bade ausgeschüttet zu werden droht. Im Gedicht von Goethe endet es mit einem Happy-End: der Zaubermeister erscheint und spricht: „In die Ecke, Besen, sei's gewesen". Und damit ist der Zauberlehrling noch einmal mit einem blauen Auge davongekommen und er und das Haus sind vor den drohenden Fluten gerettet. Wir hingegen sind auf unsere eigene Einsicht und auf ein entsprechendes Handeln angewiesen, um den bisherigen Trend umzukehren.

Von der Erkenntnis der Notwendigkeit eines Kurswechsels bis hin zur tatsächlichen Umsteuerung von Systemen vergehen oft beträchtliche Zeitspannen, insbesondere dann, wenn es sich um komplexe soziotechnische Systeme handelt. Auch in der Industrie mußte viel Zeit verstreichen, ehe nach den Frühwarnungen einiger Exoten viel später schließlich ein allgemeiner Umdenk- und Umlenkprozeß einsetzte, der nun schon fast selbstverständlich scheint. Inspiriert und alarmiert durch Arbeiten von Pionieren wie Forrester, Al Gore und Schmidheiny sind letztendlich neue Leitprinzipien für die konkrete Umsteuerung der modernen Industrie entstanden. Die Abfallwirtschaft bekommt in diesem Zusammenhang einen neuen Stellenwert. Aus den allgemeinen Leitsätzen konnte wiederum die Neufassung von Gesetzen wie zum Beispiel dem Kreislaufwirtschafts- und Abfallgesetz im allgemeinen und von Unternehmensleitlinien im speziellen abgeleitet werden. Die Umsteuerung industrieller Prozesse wird unterstützt von staatlichen und internationalen Forschungsprogrammen.

Warnecke (1996, S. 1-3), der das umfangreiche Forschungsprogramm „Produktion 2000" des BMFT, jetzt BMBF, leitete, sieht nach den drei bisher bereits vollzogenen technischen Revolutionen (mechanischer Webstuhl und Dampfmaschine als Auslöser der ersten, elektrischer Antrieb und Fließband als Grundlage der extremen Mechanisierung in der zweiten, und Elektronik und Automatisierung als Medium zur Flexibilisierung der Produktion in der dritten technischen Revolution) nun eine neue technische Revolution anbrechen: „Eine grundlegende Neuorientierung vom Wirtschaftskreislauf zur Kreislaufwirtschaft, der Übergang von der Balance zwischen Angebot und Nachfrage zum Gleichgewicht zwischen Ökonomie und Ökologie, eine Technik mit Vorbild Natur statt nur der Nutzung von Naturgesetzen: die Umsetzung dieser Ziele bringt die vierte industrielle Revolution." Dies ist keine isolierte Sichtweise eines nationalen Alleinganges, sondern fügt sich ein in die Stoßrichtung internationaler Programme, so z.B. das Programm „Intelligent Manufacturing Systems" (IMS), welches 1990 vom MITI in Japan mit dem Ziel weltweiter Zusammenarbeit gestartet wurde und das nach einer Revision seine ursprünglich rein technischen Ziele erweitert hat, um das Ziel einer gleichmäßigeren Verteilung des Reichtums in der Welt unter gleichzeitigem Schutz des Öko-Systems. Hierzu gehören auch ein beschleunigter Technologietransfer und eine weitergehende Standardisierung von Produktionstechnologien, um die internationale Austauschbarkeit und Kompatibilität wichtiger Technologien zu erreichen.[1] Insbesondere gehört dazu jedoch die „Entwicklung eines neuen Produktionsparadigmas, das Faktoren wie menschliche Kreativität, Vergnügen, Harmonie mit dem Öko-System einschließlich der sozialen sowie der natürlichen Umgebung berücksichtigt" (Warnecke (1994), S. 72). Dies sind erstaunliche Töne aus dem Munde eines Ingenieurs, der als VDI-Präsident und Leiter des Forschungsverbandes der Fraunhoferinstitute in Deutschland eine starke Resonanz erwarten kann.

Durch den hier anklingenden Paradigmenwechsel werden Notwendigkeiten der Veränderung der gängigen Technologien artikuliert und umrissen. Damit ergeben sich zunächst für die Ingenieure eine Fülle neuer Forschungs- und Anwendungsfelder. Somit ist es nicht verwunderlich, daß nach dem breiten Spektrum der nachsorgenden Umwelttechnik nun der produktions- und produktintegrierte Umweltschutz in den technischen Forschungsinstituten Einzug hält. Diese Entwicklungen gilt es nun gleichfalls aus einer betriebswirtschaftlich-volkswirtschaftlichen Perspektive zu beleuchten.

4. Elemente einer Reproduktionswirtschaft

Das Prinzip des Wirtschaftens in Kreisläufen bedingt eine Neubewertung der industriellen Funktionen. Während die traditionelle Industrie ihr Selbstverständnis aus der Herstellung gebrauchs- oder verbrauchsgerechter Güter schöpfte, gehört zum Denken und Handeln in Kreisläufen auch die Berücksichtigung der Phase der Rückführung der Produkte nach der Konsumphase zu möglichst wiederverwendbaren oder zumindest wiederverwertbaren Komponenten oder Werkstoffen. Während in der herkömmlichen Form des Wirtschaftens die Entsorgungsphase nur als End-of-pipe-Technologie gestaltet werden konnte, da die Probleme der Entsorgung erst dann ad hoc gelöst werden

---

[1] Hierzu gehört auch die systematische Modularisierung der Produkte und Produktfamilien. Vgl. z.B. Wohlgemuth-Schöller, E. (1999).

mußten, wenn das verbrauchte Produkt zur Entfernung aus dem Nutzungsbereich anstand, muß eine Wirtschaftsform, welche möglichst kreislaufgerecht sein will, bereits in der Entwicklungsphase der Produkte die Möglichkeiten der späteren Rückführungsprozesse berücksichtigen. Durch eine institutionalisierte Produktverantwortung bei langlebigen Gebrauchsgütern steigt zudem das Eigeninteresse des Produzenten an der ökonomischen Ausgestaltung einer ökologisch verträglicheren Rückführungsphase.

Somit kann aus der verstärkten Durchsetzung des Prinzips der Kreislaufwirtschaft auf eine wesentliche Aufwertung der ehemaligen Entsorgungs- und Recyclingfunktionen geschlossen werden, die im Schrott-, Papier- und Lumpenhandel ihre Ursprünge haben. Das Interesse großer Konzerne an der ehemals sehr mittelständig geprägten Entsorgungsbranche bestätigt diesen Trend. Seit Beginn der 90er Jahre haben die entstehenden Gewichtsverlagerungen in dem bestehenden Wirtschaftsgefüge aus Versorgungs- und Entsorgungsfunktionen auch in der Betriebswirtschaftslehre ihren Niederschlag gefunden. Um die Dualität zwischen der Produktion, der Hervorbringung von Gütern, auf der einen Seite und der Rückführung und Wiedereinbringung der entwerteten Produkte in den Wirtschaftskreislauf auf der anderen Seite zu kennzeichnen, wurde der Begriff der *Reduktion*[2] eingeführt. *Reduktionswirtschaft* bezeichnet denjenigen wirtschaftenden Sektor, welcher in der Fortentwicklung der Entsorgungswirtschaft innerhalb einer Kreislaufwirtschaft die Produktionswirtschaft als ernstzunehmender Partner ergänzen muß, um als Komplement der Produktionswirtschaft zu dienen. Die zielgerichtete Ausformulierung des Konzeptes einer Reduktionswirtschaft bietet auch neue Herausforderungen für die Betriebswirtschaftslehre.

Die Reduktionsphase kann im „Stoffwechsel der Wirtschaft" als Kehrseite zur Produktionsphase angesehen werden. Hier werden die ursprünglichen Prozesse quasi wieder aufgespult: Altprodukte werden eingesammelt, sortiert und zu Demontagezentren gebracht. Hier werden die Stücke zerlegt, gereinigt, nach Komponenten oder Materialien sortiert u.s.w. Zumeist muten die dabei verwandten Methoden noch frühindustriell an. Man erhofft sich jedoch, aus den Erfahrungen, welche man mit der flexiblen Fertigung in der Produktion gewonnen hat, auch „Lösungen in Hinblick auf die Entwicklung einer „inversen Produktionstechnik", um die bisher arbeitsintensive und daher teure Aufbereitung wirtschaftlicher zu machen." (Warnecke (1996), S. 177-178). Hierbei geht es auch darum, Fertigungs- und Demontagetechniken enger miteinander zu verzahnen. Schon in der Konstruktion werden viele Parameter für den späteren Reduktionszyklus determiniert.

Die Entwicklung der industriellen Produktion wurde begleitet von der Entwicklung von theoretischen Konzepten zur prägnanten Beschreibung und Modellierung der Produktionssysteme. In Erweiterung von herkömmlichen Produktionsfunktionen wur-

---

[2] Vgl. z.B. Dyckhoff (1993) und Liesegang (1993). Vgl. auch Sterr (1999). Dem Thema der Reduktionswirtschaft unter dem Titel „Reduktionswirtschaft - Wegbereitung für Materialien von der Bahre bis zur Wiege" (neuer Produkte) wurde auch das Heft UWF 4/4 (1996) gewidmet.

den die Besonderheiten von Reduktionsfunktionen herausgearbeitet.[3] Damit kann es gelingen, die formale Struktur der Reduktionsphasen tiefer zu durchdringen.

In einer wirklich nachhaltigen Form des Wirtschaftens sollten sich die Phasen der Produktion und Reduktion zwanglos ergänzen, so daß man dann auch von einer *Reproduktionswirtschaft* (Liesegang (1993), S. 392) sprechen könnte. Hierbei ist der Zweck der Reduktionswirtschaft der Weg der Werkstoffe von der Bahre bis zur Wiege neuer Produkte oder auch, falls unvermeidbar, zur geregelten Abfallentsorgung. Dabei darf allerdings der Kreislauf nicht zum Selbstzweck gemacht werden, denn primär kommt es darauf an, die Nutzungsdauer und -frequenz zu erhöhen, um damit den Ressourcenverzehr pro Nutzeneinheit (den MIPS) zu minimieren. Auch die Entscheidung über Rückführung in den Wirtschaftskreislauf muß ökonomischen und ökologischen Kriterien genügen. An die Reduktionslogistik werden neue Anforderungen gestellt, die zu umfangreichen Forschungsprogrammen Anlaß geben.[4] Schließlich entstehen neue Märkte für Dienstleistungen und Sekundärrohstoffe. Diese Märkte weisen durch die mangelnde Elastizität sowohl auf der Input- als auch der Outputseite häufig eine sehr starke Oszillation der Preise und damit eine schwierige Prognose und Kalkulation von Erfolgs- oder Mißerfolgsentwicklungen auf.[5] Hier besteht noch ein Forschungsbedarf zur Offenlegung der Marktmechanismen.

Die Leitgedanken zur Kreislaufführung können sich an biologischen Systemen orientieren, in welchen die Evolution als „Systemoptimierer" langfristig tragfähige Lösungen erarbeitet hat. Hier unterscheidet der Biologe auch die Gruppen der Produzenten und Reduzenten, die den Metabolismus der Natur vorantreiben und dabei die Lebensvorgänge erhalten. Bei Produkten aus weitgehend naturbelassenen Materialien bestehen, ist die Funktion der Deponierung, das „Anheimgeben" an die Natur, auch sinnvoll, da die Reduzenten bereitstehen, um das Werk der Zerlegung und Rückführung auszuführen. Bei den Produkten aus künstlichen, der Natur über eine Kette chemischer Veränderungen „entfremdeten" Materialien, für welche kaum natürliche Reduzenten existieren, ist die Deponie hingegen mehr eine atavistische Handlung ohne den entsprechenden Sinn.[6]

So wie das Studium der biologischen Phänomene nutzbringend als Kreativitätspotential in der Bionik zur Technikgestaltung eingesetzt werden kann, so kann das Studium biologischer Systeme auch die Gedanken zur Gestaltung der Kreislaufwirtschaft beflügeln; hierfür wurde der Begriff *Bionomik* vorgeschlagen.[7] Dabei wird insbesondere deutlich, daß die Natur sich mit einem eng begrenztem Bausatz von organischen Grundbausteinen zufrieden gibt, um die Durchlässigkeit des Lebens in den Auf- und

---

[3] Hier sind vor allem zu nennen die Arbeiten von Dyckhoff (1993,1996) und von Souren (1996).

[4] Vgl. z. B. Jünemann et al. (1996) und Wehking (1996).

[5] Vgl. hierzu auch die Preisentwicklung auf dem Altpapiermarkt in Seidel/Liebehenschel (1996).

[6] Allerdings laufen z.B. an der TH Braunschweig Versuche, um Kunststoffe durch den Einbau von Zuckermolkülen gleichsam mit „Sollbruchstellen" zu versehen, an welchen die natürliche Zerlegungsarbeit ansetzen kann.

[7] Vgl. Liesegang (1993), S. 388.

Abbauprozessen mit nachfolgendem Wiederaufbau zu ermöglichen.[8] Im *industriellen Metabolismus* geht es dabei nicht um ein Iterieren in denselben Schleifen, sondern um eine sich auf lange Sicht vollziehende *Metamorphose* der künstlichen Stoffe und Komponenten innerhalb der *Technosphäre*.[9]

Es soll auch nicht bedeuten, daß Kreislaufwirtschaft per se betrieben wird. Kreisläufe sollten das Ziel haben, die Materialien und Komponenten der durch Alterung (physisch oder technologisch) unbrauchbar gewordenen Produkte nach Möglichkeit wieder einer erneuten Verwendung innerhalb der Technosphäre zurückzuführen bzw. in natürliche Kreisläufe einzuspeisen, wenn eine organische Reduktion möglich ist. Nach Möglichkeit ist die Nutzungsphase bzw. der Umfang der Nutzung eines Gutes soweit wie wirtschaftlich vertretbar auszudehnen.

In einer fortwährenden Metamorphose von Materialien im Wirtschaftskreislauf kann und soll das Prinzip der Kreislaufbildung allerdings auch nicht bis ins Extrem verfolgt werden. Dies wäre nach dem 2. Hauptsatz der Thermodynamik in einem geschlossenen System auch gar nicht möglich. Dennoch ist bei der Diskussion zu beachten, daß in Bezug auf die thermische Energie die Erdhülle kein geschlossenes System darstellt. Die Sonnenenergie und daraus abgeleitet Solar-, Wind-, und Wasserenergie und die damit gespeisten Prozesse der Photosynthese sind eine reichhaltige, sich ständig erneuerbare Energiequelle, die nachhaltig genutzt werden kann.

Das Kreislaufwirtschafts- und Abfallgesetz kann als ein bedeutsamer Schritt zur Annäherung an eine Reproduktionswirtschaft interpretiert werden. Dieses Gesetzeswerk, welches allerdings noch durch entsprechende Verordnungen untermauert werden muß, fordert zum Überdenken der Schaltstellen bisheriger Stoffströme heraus. Dabei geht es um die Werkstoffgestaltung und -auswahl, die Produkt- und Produktionsprozeßgestaltung und die Entwicklung geeigneter Aufbereitungsverfahren. Während die grundlegenden Verfahren eher ingenieurwissenschaftlich zu lösen sind, so gibt es doch wegen der Vernetzheit der Problemstellung vielfältige Kooperations- und Managementaufgaben.[10] Zudem muß die Verbindung zum Markt, zum Kunden, hergestellt werden, denn eine wesentliche Vorbedingung für die Durchsetzbarkeit neuer Kreislaufstrategien sind die Akzeptanz und die Bereitschaft des Mitspielens der Kunden, welche womöglich ihre Konsumgewohnheiten ändern müßten. Hier geht es um den Entwurf von Leitgedanken für neue Systemstrukturen, deren Ausführung den Wirtschaftssubjekten obliegt und von ihnen abhängt. Somit wäre es angebracht, Konzepte zur Kreislaufwirtschaft und insbesondere zur Reduktionswirtschaft mit einem intensiven gesellschaftlichen Diskurs zu begleiten, um die Gefahr technokratischer Sackgassen zu verringern.

---

[8] Man kann hier auch Parallelen zu dem vom MITI im IMS vorgeschlagenen Konzept der Standardisierung von Produktionstechnologien erkennen.

[9] Zum Begriff der Technosphäre vgl. z.B. Liesegang (1993), S. 386 und Sterr (1999), S. 3ff.

[10] Vgl. z.B. Krcal (1999).

5. Neue Aufgabenfelder des Umweltmanagements

Die strategische Lücke zwischen dem aktuellen, auf einer historisch naturvergessenen Entwicklung beruhenden System der Güterwirtschaft und einem wie auch immer gearteten nachhaltigen Umgang mit den natürlichen Ressourcen sollte offensichtlich sein. Wie aber kann ein zukünftiges Umweltmanagement diesen Aufgaben begegnen?

Zunächst einmal ist es erforderlich, daß die einzelnen Unternehmen sich ihrer Bezüge zur Umwelt noch stärker bewußt werden. Da die Unternehmen in vielfältiger Weise in das Netzwerk der Stakeholder eingebunden sind, können sich die Unternehmen langfristig auch nicht durch defensives Verhalten den notwendigen Anpassungsmaßnahmen entziehen. Dabei können umweltbezogene Kennzahlensysteme (vgl. z.B. Seidel (1998)) helfen, vorausschauend umweltbezogene Schwachpunkte zur eigenen Sicherheit aufzudecken. Hierbei kommt es allerdings darauf an, daß die wesentlichen Daten zu einer umweltorientierten Steuerung mit ökonomisch vertretbarem Aufwand erhoben werden.

Das innerbetriebliche Umweltmanagement wird sich immer stärker aus seiner Rolle als Lückenbüßer emanzipieren müssen, um sich aktiv an einer umweltentlastenden Gestaltung von Prozessen und Produkten beteiligen zu können. Der Trend wird dahin gehen, daß aus den Umweltbeauftragten Umweltmanager werden, die in die strategischen Planungskonzepte neuer Prozesse und Produkte einbezogen werden. Nur wenn zum Ersatz von nachgeschalteten Problemlösungen nach integralen Problemlösungen geforscht wird, können die in der Wirtschaft latent vorhandenen Kreativitätspotentiale freigesetzt werden. In der „verteilten Intelligenz" der industriellen Partner liegt die Chance einer effizienten Anpassung an neue Bedürfnisstrukturen, welche den umweltbezogenen Forderungen Genüge tun können. Um die „Stimme der Umwelt" im Unternehmen aufzunehmen und in individuellen Wahlakten umzusetzen, muß dabei den Mitarbeitern die Möglichkeit eines Spielraumes gewährt werden, innerhalb dessen *fürsorgliches* umweltentlastendes Handeln sich als Care-Management entfalten kann (vgl. z.B. Pischon (1999), S. 338f).

Betriebliches Umweltmanagement bewegt sich auf einer Mikroebene. Die Vernetzung dieser Mikroebene in international tätigen Unternehmen, Normenausschüssen, wissenschaftlichen Tagungen, Messen, Branchenausschüssen, Gesellschaften usw. bringt es mit sich, daß neue Managemententwicklungen eine rasche, zum Teil weltweite Verbreitung finden. Die aggregierte Wirkung der Veränderungsfähigkeit der Mikrostrukturen wird in makro-ökonomischen Modellen kaum berücksichtigt. Es sollte also eine Brücke geschlagen werden zur volkswirtschaftlich geprägten Umwelt- und Ressourcenökonomie, um eine Durchgängigkeit der begrifflichen Strukturen auf Mikro- und Makroebene anzustreben. Dies gilt genauso im Dialog mit den Ingenieurwissenschaften. Derzeit sind zwischen den einzelnen Disziplinen noch hohe Heckenwälle auszumachen, welche die gemeinsame Arbeit an der Neuorientierung und Umsteuerung der Wirtschaftsprozesse erschweren.

Umweltmanagement sollte sich aber nicht in der innerbetrieblichen Ebene erschöpfen. Das globale Phänomen des Treibhauseffektes ist kaum mit lokalen, auch nicht mit nationalen Mitteln in den Griff zu bekommen. Der gesamte Stoffstrom der fossilen Brennstoffe vollzieht sich vom Ort der doch relativ gut lokalisierbaren Extraktion, den Quellen, die heutzutage hervorragend mit Satellitensystemen überwacht werden können, bis hin zu den vielfältig im Raume verstreuten Senken, an denen der Oxidationsprozess und damit Kohlendioxid entsteht. Hier scheint mir auch in der volkswirtschaftlichen Diskussion die end-of-pipe-Betrachtung vorzuherrschen, in welcher man sich bemüht, das System der Energieströme beim Endverbraucher durch ein ausgetüfteltes System von Abgaben oder Zertifikaten zu deckeln, wobei die energieintensiven Branchen bei der heute global herrschenden Mobilität immer eine „Energieschweiz" finden dürften und so das ursprüngliche Ziel unterlaufen können.

Der Oxidationsprozeß beginnt jedoch ursächlich mit der Gewinnung der fossilen „Bodenschätze" zum Zwecke des Verbrennens oder der Umformung zum Gebrauch und anschließender thermischer Verwertung. Im Sinne der Produktverantwortung ist bei der Extraktion anzusetzen. Durch die Abschöpfung einer *global wirksamen Quellensteuer* am Gewinnungsort fossiler Energieträger sollte es viel wirksamer gelingen können, den Nachfragestrom gemäß einer Preis-Absatz-Funktion allmählich zu drosseln und damit innerhalb marktwirtschaftlicher Mechanismen den Globus vor einem Klimakollaps zu schützen. Mit dieser einheitlichen „Mehrwertsteuer" würde das marktwirtschaftliche System auch nicht verzerrt, sondern eine globale Internalisierung der globalen externen Effekte erreicht werden können.

Das System der OPEC hat gezeigt, daß solche Mechanismen in Grenzen funktionieren können. Nur könnte es in diesem Falle die UNEP sein, die für ein derartiges „Global Environmental Management" zuständig wäre. Die auf diese Weise anwachsenden Fonds könnten zum Teil den Ländern der Rohstoffgewinnung rücküberwiesen werden, sofern sie auf andere Weise – etwa durch Wiederaufforstung – eine Kompensation im Sinne der Nachhaltigkeit schaffen wollen. Diese Beteiligung kann den Ländern der Rohstofffundstätten auch den Anreiz zu geben, aus eigenem Willen die Extraktionsmengen zu kontrollieren. Andererseits wäre es mit dieser Quellensteuer möglich, den Weltorganisationen eine solide finanzielle Basis für ihre globalen Aufgaben zur Erfüllung des Auftrages der sozialen Komponente nachhaltiger Entwicklung zu geben.

Literaturverzeichnis

Dyckhoff, H.: Theoretische Grundlagen einer umweltorientierten Produktionswirtschaft, in: Wagner, G.R. (Hrsg.): Betriebswirtschaft und Umweltschutz, Stuttgart 1993, S. 81-105.

Dyckhoff, H.: Produktion und Reduktion, in: Kern, W.; Schröder, H.-H.; Weber, J. (Hrsg.): Handwörterbuch der Produktionswirtschaft, 2. Aufl., Stuttgart 1996, Sp. 1458-1468.

(FI 1996) Fraunhofer Institut für chemische Technologie (ICT) (Hrsg.): Neue Technologien für die Kreislaufwirtschaft, Tagungsband des Symposium in Karlsruhe, 21.-22. Mai 1996.

Jünemann, R. unter Mitarbeit von Hansen, U./Nagel, C.: Innovatives Stoffstrommanagement. In: FI 1996, S. 8.1-8.26.

Krcal, H.-C.: Kooperationen zwischen Hersteller, Lieferant und Entsorger zur Verbesserung der Umweltverträglichkeit von Produkten, Berlin u.a. 1999.

Liesegang, D.G.: Reduktionswirtschaft als Komplement zur Produktionswirtschaft - eine globale Notwendigkeit, in: Haller, M. et al. (Hrsg.): Globalisierung der Wirtschaft - Einwirkungen auf die Betriebswirtschaftslehre: Wissenschaftliche Jahrestagung vom 9.-13. Juni 1992 in St. Gallen, Bern et al. 1993, S. 389-395.

Pischon, A.: Integrierte Managementsysteme für Qualität, Umweltschutz und Arbeitssicherheit, Berlin u.a. , 1999.

Seidel, E.: Abfallwirtschaft als strategischer Erfolgsfaktor, in: Kreikebaum, H.; Seidel, E.; Zabel, H.U. (Hrsg): Unternehmenserfolg durch Umweltschutz - Rahmenbedingungen, Instrumente, Praxisbeispiele, Wiesbaden 1994.

Seidel, E. und Liebehenschel, T.: Reduktionswirtschaft heute - Sekundärmarkt für Altpapier, in: UWF 1996, Heft 4, S. 26-35.

Seidel, E.: Umweltorientierte Kennzahlen und Kennzahlensysteme - Leistungsmöglichkeiten und Leistungsgrenzen, Entwicklungsstand und Entwicklungsaussichten, in: Seidel, E., Clausen, J. und Seifert, E., Umweltkennzahlen, München 1998, S. 9-31.

Souren, R.: Theorie betrieblicher Reduktion, Heidelberg 1996.

Sterr, T.: Reduktionswirtschaft im Gebäude einer technosphärischen Stoffkreislaufwirtschaft, Diskussionsschrift der Wirtschaftswissenschaftlichen Fakultät der Universität Heidelberg, Nr. 290, Mai 1999.

Warnecke, H.-J.; Becker, B.-D. (Hrsg.): Strategien für die Produktion: Standortsicherung im 21. Jahrhundert; ein Überblick, Stuttgart et al. 1994.

Warnecke, H.-J.: Industrielle Produktion im 21. Jahrhundert, in: FI 1996, S. 1-1 bis 1-4.

Wehking, K.-H.: Entsorgungslogistik als wesentlicher Bestandteil einer zukünftigen Kreislaufwirtschaft. In: UWF 1996, Heft 4, S. 20-25.

Wohlgemuth-Schoeller, E.: Modulare Produktsysteme, Frankfurt a.M. et al. 1999.

Regionales Systemmanagement: Stoffstromorientierte Grundzüge

Adolf H. Malinsky

1. Einführung

Regionale Entwicklungsstrategien haben sich in den vergangenen Jahrzehnten an überaus unterschiedlichen Prämissen orientiert: Nach dem Zweiten Weltkrieg dominierten ökonomische, zentralistisch organisierte Ansätze; es wurden vor allem jene Regionen gefördert, die einen hohen Beitrag zum Sozialprodukt zu leisten vermochten. Mit Beginn der sechziger Jahre orientierte sich im Gefolge der Sozialen Marktwirtschaft auch die Raumordnungspolitik zunehmend an den Strategien des sozialen Ausgleichs und wandte ihr Interesse vor allem unterentwickelten Regionen zu. Auch diese Ansätze operierten von „oben"; eine Beteiligung der Betroffenen vor Ort war weiterhin nur in bescheidenen Ansätzen vorhanden. Ab Mitte der siebziger Jahre begann sich die Raumordnungspolitik stärker an den in einer Region verfügbaren Ressourcen zu orientieren (Potentialorientierte Raumordnung). In Verbindung mit einer etwa zeitgleich einsetzenden, erstmals von unten organisierten, primär auf praktischen Ansätzen basierenden, endogenen Regionalentwicklung wurden in den frühen achtziger Jahren erste Versuche unternommen, regionale, zumeist auf kleinbetrieblichen Kooperationen basierende Vernetzungen, zu etablieren[1].

Hinzu kamen (theoretische) Ansätze, die, größeren Ballungsgebieten immanenten, als Agglomerationsvorteile bezeichneten positiven externen Effekte auch dezentral nutzbar zu machen. Der Autor hat hierzu das Konzept „selektive Agglomerationsvorteile" vorgelegt[2]. Umweltwirtschaftliche und hierbei insbesondere kreislaufwirtschaftliche Überlegungen schließlich wurden folgend im Rahmen einer ökologisch orientierten Raumordnung verstärkt herausgestellt[3].

---

[1] Ausführlicher zur raumordnungspolitischen Entwicklung Malinsky, A.H., und Mißbichler, C.: Ökologisch orientierte Raumordnung. Freiraum- und Ressourcensicherung. (Veröffentlichung Nr. 10 des Institutes für gesellschaftspolitische Grundlagenforschung), Linz 1992, S. 15ff.

[2] Vgl. Malinsky, A.H.: Entwicklungsschwerpunkte in strukturschwachen Räumen. In: Berichte zur Raumforschung und Raumplanung, 24. Jg. (1980), Heft 1, S. 19ff.

[3] Siehe hierzu Malinsky, A.H. und Mißbichler, C.: Ökologisch orientierte Raumordnung..., insb. S. 31ff.

Mit den zuletzt genannten Ansätzen wurden die wesentlichsten Weichen für jenes, allerdings mittlerweile überaus heterogene Konzept gestellt, das – nicht zuletzt auch im Gefolge einer sich zunehmend auch für Fragen der Mesoebene interessierenden Betriebswirtschaftslehre – seit den frühen neunziger Jahren als regionales Netzwerk[4] umschrieben wird.

2. Regionale Netzwerke

2.1 Bestimmungsgründe regionaler Netzwerke

Ökonomischen und technischen Aktivitäten ist immanent, daß sie sich nicht gleichmäßig über den Raum verteilen, sondern sich auf bestimmte Standorte konzentrieren. Diesen vorangehende unternehmerische Standortentscheidungen orientieren sich an klassischen betriebswirtschaftlichen Standortfaktoren sowie an den auf externen Ersparnissen basierenden Agglomerationsvorteilen und nicht zuletzt an der Verfügbarkeit qualitativ und quantitativ hinreichend differenzierter Arbeitsmärkte.

Agglomerationsvorteilen in Form von Branchenvorteilen und urban oeconomics kommt dabei wachsende Bedeutung zu. Branchenvorteile resultieren aus vertikalen und horizontalen Verflechtungen der in der Region ansässigen Betriebe. Urban oeconomics basieren auf der regionalen Verfügbarkeit unterschiedlichster Infrastruktur. Hierzu zählen neben materiellen Einrichtungen insbesondere auch Bildungs- und Ausbildungsstätten ebenso wie Forschungs-, Transfer- und Beratungseinrichtungen und der Zugang zu betriebsrelevanten Informationen.

Neben diesen räumlichen Faktoren beeinflussen das Unternehmensumfeld eine Reihe weiterer Faktoren, wie insbesondere die Markt- und Konkurrenzsituation, branchenspezifische Trends und Kooperationsmöglichkeiten sowie die regionale (oder nationale) Forschungs- und Technologiepolitik und schließlich das in der Region mehr oder weniger ausgeprägte betriebs- und innovationsfreundliche Klima. Letzterem kommt, da Regionalentwicklung in den hochindustrialisierten Staaten vorzugsweise auf innovativen und zumeist auch technologieintensiven Produkten und Dienstleistungen basiert[5], besondere Bedeutung zu.

Das Zusammenwirken dieser Faktoren im regionalen Gefüge und die Kooperation der Beteiligten (Betriebe, Zulieferanten, Abnehmer, Forschungsstätten etc.) sowie der Austausch von Information und Wissen zwischen den Beteiligten, bis hin zu einem gemeinsamen Innovationsmanagement, wird als Netzwerk bezeichnet. Je nach Konstellation und Gewichtung der Faktoren sowie Zusammensetzung der an der Vernetzung Beteiligten lassen sich verschiedene regionale Netzwerke

---

[4] Auf eine Abgrenzung zu dem von M. Porter in seiner Arbeit „Nationale Wettbewerbsvorteile. Erfolgreich konkurrieren auf dem Weltmarkt" kreierten und mittlerweile beachtlich populären Begriff „Cluster" kann hier aufgrund der Themenstellung verzichtet werden.

[5] Vgl. Fritsch, M., u.a.: Regionale Innovationspotentiale und innovative Netzwerke. In: RuR, 56. Jg. (1998), Heft 4, S. 244.

unterscheiden und zwar am einen Ende der Skala solche, die primär der Verbesserung der regionalen Stoffflüsse und am anderen Ende solche, die vor allem der Verbesserung der Informationsflüsse dienen.

Die Vernetzung von Stoffströmen erfolgt vorzugsweise entlang der Wertschöpfungskette, also vertikal. Es können jedoch auch mehrere Wertschöpfungsketten beteiligt sein, zwischen denen – bzw. zwischen den in diesen Ketten integrierten Betrieben – sich symbiotische Beziehungsmuster entwickeln oder bewußt entwickelt werden. Stoffsysteme lassen sich entweder durch einen besonders herausragenden Stoff (z.B. „Chlorchemie") oder durch das Produkt charakterisieren. Letzteres durchläuft zumeist mehrere Stoffströme[6].

Während die Verbesserung von Stoffströmen unternehmensintern in Form innerprozessualen und/oder innerbetrieblichen Recyclings, vor allem in der Grundstoff- und in der Chemischen Industrie, lange Tradition hat, ist überbetriebliches Recycling wesentlich erst im Gefolge der Umweltdiskussion thematisiert worden. Aus heutiger Sicht handelt es sich dabei vor allem um die Frage „unter welchen (objektiven) Bedingungen vertikale Unternehmenskooperationen mit dem Ziel einer ökologischen Optimierung der Stoffströme zustande kommen"[7] oder, bei einer bewußten Gestaltung von Netzwerken, herbeigeführt werden können. Horizontale Kooperationen oder Mischformen dürfen indessen nicht vernachlässigt werden.

Der Verbesserung von Informationsflüssen dienende Netzwerke werden üblicherweise in Informations-, Wissens- und Innovationsnetzwerke unterschieden. Da die Übermittlung qualitativ hochwertiger Informationen, etwa in bezug auf betriebliches Know How, zugleich einem Wissenstransfer darstellt, ist allerdings die Unterscheidung in Wissens- und Innovationsnetzwerke ausreichend[8].

Da die Abgrenzung von Netzwerken gegenüber anderen Kooperationsformen wie etwa Projektgruppen, interorganisatorischen Konferenzen oder neokorporatistischen Politikformen, vor allem hinsichtlich ihrer möglichen Übergangsformen, mit erheblichen Schwierigkeiten verbunden ist, bereitet auch deren umfassende Definition nicht unerhebliche Probleme. Wohl aber lassen sich eine Reihe von Gemeinsamkeiten feststellen, die den neuen Kooperationstypus „Netzwerk" auszeichnen.

Hierzu zählen:

- die Mittlerrolle, die sie zwischen marktwirtschaftlichen und politischen Entscheidungssystemen einnehmen,
- die spezifischen, auf unterschiedlichsten Abhängigkeiten, aber auch auf gemeinsamen Werten basierenden Bindungen der Netzwerkmitglieder,
- die relative Autonomie der Mitglieder,
- der geringe Institutionalisierungsgrad,

---

[6] Vgl. Zundel, S., u.a.: Stoffstrommanagement. Zwischenbilanz einer Diskussion. In: ZfU, Heft 3, (1998), S. 319.

[7] Ebenda, S. 317.

[8] Vgl. etwa Johannsson, B.: Economic Networks and Self-Organisation. In: Regions Reconsidered - Economic Networks, Innovation, and Local Development in Industrialized Countries. London 1991, S. 17.

- die von der Kooperationsbereitschaft abhängige und deshalb zumeist vergleichsweise labile Netzwerkstruktur[9] und schließlich
- die mit der Anzahl der Mitglieder und Zunahme der Quantität und Qualität der Stoff- und/oder Informationsflüsse steigende Komplexität der Netzwerksbeziehungen.

2.2 Zum Bedeutungszuwachs regionaler Netzwerke

Der gegenwärtige Bedeutungszuwachs der Regionen innerhalb des hierarchischen Staatsgefüges wird aus zwei höchst unterschiedlichen Quellen gespeist: Zum einen bringt das globale Konzept der nachhaltigen Entwicklung eine Reihe lokaler und regionaler Umsetzungsstrategien mit sich und zum anderen findet auch die Globalisierung wirtschaftlichen Handelns ihr regionales Pendant.

Die der nachhaltigen Entwicklung immanenten Umsetzungsstrategien lassen sich, wie in dem anläßlich der Rio-Konferenz für Umwelt und Entwicklung als zentrales Abschlußdokument verabschiedeten Aktionsplan „Agenda 21" dokumentiert, am besten dort bewerkstelligen, wo die Problemwahrnehmung am schärfsten und die Betroffenheit damit am größten ist[10]. Den Regionen wird deshalb auch, insbesondere hinsichtlich einer realen Umsetzung, zunehmende Bedeutung eingeräumt[11]. Das gilt nicht nur für die klassischen Aufgaben der Raumordnung, sondern besonders auch für eine möglichst kleinräumige Organisation der Stoffströme, von der Ressourcenentnahme bis zur Entsorgung der (nicht mehr kreislauffähigen) Reststoffe[12]. Solche kleinräumigen Stoffzusammenhänge haben den Vorzug, überschaubarer und solchermaßen in ihren ökologischen, ökonomischen und sozialen Auswirkungen kalkulierbarer[13] und damit auch gestaltbarer zu sein.

Der Globalisierung stehen sowohl aus ökonomischen als auch aus regionalpolitischen Gründen gegenläufige Entwicklungen gegenüber: Zum einen setzen kleine und mittlere Betriebe zunehmend auf intraregionale Kooperation, um ihre Wettbewerbschancen gegenüber Großunternehmen zu verbessern und überdies „über die Verflechtungen im Rahmen intraregionaler Netzwerke auch den Eintritt in internationale und damit globale Netzwerke zu erhalten"[14]. Zum anderen hat auch

---

[9] Ausführlicher Fürst, D.: Regionalkonferenzen zwischen offenen Netzwerken und fester Institutionalisierung. In: RuR, 52. Jg. (1994), Heft 3, S. 185.

[10] Vgl. Adam, B.: Wege zu einer nachhaltigen Regionalentwicklung. Raumplanerische Handlungsspielräume durch regionale Kommunikations- und Kooperationsprozesse. In: RuR, 55. Jg. (1997), Heft 2, S. 137.

[11] Hierzu Renn, O., und Kastenholz, H.G.: „Das Richtige tun" – Struktur- und Prozeßmerkmale einer nachhaltigen Entwicklung. In: Bundesministerium für Wissenschaft und Verkehr (Hrsg.): Theorien und Modelle. Wien 1998, S. 126f.

[12] Ausführlicher zu dieser, als erweiterter Produktlebenszyklus bezeichneten Wertschöpfungskette Malinsky, A. H.: Grundzüge der Betrieblichen Umweltwirtschaft: In: Betriebliche Umweltwirtschaft. Grundzüge und Schwerpunkte. (Hrsg. von A. H. Malinsky), Wiesbaden 1996, S. 9ff.

[13] Vgl. Adam, B.: Wege..., S. 137.

[14] Fritsch, M., u.a.: Regionale..., S. 244.

die praktische Wirtschaftspolitik die Bedeutung solcher Netzwerke erkannt und deren Förderung ins Zentrum regionalökonomischer Aktivitäten gestellt. Damit wird auch die Bedeutung der Region als solche gestärkt.

Obzwar die Ziele einer nachhaltigen Entwicklung deutlich zu denen der Globalisierung kontrastieren, spricht somit einiges dafür, daß sich in der praktischen Politik auf regionaler Ebene Chancen zu einer Synthese oder jedenfalls gleichgerichteten Interessenlage abzeichnen.

3. Systemmanagement – Methoden zur Bewältigung zunehmender regionaler Komplexität

Frühere raumordnungspolitische bzw. regionalwirtschaftliche Ansätze waren, wie schon kurz ausgeführt wurde, vor allem wegen ihrer von „oben" verordneten, aus regionaler Sicht häufig unspezifischen, meist lediglich unkoordiniert sektorspezifischen und nicht zuletzt die Betroffenen nicht ausreichend miteinbeziehenden Vorgangsweise, nicht sehr erfolgreich. Sieht man hingegen, der Realität entsprechend, die Region als Teil eines größeren Ganzen, das selbst wieder in ein umfassenderes Ganzes eingebettet ist und andererseits, daß auch die Region selbst aus höchst unterschiedlichen Bausteinen besteht, deren „Eigenleben" schon auf regionaler Ebene hohe Komplexität aufweist, wird einsichtig, daß das herkömmliche Instrumentarium nicht ausreichen kann, die als wünschenswert erachteten Zustände auch tatsächlich herbeizuführen. Als erfolgversprechend können vielmehr lediglich gesamtsystembeeinflussende Eingriffe angesehen werden: Eingriffe, welche die Region als solche nachhaltigkeitsorientiert weiterentwickeln und dabei gleichzeitig ökonomische und soziale Komponenten nicht außer acht lassen.

3.1 Regionale Ordnungsmuster

Aufgrund der hohen Komplexität auch eines regionalen Systems müssen sich lenkende Eingriffe auf eine Richtungsvorgabe beschränken, d.h. das vorhandene Ordnungsgefüge einer Region in seiner Grobstruktur oder in seinen prioritären Prozessen soweit zu ergänzen oder zu verändern, daß sich in der Folge die gewünschte Entwicklungsrichtung aus dem System heraus selbst realisiert. Systemlenkung, oder in umfassenderem Sinne, Systemmanagement, setzt somit in hohem Maße auf Selbstorganisation. Im Gegensatz zu herkömmlichen Bürokratiemodellen aber auch im Gegensatz zur etablierten Management-. Führungs- oder Organisationslehre, die versucht, „ein 'letztes' eindeutiges Ordnungskonzept zu entwerfen und durch einzelne Eingriffe, Maßnahmen und Strategien .... zu entwickeln" [15], geht Systemmanagement somit davon aus, daß soziale Systeme ihre

---

[15] Probst, G. J. B.: Selbstorganisation. Ordnungsprozesse in sozialen Systemen aus ganzheitlicher Sicht. Berlin, Hamburg 1987, S. 13.

eigene Dynamik entwickeln, eigene (Teil-) Ziele haben und niemals das Resultat einer geplanten Vorstellung zulassen[16].

Systemmanagement ist der ganzheitlichen Schauweise verpflichtet. Im Gegensatz zur herkömmlichen, analytischen, d.h. isolierenden und zerlegenden Vorgangsweise ist Systemmanagement auf Integration, d.h. Zusammenfügen der Teile sowie Beobachtung des Wechselspiels derselben, somit auf Synthese gerichtet: Das zu erklärende Objekt wird als Teil eines größeren Ganzen aufgefaßt, das es zuerst zu erklären gilt. Erst danach ist der Stellenwert der Subsysteme und schließlich der Systemelemente, immer in bezug auf das Ganze, zu erklären.

Die in Richtung Nachhaltigkeit zu entwickelnde Region wird deshalb, wie in Abb.1 ersichtlich, zuerst nach ihrem Stellenwert, den sie im Rahmen des Gesamtgefüges, somit im Rahmen des Bundeslandes, des Staates und allenfalls auch Europas, einnimmt oder zukünftig einnehmen soll, beleuchtet.

Die Untersuchung der Region selbst läßt eine bestimmte Ordnung im Gefüge der Systemelemente und deren Zusammenspiel erkennen. Auch fehlende Bausteine oder fehlende Vernetzungen sind feststellbar. Ebenso machen sich systemfremde Bausteine und/oder dem Systemzweck zuwiderhandelnde Beziehungsmuster bemerkbar.

Aus der Kenntnis des Systemgefüges der Region und der damit mehr oder weniger korrelierenden Zielvorgabe für die Nutzung, d.h. den zukünftigen Aufgaben der Region, können dann bewußt Eingriffe vorgenommen werden. Fehlende Bausteine oder auch fehlende kommunikative Netzwerke lassen sich im Sinne von Systemlenkung ergänzen; ebenso können durch bewußtes Ausklammern von Systemelementen, die für das regionale System unbrauchbar oder allenfalls sogar kontraproduktiv sind, Lenkungsvorgänge ausgelöst werden. Das gilt in besonderem Maße für die Betriebsstruktur und die sie ergänzende produktive Infrastruktur. Dabei ist zu beachten, welchem Sektor, oder allenfalls welcher Branche, eine Vorrangfunktion eingeräumt wird.

---

[16] Vgl. Kirsch, W.: Die Idee der fortschrittsfähigen Organisation. In: Humane Personal- und Organisationsentwicklung. (Hrsg. von R. Wunderer), Berlin 1979, S. 12.

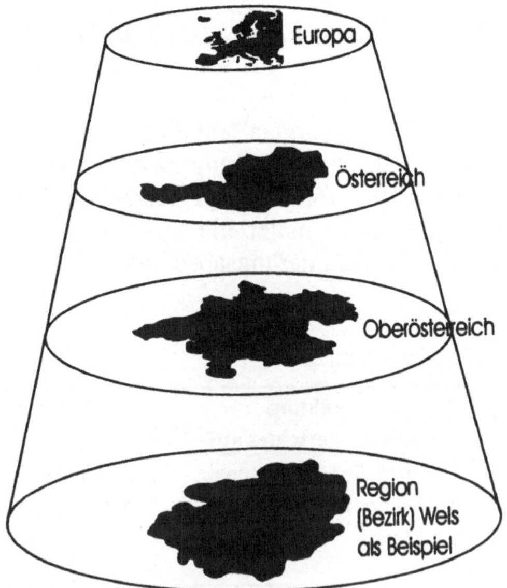

Abbildung 1: Die Region aus ganzheitlicher Sicht

Läßt die Betriebsstruktur einer Region beispielsweise das Ordnungsmuster einer ressourcen- oder sonst potentialorientierten Spezialisierung erkennen und sich darüber hinaus gleichermaßen als ökonomisch zukunftsträchtig und auch ökologisch verträglich beurteilen, sind damit erhebliche Vorgaben für die einzuschlagende Fortentwicklung vorgegeben.

Regionalem Systemmanagement kommt damit die Aufgabe zu, vorhandene Ordnungsmuster als solche zu erkennen, zu interpretieren, nach ökonomischen, ökologischen und sozialen Gesichtspunkten zu beurteilen und schließlich, je nach Befund, in seinen Grundstrukturen zu verstärken, zu verändern oder allenfalls auch völlig neu auszurichten. Da solche Ordnungsmuster sowohl die Struktur als auch die innerhalb derselben ablaufenden Prozesse betreffen, sind, wie in Abb. 2 dargestellt, lenkende Eingriffe deshalb sowohl auf strukturelle als auch auf prozessuale Veränderungen, d.h. solche des Beziehungsgefüges, gerichtet. Die Rückkoppelungen zwischen strukturellen und prozessualen Eingriffen auf die jeweils andere Ebene sind zu berücksichtigen.

Lenkende Eingriffe sind sowohl bei primär stoffstrom- als auch bei primär informationsorientierten regionalen Netzwerken möglich. Sind Stoffströme Gegenstand der (ökologischen) Optimierung, ist vor allem die vertikale Zusammenarbeit der Unternehmungen und Akteure entlang der Wertschöpfungskette angesprochen. Ziel des regionalen Systemmanagements ist in diesem Fall vor allem die strukturelle Verbesserung oder Ergänzung der entlang der Wertschöpfungskette regional verfügbaren Systemelemente und deren Interaktion. Eine Verbesserung der Informationsflüsse geht dieser Stoffstromoptimierung zumeist voran, bzw. begleitet diese; sie ist jedoch nicht das eigentliche Ziel.

Der Aufbau und/oder die Verbesserung regionaler Informationsnetzwerke ist hingegen vorzugsweise auf den Wissensaustausch gerichtet; eine gleichzeitige oder daraus folgend resultierende Verbesserung auch der regionalen Stoffströme ist nicht das Ziel, sondern stellt einen Synergieeffekt dar.

Real kann jedoch von einem fließenden Übergang zwischen stoffstrom- und informationsorientierten regionalen Netzwerken ausgegangen werden. Während im ersten Fall das Lenkungsziel primär die materielle Systemoptimierung darstellt, stehen im zweiten Fall immaterielle Optimierungsabsichten im Mittelpunkt.

Tabelle1: Grundansätze zur Netzwerksgestaltung

Eingriffsebene	Lenkung primär gerichtet auf	Ordnungsmuster
Stoffflußorientierte regionale Netzwerke	Systemische Optimierung materieller Prozesse und/oder Strukturen	einfache Verwertungsnetzwerke bis zu regionaler Stoffstromoptimierung
Informationsflußorientierte regionale Netzwerke	Systemische Optimierung immaterieller Prozesse und/oder Strukturen	Horizontale und/oder vertikale Kooperation bis zu innovativen regionalen Netzwerken

3.2 Betriebliche und regionale Stoffflußorientierung als vorrangiger Beitrag zur regionalen Systementwicklung

Ressourcenschonung zählt zu den vorrangigen Zielen nachhaltiger Entwicklung. Auf regionaler Ebene läßt sich diese vor allem durch eine Verbesserung der Stoffströme realisieren. Die weiteren Erörterungen schränken deshalb schwergewichtig auf eine systemische Optimierung materieller Prozesse und/oder Strukturen, d.h. auf Überlegungen zur Verbesserung der regionalen Stoffströme ein.

Strukturoptimierende Schritte sind – ganz im Sinne der potentialorientierten sowie der endogenen Regionalentwicklung – zuerst auf Bestandspflege und erst folgend auf die Ansiedlung adäquater Betriebe und die Errichtung der erforderlichen produktiven und institutionellen Infrastruktur gerichtet[17]. Die Förderung der in das vorhandene oder anzustrebende Ordnungsgefüge passenden, bereits vorhandenen Betriebe hat somit Vorrang vor ansiedlungspolitischen Maßnahmen im Sinne des Hinzufügens fehlender Systemelemente.

Den ersten Schritt der auf Optimierung der regionalen Stoffströme gerichteten Systemgestaltung stellt eine gründliche Analyse, d.h. Erfassung, Dokumentation und Interpretation von Rohstoff- und Energieflüssen, von Sekundärrohstoffen, bereits vorhandenen betrieblichen oder überbetrieblichen Energiekaskaden, von Zulieferverflechtungen bei Halbfabrikaten, Betriebsmitteln etc., sowie schließlich

---

[17] Hierzu auch Ganser, K.: Strategie zur Entwicklung peripherer ländlicher Räume. (ASG – Materialiensammlung Nr. 144), Göttingen 1980, S. 43.

der Absatzkanäle dar. Vorangegangene Analysen zeigen allerdings, daß solche stoffstrombezogenen Daten selbst betriebsintern in vielen Fällen nicht ausreichend verfügbar sind[18]. Noch mangelhafter sind Informationen über potentielle Partner bzw. deren jeweilige Stoffflüsse[19]. Umweltwirtschaftliche Ausbildungsmaßnahmen, eine stoffstromadäquate Adaptierung des Rechnungswesens sowie verbesserte überbetriebliche Information sind deshalb für die an einem stoffstromorientierten Netzwerk beteiligten oder an der Mitwirkung interessierten Betriebe unabdingbar.

Regionale betriebliche Netzwerke sind sowohl innerhalb des Netzwerkes als auch nach außen, d.h. über die gezogenen Systemgrenzen hinweg, durch unterschiedliche Vernetzungsgrade gekennzeichnet. Strukturdominante Betriebe (Leitbetriebe) bilden Knoten hoher Vernetzung innerhalb dieses Gefüges. Deren optimaler Funktionsfähigkeit kommt deshalb hohe Priorität zu. Die Suche nach fehlenden Bausteinen, bzw. die Prioritätensetzung hinsichtlich ihrer Einfügung ist somit vorzugsweise am Netzwerk der vorhandenen oder als wünschenswert erachteten strukturdominanten Betriebe zu orientieren.

Kriterien für den Einbau fehlender (betrieblicher) Systembausteine in dieses Netzwerk sollten unter Nachhaltigkeitsgesichtspunkten vor allem (1.) die Zulieferreichweite, d.h. jene Entfernung, die für die Zulieferung eines bestimmten Halbfabrikates, Bauteiles oder Betriebsmittels bisher zurückgelegt werden muß, (2.) die qualitativen und quantitativen Komponenten der Transportintensität und (3.) die fertigungsspezifischen Bedürfnisse jener Betriebe in der Region sein, deren Stofffluß durch die Ergänzung mit einem oder mehreren Systembausteinen oder zusätzlichen Vernetzungen verbessert werden soll.

(1.) Wenngleich eine drastische Reduzierung des weltweiten „Produkttourismus" und hierzu zählen zweifellos auch Bauteile, Halbfabrikate, Betriebsmittel etc., nur durch eine gravierende Erhöhung der Energiepreise – und das im internationalen Gleichklang oder wenigstens innerhalb der wichtigsten Industriestaaten – würde erfolgen können, gibt es auch auf regionaler und/oder nationaler Ebene gute Gründe, stoffflußorientierte regionale Kooperationen zu verbessern und durch die örtliche Einbindung von Gliedern in die Stoffflußkette gleichzeitig etwa auch Verkehrsanteile zu reduzieren. Voranzustellen sind vor allem einzelwirtschaftliche Vorteile in Form verringerter Produktionskosten infolge Ressourceneinsparung, Imagegewinne aufgrund der umweltverträglichen Produktionsweise, nicht zuletzt durch die Möglichkeit einer Ausweisung etwa als EMAS-zertifizierter Standort, sowie von weiteren betrieblichen Innovationen, wie sie durch neue Kooperationslösungen induziert werden.

(2.) Neben der räumlichen Entfernung bisheriger Zulieferleistungen hat ebenso die Transportintensität, und zwar gleichermaßen die quantitative als auch die qualitative Dimension, einen erheblichen Stellenwert für die Eingliederung eines betrieblichen Systembausteins. Je größer die jeweilige Zuliefermenge, je volumi-

---

[18] Dieser Tatbestand konnte u.a. im Rahmen der am Institut des Verfassers erstellten Diplomarbeit Angerer, T., Schatz, D.: Die Integration der Entsorgungslogistik in die betriebswirtschaftliche Logistik, Linz 1995, deutlich belegt werden.

[19] Siehe hierzu Schwarz, E., u.a.: Verwertungsnetze im produzierenden Bereich. (Hrsg. vom Bundesministerium für Umwelt, Jugend und Familie; Bd. 25), Wien 1998, S. 75ff.

nöser die Bauteile und je geringer die spezifische Wertschöpfung der Zulieferteile, Betriebsmittel etc. desto wichtiger ist unter Nachhaltigkeitsgesichtspunkten die Eingliederung des Herstellerbetriebes ins regionale Netzwerk. Daneben ist auch die Umweltrelevanz des Transportmittels zu berücksichtigen.

(3.) Auch fertigungsspezifische Bedürfnisse, wie etwa die Notwendigkeit einer fertigungssynchronen Anlieferung der Bauteile, rasche Produktverderblichkeit und/oder die Notwendigkeit von aufwendigen Kühltransporten, etc. können Anlaß zu einer regionalen Einbindung sein.

Die hier ohne Anspruch auf Vollständigkeit aufgelisteten Bestimmungsgründe für eine Eingliederung betrieblicher Systembausteine in ein stoffstromorientiertes regionales Netzwerk sollten branchenspezifisch aufgelistet und zu einer Prioritätenliste geformt werden. Daraus lassen sich auch Förderungskriterien für eine systemorientierte Bestandspflege und/oder Betriebsansiedlung entwickeln.

Sobald nach obigen Kriterien Prioritäten für die Ergänzungswürdigkeit innerhalb des betrieblichen Netzwerkes gesetzt sind, steht die Auswahl geeigneter Betriebe an. Bereits in einem frühen Stadium (Grobauswahl möglicher ansiedlungswilliger oder allenfalls auch entlang der jeweiligen Produktlinie ausbauwilliger ansässiger Betriebe) sind die regionalen Auswirkungen einer solchen Ansiedlung auf das gesamte Netzwerk zu simulieren. In einem ersten Schritt kann mit einfachen Einfluß-Matrizes operiert werden, folgend mit Computersimulation. Dabei sind eine Reihe systemischer „Spielregeln", insbesondere die möglichen Beziehungen der Systemelemente zueinander, zu berücksichtigen. Diese können nämlich nicht nur gleichgerichtet (+), entgegensetzt (-) oder neutral, sondern auch von unterschiedlicher Intensität sowie von unterschiedlicher Dauer sein. Ebenso sind im Zeitablauf Verhaltensänderungen möglich[20]. Diese Simulationsprozesse werden mit zunehmender Konkretisierung wiederholt, die Abbildungsqualität nimmt dabei laufend zu. Aufgrund des „Eigenlebens" der beteiligten Subsysteme, sind allerdings keine mathematisch präzisen Ergebnisse zu erwarten. Rückkoppelungseffekte der beteiligten Subsysteme und daraus resultierende Beschäftigungseffekte, Veränderungen der Kaufkraft innerhalb der Region sowie des regionalen Verkehrsaufkommens, etc., können indessen sichtbar gemacht und dementsprechend in den weiteren Lenkungsüberlegungen berücksichtigt werden. Durch den rechtzeitigen Einbau stabilisierender Rückkoppelungen lassen sich auch unkontrollierbare Entwicklungen zumindest vermindern.

Erst wenn mit ausreichender Sicherheit die durch die beabsichtigten Eingriffe zu erwartenden Veränderungen innerhalb des regionalen Netzwerkes abgeklärt sind, sollte mit einer schrittweisen Realisierung des Vorhabens begonnen werden. Die laufende Überwachung der prozessualen Abläufe und ständige Korrekturen innerhalb der Lenkungsvorgänge sind allerdings unabdingbar: Bislang nicht berücksichtigte, falsch eingeschätzte oder in ihrer Intensität über- oder unterschätzte Wechselwirkungen und Rückkoppelungsprozesse sind ebenso zu berücksichtigen, wie der zeitliche Ablauf und das Verhalten der von den Lenkungsvorgängen nur mittelbar betroffenen Subsysteme und deren Elementen.

---

[20] Ausführlicher hierzu Probst, G. J. B., und Gomez, P.: Die Methodik des vernetzten Denkens zur Lösung komplexer Probleme. In: Vernetztes Denken. Ganzheitliches Führen in der Praxis. (Hrsg. von G. J. B. Probst und P. Gomez), 2. Aufl., Wiesbaden 1991, S. 11ff.

Auch wenn die steuernden Eingriffe in das regionale Netzwerk erfolgreich waren, sind die Aufgaben des regionalen Systemmanagements noch nicht beendet; die prozessualen Abläufe sind weiterhin zu beobachten, Abweichungen vom „optimalen Pfad" sind durch weitere steuernde Eingriffe und/oder Verbesserung der Regelungsmechanismen in Grenzen zu halten.

Regionales Systemmanagement stellt solchermaßen an die Beteiligten ungleich höhere Anforderungen, als diese aus herkömmlichen Planungsprozessen resultieren. Neben ganzheitlichem Denken und systemadäquaten Kenntnissen sind, wie oben schon dargelegt wurde, auch Interdisziplinarität, der Umgang mit Mediationsverfahren und soziale Kompetenz unabdingbar. Rückwirkungen auf den Ausbildungssektor sind deshalb unausbleiblich.

Zusammenfassend ist festzustellen, daß die Einbindung in ein stoffstromorientiertes betriebsstrukturelles Nutzungsgefüge, das im Idealfall in eine Betriebssymbiose mündet, sowohl für die Betroffenen, als auch für die Region selbst einen erheblichen Zuwachs an Stabilität verleiht. Das Risiko einer allenfalls nachteiligen Erstarrung und damit Veralterung der Betriebsstruktur ist durch eine besonders sensible Prüfung, der selbstverständlich auch Szenarien über die künftig wahrscheinliche Entwicklung und somit über längerfristige ökonomische Erfolgsaussichten zugehören, hintanzuhalten. Eine ökologisch verträgliche, stabile regionale Betriebsstruktur ist darüber hinaus eine wesentliche Voraussetzung für eine weitergehende Funktionsmischung und die daraus resultierende Verkehrsvermeidung. Die Errichtung von Wohnstätten und konsumtiver Infrastruktur in räumlicher Nähe zu den Betrieben trägt ebenfalls zur Reduzierung von Verkehrsanteilen bei.

Literaturverzeichnis

Adam, B.: Wege zu einer nachhaltigen Regionalentwicklung. Raumplanerische Handlungsspielräume durch regionale Kommunikations- und Kooperationsprozesse. In: RuR, 55. Jg. 1997, Heft 2, S. 137 – 141.

Angerer, T.; Schatz, D.: Die Integration der Entsorgungslogistik in die betriebswirtschaftliche Logistik. Diplomarbeit. Linz 1995.

Fritsch, M.; u.a.: Regionale Innovationspotentiale und innovative Netzwerke. In: RuR, 56. Jg. 1998, Heft 4, S. 243 – 252.

Fürst, D.: Regionalkonferenzen zwischen offenen Netzwerken und fester Institutionalisierung. In RuR, 52. Jg. 1994, Heft 3, S. 184 – 192.

Ganser, K.: Strategie zur Entwicklung peripherer ländlicher Räume. (ASG – Materialiensammlung Nr. 144), Göttingen 1980.

Johannsson, B.: Economic Networks and Self-Organisation. In: Regions Reconsidered – Economic Networks, Innovation, and Local Development in Industrialized Countries. London 1991, S. 17 – 34.

Kirsch, W.: Die Idee der fortschrittsfähigen Organisation. In: Humane Personal- und Organisationsentwicklung. (Hrsg. von R. Wunderer), Berlin 1979.

Malinsky, A. H.: Entwicklungsschwerpunkte in strukturschwachen Räumen. In: Berichte zur Raumforschung und Raumplanung, 24. Jg. 1980, Heft 1, S. 19 – 25.

Malinsky, A. H.: Grundzüge der Betrieblichen Umweltwirtschaft. In: Betriebliche Umweltwirtschaft. Grundzüge und Schwerpunkte. (Hrsg. von A. H. Malinsky), Wiesbaden 1996, S. 1 – 59.

Malinsky, A. H., Mißbichler, C.: Ökologisch orientierte Raumordnung. Freiraum- und Ressourcensicherung. (Veröffentlichung Nr. 10 des Institutes für gesellschaftspolitische Grundlagenforschung), Linz 1992.

Malinsky, A. H.; Seidel, E.: Betriebswirtschaftslehre und Ökologie – Ansätze zu einer interdisziplinären Kooperation am Beispiel des betrieblichen Rechnungswesens. In: Unternehmenserfolg durch Umweltschutz. Rahmenbedingungen, Instrumente, Praxisbeispiele, hrsg. v. H. Kreikebaum, E. Seidel u. H.U. Zabel, Wiesbaden 1994, S. 31-52.

Porter, M. E.: Nationale Wettbewerbsvorteile. Erfolgreich konkurrieren auf dem Weltmarkt. Wien 1993.

Probst, G. J. B.; Gomez, P.: Die Methodik des vernetzten Denkens zur Lösung komplexer Probleme. In: Vernetztes Denken. Ganzheitliches Führen in der Praxis. (Hrsg. von G. J. B. Probst und P. Gomez), 2. Auf., Wiesbaden 1991.

Probst, G. J. B.: Selbstorganisation. Ordnungsprozesse in sozialen Systemen aus ganzheitlicher Sicht. Berlin, Hamburg 1987.

Renn, O.; Kastenholz, H. G.: „Das Richtige tun" – Struktur- und Prozeßmerkmale einer nachhaltigen Entwicklung. In: Bundesministerium für Wissenschaft und Verkehr (Hrsg.): Theorien und Modelle. Wien 1998, S. 119 – 134.

Schwarz, E. u.a.: Verwertungsnetze im produzierenden Bereich. (Hrsg. vom Bundesministerium für Umwelt, Jugend und Familie; Bd. 25), Wien 1998.

Zundel, S.; u.a.: Stoffstrommanagement. Zwischenbilanz einer Diskussion. In: ZfU, Heft 3, (1998), S. 317 – 339.

Produktlinienanalyse und Wertkettenmanagement als Grundlage für das Management von Verwertungsnetzen

Erich J. Schwarz und Heinz Strebel

Das Thema verbindet zwei bekannte theoretische Konzepte zum Produktlebenszyklus[1] mit der kreislaufwirtschaftlich ausgerichteten Idee der Entwicklung und Führung regionaler Verwertungsnetze. Verwertungsnetze beruhen auf dem Gedanken, produktionsbedingte Rückstände, die innerhalb des sie verursachenden Unternehmens nicht rezykliert werden können, in unternehmensexternen Produktionsprozessen als Primärstoff- bzw. -energieträgerersatz einzusetzen (Schwarz 1994).

Es wird die Frage gestellt, ob das Instrument der Produktlinienanalyse bzw. das Konzept des Wertkettenmanagements bei Entwicklung und Betrieb solcher Verwertungsnetze Hilfestellung geben können. Zur Klärung dieser Frage soll zuerst das Konzept des regionalen Verwertungsnetzes skizziert werden.

1. Konzept des regionalen Verwertungsnetzes

1.1 Ökonomischer und ökologischer Nutzen durch Verwertungsnetze

Die Idee des Verwertungsnetzes ist von dem Gedanken getragen, Produktionsrückstände eines Unternehmens im Rahmen einer längerfristigen Kooperation als Sekundärstoffe in einem anderen Unternehmen zu nutzen (vgl. Abbildung 1). Damit verbleiben diese Rückstände im Wirtschaftskreislauf und natürliche Ressourcen werden längerfristig geschont (Strebel/Schwarz 1998).

Verwertungsnetze können als Analogie zur Vernetzung von Lebewesen in sogenannten Ökozyklen durch Stoff- und Energieströme verstanden werden (zum folgenden etwa Schwarz 1994; Strebel 1999). Die Natur ist – abgesehen von der

---

[1] Vgl. zu produktlebenszyklusorientierten Ansätzen etwa Strebel/Hildebrandt 1989; Kaluza/Klenter 1993; Janzen 1997.

lebenswichtigen Sonnenenergie als Antriebskraft ihrer Prozesse – ein geschlossenes System. Zwischen den Lebewesen eines Ökosystems fließen über Nahrungsketten Stoff- und Energieströme. Über diese Nahrungsketten werden Stoffe nahezu vollständig verwertet, und „Abfall" kommt im Prinzip nicht vor.

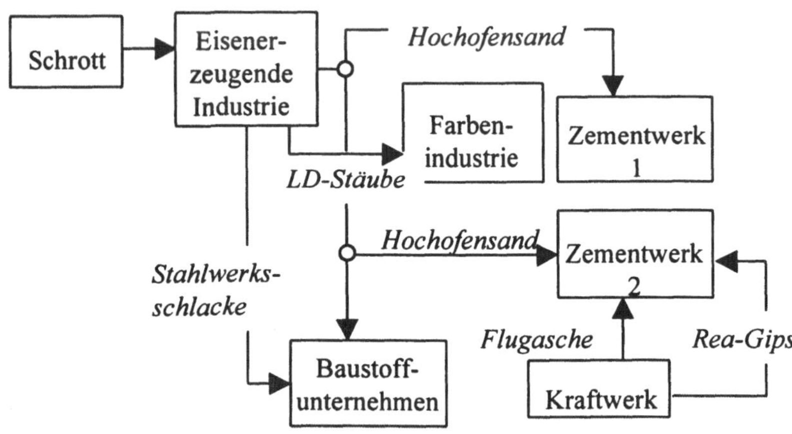

Abbildung 1:   Ausschnitt aus einem Verwertungsnetz

Da die Natur mit Stoffen und Energie durchaus „wirtschaftlich" umgeht, sind die natürlichen Vorgänge in Ökozyklen auch Anstoß für den Gedanken der Kreislaufwirtschaft. Die Idee der Kreislaufwirtschaft ist inzwischen Bestandteil des deutschen Umweltrechts (KrW/AbfG). Zweck des KrW/AbfG „ist die Förderung der Kreislaufwirtschaft zur Schonung der natürlichen Ressourcen und die Sicherung der umweltverträglichen Beseitigung von Abfällen" (§ 1 KrW/AbfG).

Verwertungsnetze bilden einen entscheidenden Einstieg in die Kreislaufwirtschaft. So sagt das Umweltgutachten 1994 (Rat von Sachverständigen für Umweltfragen 1994, S. 9): „Gefordert ist .... die Einbindung der Zivilisationssysteme in das sie tragende Netzwerk der Natur und damit die dauerhafte Ausrichtung der .... Ökonomien an der Tragekapazität der ökologischen Systeme .... Soll die Wirtschaft zukunftsträchtig sein, so muß sie als zirkulare Ökonomie so angelegt sein, daß die Produktionsprozesse von Anfang an in die natürlichen Kreisläufe eingebunden bleiben". Diesem Anspruch sollen auch Verwertungsnetze genügen. Sie sind nämlich Ausdruck der vom Sachverständigenrat als „maßgebliche Kategorie" verlangten „Gesamtvernetzung (Retinität)" (Rat von Sachverständigen für Umweltfragen 1994, S. 10), woraus die hochrangigen ökologischen und auch wirtschaftlichen Aufgaben der Verwertungsnetze unmittelbar folgen.

Neben ökologischen Vorteilen wie der Reduktion von fossilen Energieträgern, Schonung von Deponievolumina und Verminderung der regionalen Gesamtemission bieten Verwertungsnetze Rückstandsproduzenten (Rückstandsquellen) wie Rückstandsverwendern (Rückstandssenken) wirtschaftliche Vorteile. Der Rückstandserzeuger hat dauerhafte Rückstandsabnehmer und vermeidet Kosten für

Aufbereitung, Ableitung, Transport, Verbrennung und Deponierung von Rückständen. Insoweit entfallen auch Abfall- und Abwasserabgaben, und manchmal werden für solche Rückstände sogar Erlöse erzielt. Der Rückstandsverwerter reduziert Material- und Energiekosten und erwirtschaftet gelegentlich Erlöse durch Übernahme der Rückstände. Gerade für mittelständische Unternehmen besteht hier noch ein wesentliches Rationalisierungspotential. Die Analyse der betrieblichen Stoffströme beim Aufbau des Recyclingnetzwerkes führt zu einer Verbesserung der innerbetrieblichen Informationssituation und dadurch in weiterer Folge zur Identifikation von Gefahrenpotentialen. Daraus folgen inner- wie überbetrieblich zahlreiche Anreize für ein ökologisch orientiertes Wirtschaften (vgl. Seidel 1991).

1.2 Elemente und Beziehungen in einem regionalen Verwertungsnetz

Kristallisationspunkte von Verwertungsnetzen sind die sogenannten Verwertungszellen, die in den meisten Fällen von zwei Unternehmen (Rückstandsquelle und Rückstandssenke) gebildet werden (Schwarz 1994). Voraussetzung für die recyclingorientierte Zusammenarbeit sind Informationen über Qualität und Quantität der Rückstände sowie über Einsatzmöglichkeiten. Erfolgt die Erfassung der betrieblichen Rückstände bei der Quelle in möglichst reiner Beschaffenheit, bietet sich oftmals die Möglichkeit, diese Rückstände unmittelbar in den Produktionsprozeß der Senke einzuschleusen.

Sofern die von der „Senke" benötigten Rückstände an der Quelle nur in kleinen Mengen und/oder mit im Zeitablauf schwankenden Mengen anfallen, kann die Mitwirkung von Rückstandsmittlern notwendig werden, um den potentiellen Rückstandsverwertern kontinuierlich ausreichende Rückstandsmengen anbieten zu können. In diesem Kontext ist auch zu prüfen, ob dafür eine Rückstandsaufbereitung (Sortieren, Reinigen, Trocknen usw.) erforderlich ist und wer diese gegebenenfalls übernimmt. Nach bisherigen Untersuchungen ist dies zumeist der Rückstandsabnehmer (Strebel/Schwarz/Schwarz 1996). Soweit keine Rückstandsmittler beteiligt sind, fließen betriebsextern verwertete Rückstände *unmittelbar*, sonst *mittelbar* von einem Rückstandserzeuger zu einem Rückstandsverwender.

Arbeiten in einer Region mehrere Unternehmen bzw. Verwertungszellen im Interesse der Rückstandsnutzung zusammen, so entsteht schließlich ein Verwertungsnetz. Industrielle Verwertungsnetze sind allerdings keine natürlichen (oder „naturnahen") Systeme (Bioökosysteme), sondern künstliche Systeme (Technoökosysteme) (Haber 1980 und 1992). Künstlichen Systemen wie Verwertungsnetzen fehlt aber die Fähigkeit zur Selbstregulierung. Schon wegen dieser mangelnden Selbstregulierungskräfte ist eine institutionalisierte Kommunikation und Koordination innerhalb des Verwertungsnetzes unerläßlich. Insbesondere für ein komplexeres System, wie etwa jenes in der Steiermark (Strebel/Schwarz 1998), erweist sich die Installierung einer überbetrieblichen Informations- und Koordinationseinrichtung (Verwertungsagentur) als umfassendes Planungs- und Steuerungsinstrument als vorteilhaft, in gewisser Hinsicht sogar als unabdingbar (vgl. Abbildung 2).

Die Aufgaben einer derartigen Einrichtung sind vielfältig. So versorgt sie die Netzwerksbetriebe mit konkreten Informationen über im Einzugsbereich (Region) vorhandene Rückstände und Einsatzmöglichkeiten, unterstützt die Unternehmen bei der Installierung recyclingorientierter Kooperationen (inkl. Vertragsgestaltung) und übernimmt für das Verwertungsnetz die begleitende Öffentlichkeitsarbeit. Verwertungsagenturen sind insbesondere für KMUs von Bedeutung, da diese oftmals weder über ausreichende Kenntnisse über den regionalen Rückstandsmarkt verfügen noch darüber in welchen Prozessen Rückstände als Primärstoffersatz Verwendung finden können. Die Inanspruchnahme der Dienstleistungen einer Verwertungsagentur ist insofern sinnvoll, da der Bedarf für neue Verwertungswege im einzelnen Produktionsunternehmen verhältnismäßig selten auftritt und Recyclingbeziehungen oftmals langfristig angelegt sind (vgl. Strebel/Schwarz/ Schwarz 1996; Tiltmann 1992). Zudem kann sich das Unternehmen durch die Auslagerung dieser Aufgaben stärker auf seine Kernkompetenzen konzentrieren.

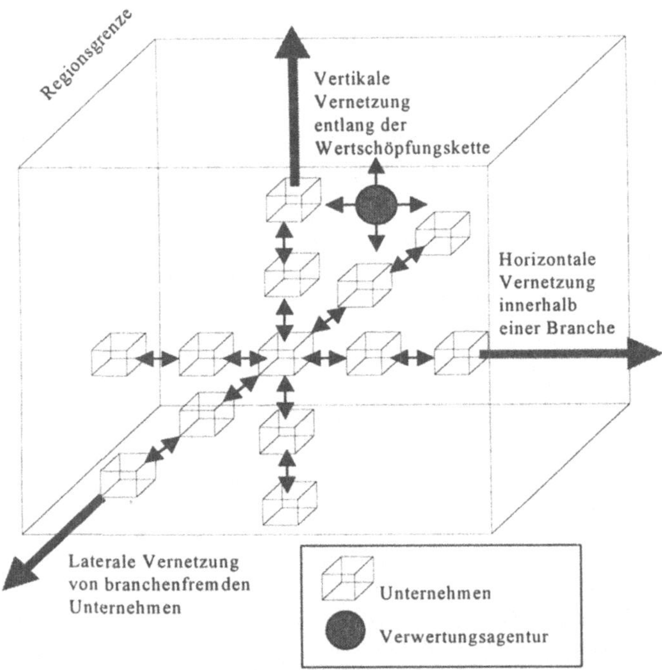

Abbildung 2:   Vernetzungsmöglichkeiten von Unternehmungen innerhalb von Regionen

Ein wesentliches Merkmal funktionierender Verwertungsnetze ist, daß diese keine „Branchenlösungen" (horizontale Vernetzung) mit Unternehmen weitgehend übereinstimmender Input- und Outputstrukturen darstellen. Vielmehr verlangen Verwertungsnetze die Mitgliedschaft von Unternehmen aus *verschiedenen* Industriezweigen. Nur bei vertikaler und lateraler Vernetzung ist gewährleistet, daß die teilnehmenden Betriebe *unterschiedliche* Input- und Outputstrukturen aufweisen (vgl. Abbildung 2). Solche Unterschiede sind im Regelfall die Bedingung dafür, daß Rückstände *eines* Unternehmens als Input (Sekundärstoff) eines *anderen* Unternehmens dienen können.

2. Produktlinienanalyse und Verwertungsnetze

Die von der Projektgruppe Ökologische Wirtschaft (PÖW) vorgestellte Produktlinienanalyse (PLA) ist ein Versuch, beurteilungsrelevante Folgen der Entwicklung, Produktion, Nutzung und schließlich Entsorgung einer mit einer bestimmten Produktgestalt ausgestatteten Erzeugnisart möglichst vollständig zu erfassen. Dabei beschränkt man sich nicht auf ökologisch wirksame Konsequenzen des Umgangs mit diesem Produkt, sondern arbeitet mit drei „Dimensionen", nämlich „Natur", „Gesellschaft" und „Wirtschaft", die ihrerseits wieder mehrfach untergliedert werden.

Diese Dimensionen bilden in einer vom PÖW vorgeschlagenen Matrix die Spalten („Horizontale"). Die dort aufgezeigten Konsequenzen können nun in verschiedenen Phasen des Produktlebenszyklus zutage treten. Der Produktlebenszyklus wird dabei in mehrere Phasen gegliedert, beginnend bei Rohstofferschließung und -verarbeitung und endend mit Beseitigung von Produkten und Rückständen. Diese Phasen liefern die Zeilen („Vertikale") der Matrix.

Die „Produktlinienmatrix" des PÖW enthält dann oftmals hunderte Felder mit produktbedingten Auswirkungen (PÖW 1987). Allein dieses Vollständigkeitsstreben schränkt die Anwendbarkeit der PLA in der Praxis erheblich ein. Es erinnert an Versuche, bei der Beurteilung von Forschungsprojekten im Rahmen sog. Scoring-Modelle mit bis zu 200 Beurteilungskriterien zu arbeiten (hierzu Strebel 1975). Zudem fließen hier Werturteile als offene Empfehlungen ein (vgl. etwa Raffee 1974). Das Verfahren erscheint insoweit manipulierbar (vgl. Günther, 1994).

Wie gezeigt worden ist, verlangt die Aufnahme produktbezogener Rückstände in ein Verwertungsnetz sowohl Kenntnisse über verfügbare Rückstandsarten und -mengen als auch Informationen über vorhandene qualitative und quantitative Potentiale für die Verarbeitung solcher Rückstände als Sekundärstoffe. Solche Informationen kann die PLA nicht liefern, zumal sie ja schon keine bzw. unvollständige quantitative Angaben über entstehende Rückstände bereitstellt. Sie kann allenfalls auf Möglichkeiten verweisen, wo während des Produktlebenszyklus solche Rückstände entstehen können. Solche Hinweise sind aber regelmäßig nur qualitativer Art und können im Rahmen der Entwicklung neuer oder der Versorgung bestehender Verwertungsnetze nur als ein möglicher Denkanstoß wirken.

Auch ist die PLA bei der Angabe von Produktartenwirkungen (analog zu Mengengerüsten der Kosten) im Detail recht zurückhaltend und beschränkt sich weitgehend auf nominale, allenfalls auf ordinal skalierte Angaben. Dies gilt auch konzeptionell schon für die produktartenbedingten Emissionen in den verschiedenen Lebensphasen, für die in anderen Konzepten durchaus Mengenangaben gefordert werden (etwa Strebel/Hildebrandt 1989). Zudem sind Bewertungsgrundsätze und Aggregationsmechanismen nicht fixiert (PÖW 1987, S. 38).

Weiter ist zu beachten, daß die Bedeutung der PLA nicht bei der Lieferung von Rückständen an mögliche Rückstandsverwerter wie beim Verwertungsnetz liegt, sondern bei der Frage, ob nicht bestimmte, nach aktuellem Ist- oder Planungsstand entstehende Rückstände durch Änderung der Produktgestalt und sogar durch Vermeiden der Produktion und Nutzung bestimmter Erzeugnisse künftig verhindert werden könnten. Zu den wesentlichen Merkmalen der PLA zählt nämlich auch die „Diskussion alternativer Formen der Bedürfnisbefriedigung anstatt eng definierter Produkte (Bedürfnisreflexion)" (Sekul/Sieler 1995, S. 417). Damit kommt man wieder zu der Frage, welche und wie viele Güter noch mit einer intakten Umwelt verträglich sind (Strebel 1980). Dies bedeutet aber letztlich den Versuch der Produkt- und damit der Rückstandsvermeidung, und dazu braucht man auch keine industriellen Verwertungsnetze mehr.

Für den Betrieb sowie die Weiterentwicklung von Verwertungsnetzen liefert die PLA in ihrer ursprünglichen Konzeption somit nur den Versuch einer Problemstrukturierung sowie Hinweise auf mögliche Schwachstellen bzw. Verbesserungsmöglichkeiten.

Eine Weiterentwicklung bzw. eine Anpassung der PLA als Instrument zur Beurteilung von Entsorgungslogistiksystemen erfolgt in der Arbeit von Bruns (1997). Dabei wird das jeweils zu betrachtende System (z.B. regionales Verwertungsnetz) als Produkt verstanden und alternative Verwertungs- bzw. Entsorgungsmöglichkeiten zum Variantenvergleich herangezogen. Durch die Berücksichtigung potentieller Varianten ist es möglich, dynamische Komponenten des Systems wie den technischen Fortschritt oder die Ansiedlung neuer Verwertungsunternehmungen zu antizipieren.

Als Strukturierungsinstrument dient dabei die in Abbildung 3 dargestellte Rückstandslinienmatrix. Im Gegensatz zur „traditionellen PLA", bei der durch die Verwendung vornehmlich deskriptiver Methoden lediglich eine qualitative Bewertung der Varianten möglich ist, grenzt Bruns die drei Dimensionen (Ökonomie, Ökologie, Gesellschaft) durch geeignete Kriterien so voneinander ab, daß ein Mix von Instrumenten der Entscheidungsfindung wie die Kapitalwertmethode, die ökologische Nutzwertanalyse aber auch naturwissenschaftlich orientierte Bewertungsinstrumente wie die ökologische Buchhaltung zur Anwendung gelangen. Weiter wird in diesem modifizierten Konzept der PLA explizit auf die Notwendigkeit der systematischen Erfassung des Mengengerüsts der eingesetzten sowie freigesetzten Stoffe und Energiearten als Voraussetzung der Bewertung verwiesen.

Für den Fall, daß keine paretooptimale Lösung, d.h. kein dominantes Verwertungssystem vorliegt, sind die ermittelten Kenngrößen Kapitalwert, ökologische Recheneinheiten zu gewichten.

Horizontale	Ökonomie					Ökologie								Gesellschaft			
Vertikale	Erlöse	Kosten	Kapitaleinsatz	...	Energieverbrauch	Wasserverbrauch	Wasserverschmutzung	Luftverschmutzung	Ressourcenverbrauch	Bodennutzung	Rückstandsaufkommen	...	Arbeitnehmerinteressen	Interessen der Anlieger	Interessen der Bürger	...
Beschaffung																
Sortierung																
Lagerung																
Sammlung																
Umschlag																
Transport																
Produktion																
Wiederverwertung																
Weiterverwertung																
Behandlung vor Deponierung oder Verbrennung																
Absatz																
Transport zum Ort des Wieder- oder Weitereinsatzes, zur Verbrennungsanlage oder Deponie																
Wieder-/Weitereinsatz																
Verbrennung																
Deponierung																
Entsorgung																
Beseitigung im System entstandener Rückstandsmengen																

Abbildung 3: Rückstandslinienmatrix (vgl. Bruns 1997, S. 86)

3. Wertkettenmanagement und Verwertungsnetze

Das auf Porter zurückgehende Wertkettenmanagement beruht auf der Idee, die Wertschöpfungskette im Unternehmen so zu gestalten, daß daraus strategische Vorteile entstehen, wie Kostenminderungen für dieses Unternehmen oder höherer Kundennutzen (Porter 1985; hierzu auch Herbrechtsmeier 1998).

Eine Wertkette setzt sich aus unterschiedlichen Aktivitäten zusammen, die auf die Erstellung eines spezifischen Produktes abstellen. Dabei ist zwischen Primäraktivitäten (z.B. Aufbereitung von Einsatzstoffen, Produktion, Marketing, Entsorgung) und unterstützenden Aktivitäten wie Unternehmensinfrastruktur, Personalwirtschaft, Technologieentwicklung sowie über- und innerbetrieblicher Logistik zu unterscheiden.

Die Abgrenzung von Aktivitäten innerhalb der Tätigkeiten des Unternehmens hängt dabei von den individuellen Gegebenheiten ab. Zur Abgrenzung der Aktivitäten werden Kriterien wie „unterschiedliche Kostentreiber", „spürbarer Anteil an den Kosten" oder „starkes Kostenwachstum" genannt (Ewert/Wagenhofer, 1997).

Gerade letztgenanntes Kriterium ist für Branchen mit stark ressourcenbeanspruchenden (nicht regenerativen) Einsatzfaktoren aufgrund zukünftig zu erwartender Knappheiten zu beachten. So wird etwa aufgrund strengerer Umweltgesetze Umweltverträglichkeit zum kostenbestimmenden Faktor. Neben der Idee, durch Kostenminimierung strategische Vorteile zu erlangen, stellt die Gestaltung der Wertschöpfungskette aus dem Aspekt der Erhöhung des Kundennutzens eine zweite Anknüpfungsmöglichkeit dar.

Eine Integration der Rückführung von Rückständen in den Wertkettenansatz wurde beispielsweise von Zahn/Schmid (1992) durch die Entwicklung des „Wertschöpfungsringes" sowie von Günther (1994) durch den „Wertschöpfungskreis" vorgenommen (vgl. in diesem Zusammenhang auch das Konzept der „Schadschöpfung" von Schaltegger/Sturm (1990)). Damit wird im Prinzip die Verantwortlichkeit des Unternehmens auch auf die Rückstandsbewältigung ausgedehnt (dazu schon Abell 1980).

Forderungen zum Entwurf einer „reversiblen Wertschöpfung" (Kaluza/Pasckert 1997; Pasckert 1997) zielen darauf ab, im Rahmen der strategischen Entscheidungen der Unternehmungen eine Vielzahl der Wertschöpfungsaktivitäten von Unternehmungen in Richtung einer höheren Umweltverträglichkeit weiterzuentwickeln.

Ziel des reversiblen Wertschöpfungskonzeptes ist dabei ein möglichst hoher Werkstofferhalt. So soll das Ergebnis jeder einzelnen Aktivität idealtypisch durch eine weitere Aktivität entweder fortgesetzt oder aufgehoben werden können (Pasckert 1997). Stofflicher Verwertung ist insofern der Vorrang zu geben, da bei thermischer Verwertung eine Entropieerhöhung erfolgt (hierzu Wiemer u.a. 1995). Als Maßnahmen zur Ermöglichung des erwähnten Werkstofferhaltes sind solche zur Vermeidung, Verminderung sowie zur Verwertung von Rückständen (Schließung von Stoffkreisläufen) zu erwähnen. Wie bereits oben angeführt, schöpft die Installierung von Verwertungsbeziehungen im Rahmen von Verwertungsnetzen Rückstandsverwertungspotentiale einer Region aus.

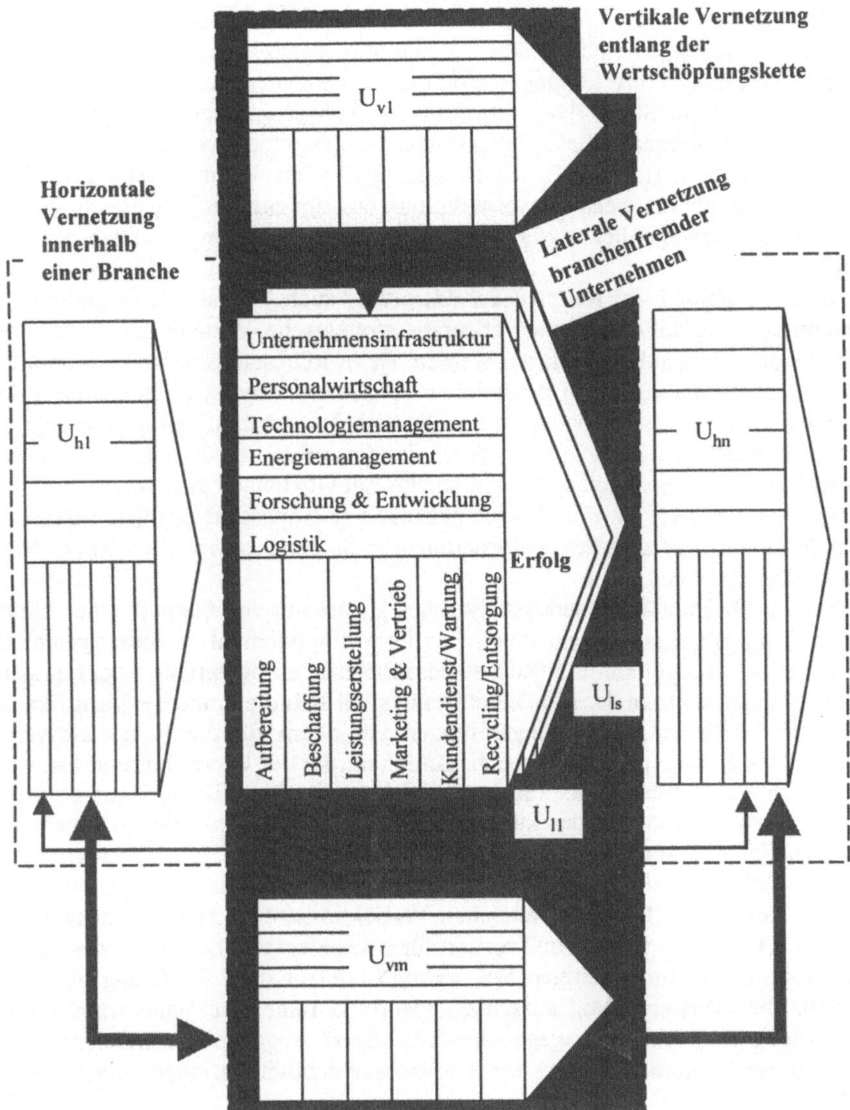

Abbildung 4: Horizontale, vertikale und laterale Verknüpfung von Unternehmen

Insoweit kann durch das Management regionaler Verwertungsnetze ein wesentlicher Teilaspekt der „reversiblen Wertschöpfung" verwirklicht werden. In bezug auf einzelne Aktivitäten entlang der Wertschöpfungskette ist nach dem möglichen Beitrag der Installierung von Verwertungsbeziehungen zu fragen (vgl. Abbildung 4). Nachfolgend wird eine Auswahl von primären Aktivitäten wie die Produktion sowie unterstützende Aktivitäten wie beispielsweise die Personalwirtschaft einer recyclingorientierten Analyse unterzogen.

Gerade die Ressourcenverknappung fordert von den Unternehmungen in zunehmendem Maße die Fähigkeiten eines Engpaßmanagements, so daß alternative Beschaffungslösungen einen strategischen Faktor darstellen. Im Rahmen des *Beschaffungsmanagements* können durch die vorhandenen Kontakte im Verwertungsnetz sowie durch die Beanspruchung der Verwertungsagentur Informationen über mögliche alternative Sekundäreinsatzstoffe gewonnen werden. Mit der Betonung möglicher regionaler Beschaffungsschienen im Rahmen regionaler Verwertungsnetze können beispielsweise ressourcenschonende Effekte erzielt werden, wenn Transportwege bei zuvor überregionalen Beschaffungs-quellen verkürzt werden.

Soweit es gelingt, im Rahmen des *Marketing* auch Rückstände an andere Unternehmen zu veräußern, können ebenfalls strategische Vorteile gegenüber konkurrierenden Unternehmen lukriert werden. Beim Rückstandsmarketing kommt es aber vor allem darauf an, in potentiellen Rückstandsverwertern Interesse an bestimmten Rückstandsangeboten und schließlich Nutzenempfindungen gegenüber solchen Rückständen zu erwecken, durch die diese Rückstände schließlich wieder in den Kreis der Güter gelangen. Um solche Entwicklungen auszulösen, muß das Rückstandsmarketing im Prinzip eine gegenseitige Anpassung des Qualitätsprofils einer Rückstandsart und des Anforderungsprofils eines potentiellen Rückstandsverwenders erreichen.

Dabei ist bei der Rückstandsanalyse der „unerwünschte Output" eines Unternehmens im Hinblick auf ein mögliches Recyclingpotential zu untersuchen. Da die Fälle, in denen potentielle Rückstandsabnehmer an potentielle Rückstandslieferanten herantreten, in der Minderzahl sind, stellt sich die Frage der Identifikation technisch möglicher Verwertungslösungen vor allem für die Rückstandsverursacher. Dies ist eine unternehmerische Tätigkeit, die der Forschung und Entwicklung neuer Verfahren ähnelt. Verwertungsnetze, wie sie im Rahmen dieser Arbeit gesehen werden, bilden dabei einen wesentlichen Ansatzpunkt für Unternehmungen „Suchkosten" zu reduzieren.

Um solche Vorteile in Verbindung mit der Rückstandsentstehung nutzen zu können, kommt es darauf an, auf allen Produktionsstufen alle Rückstände physisch zu erfassen, zu trennen und sortiert für eine externe Verwertung oder für eine Aufbereitung zur anderweitigen Entsorgung bereitzuhalten. Erfahrungsgemäß ist dies für die Wertschöpfung ausschlaggebend, da reine Rückstandsarten bessere Verwertungschancen haben, gegebenenfalls höhere Abgabepreise erzielen und für den Fall der Weiterbehandlung durch Entsorger deutlich geringere Kosten verursachen.

Weiter ist es Aufgabe des betrieblichen Rückstandsmarketings, potentielle Rückstandsverwender zu überzeugen, von „überzogenen" Anforderungen Abstand zu nehmen. Potentielle Produktnachfrager stellen vielfach an die Produkte höhere Ansprüche als für ihre Einsatzzwecke erforderlich sind (Kleinaltenkamp 1985). Hier hat das Marketing (nicht nur das Rückstandsmarketing) inzwischen schon einige Wandlungen in der menschlichen Einstellung gegenüber Rückstand/Abfall erreicht. So wird noch 1990 von einem Automobilverkäufer folgendes Zitat berichtet: „Ich kann doch einem Käufer, der viel Geld für eine Luxuskarosse locker macht, nicht sagen, daß Teile des Prachtstücks aus Schrott und recyceltem Kunst-stoff gefertigt sind" (Fuchs 1990).

Durch das hohe Ausmaß an Veränderungen in Technologiebereich (z.B. CAM, CIM) erkennen insbesondere technologieintensive Unternehmen zunehmend die eigenständige strategische Bedeutung von Technologien bzw. des Produktions-systems (Klingebiel 1989, Zahn 1994). Um einen höheren Integrationsgrad zwi-schen den Netzwerkteilnehmern zu erreichen und die damit verbundenen positiven ökonomischen und ökologischen Effekte nutzen zu können, bedarf es auch einer Abstimmung der Produktions- und Recyclingvorgänge der am Netzwerk beteilig-ten Betriebe. Zur konsequenten Umsetzung recyclingorientierter Aspekte in der *Produktion* gehört somit die Integration umweltrelevanter Daten in Systeme der Produktionsplanung und –steuerung (Steven/Letmathe 1996; Haasis 1996). Exi-stierende Systeme müssen um die Abbildung der Kreislaufprozesse erweitert wer-den. So besteht etwa im Bereich der Mengenbedarfsplanung Erweiterungsbedarf bezüglich Sekundärrohstoffen und –bauteilen (Corsten/Götzelmann, 1992).

Bei der Integration des Recycling in existierende PPS-Systeme ist insbesondere auf die Inhomogenitäten der Rezyklate sowie auf die quantitativen und qualitati-ven Veränderungen der Faktoreinsatz- und -ertragseite zu achten. Dabei werden die klassischen Aufgaben der Logistik um Aspekte wie die Ermittlung der Anfall-profile aller Abfallstoffe hinsichtlich Art, Menge, Raum und Zeit erweitert.

Verfolgt man das Ziel, die Material- und Warenflüsse der am Verwertungsnetz beteiligten Unternehmen sowohl vertikal entlang der „traditionellen" Wertschöp-fungskette als auch lateral zu verknüpfen, so ist die Entwicklung eines überbe-trieblichen PRPS-Systems sinnvoll. Seine Bedeutung gewinnt ein überbetriebli-ches PRPS-System durch eine unternehmensübergreifende Prozeßorientierung. Der betrachtete Gegenstand für eine Optimierung ist nicht ein einzelnes Unter-nehmen, sondern sind die am Netzwerk beteiligten Unternehmen. Erst die erfolg-reiche Integration der Kreislaufwirtschaft über den gesamten Produktlebenszyklus schafft die Voraussetzung für eine übergreifende ökologische Optimierung der Wertschöpfungskette. Im Hinblick auf die Vernetzung mehrerer Unternehmen erweitert sich der Anforderungskatalog an PRPS-Systembausteine um Aspekte wie der Koordination der Aufträge zwischen den am Verwertungsnetz / an der Wertschöpfungskette beteiligten Unternehmen, unternehmensübergreifende Sta-tusverwaltung von recyclingbezogenen Aufträgen und Bereitstellung von netz-werksumfassenden recyclingbezogenen Daten und Kennzahlen zur Unterstützung des Controlling (Luczak/Heiderich 1997).

Um solche Resultate zu erreichen, muß die Einstellung aller Betriebsange-hörigen gegenüber Abfall positiv beeinflußt und das Kreislaufdenken im Unter-nehmen gefördert werden. Anpassungsmaßnahmen der Organisationsstruktur und der Personalstruktur sind insbesondere dann notwendig, wenn durch den Einsatz inner- sowie zwischenbetrieblicher produktionsintegrierter Recyclingtechnolo-gien das Produktionssystem erhebliche Veränderungen erfährt. Aufgaben in die-sem Kontext sind die konzeptionelle Entwicklung von innovationsfördernden organisatorischen Rahmenbedingungen sowie von Maßnahmen zur Förderung der Innovationsbereitschaft der Mitarbeiter (vgl. hierzu Schwarz 1999).

Literaturverzeichnis

Abell, D. F.: Defining the Business. Englewood Cliffs 1980.

Blecker, T.: Logistische Aspekte der Kreislaufwirtschaft, in: Kreislaufwirtschaft und Umwelt-management, Kaluza, B. (Hrsg), Hamburg, 1998, S. 97 - 134.

Bruns, K.: Analyse und Beurteilung von Entsorgungslogistiksystemen. Ökonomische, ökologi-sche und gesellschaftliche Aspekte. Wiesbaden 1997.

Corsten, H.; Götzelmann, F.: Abfallvermeidung und Reststoffverwertung - Eine produkt und verfahrensorientierte Analyse, in BFuP, 44(1992)2, S. 102 – 119.

Der Rat von Sachverständigen für Umweltfragen. Umweltgutachten 1994. Stuttgart 1994.

Ewert, R.; Wagenhofer, A.: Interne Unternehmensrechnung. 3. Aufl. Berlin Heidelberg 1997.

Fuchs, H.: Zeit für Demonteure. Wirtschaftswoche. 11.5.1990.

Günther, E.: Ökologieorientiertes Controlling. Konzeption eines Systems zur ökologieorientier-ten Steuerung und empirische Validierung. München 1994.

Haasis, H.-D.: Betriebliche Umweltökonomie, Bewerten - Optimieren - Entscheiden, Berlin, Heidelberg, 1996.

Haber, W.: Über den Beitrag der Ökosystemforschung zur Entwicklung der menschlichen Um-welt. In: Systemforschung und Neuerungsmanagement. Hrsg.: Bierfelder, W.; Höcker, K.-H. München Wien 1980, S. 135-159.

Haber, W.: Landschaftsökologische Erkenntnisse als Grundlage wirtschaftlichen Handelns. In: Betrieblicher Umweltschutz. Hrsg.: Seidel, E. Wiesbaden 1992, S. 15-30.

Hahn, D.; Kaufmann, L. (Hrsg.): Handbuch industrielles Beschaffungsmanagement. Wiesbaden 1999.

Herbrechtsmeier, P.: Das Management von Innovationen. Alle Wertschöpfungsstufen gleichzei-tig einbeziehen. Frankfurter Allgemeine Zeitung. 3.8.1998, Nr. 177, S. 28.

Kaluza, B.; Klenter, G.: Zeit als strategischer Erfolgsfaktor von Industrieunternehmen. Teil II. Diskussionsbeitrag Nr. 173 des Fachbereichs Wirtschaftswissenschaft der Universität-GH-Duisburg. Duisburg 1993.

Kaluza, B.; Pasckert, A.: Kreislaufwirtschaftsgesetz und umweltorientiertes Tech-nologiemanagement. In: Unternehmung und Umwelt. Hrsg.: Kaluza, B. 2. Aufl. Hamburg 1997.

Kleinaltenkamp, M.: Recycling-Strategien. Berlin Bielefeld München 1985.

Klingebiel, N.: Prozeßinnovationen als Instrument der Wettbewerbsstrategie. Berlin 1989.

Kunerth, W.: Wandlungsfähige Produktion. In: Stuttgarter Impulse: Innovation durch Technik und Organisation / FTK'97. Hrsg.: Gesellschaft für Fertigungstechnik. Berlin Heidelberg 1997, S. 28-43.

Luczak, H.; Heiderich, T.: Leistungsstand aktueller Standard-PPS-Systeme bei der Unterstützung wandelbarer Produktionsnetze. In: Industrie Management 13 (1997) 4, S. 9-12.

Pasckert, A.: Zukunftsfähige Wertschöpfungskreisläufe. Hamburg 1997.

Porter, M. A. Competitive Advantage. New York 1985.

Projektgruppe Ökologische Wirtschaft (Hrsg.): Produktlinienanalyse: Bedürfnisse, Produkte und ihre Folgen. Köln 1987.

Raffée, H.: Grundprobleme der Betriebswirtschaftslehre. Göttingen 1974.

Rautenstrauch, C.: Fachkonzept für ein integriertes Produktions-, Recyclingplanungs- und Steue-rungssystem, Berlin, New York, 1997.

Schaltegger, S.; Sturm, A.: Ökologieorientierte Entscheidungen in Unternehmen. Ökologisches Rechnungswesen statt Ökobilanzierung. Notwendigkeit, Kriterien, Konzepte. Bern Stuttgart 1992.

Schmid, U.: Ökologiegerichtete Wertschöpfung in Industrieunternehmungen. Industrielle Pro-duktion im Spannungsfeld zwischen Markterfolg und Naturbewahrung. Frankfurt am Main 1996.

Schwarz, E. J.: Unternehmensnetzwerke im Recycling-Bereich. Wiesbaden 1994.

Schwarz, E. J.: Ökonomische Aspekte regionaler Verwertungsnetze. In: Kreislauforientierte Unternehmenskooperationen - Stoffstrommanagement durch innovative Verwertungsnetze. Hrsg.: Strebel, H.; Schwarz, E. J. München 1997, S.11-25.

Schwarz, E. J.: Umweltorientierte technologische Prozeßinnovationen. Wiesbaden 1999.

Seidel, E.: Anreize zu ökologisch verpflichtetem Wirtschaften. In: Handbuch Anreizsysteme in Wirtschaft und Verwaltung. Hrsg.: Schanz, G. Stuttgart 1991, S. 171-189.

Seidel, E.: Ökologisches Controlling. Zur Konzeption einer ökologisch verpflichteten Führung von und in Unternehmen. In: Betriebswirtschaftslehre als Management- und Führungslehre. Hrsg.: Wunderer, R. 2. erg. Aufl. Stuttgart 1988, S. 307-322.

Steven, M.; Letmathe, P.: Umweltstücklisten als Datengrundlage für umweltorientierte PPS-Systeme, in: ZfB-Ergänzungsheft 2/1996, Wiesbaden, S. 165 - 183.

Strebel, H.: Forschungsplanung mit Scoring-Modellen. Baden-Baden 1975.

Strebel, H.: Umwelt und Betriebswirtschaft: Die natürliche Umwelt als Gegenstand der Unternehmenspolitik. Berlin 1980.

Strebel, H.; Hildebrandt, Th.: Produktlebenszyklus und Rückstandszyklen: Konzept eines erweiterten Lebenszyklusmodells. In: zfo 58 (1989) 2, S. 101-106.

Strebel, H.; Schwarz E.J. (Hrsg.): Kreislauforientierte Unternehmenskooperationen. Stoffstrommanagement durch innovative Verwertungsnetze. München 1998.

Strebel H.: Industrielle Verwertungsnetze: Funktionsweise und Informationsaustausch. In: Umwelt und Vernetzung. Hrsg.: Simon, J. Baden-Baden 1999 (in Druck).

Tiltmann, K.: Kosten senken durch Recycling. In: Fortschrittliche Betriebsführung und Industrial Engineering (FB/IE) 41 (1992) 2, S. 80-81.

Wiemer, K.; Frohne, R.; Täuber, U.; Kern, M.: Kohlenstoff als Ressource. In: Müll und Abfall 17 (1995), S. 403-415.

Zahn, E.; Schmid, U.: Wettbewerbsvorteile durch umweltschutzorientiertes Management. In: Umweltschutzorientiertes Management – Die unternehmerische Herausforderung von Morgen. Hrsg.: Zahn, Erich; Gassert, Herbert. Stuttgart 1992, S. 39-93.

Zahn, E.: Produktion als Wettbewerbsfaktor. In: Handbuch Produktionsmanagement: Strategie – Führung – Technologie – Schnittstellen. Hrsg.: Corsten, H. Wiesbaden 1994, S. 241-258.

Zukunftsperspektiven im Entsorgungsmanagement

Manfred Schreiner

1. Zielwandel in der Entsorgungswirtschaft

1.1 Entsorgungssicherheit zur Daseinsvorsorge

Mit dem Abfallbeseitigungsgesetz von 1972 und der flächendeckenden Einführung der Abfallentsorgung hatten die Gebietskörperschaften unter der dominanten Zielsetzung der Entsorgungssicherheit mit geordneter Beseitigung die Verantwortung für die Abfallentsorgung als Maßnahme der Daseinsvorsorge weitgehend übernommen. Entsorgung war gleichzusetzen mit Deponierung, ausnahmsweise auch mit Verbrennung. Privatwirtschaftliche Entsorgungsunternehmen übernahmen vielerorts als beauftragte Dritte vorwiegend die Sammel- und Transportleistungen. Der Anschluß- und Andienungszwang an öffentlich-rechtliche Entsorgungseinrichtungen war Ausdruck hoheitlichen Handelns.

Die Anforderungen an eine ordnungsgemäße und schadlose Beseitigung waren vergleichsweise gering und die Entsorgungskosten entsprechend niedrig. Für Gewerbe und Industrie als Abfallbesitzer war die Abfallentsorgung kein nennenswerter Kalkulationsfaktor. Anreize zur Vermeidung von Abfällen gab es kaum.

1.2 Abfallvermeidung und -verwertung zur Deponieschonung

Mit dem Abfallgesetz von 1986 kam der Grundgedanke der Abfallvermeidung und -verwertung zwar in den Gesetzestext, im praktischen Vollzug allerdings blieb es weitgehend bei der „Drohung" des § 14 AbfG, wonach durch Rechtsverordnungen einschränkende Vorschriften zur Abfallvermeidung erlassen werden konnten. Erst mit der Verpackungsverordnung in 1991 wurde für einen eher bescheidenen Teil der Abfälle davon Gebrauch gemacht. Dominant war die Zielsetzung, die immer knapper werdenden Beseitigungskapazitäten zu schonen.

Im Interesse einer schadlosen und umweltverträglichen Beseitigung stiegen mit der TA-Abfall und den strengeren Anforderungen der 17. BImSchV für Müllverbrennungsanlagen die technischen Anforderungen an die Abfallbeseitigungsanlagen. Die Entsorgungskosten wurden zu einem nicht mehr zu übersehenden Kostenfaktor. Zweistellige jährliche Steigerungsraten bei den Entsorgungsgebühren waren und sind keine Seltenheit. Auffallend sind allerdings die enormen regionalen Gebührenunterschiede. So differieren die Entsorgungskosten zwischen den einzelnen Gebietskörperschaften um mehr als das Zehnfache und werden damit zu einem beachtenswerten Standortfaktor.

1.3 Kreislaufwirtschaft und Umweltschutz

Die Philosophie des Vergrabens und Vergessens der Abfälle ist längst als ein auf Dauer nicht gangbarer Weg der Entsorgung erkannt. Wurde zunächst versucht, die schädlichen Auswirkungen der Abfallablagerungen durch ein Mehrbarrienkonzept (Basisabdichtung, Oberflächenabdeckung, Sickerwasser- und Gasfassung, Inertisierung der Ablagerungen) in den Griff zu bekommen und die Abfälle aus dem natürlichen Kreislauf auszuschleusen, treten jetzt Aspekte der Ressourcenschonung durch Kreislaufwirtschaft unter der Maxime des Sustainable Development zur Seite.

Zwei im Grunde unabhängige Entwicklungen werden im neuen Abfallrecht, dem „Gesetz zur Förderung der Kreislaufwirtschaft und zur Sicherung der umweltverträglichen Beseitigung von Abfällen" vereint. Es zeigen sich Synergieeffekte, allerdings (derzeit noch) auch eine Reihe von Ungereimtheiten und Widersprüchen bis hin zu eklatanter ökologischer Ineffizienz.

Mit dieser 5. Novelle zum Abfallgesetz von 1994 und deren Inkrafttreten Ende 1996 vollzog sich ein grundlegender Wandel in der Abfallwirtschaft. Noch vor der Sicherung der geordneten Beseitigung rangiert das Ziel der Ressourcenschonung durch Abfallvermeidung und -verwertung.

2. Das neue Abfallrecht

2.1 Intentionen und Umsetzungsprobleme

Mit den Neuregelungen des KrW-/AbfG vom 27.09.1994 hat der Bundesgesetzgeber den Versuch unternommen, die Abfallwirtschaft so weit wie möglich zu deregulieren und marktwirtschaftlichen Mechanismen gegenüber zu öffnen, ohne dabei (aus nachvollziehbaren Gründen) ganz von der Abfallentsorgung als öffentlicher Aufgabe abgehen zu können. Um auch weiterhin eine geordnete und gemeinwohlverträgliche Entsorgung sicherzustellen, wurden die ordnungsrechtlichen Steuerungs- und Kontrollinstrumente erheblich ausgeweitet.

Das Gesetz hat bei den Akteuren und potentiell Betroffenen für Verwirrung und erhebliche Unsicherheiten gesorgt. Dies gilt insbesondere für die Abgrenzungsproblematik. Die alte Problematik der mangelhaften Abgrenzung zwischen Abfall einerseits und „Reststoff/ Wertstoff/ Wirtschaftsgut" andererseits wird weitgehend verlagert auf die Abgrenzung zwischen Abfällen zur Beseitigung und Abfällen zur Verwertung. Ungelöste oder auch unlösbare Probleme ergeben sich für den Gesetzesvollzug, wenn die Abgrenzungskriterien „Hauptzweck" nach § 4 Abs. 3 und 4, „schadlos" nach § 5 Abs. 3 und „umweltverträglicher" nach § 5 Abs. 5 bestimmt werden sollen.

Hervorzuheben ist die Problematik der Abgrenzung von besonders überwachungsbedürftigen Abfällen zur Beseitigung einerseits und zur stofflichen und energetischen Verwertung andererseits. Liegt es doch nahe, gerade für die besonders überwachungsbedürftigen Abfälle nach Möglichkeiten zur Verwertung zu suchen, um die extrem hohen Kosten der Sonderabfallbeseitigung zu umgehen.

Durch die Unterscheidung zwischen Produkt, Abfall zur Verwertung und Abfall zur Beseitigung steuert der Gesetzgeber die Stoffströme, da je nach Einordnung eines Stoffes unter einen dieser Begriffe unterschiedliche Vorschriften gelten, was mit einem Stoff geschehen darf oder muß, und dies mit erheblichen Kostenfolgen für alle Akteure in der Abfallwirtschaft. Deshalb muß gefragt werden, ob und wie durch die Anwendung dieser Begriffe eine ökologisch und ökonomisch sinnvolle Steuerung erreicht wird.

Zwischenzeitlich entwickelt der Entsorgungsmarkt eine kaum vorhersehbare Eigendynamik, verbunden mit einer Vielfalt logistischer und technischer Varianten der Abfallbehandlung, die ihrerseits die Rahmenbedingungen erheblich verändern. Als Folge dieser Entwicklung sind die Ziele und Motive der am Abfallwirtschaftssystem Beteiligten im Umbruch oder haben sich bereits, zumindest teilweise, diametral gewandelt.

2.2 Verschiebung der Mengenströme

Neben einer beträchtlichen Ausweitung der Stoffe, die jetzt dem Regime des Abfallrechts unterliegen (vorher diffus als „Wertstoffe" oder „Sekundärstoffe" bezeichnet) kommt mit der grundsätzlichen Gleichwertigkeit der energetischen Verwertung eine neue Komponente der Verwertung ins Spiel, die die ökonomischen Relationen in der Abfallentsorgung grundlegend verändert und eine drastische Verschiebung der Mengenströme bewirkt.

War vor Inkrafttreten des KrW-/AbfG noch von Abfallbergen, Deponienotstand und Mangel an Beseitigungskapazitäten die Rede, sinken nach dem Inkrafttreten die Abfälle zur Beseitigung und es entbrennt ein Kampf um die Abfallmengen, um die vorhandenen Beseitigungsanlagen auszulasten und angesichts der extrem hohen Fixkostenanteile die spezifischen Kosten einigermaßen in Grenzen zu halten.

Im Zusammenspiel mit der TA-Siedlungsabfall, deren Übergangsfrist im Jahre 2005 abläuft, kam es in der jüngsten Vergangenheit innerhalb kürzester Zeit zu einem diametral entgegengesetzten Verhalten der Akteure in der Abfallwirtschaft. Galt es bis vor kurzem noch, wertvollen Deponieraum zu schonen, so erscheint es jetzt unerläßlich, die vorhandenen Kapazitäten in der verbleibenden Zeit bis 2005 unbedingt zu verfüllen, um die enormen Investitionen noch zu amortisieren. Der Kampf um den Abfall steht an Stelle der Abwehr gebietsfremder Abfälle. Waren

Verbrennungskapazitäten bis vor kurzem noch sehr knapp, versuchen die Betreiber jetzt ihre freien Kapazitäten durch behördliche Andienungsanordnungen und Dumpingpreise zur Akquisition gebietsfremder Abfallmengen besser auszulasten.

Die Regelungen des KrW-/AbfG sind geprägt von der Grundidee, die Abfallbesitzer zur Verwertung zu verpflichten. Durch die hohen Anforderungen an die ordnungsgemäße und schadlose Beseitigung und die damit verbundenen Kostensteigerungen stellt sich zunehmend die umgekehrte Fragestellung, zweifelhafte, aber kostengünstigere Verwertungsverfahren rechtlich zu unterbinden. Dafür ist das Gesetz aufgrund seiner verwertungsorientierten Intention jedoch nur bedingt geeignet.

So sind es vor allem die Gebietskörperschaften, die durch das KrW-/AbfG in ihren Zugriffskompetenzen auf Abfälle im Grunde auf die Siedlungsabfälle beschnitten wurden und jetzt um die Auslastung ihrer Beseitigungsanlagen und deren Refinanzierung bangen. Völlig ungeklärt ist vielerorts vor allem die Frage der Finanzierung jahrzehntelanger Nachsorgekosten für Altdeponien, wenn nach dem Jahr 2005 keine nennenswerte Deponierung mehr stattfinden sollte.

2.3 Auswirkungen auf das Entsorgungsmanagement

2.3.1 Die Ausgangssituation

An dem System der Entsorgung sind im wesentlichen drei Interessengruppen mit unterschiedlichen Zielsetzungen beteiligt: Die öffentlich-rechtlichen Entsorgungsträger, private Entsorgungsbetriebe und die Abfallbesitzer. Die Rolle der Verwerter als vierter Interessengruppe im Entsorgungssystem ist mit dem Inkrafttreten des KrW-/AbfG neu zu definieren.

Die öffentlich-rechtlichen Entsorgungsträger müssen durch Verwaltungshandeln gesetzlich und politisch vorgegebene Ziele verfolgen, insbesondere die Gewährleistung der Entsorgungssicherheit. Der Entsorgungspflicht steht das Instrument des Andienungszwanges gegenüber. Kostendeckende Gebührenhaushalte erlauben auch ökonomisch ineffiziente Leistungserbringung.

Private Entsorgungsbetriebe werden überwiegend als Beauftragte Dritte dienstleistend für die öffentlich-rechtlichen Entsorger tätig. Ihre Aufgabe beschränkt sich weitgehend auf Sammel- und Transportleistungen nach Vorgaben des öffentlich-rechtlichen Auftraggebers. Dabei wird die Erfüllung ihres Gewinnzieles durch öffentlich-rechtliche Vorgaben und Überprüfungen begrenzt.

Die Abfallbesitzer schließlich unterliegen einem Andienungszwang für ihre Abfälle, soweit sie sich deren entledigen wollen, in bestimmten Fällen auch entledigen müssen. Die abfallwirtschaftliche Unmündigkeit der Abfallbesitzer wird für diese erst dann zu einem Problem, wenn die Entsorgungskosten zu einem relevanten Kalkulationsfaktor werden.

2.3.2 Kompetenzverschiebungen mit Folgen

Mit den steigenden Kosten im Entsorgungssystem beginnen die öffentlich-rechtlichen Entsorgungsträger, betriebswirtschaftliche Aspekte in ihr Verwaltungshandeln zu integrieren. Sie treffen auf private Entsorgungsunternehmen, die ihre Kompetenzen über die Sammel- und Transportfunktion hinaus ausdehnen. Neue Organisationsformen bestimmen das Bild. Neben Eigenbetrieben und Regiebetrieben werden zunehmend privatrechtliche Unternehmensformen mit öffentlich-rechtlicher und privater Beteiligung gewählt. Verschiedene Formen der Aufgabenübertragung und -ausgliederung von den öffentlich-rechtlichen Entsorgungsträgern an Private sind mit dem KrW-/AbfG möglich geworden und reduzieren die Aktivitäten der Gebietskörperschaften weiter. Die privaten Entsorger kaufen sich in das System ein.

Mit dem KrW-/AbfG werden „Wertstoff-/Sekundärrohstoffbesitzer" zu neuen Abfallbesitzern und die dem Regime des Abfallrechts unterworfenen Abfallmengen erfahren damit eine erhebliche Zunahme. Dabei bestehen jedoch noch Rechtsunsicherheiten in der Abgrenzung von Produkt und Abfall. Insbesondere die Verwerter als vierte Interessengruppe im Entsorgungssystem wehren sich vehement gegen die Ausweitung des Abfallbegriffes, werden doch ihre Produktionsanlagen jetzt zu Abfallverwertungsanlagen mit allen Rechtsfolgen. Rechtssichere Regelungen zur Bestimmung der Dauer der Abfalleigenschaft fehlen weitgehend. Auch ökonomische Bedenken seitens der Verwerter (Imageverluste für Produkte aus Abfällen) werden geäußert.

Während die Verwertung von Stoffen, denen einmal die Abfalleigenschaft zugeordnet wurde, strengstens reglementiert ist (zumindest im deutschen Rechtsbereich), gibt es für die gleichen Stoffe, wenn sie nicht als Abfälle deklariert sind, keine oder zumindest weniger einschränkende Verwendungsvorschriften. Dies offenbart auch deutliche Defizite im Produktrecht. Für die Schnittstelle zwischen den Entsorgern und den Verwertern bedeutet dies, daß den Entsorgern die Aufgabe der Abfallaufbereitung zufällt, rohstoffgleiche oder -ähnliche Produkte aus Abfällen herzustellen, um die Verwerter aus dem Regime des Abfallrechts herauszuhalten.

Sobald es sich um Abfälle zur Verwertung handelt, verlieren die Abfallbesitzer ihre bisherige „Unmündigkeit". Europaweiter freier Handel wird zulässig, soweit es sich nicht um überwachungsbedürftige Abfälle handelt. Für Abfälle zur Beseitigung gilt dagegen (zumindest offiziell) der Andienungszwang an Beseitigungsanlagen des jeweiligen Entsorgungsgebietes oder die Beseitigung in eigenen Anlagen. Faktisch reduziert sich die Zugriffskompetenz der öffentlich-rechtlichen Entsorgungsträger damit auf die Abfälle aus privaten Haushaltungen, soweit diese nicht auch noch anderen Organisationen (z.B. DSD) zu überlassen sind oder durch (dubiose) Umwege zu Abfällen aus anderen Herkunftsbereichen werden.

Somit gelangen die entsorgungspflichtigen Gebietskörperschaften in eine dramatische Situation. Nicht entbunden von ihrer grundsätzlichen Entsorgungspflicht und der damit verbundenen Vorhaltepflicht für nach wie vor entsorgungsgebietsbezogene Beseitigungskapazitäten für die sie das volle Leerkostenrisiko zu tragen haben, werden ihnen aufgrund der neuen Rechtslage zunehmend bedeutende

Mengen an Abfällen entzogen. Damit schwinden die Möglichkeiten, die gewohnten Finanzierungsstrukturen über kostendeckende Gebührenhaushalte aufrecht zu erhalten.

2.3.3 Zukunftsperspektiven für die Akteure der Entsorgungswirtschaft

Mit der generellen Rücknahmepflicht für alle Erzeugnisse und der nach Gebrauch der Erzeugnisse verbleibenden Abfälle gemäß § 22 Abs. 2 Nr. 5 des KrW-/AbfG ist die Rechtsgrundlage geschaffen, mit der die Kompetenzverschiebung von der öffentlich-rechtlichen Entsorgungspflicht hin zur eigenverantwortlichen Entsorgungspflicht der Abfallbesitzer bzw. der Erzeuger und/oder Vertreiber von Produkten, gänzlich vollzogen werden kann.

Es darf zwar bezweifelt werden, daß dieser Prozeß in allernächster Zukunft umfassend umgesetzt wird. Die bei Verabschiedung des KrW-/AbfG angekündigte Eile bei dem Erlaß von entsprechenden Rechtsverordnungen ist zwischenzeitlich einer beschaulichen Ruhe gewichen.

Nach der Grundintention der Gesetzeslage ist es wohl dennoch lediglich eine Frage des zeitlichen Horizontes der Betrachtung, ab wann die öffentlich-rechtliche Entsorgung in ihrer heutigen Form ein Relikt vergangener Zeiten sein wird. Beseitigen von Abfällen im Sinne des Gesetzes wird nicht mehr die Regel, vielmehr die Ausnahme sein. In der Abfallverwertung wird zukünftig der Schwerpunkt des Entsorgungsmanagements als einem Teilaspekt eines umfassenden Stoff- und Energiestrommanagements liegen. Dabei werden neben den Abfallbesitzern und den privaten Entsorgungsunternehmen auch die Abfallverwerter eine wichtige Rolle spielen.

Derzeit noch völlig offen erscheint die Frage der zukünftigen Aufgabenverteilung bei der Aufbereitung von Abfällen zur Verwertung. Hier wird den privaten Entsorgern in Interaktion mit den Abfallbesitzern einerseits und den Verwertern andererseits ein großes Betätigungsfeld zuwachsen: Vom Dienstleister zum „Veredelungsbetrieb für Abfälle". Sortieranlagen und Ballenpressen sind ein bescheidener Anfang. Der klassische, dienstleistende Entsorgungsbetrieb aber verliert zusammen mit den Kommunen, wenn er sich nicht den neuen Aufgaben der Akquisition von Abfällen, deren Aufbereitung zu stofflich und energetisch verwertbaren, rohstoffgleichen oder -ähnlichen Produkten annimmt.

Es ist absehbar, daß die öffentlich-rechtlichen Entsorgungsträger dann eine untergeordnete Rolle spielen werden. So ist es zwar verständlich, wenn derzeit seitens der Kommunen alles unternommen wird, um auch zukünftig einigermaßen auskömmlich am Entsorgungsprozeß teilzuhaben und bereits verlorenes Terrain zurückzugewinnen, um nicht nur die kostenträchtigsten Reste übernehmen zu müssen. Man darf jedoch unterstellen, daß dies den öffentlich-rechtlichen Entsorgungsträgern als Teil der öffentlichen Verwaltung kaum gelingen wird. Zur Teilnahme am Marktgeschehen sind andere Organisationsformen mit schnelleren und unbürokratischeren Entscheidungsprozessen erforderlich. Im übrigen kann es auch nicht öffentliche Aufgabe sein, sich erwerbswirtschaftlich am Stoff- und Energiemarkt zu beteiligen.

Sollten die Vorgaben der TA-Si möglicherweise doch noch dahingehend geändert werden, daß auch mechanisch-biologisch vorbehandelte Abfälle deponiert werden dürfen und sich zudem noch eine nennenswerte Menge an mineralischen Abfällen ohne Vorbehandlung als deponierungsfähig erweisen (was vor allem von der Höhe der Deponiegebühren abhängen wird), ist ein längerfristiges Restvolumen an Deponie auch zukünftig vorzuhalten. Dies erfordert aber überregionale statt kommunaler Lösungen. Es wird eine der vordringlichsten Aufgaben der Länder in Zusammenarbeit mit den kommunalen Spitzenverbänden sein, ein für die einzelnen Gebietskörperschaften finanzierbares Konzept zukünftiger Restdeponierung zu erarbeiten. Dabei sind insbesondere die jahrzehntelang zu erbringenden Nachsorgekosten für stillgelegte Deponien zu berücksichtigen.

3. Entsorgung als Teil des Stoffstrommanagements

Mit der im KrW-/AbfG geregelten Unterscheidung zwischen Produkt, Abfall zur Verwertung und Abfall zur Beseitigung steuert der Gesetzgeber die Abfallströme. Mit dem Vorrang der Verwertung vor der Beseitigung sollen vor allem Aspekte einer nachhaltigen Wirtschaftsweise erreicht werden. Abfälle werden damit Teil eines gesamtwirtschaftlichen Stoff- und Energiestrommanagements.

Stoff- und Energiestrommanagement gewinnt aus ökonomischen Gründen (Kostenminimierung) auch einzelwirtschaftlich zunehmend an Bedeutung. In Verbindung mit der Einführung eines betrieblichen Umweltmanagementsystems (z.B. nach EMAS) wird dies auch elementarer Bestandteil einer auf ökologische Ziele ausgerichteten Unternehmenspolitik im Sinne von Ressourcenschonung und nachhaltigem Wirtschaften.

Anlageninterne Kreislaufführung von Stoffen (keine Abfälle im Sinne des KrW-/AbfG) und innerbetriebliche Verwertung von Abfällen sollen hier nicht betrachtet näher werden.

Der abfallrelevante Teil des betrieblichen Stoffstrommanagements umfaßt damit folgende möglichen Beziehungen:

- direkte Beziehung zwischen Abfallbesitzer und Abfallverwerter, wobei die Abfallaufbereitung sowohl beim Abfallbesitzer als auch beim Abfallverwerter erfolgen kann. Dies betrifft vor allem homogene Abfallfraktionen, die kontinuierlich in größeren Mengen anfallen.

- der Abfallbesitzer schaltet einen Dienstleister zur Erbringung einer klar definierten logistischen Leistung zwischen ihm und dem Verwerter ein. Diese Leistung kann auch Aufbereitungsprozesse beinhalten.

- der Abfallbesitzer überläßt seine Abfälle einem Entsorger, der nach eigenen wirtschaftlichen Überlegungen die Abfälle aufbereitet und diese geeigneten Verwertungs- und Beseitigungsanlagen zuführt. Dies setzt die Errichtung eigener Anlagen zur bedarfsgerechten Konditionierung der Abfälle voraus und hat zum Ziel, rohstoffgleiche oder –ähnliche Produkte herzustellen. Dies betrifft insbesondere Abfälle, die in vermischter Form, diskontinuierlich und/oder in kleineren Mengen anfallen.

Je nach Marktlage, betriebseigener Kostenstruktur und technischer Ausstattung werden die verschiedenen Demontage- und Aufbereitungsprozesse von den Abfallbesitzern selbst, den Entsorgern, spezialisierten Unternehmen oder von den Verwertern übernommen.

Abfälle durchlaufen so eine oder mehrere Behandlungsstationen, verlieren sukzessive ihre Abfalleigenschaft und werden an geeigneten Stellen in den originären Rohstoff- und Energieträgerstrom eingeschleust. Die energetische Verwertung von Abfällen gewinnt zunächst weiter an Bedeutung, da Erkenntnisse aus der Ökobilanzierung deren ökologische Effizienz insbesondere aus der Verminderung der CO_2-Emissionen durch den Ersatz fossiler Energieträger bestätigen. Sie konkurriert aber zunehmend mit neuen Formen der Energiebereitstellung. Je weiter die alternative Energiegewinnung voranschreitet, um so ökoeffizienter werden stoffliche Verwertungsformen.

4. Die neue Zielgröße „Öko-Effizienz"

Ökologisch effiziente Abfallverwertung in nennenswertem Umfang scheiterte in der Vergangenheit an der fehlenden ökonomischen Effizienz. So war und ist es einzelwirtschaftlich irrational, Rohstoffe aus Abfällen mit tatsächlich oder vermeintlich minderer Qualität zu höheren Kosten zu beschaffen als originäre Rohstoffe. Produktions- und Konsumrückstände, die ökonomisch vorteilhaft verwertbar waren, fielen in der Vergangenheit erst gar nicht unter die Rubrik Abfälle.

Erst mit den kostensteigernden Anforderungen an eine schadlose und umweltverträgliche Beseitigung eröffneten sich neue Spielräume für die Abfallverwertung. Wenn die Handlungsalternative „Beseitigung" teurer wird als die Verwertung, spricht das ökonomische Kalkül auch dann für Verwertung, wenn diese teurer ist als die Beschaffung originärer Rohstoffe und Energieträger. Verwertung findet allerdings auch dann statt, wenn dabei die ökologische Effizienz, so man diese überhaupt bestimmen kann, nicht mehr gewährleistet ist.

Verwertung statt Beseitigung setzt einerseits einen stringenten Vollzug der abfallrechtlichen Vorschriften voraus. Davon kann derzeit allerdings nicht die Rede sein, da neben erheblichen Vollzugsdefiziten vor allem rechtliche Unklarheiten bestehen, die unterschiedlichste Rechtsanwendungen nach sich ziehen. Danach finden Abfälle meist den einzelwirtschaftlich kostengünstigsten Weg, womit sowohl Abfälle zur Beseitigung in die Verwertung gelangen (Scheinverwertungen), als auch umgekehrt Abfälle zur Verwertung den Weg in Beseitigungsanlagen nehmen.

Andererseits müssen auch die abfallrechtlichen Vorschriften selbst dem Kriterium der ökologischen Effizienz entsprechen. Davon ist derzeit ebenfalls nicht unbedingt auszugehen. Neben einer Reihe offensichtlichen Verfehlens der ökologischen Effizienz fehlt es nach wie vor an generellen Beurteilungsmöglichkeiten. Die verfügbaren Methoden und die bisher gewonnenen Erkenntnisse aus der Ökobilanzierung reichen noch nicht aus, um den ökologischen Nettoeffekt einer konkreten Recyclingmaßnahme hinreichend beurteilen zu können.

So erscheint es zumindest fraglich, ob die Vorgabe der TA-Siedlungsabfall zur abfallwirtschaftlich gewünschten Inertisierung der Abfälle mit der gezielten Vernichtung der Ressource Kohlenstoff und gleichzeitiger Emissionserhöhung bei CO_2 ökologisch effizient ist. Auch die Vorgabe der Verpackungsverordnung führt um der vermeintlich ökologisch vorteilhafteren stofflichen Verwertung wegen zu teilweise interkontinentalen Abfalltransporten und damit zu Umweltbelastungen, deren Ausmaß aufgrund fehlender Ökobilanzen allenfalls näherungsweise bestimmt werden kann. Vor dem Hintergrund, daß weit über 90% unserer Erdölimporte direkt zur Energieumwandlung eingesetzt werden, muß die ökologische Effizienz dieser Vorgabe bezweifelt werden. An der ökonomischen Ineffizienz bestehen dagegen nur geringe Zweifel.

Um ökoeffizientes Entsorgungsmanagement zu betreiben, sind noch erhebliche ökobilanzielle Erkenntnisszuwächse erforderlich. Derzeit absehbar ist, daß es keinen „Königsweg" in der Entsorgung geben wird. Viele Faktoren sprechen dafür, daß Abfälle in ein komplexes Stoff- und Energiestromsystem eingebunden werden. Dieses System zeichnet sich seinerseits durch eine große Dynamik aus, die nicht zuletzt von den Entwicklungen der Rohstoffmärkte und des Energiesektors geprägt wird.

Entsorgungsmanagement im Jahre 2050

- Den Begriff „Entsorgungsmanagement" wird es im Jahr 2050 nicht mehr geben. Entsorgung wird Teil eines ganzheitlichen Stoff- und Energiestrommanagements sein.
- Stoff- und Energieströme unterliegen einem Management, bei dem Nachhaltigkeit und Öko-Effizienz einzel- und gesamtwirtschaftlich im Einklang stehen. Dies wird durch allgemein akzeptierte Ökobilanzen belegt.
- Die Maximierung der Wertschöpfung erfolgt durch Minimierung des Ressourcenverbrauches, der Abfälle und der Schadstoffe. Der Materialeinsatz für Investitions- und Gebrauchsgüter ist um den Faktor 10 gesunken. Geeignete Verfahren zur Umwandlung und Immobilisierung von Schadstoffen stehen zur Verfügung.
- Die energetische Verwertung von Abfällen stellt keine Entlastung bei den CO_2-Emissionen mehr dar, da bei der Energiebereitstellung keine fossilen Brennstoffe mehr eingesetzt werden. Zudem fehlt es den Abfällen an heizwertreichen Bestandteilen, da neue Werkstoffe auf mineralischer Basis weitgehend die kohlenstoffhaltigen Rohstoffe ersetzt haben.
- Ein Problem stellt die Beherrschung schädlicher Umweltwirkungen von Altdeponien dar, soweit diese nicht noch rechtzeitig vor der Wende auf dem Energiesektor zurückgebaut und überwiegend energetisch verwertet wurden.

V. Instrument: Umweltrechnung

Unterstützung des Umweltmanagements durch Umweltrechnung

Volker Stahlmann

1. Warum Umweltrechnen im Unternehmen?

Als Eugen Schmalenbach im Jahre 1919 erstmals sein bahnbrechendes Werk der Dynamischen Bilanz veröffentlichte, konstatierte er in aller Bescheidenheit: „Wir stellen uns also so ein, daß der privatwirtschaftliche Ertrag am letzten Ende nicht d a s ist, was wir eigentlich herausmessen wollen, wissend, daß nur dieser die nötige Sicherheit und den guten Willen der Rechner findet."[1] Selbst wenn das betriebliche Rechnungswesen mit der Feststellung des Jahreserfolges als Differenz aller dem Geschäftsjahr zurechenbaren Erträge und Aufwendungen wieder einen bedeutenden Schritt vorangekommen war, blieben ihm die Zweifel über Wahrheit, Klarheit und Vollständigkeit betrieblichen Rechnens, die Skepsis gegenüber der Brüchigkeit marktwirtschaftlicher Kosten- und Preisinformationen und die Ahnung, wichtige Wertverluste des Wirtschaftens nicht zu erfassen und zu bewerten: „Wir stellen uns also so ein....." gab zu erkennen, daß hinter allem privatwirtschaftlichen Rechnen das Programm der gemeinwirtschaftlichen Produktivität stand, das Schmalenbach gedanklich nie verließ, aber durch seinen ausgeprägten Pragmatismus, die Entwicklung der Betriebswirtschaftslehre zu einer „Kunstlehre", zunehmend in den Hintergrund getreten ist. Noch 1949 prangert er, im Bewußtsein einer Allgemeinverantwortlichkeit und über den Tellerrand betrieblicher Rechenkunst hinausblickend, mit erstaunlichem Weitblick den Raubbau der Kohle, Erdgase und Erdöle an, und plädiert für eine Wertkorrektur des wirtschaftlichen Erfolgs der vergangenen eineinhalb Jahrhunderte, denn: „wir haben eine Sparkasse vorgefunden, haben sie tüchtig ausgeplündert und dürfen nun nicht glauben, das sei ein Ertrag, den man dem Ertragskonto der freien Volkswirtschaft gutschreiben darf."[2]

Warum dieser Rückblick in die Geschichte der Betriebswirtschaftslehre, wo sich dieses Fach doch immer stärker ahistorisch, instrumentell und hoch spezialisiert darbietet. Eben gerade deswegen! Weil wir zwar immer präziser und schneller EDV-gestützt Bilanzen, Quartalsberichte, Produktkalkulationen erstellen kön-

---

[1] Schmalenbach, E., Dynamische Bilanz, 4. Aufl. Leipzig 1926, S.95.
[2] Schmalenbach, E., Der Freien Wirtschaft zum Gedächtnis, Köln/Opladen 1949, S.48.

nen, mit flexiblen Plankostenrechnungen, Deckungsbeiträgen, Maschinenstunden-
sätzen genauer und verursachungsgerechter kalkulieren, Kosten planen und kontrollieren können aber letzlich nicht viel weiter gekommen sind in der Beantwortung der immer bedrängenderen Frage, wie ein betriebliches Rechnungswesen den
g e s a m t e n Wertverzehr des Wirtschaftens, den gegenüber Schmalenbachs
Zeiten weltweit exorbitant gestiegenen Raubbau an der Natur, auch nur annähernd
darstellen kann. Ebendies müßte aber nicht nur im volkswirtschaftlichen Rahmen,
sondern auch im Mikrobereich der Wirtschaft geleistet werden, um eine nachhaltige Entwicklung, ein „sustainable development" einzuleiten und glaubwürdig zu
begründen.

Trotz mancher Auswüchse eines oft verkürzt interpretierten shareholder-value
ist ja andererseits nicht zu übersehen, daß Unternehmen sich (mehr oder weniger
tiefgehend) mit dem globalökologischen Ziel eines sustainable development aus-
einandersetzen (siehe z.B. die Umweltberichte von Body Shop, AEG-Hausgeräte
GmbH, Henkel AG, Hoechst AG, Deutsche Shell AG, WELEDA AG, Neumarkter Lammsbräu), daß Kapitalgeber ein zunehmendes Interesse an ökologisch-
und sozialverträglichen Anlagen äußern, Bilanzanalysten Produktionsprogramme
unter Nachhaltigkeitsaspekten bewerten[3] und Unternehmer selbst nach langfristig
tragfähigen Erfolgspotentialen Ausschau halten, die Umweltrisiken vermeiden
und der gestiegenen Umweltsensibilität der Bevölkerung Rechnung tragen.

Was läge demnach näher, als ein Rechnungswesen zu entwickeln, das
- nach außen dokumentiert, was in der Unternehmung neben finanziellen Veränderungen unter ökologischen und sozialen Aspekten geschehen ist (Doku-
  mentationsfunktion),
- Planungsrechnungen (z.B. Budgetplanung, Vorkalkulationen, Make or Buy-
  Rechnungen, Investitionsrechnungen) unterstützt, um zu einer nachhaltigen
  Umweltentlastung bei gleichzeitiger Sicherung einer zufriedenstellenden
  Rentabilität und Liquidität beizutragen (Planungsfunktion),
- den Nachweis einer dauerhaften Umweltentlastung glaubwürdig erbringen
  kann (Kontrollfunktion) und damit zur langfristigen Sicherung des Unterneh-
  menswertes beiträgt, der außer in finanziellen Größen eben auch in Umwelt-
  und Sozialleistungen zum Ausdruck kommt.

Steuerung und Kontrolle einer umweltverantwortlichen Unternehmensführung
sowie die Umweltberichterstattung brauchen dazu eine ökologisch diferenzierte
bzw. ergänzte und auch erweiterte Rechnungslegung. Zu differenzieren und
zweckorientiert aufzubereiten sind die Kosten- und Leistungsrechnung, die
G.u.V.-Rechnung, die Bilanz und die vorhandenen Betriebsstatistiken.

Auch die unternehmensspezifischen externen Effekte können grob abgeschätzt
werden. Darüberhinaus ist durch Ökobilanzen, Stofflußanalysen etc. das primär
monetär orientierte Rechnungswesen zu erweitern, um monetär verzerrte oder
nicht darstellbare Umweltwirkungen zu verdeutlichen. Mithilfe von Umweltkostenrechnungen, umweltbezogenen Bilanzanalysen, Ökobilanzen und Umwelt-
kennziffern kann dann auch ein Öko-Controlling die Unternehmensführung unter-

---

[3] Vgl. WWZ/Sarasin Studie (bearb. v. Schaltegger, S., Figge, F.), Umwelt und Shareholder
  Value, WWZ-Studie Nr. 54, Basel 1997.

stützen und den Horizont der Mitarbeiter öffnen. Damit wird ein Umweltlernen ermöglicht, das Entscheidungen nicht nur unter dem engen finanzwirtschaftlichen und kurzfristigen Kalkül treffen läßt, sondern in Berücksichtigung der langfristigen Ausschöpfung von ökonomischen Erfolgspotentialen und der Abwehr von Unternehmensrisiken – beides zunehmend beeinflußt durch Knappheiten im realökonomischen Bereich der Stoffangebote, -kreisläufe und natürlichen Regeneration. Letztlich geht es hierbei um neue Qualitäten der strategischen Planung (und Kontrolle) mit dem Ziel, Unternehmen schrittweise auf den Kurs eines *„sustainable development"* zu führen. Dies bedeutet, daß Güter und Dienstleistungen anzubieten sind, die im Sinne eines dauerhaften nachhaltigen Wirtschaftens

– der Natur nicht mehr entnehmen, als in Berücksichtigung natürlicher Kreisläufe wieder nachwächst (Regenerationsfähigkeit),

– nicht erneuerbare Ressourcen nur in dem Umfang zu nutzen, in dem ein gleichwertiger Ersatz in Form von regenerativen Ressourcen geschaffen wird oder die Materialproduktivität gesteigert werden kann (Sparsamkeitsprinzip),

– die Natur nicht mehr mit Emissionen belasten, als sie zeitlich und mengenmäßig verkraften bzw. unschädlich verwandeln kann, auch in Berücksichtigung der „stillen" und empfindlichen Regelungsfunktion (Absorptionsfähigkeit),

– Gefahren und Umweltrisiken in Verfahren, Produkten, Stoffen vermeiden und abbauen (Risikoabbau),

– das ökologische Potential und die Biodiversität erhalten bzw. sogar fördern (ökologisch- ökonomische Wertschöpfung)[4].

Unter diesen anspruchsvollen Zielen, die weit über punktuelle technische Verbesserungen von Verfahren und Produkten hinausweisen, muß der Aufbau eines ökologischen Rechnungswesens vorangetrieben werden. Die konkrete Ausgestaltung ist im engen Kontext mit dem betriebsindividuellen Rechnungswesen, der Betriebsgröße, Branche und der umweltpolitischen Zielsetzung des Unternehmens zu sehen. Dabei ist darauf zu achten, daß aus der Kosten- und Leistungsrechnung entscheidungsrelevante Kosteninformationen für das Umweltmanagement aufbereitet werden und nicht nur vergangenheitsorientiert Umwelt-Istkosten strukturiert und dokumentiert werden.

Das *herkömmliche betriebliche Rechnungswesen* ist in vielfacher Hinsicht ungeeignet bzw. überfordert, Umweltwirkungen des Unternehmens umfassend aufzuzeigen und die geforderte ökologische Steuerungs- und Kontrollfunktion zu übernehmen. Die wesentlichen *Defizite* sollen nochmals in Erinnerung gerufen werden:

1. ein großer Teil natürlicher Wertverluste (z.B. Artensterben, Waldschäden, Bodenversauerung, -versiegelung, Verschandelung der Landschaft) drückt sich nicht unmittelbar in monetären Größen aus, ist nur schwer quantifizierbar und muß in realen Indikatoren (wie z.B. in Definitionen der Lebensqualität) zum Ausdruck gebracht werden.

---

[4] Vgl. dazu H.E. Daly, Ökologische Ökonomie, in: Jahrbuch Ökologie 1995, hg.v.G.Altner et alii, München 1994, S.147ff. sowie Enquete-Kommission des Deutschen Bundestags „Schutz des Menschen und der Umwelt" 1994 sowie BUND/Misereor, Zukunftsfähiges Deutschland, Basel u.a. 1996.

2. Umweltinformationen sind oft „weiche Daten" (z.B. welchen Wert hat eine aussterbende Pflanzenart?) und müssen erst in die Sprache des Management übersetzt werden. Unerläßlich dabei sind dann Wertentscheidungen, die außerhalb des Marktmechanismus oder des allgemein verständlichen Wirtschaftscodes (Zahlen/Nichtzahlen)[5] im Unternehmen selbst sowie im Diskurs mit Anspruchsgruppen des Unternehmens diskussions- und entscheidungsfähig gemacht werden müssen (z.B. die Inter-Generationen-Gerechtigkeit bezüglich der Umweltbeanspruchung).

3. Selbst wenn die Preise immer mehr die „ökologische Wahrheit" (E.U.v.Weizsäcker) zum Ausdruck brächten (z. B. über strengere Auflagen, Abgaben oder eine ökologische Steuerreform) ist bei unelastischer Nachfrage kaum mit einer Verringerung des Angebots umweltschädlicher Güter zu rechnen (d.h. eine ökonomische Internalisierung externer Kosten führt nicht automatisch zu einer ökologischen Internalisierung). Außerdem verhindert selbst eine verursachergerechte Zurechnung externer Kosten in das betriebliche Rechnungswesen nicht eine Schrägüberwälzung dieser Kosten in der Produktkalkulation (z. B. nach dem Kosten-Tragfähigkeitsprinzip).

4. Die Marktpreise bringen i.d.R. kurzfristige Angebots- und Nachfrageverhältnisse zum Ausdruck. Sie spiegeln also *relative* Knappheiten wider (und nicht *absolute* Knappheiten etwa der absehbaren Erschöpfung nicht-regenerativer Rohstoffe). Da die Kosten je nach Wertentscheidung einer Gesellschaft prinzipiell zwischen den (heutigen) Gestehungskosten und den langfristigen Ersatzkosten (z.B. eines Rohstoffs wie Erdöl) politisch gestaltbar wären, vom marktwirtschaftlichen Mechanismus (bzw. einem funktionsfähigen Wettbewerb) aber eindeutig in die kurzfristige Perspektive (gegen Null) gelenkt werden, sind die der Kostenrechnung maßgeblich zugrundeliegenden Beschaffungs- und Absatzpreise unter ökologischer und Inter-Generationen-Sicht höchst fragwürdig.

5. Umweltinformationen zeichnen sich nicht selten durch eine hohe Unsicherheit und Dynamik aus (z. B. durch ungewisse Wirkung synergistischer oder additiver Effekte). Einzelne Stoffe oder Stoffverbindungen, technische Verfahren, Produkte, können durch neue wissenschaftliche Erkenntnisse unvermittelt zu gravierenden Umweltproblemen werden, so daß ein Unternehmen sehr viel mehr seine Antennen für „schwache Signale" (aus Fachzeitschriften, Forschungsberichten, „grauer Literatur") ausfahren muß, als auf Informationen aus dem Marktgeschehen zu vertrauen.

Wichtige Umweltinformationen stammen zudem nicht aus finanzökonomischen Bereichen, sondern z.B. aus der Geologie (Erschöpfung der nicht-regenerativen Rohstoffe), der Biologie (z.B.Nahrungsketten mit Schadstoffanrei-

---

[5] Nach der neueren Systemtheorie nehmen soziale Systeme (z.B. das Unternehmen) Umwelteinflüsse nur als „Störung" oder „Rauschen" wahr, wenn die systemspezifische Codierung nicht erkannt wird (für die Wirtschaft also Geldgrößen oder der Code: Zahlen oder Nichtzahlen); vgl. Luhmann, N., Soziale Systeme, Grundriß einer allgemeinen Theorie, Frankfurt/M 1984.

cherung zwischen Pflanze, Tier und Mensch) oder der Physik (1. 2. 3. und 4. Thermodynamischer Hauptsatz).[6]

Diese Tatbestände auf ein wie immer geartetes *finanzielles* Rechnungswesen zurechtzustutzen, wäre verstiegen und zeigt nur um so krasser die Grenzen und immanenten Fehlentscheidungen auf, welcher eine reine Monetärökonomie unterliegt. Aus den o.g. Spezifika von Umweltinformationen zeichnet sich vielmehr ab, daß das betriebliche (finanzielle) Rechnungswesen zwar differenziert und ergänzt werden muß, aber nie zur Gänze das Umweltproblem erfassen und für Unternehmensentscheidungen aufbereiten kann. Dies gälte auch für den (theoretischen) Fall, wenn externe Kosten vollständig in einzelwirtschaftliche Buchhaltungen internalisiert würden. Um die ökologische Wahrheit auch nur annäherungsweise zu treffen, müssen (mittels Auflagen oder Abgaben korrigierte) Marktpreise stets durch Informationen aus der Realgütersphäre und durch abwägende Wertentscheidungen normativ ergänzt werden. Dabei sollte das Rechnungswesen auch eine Unternehmenskultur unterstützen, die über ein mechanisches Rechnen und formalzielfixiertes kurzfristiges Optimieren hinausweist und Entwicklungsoptionen aufzeigt, die Gewinn, Liquidität und Rentabilität, sozialen Frieden und ein „gutes Leben" (eben in Einbeziehung verschiedener Indikatoren der Lebensqualität) zu einer einfühlsamen und ökonomisch rationalen Partnerschaft mit der Natur verbinden. Letztlich kann nur so im Mikrobereich des Wirtschaftens verhindert werden, daß Ökonomie zum Selbstzweck einer quantitativ orientierten Produktionsmaschine degeneriert und alle anderen nicht konsumtiven und produktiven Lebenserscheinungen kommerzialisiert und okkupiert. Auch bei den Ausführungen über das ökologische Rechnungswesen ist stets an die Mahnungen des Freiburger Ordoliberalismus (z.B. W. Eucken, F. Böhm, W. Röpke) zur erinnern, wonach der Marktmechanismus (aus dem die Kosten- und Preisinformationen für das betriebliche Rechnungswesen ja letztlich stammen) nur ein Ordnungsprinzip darstellt, noch nicht aber die Richtung und gesellschaftliche Zielsetzung selbst definiert[7] (also etwa metaökonomische Entwicklungsziele konkretisiert, die z.B. aus den Fragen bestehen: Was dürfen wir auf Dauer produzieren? Wieviel sollen wir konsumieren? Wieviel Natur braucht der Mensch? Wie lange sollen Vorräte für spätere Generationen verfügbar bleiben?).

Unternehmen tragen diesbezüglich eine (mindestens) dreifache Verantwortung: Erstens müssen sie als dezentrale Steuerungseinheiten zur Bewältigung des komplexen Umweltproblems wesentlich beitragen, da Komplexität nach den Erkenntnissen der Systemtheorie (und praktischen Erfahrungen) nicht zentral steuerbar ist. Als „Repräsentanten" (oder Nutznießer) eines marktwirtschaftlichen Systems sind sie deshalb aufgefordert, eben dieses System funktionstüchtig zu erhalten. Zweitens besitzen Unternehmen in den meisten Fällen mehr Wissen als ihre Kunden darüber, welche Umweltgefährdungen in Stoffen und Verfahren enthalten sind und welche Wahlmöglichkeiten existieren, diese Risiken zu entschärfen. Wer aber das Wissen hat, trägt auch die Verantwortung. Und schließlich ist drittens die

---

[6]   Der 4. Thermodynamische Hauptsatz wurde von N. Georgescu-Roegen (The Entropy Law and the Economic Process, 1971) entwickelt und beinhaltet, daß der Verlust an Verfügbarkeit von Energie auch für die Materie gilt.

[7]   Vgl. z.B. Röpke, W., Die Lehre von der Wirtschaft, Erlenbach-Zürich/Stuttgart 1961,S.323.

Arbeitswelt (zumal bei dem heute dominierenden Kulturfaktor „Wirtschaft") mit ihren Zielsetzungen und ihren Verhaltensmustern ein Erlebnisbereich, der das Privatverhalten wesentlich mitprägt. Somit ist Unternehmen eine entscheidende Akteursrolle für den Aufbau einer zukunftsfähigen ökologisch-sozialen Marktwirtschaft zugewiesen. Von ihnen müssen richtungweisende Impulse über die strategische und operative Entscheidungsebene, aber auch über die normative Ebene (Unternehmensphilosophie, -ethik, -politik, -kultur) vermittelt werden. Die entsprechenden Informationen über ökonomische und ökologische Auswirkungen von Unternehmensentscheidungen aufzubereiten sowie die Organisation und Sachzielsetzung für eine ökologieverträgliche Entwicklung strategisch zu öffnen und zu unterstützen muß daher ein fundamentales Anliegen eines ökologischen Rechnungswesens sein.[8]

2. Zum Inhalt

Nach derzeitigem Stand setzt sich ein ökologisches Rechnungswesen aus 3 wesentlichen Bausteinen zusammen (vgl. Abbildung1):[9]

1. Der Erfassung und Aufbereitung umweltrelevanter Informationen durch
   a) Differenzierung und Ergänzung des traditionellen Rechnungswesens (z.B. Separierung der internalisierten Umweltkosten in der Kostenarten- und -stellenrechnung, aktivitätsorientierte Umweltkostenerfassung, verursachungsgerechte Zurechnung der Umweltkosten auf Kostenträger, Umweltkostenrechnung für Planungs- und Kontrollzwecke wie erweiterte Investitionsrechnungen oder make or buy-Analysen, umweltbezogene Bilanz - und G.u.V.-Analyse, Berücksichtigung der vom Unternehmen mitverursachten externen Kosten),
   b) Erweiterung des finanziellen Rechnungswesens durch Aufstellung und Bewertung von Sachbilanzen, Untersuchung der Stoffströme und umweltrelevanten Aktivitäten bzw. Anlagen des Unternehmens (z.B. in einzelnen Produkt-, Prozeßbilanzen oder in Gesamt-Unternehmens-Ökobilanzen),
   c) Aufbau eines Umweltkennzahlensystems zur Planung und Kontrolle der Öko-Effizienz und Öko-Effektivität des Unternehmens[10].

2. Dem Öko-Controlling mit laufender Planung, Steuerung, Kontrolle im Rahmen eines Umweltmanagementsystems (mit starker Verbindung zum Finanz-Controlling und zur strategischen Planung und Kontrolle).

---

[8] Dabei ist allerdings davon auszugehen, daß strategisches Denken und Handeln bislang auf die Entwicklung der Kostenrechnung wenig Einfluß ausgeübt hat, wie auch die Rolle der Kostenrechnung im Rahmen der Unternehmensstrategie noch sehr umstritten ist (vgl. Steinmann, H., Guthunz, U., Hasselberg, F., Kostenführerschaft und Kostenrechnung, in: Männel, W., (hrsg.) Handbuch Kostenrechnung, Wiesbaden 1992, S.1459f.

[9] In allen 3 Bereichen ansatzweise realisiert z.B. bei KUNERT AG (Immenstadt), Neumarkter Lammsbräu, Märkisches Landbrot (Berlin) , Bosch-Siemens-Hausgeräte (Dillingen).

[10] Vgl. Stahlmann, V., Öko-Effizienz und Öko-Effektivität - Läßt sich der Umweltfortschritt eines Unternehmens messen?, in: UWF 4/96 S.70ff.

3. Dem Öko-Audit als interne und externe Revision zur stichpunktartigen Überwachung der Funktionstüchtigkeit und Leistung des Umweltmanagementsystems.

Erfassung und Aufbereitung		
Differenzierung und Ergänzung des betrieblichen REWE	**Erweiterung des finanziellen REWE durch Ökobilanzen**	**Umweltkennzahlen (monetär/real)**
Ist-Kostenrechnung	Produktbilanzen	Absolute Kennzahlen
Differenzierung der Kostenarten-Kostenträger-Kostenstellenrechnung	Bewertung nach: Mengen, Grenzwerten, Wirkungsindikatoren,Ökopunkten, ABC-/XYZ-Methode	Stichtagsgrößen Strömungsgrößen Differenzen Mittelwerte
Planungsrechnung	Unternehmensbilanzen	Relative Kennzahlen
Umweltbudgetrechnung, net value lost, Erweiterte Investitionsrechnung, make or buy-Analyse etc.	Ökologische Buchhaltung (mit Ökopunkten) Öko-Bilanz (IÖW) (mit ABC-Methode), Common Impact Assessment (mit Wirkungsindikatoren)	Gliederungszahlen Beziehungszahlen Indexzahlen
Bilanzanalyse z.B. Anlagevermögen für Umweltschutz, G.u.V.Analyse z.B. Umwelthaftungsprämien	Stoffflußanalysen life-cycle-Analysis, ökologischer Rucksack (Mengenbetrachtung)	Kennzahlen der Öko-Effizienz und der Öko-Effektivität z.B. spezif.Energieverbrauch/absoluter Energieverbrauch
externe Kosten		

▼

Öko-Controlling
Planung, Steuerung, Kontrolle als Führungsunterstützung und -stilbildung

▼

Öko-Audit
Aufbau eines Umweltmanagementsystems mit interner und externer Revision (z.B. nach EG-Öko-Audit Verordnung oder ISO 14000ff.)

Abbildung 1: Ökologisches Rechnungswesen im Unternehmen

Erfassung und Aufbereitung von Umweltinformationen sind Grundlage für ein führungsunterstützendes und -stilbildendes Öko-Controlling[11]. Gleichzeitig wird

---

[11] Vgl. dazu Stahlmann, V., Umweltverantwortliche Unternehmensführung, Aufbau und Nutzen eines Öko-Controlling, München 1994 sowie Hallay, H., Pfriem, R., Öko-Controlling, Frankfurt/M, New York 1992. Siehe auch: Seidel, E., Ökologisches Controlling. Zur Konzeption einer ökologisch verpflichteten Führung von und in Unternehmen, in: Betriebswirtschaftslehre als Management- und Führungslehre, hrsg. v. R. Wunderer, 3., überarb. u. erg. Aufl., Stuttgart 1995, S. 354ff. Nach der Recherche von Schaltegger/Kempke, Ökocontrolling -

damit die Voraussetzung geschaffen, die Validierung nach der EG-Öko-Audit Verordnung bzw. Zertifizierung nach ISO 14000ff. zu erhalten. Umfang, Intensität und Zielsetzung des ökologischen Rechnungswesens richten sich letztlich nach der (mehr oder weniger dezidierten) Umweltpolitik des Unternehmens, die im Falle der EG-Öko-Audit Verordnung in schriftlicher dokumentierter Form festgelegt und im Umweltbericht veröffentlicht werden sollte.

Die Instrumente des ökologischen Rechnungswesens lassen sich folgendermaßen skizzieren:

2.1 Differenzierung und Ergänzung des betrieblichen Rechnungswesens

In der *Ist-Kosten- und Leistungsrechnung* sind zunächst die *primären Umweltkosten*[12] in der Kostenarten-, stellen und -trägerrechnung transparent zu machen. Primäre Umweltschutzkosten können hier mit eindeutigem Umweltschutz-Bezug relativ einfach ausfindig gemacht werden. Als zusammengesetzte Kostenarten lassen sie sich untergliedern z.B. in
- Reduzierungskosten (Abschreibungen auf Filter-/Reinigungsanlagen),
- Beseitigungskosten (Entsorgung, DSD, Abwassergebühren),
- Schadenskosten (Wiederherstellung geschädigter Güter: Altlasten, Gebäude, Gesundheit),
- Ausweichkosten (zusätzliche Lohnzahlungen bei Lärmarbeitsplätzen, Standortverlagerung in weniger verschmutze Gebiete),
- Planungs-/ Überwachungskosten (Personalkosten Umweltreferat, Umweltforschung, Monitoring).

Diese bewußt als „Umwelt-schutz-kosten" bezeichneten Kosten sind oft „End of the Pipe-orientierte" (staatlich „verordnete") „obligate"[13] Kosten, teilweise aber auch freiwillige Maßnahmen (z.B. die freiwillige Einrichtung eines Umweltbeauftragten). Derzeit fließen in amtliche Statistiken über Umweltkosten im wesentlichen diese primären, in der Kostenartenrechnung ausdrücklich umweltbezogen ausgewiesenen, Kosten ein. Im Durchschnitt des verarbeitenden Gewerbes be-

---

Überblick über bisherige Ansätze, in: ZfB Zeitschrift für Betriebswirtschaft, ZfB-Ergänzungsheft 2, 1996, S. 152, war Seidel der erste, der Controlling und Ökologie zusammengebracht hat. Siehe auch: Seidel, E., Entwicklung eines betrieblich-ökologischen Rechnungswesens. Schlüssel zu einer tatsächlichen Ökologisierung des Wirtschaftens, in: Betrieblicher Umweltschutz. Landschaftsökologie und Betriebswirtschaftslehre, hrsg. v. E. Seidel, Wiesbaden 1992, S. 229ff.

[12] Nicht zu verwechseln mit dem in der Kostenrechnung gebräuchlichen Begriff der primären Kosten (Kostenartenrechnung: originäre, vom Markt bezogene bewertete Kostengüter. Kostenstellenrechnung: Gemeinkosten, die unmittelbar aus der Kostenartenrechnung auf diejenigen Kostenstellen verteilt werden, wo sie primär anfallen).

[13] So die Definition von Claes, Bröggemann, Pfriem im Rahmen einer Umweltkostenrechnung bei der Deutschen Bahn AG (vgl. Claes,Th., Böggemann,P., Pfriem,R., Umweltkostenrechnung als Teil der betrieblichen Kostenrechnung, in: UWF 1/99 S.42.

streiten sie nur einen verschwindend geringen Anteil aller Kosten[14]. Die primären Umweltkosten können in der Kostenstellenrechnung separiert werden, wobei es Kostenstellen gibt, die ausschließlich dem Umweltschutz dienen (z.B. Hilfskostenstellen wie Abwasseraufbereitung oder Müllverbrennung) und solche, die nur teilweise umweltbezogene Kostenarten enthalten. Letztere (z.B. Hauptkostenstellen) können aber aufgrund der innerbetrieblichen Liestungsverrechnung von anderen Vorkostenstellen Umweltkosten erhalten. Im Betriebsabrechnungsbogen lassen sich die umweltbezogenen Kosten in einzelnen Kostenstellen (Allg. Kostenstellen, Fertigungshilfskostenstellen, -hauptkostenstellen, Materialkostenstelle, Verwaltung/Vertrieb) aufzeigen und schließlich auch in den Zuschlagsätzen zu den Fertigungseinzelkosten, Materialeinzelkosten und Herstellkosten herausrechnen. Zusammen mit der Erfassung umweltbezogener Einzelkosten (Sonderverpackung, Materialmehrkosten) können somit auch Kostenträger mit ihrem Umweltkostenanteil ausgewiesen werden. Noch genauer können gegenüber der elektiven Zuschlagskalkulation über Prozeßkostenrechnungen umweltbezogene Gemeinkostenanteile den Produkten zugerechnet werden.[15]

Da Umweltschutzkosten in erheblichem Umfang Fixkostencharakter haben (und damit erfahrungsgemäß Kostenremanenzeffekte auslösen) sollte speziell bei hohen Fixkostenanteilen eine mehrstufige Deckungsbeitragsrechnung durchgeführt werden. Dabei kann Schritt für Schritt bei der Subtraktion der Produktartenfixkosten (DBII), der Produktgruppenfixkosten (DBIII), der Kostenstellenfixkosten (DBIV), der Bereichsfixkosten (DBV) und der Fixkosten des Gesamtbetriebs der umweltbezogene Anteil sichtbar gemacht werden.

Mit ersten Umweltkostenrechnungen, die auf den leicht entnehmbaren primären Umweltschutzkosten basieren, lassen sich somit die Umweltkosten nach Entstehungsbereichen (Kostenstellen), Kostengruppen (s.o.) und Kostenträgern differenzieren und Erkenntnisse gewinnen über die Hauptverursacher und schwerpunktmäßigen Umweltaktivitäten des Unternehmens. Diese Umweltkosten-Analysen können außerdem genutzt werden für Outsourcing-Entscheidungen oder für die Sortimentsbereinigung i.V.m. Marktanteils-/Marktwachstums-Portfolios und Umweltbelastungsindikatoren der einzelnen Produkte.[16]

Es ist aber zu bedenken, daß hiermit u.U. nur ein kleiner Teil der Umweltkosten überhaupt zum Vorschein gebracht wird und als vorschnelle Entscheidungsgrundlage dient. Umweltkosten entstehen nicht nur in End-of-the Pipe Anlagen z.B. in Form von einfach zurechenbaren Abschreibungen von Filteranlagen oder auch „Begin of the Pipe" in Form von Umweltforschungs-Aufwendungen. Aus der Kostenarten- und -stellenrechnung sind sie auf den ersten Blick nicht erkenn-

---

[14] Nach einer Untersuchung des Umweltbundesamtes erreichen die primären Umweltkosten im verarbeitenden Gewerbe durchschnittlich nur 0,43% des Bruttoproduktionswertes; die Umweltausgaben des privatwirtschaftlichen Bereichs belaufen sich auf 0,8 % des Bruttoinlandsprodukts (vgl. Umweltbundesamt, Umweltschutz- ein Wirtschaftsfaktor, Berlin 1993, S.3ff.)

[15] Vgl. dazu auch mit vielen praxisnahen Darstellungen BMU/UBA Handbuch Umweltkostenrechnung, München 1996.

[16] Vgl. Stahlmann, V., a.a.O. (1994) S.222.

bar. Sie verbergen sich vielmehr als *sekundäre Umweltkosten*[17] über den gesamten Wertschöpfungsprozeß sowohl in Einzel- als auch in Gemeinkosten . Dies wiederum wird erst deutlich, wenn im Rahmen von Prozeßkostenrechnungen umweltrelevante Hauptprozesse definiert werden (z.B. „Sonderabfälle beseitigen", „Abwasser beseitigen", „umweltfreundliche Rohstoffe beschaffen"). Es empfiehlt sich daher, reale Stoffstromanalysen bzw. Prozeßbilanzen mit Prozeßkostenrechnungen zu ergänzen, um Umweltkosten im Input, Throughput und Outputbereich zu lokalisieren.

So wurde z. B. in erweiterten aktivitätsorientierten Umweltkostenuntersuchungen der KUNERT AG (Werk Mindelheim) festgestellt, daß die durch den Abfall entstehenden Kosten nur zu 1/10 aus den im Rechnungswesen leicht entnehmbaren Abfallgebühren bestehen[18]. Den weitaus größeren Teil bildeten Verluste in Form von nicht-wertschöpfenden (verlorenen) Materialeinzelkosten, Maschinenabschreibungen, Lohnkosten sowie Handling-, Transport-, Sortier-,Bestandskosten und Abschreibungen von Abfall-Containern. Die nicht-wertschöpfenden Reststoffkosten erreichten im Werk Mindelheim 7,25 % der Gesamtkosten. Der mit Abstand größte Teil der umweltentlastenden Kostensenkungspotentiale (95%) steht dabei im Zusammenhang mit Reduzierungen des Material- und Energieeinsatzes und wird durch integrierten Umweltschutz mithilfe von Prozeßkostenrechnungen aufgedeckt[19].

Bei der NEUMARKTER LAMMSBRÄU stellte sich bei Prozeßkostenuntersuchungen heraus, daß die Abwassergebühren nur 15% der gesamten mit dem Prozeß „Wasser bereitstellen und Abwasser abführen" entstehenden Kosten bestreiten, so daß im Wasser eine Transformationsleistung von 85% liegt.[20]

Auch bei der Gesellschaft für Elektrometallurgie (GFE) in Nürnberg ergaben sich Abfallwirtschaftskosten für Korundschlacken (in Berücksichtigung v.a. der „verlorenen Einkaufskosten"), die weit über den reinen Entsorgungskosten liegen. Bei einem Prozeßkostensatz von 7.462 DM/t, einer Schlackenmenge von 1.200t/Jahr und einer Soll-Amortisationszeit von 4 Jahren könnte somit eine Investition bis 35,8Mio.DM für abfallvermeidende Alternativen getätigt werden, was unterbleibt, wenn nur Entsorgungskosten oder gar nur Wertstofferlöse ins Kalkül gezogen werden.[21]

Der durch Prozeßkostenrechnungen oder besser: Total-Cost-Analysen[22] erweiterte Umweltkostenbegriff enthält somit auch alle mit Reststoffen (Abwasser,

---

[17] Nicht zu verwechseln mit dem in der innerbetrieblichen Leistungsverrechnung gebräuchlichen Begriff der sekundären Kosten, die von Vor- auf Hauptkostenstellen verrechnet werden.

[18] U.U. erscheinen Abfälle im betrieblichen Rechnungswesen als ausschließliche Erfolgsposition, nämlich als „Umsatzerlöse aus Wertstoffverkauf".

[19] Im Werk Mindelheim ist fast die gesamte KUNERT-Produktionskette für Feinstrumpfhosten vertreten: Konfektion/ Spitze schließen/ Färben/ Formen und Verpacken ; vgl. Fischer, H. et alii, Umweltkostenmanagement, München 1997, (v.a. S.59ff.).

[20] Vgl. Dölle, CH., Greineder, C., Kurzfassung der Diplomarbeit (Univ. Augsburg) „Die prozeßorientierte Umweltkostenrechnung am Beispiel der Neumarkter Lammsbräu, 1996, S.31.

[21] Vgl. Düchs, G. Aufbau einer Umweltkostenrechnung in besonderer Berücksichtigung des Prozeßkostenansatzes, dargestellt am Beispiel der Gesellschaft für Elektrometallurgie mbH Nürnberg (Diplomarbeit FH Nürnberg).

[22] Da auch umweltbezogene E i n z e l kosten erfaßt werden.

Abfälle, Abwärme) verbundenen sekundären Umweltkosten i.e. Produktivitäts-verluste von Energie und Material („verlorene Materialeinzelkosten " oder bei Abfällen im angearbeiteten Zustand: „verlorene Herstellkosten") sowie alle durch Handling, Transport, Lagerung der Reststoffe verursachten Kosten.

Bei offensiven Umweltstrategien ist damit zu rechnen, daß die leicht meßbaren primären Umweltschutzkosten sinken, dafür aber Kosten für Umweltentlastungs-maßnahmen steigen, die sich in den Sachfunktionen (Einkauf, Marketing etc.) oder bei integrierten Techniken in sekundären Umweltkosten „verstecken" bzw. immer mehr in Kosten der „normalen Geschäftstätigkeit" untertauchen. Insgesamt ist bei präventivem Umweltmanagement also ein Sinken der Umweltkosten zu erwarten.

Darüberhinaus entstehen Umweltkosten aber auch durch

– Mehrkosten wegen des Einkaufs umweltfreundlicher Artikel/Rohstoffe (bei der Beschaffung von biologischen Rohstoffen handelt es sich dabei z.B. um eine „freiwillige Internalisierung" von externen Kosten zur Schaffung eines gesellschaftlichen Nutzens),

– Umsatzeinbußen wegen umweltbelastender Produkte,

– Produktionsausfälle wegen umweltbedingter Produktionseinschränkungen (z.B. aufgrund der Smog-/Ozon Verordnung).

Festzuhalten ist demnach, daß sich durch Differenzierung des Rechnungswe-sens und Prozeßbetrachtungen Umweltkosten im wesentlich größeren Umfang aufspüren lassen, als dies durch die Erfassung der nur primären Umweltkosten zum Vorschein kommt.[23] Erfährt aber damit nicht überhaupt im Verlauf einer weitergefaßten Umweltkostenanalyse und zweckgerichteten Aufbereitung der Kostenrechnung für eine umweltgerechte Unternehmenssteuerung der *Kostenbe-griff* einen Wandel?

Auch hier kommen wir wieder auf Schmalenbach und seinen wertmäßigen Ko-stenbegriff zurück. Nach dem wertmäßigen Kostenbegriff sind Kosten nicht un-bedingt zahlungsbegleitend; sie sind vielmehr betriebsbedingter, in Geld bewer-teter Faktorverzehr[24]. Nach dem 1. Themodynamischen Hauptsatz gibt es jedoch keinen „Verzehr" im Sinne von Untergang oder Vernichtung der Materie, sondern nur eine Transformation derselben. Dabei entstehen regelmäßig bei jeglicher Pro-duktion (und in der Konsumphase) Kuppelprodukte (Kondukte), so daß Materie bei Umwandlungs- oder Ver-/ Gebrauchsprozessen entwertet wird (und damit zunehmend dissipiert). Letzteres entspricht dem 2. Thermodynamischen Haupt-satz (den bekanntlich die herrschende neoklassische Ökonomik in all ihren Vari-anten weitgehend ignoriert). Wenn man daran denkt, daß Materie gerade durch den Wirtschaftsprozeß (physikalisch gesehen) laufend entwertet wird, dann liegen natürlich bereits in diesem Tatbestand „Umweltkosten" maßgeblich begründet. Unter dem Aspekt der Dissipation von Materie ist eine Produktion mit ineffizien-ten Verfahren und Wegwerf-/Modeprodukten zweifellos mit höheren Umweltko-

---

[23] Eine diesbezüglich kritisch abwägende Zwischenbilanz zur Aussagekraft von Umweltkosten-rechnungen findet sich bei Fichter, K.; Seidel, E.; Loew, T., Betriebliche Umweltkostenrech-nung, Berlin/Heidelberg, 1997.

[24] Vgl. Zimmermann, G., Grundzüge der Kostenrechnung, Stuttgart u.a., 1976, S.22f.

sten (Entwertung natürlichen Reichtums) verbunden, als eine umweltschonende Produktion von Langzeitgütern. Und letztlich wäre dann nur d a s, was (in einer Sonnenenergiewirtschaft) inputseitig immer wieder über natürliche Kreislaufprozesse regeneriert wird und d a s , was outputseitig von der Natur ohne Schaden verarbeitet werden kann (durch Assimilation oder Destruktion), ohne einen nachhaltigen Wertverzehr verbunden.

Demzufolge wäre es denkbar, Kostenarten (z.B. Materialkosten, Abschreibungen, Personalkosten) unter diesen Kriterien qualitativ zu unterscheiden. Materialkosten könnten (incl. der aus Vorstufen mitgezogenen Personal- Materrial- und Kapitalkosten) kausal gebündelt den erschöpfbaren oder nachwachsenden Rohstoffen zugerechnet werden. Die Recyclingfreundlichkeit oder Wiederverwendbarkeit von Maschinen wäre als Beurteilungskriterium für die Abschreibungen heranzuziehen. Selbst wenn eine Reihe von Kosten bzw. Aufwendungen als „umweltneutral" zu bezeichnen wären (z.B. kalkulatorischer Unternehmerlohn, Fremdkapitalzinsen), dürfte in einem Industrieunternehmen diese Gruppe relativ klein bleiben.

Dieser nochmals erweiterte Umweltkostenbegriff zielt auf die Grundsätze des oben definierten „sustainable development" und würde u.E. über eine differenzierte Aufbereitung die strategische Planung deutlich in die Richtung Dematerialisierung/schadstoffarme Produktion und Produkte lenken können. Bei dieser Zielsetzung des Umweltkostenmanagements ergäbe sich als Resultat einer erweiterten Umweltkostenrechnung, daß i.d.R. weit mehr als die Hälfte aller Kosten eines Unternehmens im industriellen Bereich (je nach Branche und je nach bereits erfolgreicher Umweltpolitik) zu den Umweltkosten gerechnet werden müßte und somit die Unterschiede zwischen „herkömmlichen Kosten" und „Umweltkosten" immer geringer werden.

Der so erweiterte Umweltkostenbegriff im Unternehmen ließe sich wie folgt definieren:

Internalisierte Umweltkosten entstehen im Unternehmen durch freiwillige oder erzwungene Maßnahmen zur Vermeidung, Beseitigung, Reduzierung und Schadensverhütung von Umweltbelastungen sowie durch Produktivitätsverluste und irreversiblen Wertverzehr an Energie und Rohstoffen.

Zusätzlich zur Erfassung und entscheidungsorientierten Aufbereitung der internalisierten Umweltkosten kann ein Unternehmen auch seine *externen Kosten* feststellen. Diese entstehen z.B. durch Verbrennung fossiler Energieträger (Treibhauseffekt) oder durch Anwendung von Kunstdünger, Pestiziden in der konventionellen Landwirtschaft (Eutrophierung, Treibhauseffekt). Aus verschiedenen Gutachten lassen sich (bei vorsichtiger Interpretation) die unteren Werte der meist in Bandbreiten angegebenen externen Kosten heranziehen und damit die externen Effekte eines Geschäftsjahres grob berechnen (z.B. Reduzierung der externen Kosten „Treibhauseffekt" durch eingesparte Tonnen-kilometer oder Umstellung auf biologischen Landbau).[25]

---

[25] Derartige Rechnungen fließen z.B. in die Umweltberichte der Neumarkter Lammsbräu ein (entnommen aus einer Diplomarbeit von W. Schneider, Quantitative und qualitative Analyse der von der Neumarkter Lammsbräu durch freiwillige Umweltaktivitäten vermiedenen externen Kosten, FH Nürnberg 1998).

Bei anspruchsvoller Umweltpolitik eines Unternehmens mit Maßnahmen der kontinuierlichen Umweltentlastung und einer differenzierten und erweiterten Umweltkostenrechnung ist zu erwarten, daß internalisierte und externe Umweltkosten im Sinne eines Wertverzehrs von natürlichem Kapital oder aufwendiger Kontroll-, Sicherungs- und Entsorgungsmaßnahmen sinken und zunehmend Kosten übrigbleiben, die auch im ökologischen (und nicht nur finanzökonomischen) Sinne wertschöpfend bzw. werterhaltend sind. Wertschöpfende Kosten unter dem Aspekt der Nachhaltigkeit wären dann Kosten, die nicht zu Wertverlusten des natürlichen Kapitalstocks führen und auch sonst keine Schadschöpfung auf der Wertschöpfungskette hervorrufen. Da nicht automatisch angenommen werden kann, daß „sustainability-gerechte Kosten" auch zu entsprechenden Leistungsangeboten führen, muß auch die Leistungsseite (materielle Produkte, Dienstleistungen) auf ihre langfristige Umweltverträglichkeit überprüft werden. Mit einer so entstehenden Umweltkosten- und -leistungsrechnung könnte dann annäherungsweise im finanziellen Rechnungswesen der Nachweis gelingen, was einer ökologischen Ökonomie insgesamt als Ziel vorschwebt, nämlich mehr Werte zu schaffen als zu vernichten[26].

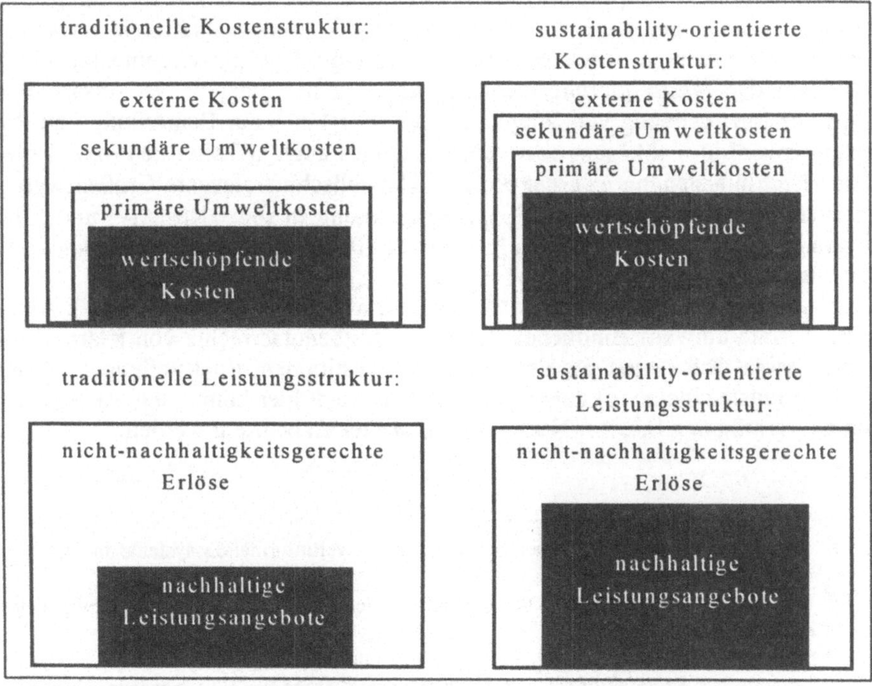

Abbildung 2:   Entwicklung sustainability-gerechter Kosten und Leistungen

Planungsrechnungen und Spezialkalkulationen sind ebenfalls um diesen Aspekt zu ergänzen. Generell sollten Maßnahmen der Umweltkostensenkung so früh wie

---

[26] Vgl. Ulrich, P., Transformation der ökonomischen Vernunft, Bern/Stuttgart 1987.

möglich in die pre-processing-Phase integriert werden. Deutliche Reduzierungen sind (v.a. im Gerätebau) in der Entwicklung und Konstruktion möglich, wo nicht nur ca. 80% aller Folgekosten festgelegt werden, sondern (durch die damit verbundene Teile- und Verfahrenswahl) auch Emissionen, Energie- und Rohstoffverbräuche.[27] In diesem Zusammenhang ist auch eine Fertigungstiefenoptimierung zu planen, die nicht nur Fixkostenlastigkeit und Komplexität „upstream" verlagert, sondern dort fertigen läßt, wo am umweltschonendsten produziert werden kann.

Auch Investitionsrechnungen sind um ökologische Aspekte zu erweitern:[28]
- unter strategischen Gesichtspunkten (Technologieportfolio, Umweltrisikenanalyse etc.),
- unter Wirtschaftlichkeitsaspekten (statisch/dynamisch, ergänzt durch Systemwirtschaftlich-keitsanalysen,[29] Aktivitäten-Netzwerk-Analysen und Einbeziehung monetarisierbarer externer Effekte),
- unter ökologischen/energetischen Aspekten (Material- und Energieproduktivitäten, Abfälle, Emissionen, Ressourceninanspruchnahme, energetischer Erntefaktor und ökologische Rückzahldauer)[30].

Die Firma BSO-Origin experimentiert mit einer „net value lost-Rechnung", bei der alle Kosten, die zur Erfüllung anerkannter Umweltqualitätsziele notwendig würden, (entnommen v.a. aus dem niederländischen „Environmental Policy Plan") in der Wertschöpfungsrechnung abgezogen werden.[31] Der Ansatz einer Umweltbudgetrechnung von Wagner/Janzen öffnet sich zur Beurteilung von Projekten sowohl in Vollkosten bzw. Vollerlösen als auch in Teilkosten bzw. Teilerlösen der Einbeziehung externer Kosten. Umweltschutzrelevante Größen werden in einer ergänzten Kosten- und Leistungsrechnung in sog. „Kosten-" und „Nutzenpools" geleitet, die wiederum Projekten (z.B. Investitionen) zugerechnet werden können.[32]

In der *Bilanzanalyse* können schließlich umweltbezogene Inhalte in den Aktiva (z.B. Vorräte umweltfreundlicher Rohstoffe, Mitbenutzerrechte von Kläranlagen) oder Passiva (Rücklagen für Umweltschutzinvestitionen, Rückstellungen für Rekultivierungsmaßnahmen) aufgespürt werden. Auch hier könnte das Anlage- und Umlaufvermögen z.B. unter Nachhaltigkeitskriterien beurteilt werden.

---

[27] Vgl. dazu auch die Übersicht über betriebliche Umweltinformationssysteme in uwf (UmweltWirtschaftsForum) Heft 3/97.

[28] Vgl. die Anregung des VDI über die Bausteine einer zukünftigen Investitionsbewertung in VDI Zeitschrift, Heft 4/1994 S.7.

[29] Vgl. Pfeiffer, W., Weiss, E., Strubl, S., Systemwirtschaftlichkeit, 1995.

[30] Der energetischen Erntefaktor errechnet sich aus der während der Nutzungsdauer eingesparte Energie (kWh) geteilt durch den für die Investition aufgewendeten Energieinput (kWh). Die ökologische Rückzahldauer errechnet sich aus der verursachten Schadschöpfung durch das Projekt geteilt durch die verminderte Schadschöpfung während der Nutzungsdauer pro Jahr.

[31] Vgl. BSO-Origin, Environmental Report, Utrecht 1994.

[32] Vgl. Wagner, G.R., Janzen, H., Ökologisches Controlling- Mehr als ein Schlagwort?, in: Controlling- Zeitschrift für erfolgsorientierte Unternehmenssteuerung, 3.Jg.1991,Heft 3, S.120ff.

Das gleiche gilt für die *G.u.V. -Rechnung*, in der z.B. Umsatzerlöse, Abschreibungen, Versicherungsprämien etc. auf ihren Umweltbezug hin überprüft werden können.[33]

Aus dieser Differenzierung und Ergänzung des finanziellen Rechnungswesens lassen sich bereits Einblicke in die Schwerpunkte der Umweltaktivitäten aber auch -belastungen gewinnen. Diese Aussagen gelten – in Erinnerung unserer Ausführungen zu Beginn – immer nur innerhalb der Grenzen monetärer Bewertung und müssen (wie schon im Beispiel der skizzierten Investitionsbewertung) um Analysen der Realgüterströme erweitert werden. Dadurch werden die in der Kosten- und Leistungsrechnung sowie in der Vermögens- und Kapitalrechnung angesetzten Mengengrößen auf ihre Umweltqualität und -risiken hin spezifiziert und bewertet.

2.2 Erweiterung des finanziellen Rechnungswesens

Eine wesentliche Grundlage hierfür bilden *Öko-Bilanzen*. Mit ihrer Hilfe werden Stoffströme (Input/Throughput/Output) oder Gegenstände (Vorräte, Anlagen, Maschinen, Fuhrpark etc.) auf ihre ökologische Bedeutung hin untersucht. Der Umfang dieser Untersuchungen ist entweder begrenzt auf einzelne Stoffe, Produkte (z.B. Erzeugnisse, Verpackungen, maschinelle Anlagen), Prozesse (z.B. Transportvorgänge, Produktionsprozesse) oder erstreckt sich auf komplette Institutionen (z.B. Unternehmen, Behörden, Hochschulen).

Als ökologisch relevante Auswirkungen werden hauptsächlich analysiert:
- die verbrauchten Rohstoffe/Energien (regenerativ/nichtregenerativ) für die Gewinnung, Transporte, Herstellung, Konsum, Entsorgung bzw. Recycling von Produkten,
- die während der gesamten Produktlinie oder in der speziellen Betrachtungsphase entstehenden stofflichen oder nichtstofflichen Emissionen,
- die Bedeutung der mit dem Produkt bzw. seinen Transformationsprozessen verbundenen Emissionen für den Treibhauseffekt, das Waldsterben, das Ozonloch und andere Wirkungskategorien.

Die Aussagekraft einzelner Ökobilanzen steigt in der Regel mit einer Ausweitung der Bilanzgrenzen (Breite der Untersuchung: Bilanzierungsraum, Bezugsjahre) und der Systemgrenzen (Tiefe der Untersuchung, Auswahl der Umwelteinwirkungen, ökologische Bewertungskriterien). Allerdings kann damit auch eine größere Unübersichtlichkeit verbunden sein sowie ein finanzieller Aufwand, der in keinem Verhältnis mehr zu dem damit erreichten Umweltentlastungseffekt steht. Dieses Problem stellt sich v.a. bei Produktlinienuntersuchungen, die konsequenterweise alle Verästelungen der Vorstufen erfassen müßten. Durch Schließen der Wertschöpfungskette (vertikale Konzentrationen, Aufstellung von Artikel-Pässen, insourcing und enge Lieferantenkooperationen) können solche Informationslücken geschlossen werden. Diese umweltstrategische Zielsetzung verfolgen z.B. im Textilbereich Hess Natur sowie in Kooperation die Firmen Günther,

---

[33] Vgl. Peemöller, V., Zwingel, Th., Ökologische Aspekte im Jahresabschluß, Düsseldorf 1995.

Steilmann und Quelle; im Versandhandel Neckermann und Otto, im Nahrungs-
mittelbereich z.B. die Neumarkter Lammsbräu, Hipp und die Hofpfisterei München). Zunehmend kooperieren diesbezüglich auch die Mitglieder von Umwelt-
verbänden der Industrie (B.A.U.M., future, UnternehmensGrün).

Entscheidet sich ein Unternehmen für die Aufstellung von Ökobilanzen und
tritt mit diesen an die Öffentlichkeit, so müssen in jedem Falle *Grundsätze* eingehalten werden, die auch jeglicher finanziellen Bilanzierung zugrunde liegen, nämlich
- Klarheit und Übersichtlichkeit
  (die interessierte Öffentlichkeit muß sich in angemessener Zeit einen Überblick über Ursachen und Wirkung von Umweltbelastungen eines Produktes,
  Unternehmens usw. verschaffen können. Methoden der Bewertung und der
  Untersuchungsumfang müssen transparent sein),
- Kontinuität und Vergleichbarkeit
  (die einmal gewählte Form der Darstellung und die Bewertungsmethode ist
  beizubehalten, einzelne Bilanzierungspositionen sollten von Jahr zu Jahr vergleichbar sein),
- Wahrheit
  (vollständige und richtige Erfassung der Umwelteinwirkungen: Umweltprobleme dürfen nicht verschleiert werden).

Da „Ökobilanzen" in der Praxis sehr unterschiedlich aufgebaut und bewertet
werden, erscheint eine *Standardisierung* der Inhalte und Untersuchungsmethoden
angebracht. Damit könnten Ranking-Verfahren und ein „Öko-Benchmarking" an
Aussagekraft gewinnen. Diese Aufgabe hat sich das Umweltbundesamt gestellt.
Zur Kennzeichnung der „relativen" Umweltfreundlichkeit von Produkten („eco-
labelling") werden bereits standardisierte Prüfschemata vorgeschrieben. Von
verschiedenen europäischen Ländern werden zur Zeit für einzelne Produktgruppen „life cycle assessments" erarbeitet. Am 28. Juni 1993 wurden von der Kommission der EG die Kriterien für die ersten beiden Produktgruppen – Waschma-
schinen und Geschirrspüler – verabschiedet. Dafür kann nun das EG-
Umweltzeichen beantragt werden.

Das Umweltbundesamt selbst steht in enger Verbindung zum „Normenausschuß Grundlagen des Umweltschutzes" im DIN(NAGUS), um allgemeine Methoden zur Aufstellung, Darstellung und Bewertung von Ökobilanzen für Produkte zu entwickeln und hat dementsprechend ein 10-Punkte-Programm zur
Fortentwicklung der Ökobilanzen formuliert.[34]

Ansätze zur Standardisierung einer gesamten Unternehmens-Ökobilanz werden
in dem vom Umweltbundesamt 1995 herausgegebenen Handbuch „Umwelt-

---

[34] Bereits erschienen sind die DIN EN ISO 14040 „Prinzipien und allgemeine Anforderungen"
sowie DIN EN ISO 14041 „Festlegung des Ziels und des Untersuchungsrahmens sowie Sachbilanz" (vgl. auch UBA, Materialien zu Ökobilanzen und Lebensweganalysen, Berlin : UBA-
Texte 26/97). Anfang 1999 wurden die Normentwürfe der DIN EN ISO 14042 „Wirkungsabschätzung" und DIN EN ISO 14043 „Auswertung" vorgelegt.
Vgl. auch UBA, Materialien zu Ökobilanzen und Lebensweganalysen, Berlin : UBA-Texte
26/97.

Controlling" aufgezeigt.[35] Angesichts der EG-Öko-Audit Verordnung erscheinen Richtlinien für eine Unternehmens-Ökobilanz wichtig, da eine Validierung der Umwelterklärung und Beurteilung der Effizienz und Effektivität des Umweltmanagementsystems durch externe Gutachter vergleichbare Untersuchungsumfänge und -intensitäten voraussetzen sollte. Hier sind auch weitere Festlegungen über die ISO 14000ff. bzw. Empfehlungen über Leitfäden der Landes-Umweltministerien getroffen worden.

Für komplette Unternehmen sind inzwischen mehrere unterschiedlich umfangreiche Ökobilanzen erstellt worden. Ähnlich den Geschäftsberichten, die regelmäßig eine Abschlußbilanz enthalten, werden Ökobilanzen immer öfters in Verbindung mit der (nach EG-Öko-Audit geforderten Umwelterklärung) als Umweltberichte veröffentlicht. Denkbar wäre in mittlerer Sicht auch eine Verbindung von Umwelt- und Geschäftsbericht, wie es beispielsweise die AEG-Hausgeräte GmbH mit ihrem Geschäftsbericht 1993 erprobt hat.[36] Unter dem Ziel einer Nachhaltigkeits-Berichterstattung erscheint eine Zusammenfassung von Geschäfts-, Umwelt- und Sozialbericht erstrebenswert.

Allen Ökobilanzen gemeinsam ist die Aufstellung von Sachbilanzen, in denen Stoff- und Energieströme bzw. Vermögensgegenstände (Inventar) in physikalischen Einheiten (t, l, m^3, kWh, m) periodenbezogen gemessen, auf ihre Umweltwirkungen überprüft und anschließend kommentiert werden. Der Bilanzgedanke im Sinne eines Gleichgewichts (ital. bilancio) tritt dabei am deutlichsten in den zentral wichtigen Input-Output-Analysen zutage, die entweder für einen gesamten Betrieb oder einzelne Prozesse entwickelt werden:

Nach dem 1. Thermodynamischen Gesetz muß bei allen Umwandlungsprozessen der Input an Stoffen und Energie im Output (Haupt- und Nebenprodukte, Emissionen) nachweisbar sein. Umweltprobleme entstehen ja durch Entropiezunahme bzw. Umwandlungsverluste (z.B. in Form von Abfällen, Abwärme als unerwünschte Kuppelprodukte), die in Input-Output-Tabellen transparent gemacht werden sollen. Darüberhinaus ist natürlich auch das ökologische Risikopotential von Verfahren, Stoffen oder Stoffverbindungen von Bedeutung, weshalb eben auch eine genaue Spezifizierung aller Inhaltsstoffe erforderlich ist. Dazu werden Input-Output-Tabellen oft in mehrere Aggregationsebenen unterteilt.

Der weitgehende (und seit 1987 in verschiedenen Praxisprojekten erprobte) Ansatz des Instituts für Wirtschaftsforschung (IÖW-Berlin) sieht für eine *Unternehmens-Ökobilanz* mindestens 4 Teilbilanzen vor:

1. die Betriebsbilanz (genaue quantitative und qualitative Erfassung der Input- und Outputströme des Betriebs, der seinerseits als „black box" verstanden wird),

2. die Prozeßbilanz (Erfassung der Input-/Outputströme nach einzelnen Fertigungsschritten),

---

[35] Eine Neuauflage ist 1999 vorgesehen.
[36] Seitdem nicht fortgeführt (vielmehr wieder getrennt nach Geschäftsbericht, Grünbuch und Umwelterklärung).

3. die Produktlinienbilanz (Verfolgung der Stoffströme auf den Vor- und Nachstufen der Produktion),

4. die Standort bzw. Inventarbilanz (Erfassung sonstiger umweltrelevanter Grö-
   ßen/Aktivitäten im Standortbereich).

Um anhand von Schwachstellenanalysen Prioritäten feststellen zu können, kommt
man an der *Bewertungsfrage* nicht herum. Eine Bewertung findet ja bereits mit
der Auswahl der Untersuchungsobjekte für die Bestandsaufnahme statt und ist mit
der Erfahrung und dem Kenntnisstand der Bearbeiter oft eng verbunden, d.h. die
Sachbilanz verbindet sich schon in der Phase der Datenerfassung häufig unausge-
sprochen mit der Selektion relevant erscheinender Umweltwirkungen und mit
einer ersten Grobbewertung. Bereits bei der Diskussion über die Systemgrenzen
(die in einer Projektgruppe zu Beginn der Aufstellung von Ökobilanzen festzulegen sind) sollten aber die relevanten Umweltwirkungen definiert werden. Sonst
kommt es in der Regel zu einer ad-hoc-Auswahl von Umweltkriterien, die womöglich nur der aktuellen Umweltdiskussion in den Medien Folge leisten
(„Schadstoff des Monats- Reaktion").
Die derzeit angewandten Bewertungsmethoden lassen sich unterscheiden in:
-   verbal argumentative Kommentare zu Sachbilanzen und Input- Output-
    Tabellen (vgl. z.B. die Umweltberichte von KUNERT, Oetker, Henkel,
    VWAG, Deutsche Bundesbahn),
-   monetarisierende Bewertung (z.B. die „net value lost"-Rechnung der Fa.
    BSO-Origin in ihren Umweltberichten[37]),
-   numerisch quantifizierende, naturwissenschaftlich orientierte Bewertung z.B.
    Berechnung der kritischen Volumina[38], nach maßgeblichen Umweltindikato-
    ren (vgl. z.B. das Common Impact Assessment von DOW Europe)[39], nach
    Ökopunkten[40] (vgl. z.B. die Umweltberichte der Schweizer Unternehmen
    MIGROS, GEBERIT, Schweizer Bankverein, BAER-Weichkäserei),
-   relativ abstufende quantitativ/qualitative Bewertung (z.B. Nutzwertanalysen,
    ABC-/XYZ-Methode (vgl. die Umweltberichte der Neumarkter Lammsbräu,
    des Staatlichen Mineralbrunnen Bad Brückenau, der Firmen Wilkhahn,
    Hofpfisterei, Baufritz, Günther).

Welche Bewertungsmethode auch immer zur Anwendung gelangt (innerhalb
einer Unternehmens-Ökobilanz sind hier durchaus Kombinationen möglich!),
sollte darauf geachtet werden, daß die Systematik über Jahre hinweg beibehalten

---

[37] Vgl. BSO Origin, Annual Report and Environmental Account, Utrecht 1995.

[38] Vgl. Beschorner, D., Öko-Bilanz: Entscheidungshilfe für eine umweltfreundliche Wirtschaftsweise, in: Freimann,J. (Hrsg.) Ökologische Herausforderung der Betrirebswirtschaftslehre, Wiesbaden 1990,S.163ff.

[39] Vgl. DOW Europe, Environmental Progress Report 1994 sowie Loew, Th., Hjálmasdóttir, H.,
Umweltkennzahlen für das betriebliche Umweltmanagement, Schriftenreihe des IÖW 99/96
Berlin 1996,S.73ff. Auch das Umweltbundesamt arbeitet bei Produktbilanzen mit der Um-
weltindikatorenmethode bzw. Wirkungsabschätzung (vgl. UBA, Ökobilanz für Getränkeverpackungen, Berlin 1994).

[40] Vgl. Braunschweig, A., Müller-Wenk, R., Ökobilanzen für Unternehmungen, Bern u.a. 1993.

wird und in der Umweltberichterstattung der Umweltfortschritt des Unternehmens nachvollziehbar und glaubwürdig vermittelt wird. Wichtig ist außerdem, daß die Bewertungsmethode den Spezifika von Umweltinformationen gerecht wird, die in der Komplexität, Dynamik und oft mangelnden Quantifizierbarkeit begründet liegen. Etliche Firmen in Deutschland arbeiten inzwischen mit der vom IÖW und dem Autor gemeinsam entwickelten ABC-/XYZ-Methode, die relativ abstufend aus verschiedenen Blickwinkeln die Umweltprobleme eines Unternehmens einkreist und damit Schwerpunkte der Umweltschwachstellen (von Stoffen, Produkten, Verfahren etc.) sichtbar macht[41]. Der Standardversion werden 6 Bewertungskriterien zugrundegelegt:

Kriterium 1: Umweltrechtliche/-politische Anforderungen
Kriterium 2: Gesellschaftliche Akzeptanz
Kriterium 3: Gefährdungs- und Störfallpotential
Kriterium 4: Internalisierte Umweltkosten
Kriterium 5: Negative externe Effekte auf Vor- und Nachstufen
Kriterium 6: Erschöpfung nicht-regenerativer/Übernutzung regenerativer Ressourcen

Das Bewertungsraster kann je nach Branche betriebsindividuell erweitert werden (z.B. in der chemischen Industrie Aufgliederung des Risikopotentials in Normal- und Störfallrisiko, Unterteilung in Wasser-, Luft- Bodengefährdung). Durch die ABC-Bewertung und ihre Fortschreibung in der Unternehmens-Ökobilanz wird der Umweltfortschritt sowohl in der feed-back-Kontrolle, als auch in der feed-forward Abwehr von neuen Umweltrisiken deutlich. Durch den rollierenden Prozeß der Bewertung erscheinen im Lauf der Zeit immer wieder neue Prioritäten der Schwachstellenbeseitigung; die Umweltzielsetzung kann anspruchsvoller werden, der Erfahrungshintergrund aller Mitarbeiter wächst im Rahmen eines dialogischen Umweltlernens durch interne und externe Kommunikation (in Auseinandersetzung mit Anspruchsgruppen des Unternehmens und Unterstützung durch Hochschulen und Forschungsinstitute).

2.3 Umweltkennzahlen

Zur quantitativen Planung und Kontrolle der Umweltleistung eines Unternehmens sollte schließlich ein Umweltkennzahlensystem aufgebaut werden.[42] Absolute Kennzahlen (Stichtagsgrößen, Strömungsgrößen etc.) sowie relative Kennzahlen (Quoten, Indexzahlen etc.) sind hierbei nach Abteilungen/ Wertkettenaktivitäten, input-/throughput-/outputbezogen, nach Umweltbereichen/-medien branchen- und betriebsgrößenspezifisch zu entwickeln. Dabei ist besonders zu beachten, daß

---

[41] Vgl. zur detaillierten Begründung und Darstellung der ABC-Bewertungsmethode Stahlmann, V., a.a.O. (1994) S.185ff.

[42] Zum Konzept und zur praktischen Anwendung von Umweltkennzahlen siehe auch die sehr differenzierte Abhandlung bei Seidel, E., Seifert. E.K., Clausen, J., Umweltkennzahlen, München 1998.

nicht nur „Öko-Effizienzen" gemessen und nach außen als Umweltfortschritt dargestellt werden, sondern gleichzeitig die „Öko-Effektivität" zum Ausdruck kommt. Unter Öko-Effizienz ist das Wirkungsverhältnis zwischen Input und Output, zwischen Kosten und Leistung oder (umgekehrt) zwischen Ertrag und Aufwand (Wirtschaftlichkeit) zu verstehen. Öko-Effektivität beleuchtet demgegenüber die Frage, ob überhaupt die richtigen Umweltentlastungsziele gesetzt werden und ob diese tatsächlich erreicht worden sind.[43]

Umweltkennzahlen werden überwiegend aus realen (stofflichen) Bezugsgrößen gebildet. Unter den o.g. Vorbehalten gegenüber monetären Bewertungen sind auch Geldgrößen denkbar.

Branchenübergreifende Kennzahlen der *monetären Öko-Effizienz* sind z.B.

$$\text{Kostenanteil Energie} = \frac{\text{Energiekosten (DM/Jahr) x 100}}{\text{Gesamtkosten (DM/Jahr)}}$$

$$\text{Wertstofferlösquote} = \frac{\text{Wertstofferlöse (DM/Jahr) x 100}}{\text{Abfallwirtschaftskosten (DM/Jahr)}}$$

Die *monetäre Öko-Effektivität* könnte dagegen im absoluten Sinken der betrieblichen Umweltkosten (real) zum Ausdruck kommen. Natürlich müssen hier zur Vermeidung von Fehlinterpretationen das Stadium des Umweltfortschritts zum Vergleich herangezogen und jegliche Aussage vorbehaltlich der noch nicht internalisierten externen Kosten getroffen werden.

Aus Ökobilanzen und Stoffstromanalysen können z.B. folgende Umweltkennzahlen der *realen Öko-Effizienz* gebildet werden:

$$\text{spezifischer Endenergieverbrauch/Nettoproduktionswert} = \frac{\text{Endenergieverbrauch kWh/Jahr}}{\text{Nettoproduktionswert real/Jahr}}$$

relativer Benzinverbrauch (z. B. Durchschnitt des eigenen Fuhrparks in l/100km)

Umweltkennzahlen der *realen Öko-Effektivität* sind dagegen z.B.

absoluter Wasserverbrauch (cbm/ Jahr)
absoluter Energieverbrauch (kWh/Jahr)

Aus der Kombination finanzökonomischer Kennzahlen mit Umweltrelevanz und realwirtschaftlichen Kennzahlen läßt sich für das Öko-Controlling ein mehrfacher Hebel ansetzen, um die Komplexität des Umweltproblems managementgerecht

---

[43] Vgl. Stahlmann, V., a.a.O. (1996) S.70ff. (vom Verfasser und dem Institut für ökologische Wirtschaftsforschung ist derzeit in Bearbeitung ein Forschungsprojekt zur „Beurteilung der Umweltleistung von Unternehmen anhand ihres Umweltmanagementpotentials sowie ihrer Öko-Effizienz und Öko-Effektivität").

aufzubereiten und schrittweise einer Lösung zuzuführen. Letztlich geht es dabei um die Fortsetzung einer Logik, die heute allgemein verbreitet aus Unternehmerkreisen verkündet und in zahlreichen Reengineering-Aktionen auch umgesetzt wird: die wertkettenorientierte Optimierung der Stoff- und Informationsflüsse zugunsten von Kundennähe und Kostenminimierung. Daß diese Wertkette bei der Natur (und ihrer begrenzten Wertschöpfung) beginnt und wieder bei ihr (und ihrer begrenzten Aufnahmefähigkeit) endet, sollte inzwischen so plausibel geworden sein, daß es in die strategischen und operativen Entscheidungen des Unternehmens „im Rahmen der gewöhnlichen Geschäftstätigkeit" einfließt.

2.4 Öko-Controlling

Leitbild des Öko-Controlling ist es, mit Hilfe der Öko-Bilanz und dem Aufbau eines Umweltmanagementsystems eine umweltverantwortliche Unternehmensführung im Regelkreis planen, entscheiden und kontrollieren zu lassen. Durch Frühherkennung von Umweltrisiken aber auch Erfolgspotentialen, durch möglichst dezentralisierte Vorwärtssteuerung und Selbstregelung sollen Umweltbelastungen sukzessive abgebaut und gleichzeitig neu hinzukommende verhindert werden, so daß die Unternehmensführung in einem rollierenden Planungs- und Kontrollprozeß zur ständigen Umweltverbesserung beiträgt (Prinzip der Controlling-Spirale)[44]

Das Öko-Controlling baut somit auf einer ökologischen Schwachstellenanalyse auf und leitet daraus Gegenmaßnahmen im Bereich der Produkte, Stoffe und Verfahren ab. De facto geschieht dies durch regelmäßigen Informationsaustausch zwischen Umweltreferat und den betroffenen Abteilungen, wobei in bestimmten Abständen oder auch fallweise zu konkreten Problemstellungen workshops, Wertanalyse-Teams, Umweltausschüsse u.ä. einzuberufen sind. Das Öko-Controlling muß der Motor dieses Regelkreises sein, der plant, Impulse gibt, Informationen vermittelt, Schulungen anregt, Sollvorgaben kontrolliert und der Geschäftsleitung sowie der gesamten Belegschaft über den erreichten Umweltstandard in regelmäßigen Abständen Bericht erstattet.

Im Zuge des Controlling-Prozesses verbessern sich laufend die Qualität und Aussagekraft des ökologischen Rechnungswesens und der Umweltinformationen. Gleichzeitig können die Umweltziele für das gesamte Unternehmen und für einzelne Bereiche immer anspruchsvoller vorgegeben werden.

2.5 Öko-Audit

Die im Juli 1993 von der Europäischen Union erlassene EG-Öko-Audit Verordnung greift im wesentlichen den Gedanken des Ökocontrolling auf: das Kernelement der Verordnung ist die Errichtung eines Umweltmanagementsystems, das Unternehmen in die Lage versetzen soll, ihre Umweltziele und ihre Umweltver-

---

[44] Vgl. Hallay, H., Pfriem, R., Öko-Controlling, Frankfurt/M/ New York 1992 sowie Stahlmann, V., a.a.O. (1994) S.233ff.

antwortung mit zeitgemäßen Instrumenten wahrzunehmen. Als wichtige Ergänzung kommt eine regelmäßige interne und externe Umweltbetriebsprüfung dazu. Durch den externen neutralen Umweltgutachter soll schließlich überprüft werden, ob die Umweltpolitik des Unternehmens den Vorgaben der Verordnung entspricht, die Umweltprüfung vollständig und valide durchgeführt wurde und seine Umsetzung über Umweltprogramme und eine funktionstüchtige Umweltorganisation stattfindet. Enthält die Umwelterklärung die von der Verordnung geforderten umweltrelevanten Informationen und stellt sie diese knapp, verständlich und glaubwürdig für die Öffentlichkeit dar, dann kann der Umweltgutachter (bzw. die registrierende Stelle) dem Standort des Unternehmens das Umweltzertifikat erteilen. Es handelt sich dabei also um eine externe Revision mit Öffentlichkeitswirksamkeit.[45]

3. Perspektiven

Wenngleich das ökologische Rechnungswesen eines Unternehmens durch die EG-Öko-Audit Verordnung keine konkreten Ausführungshinweise erhält, sind aus ihr doch entscheidende Anschubwirkungen für seine weitere Ausgestaltung zu erwarten. Denn wie sonst sollte das in der Präambel der Verordnung nochmals betonte Ziel eines „dauerhaften, umweltgerechten Wachstums", des o.g. „sustainable development" mit einer „angemessenen, kontinuierlichen Verbesserung des betrieblichen Umweltschutzes" rational angesteuert und sein Zielerreichungsgrad nachgewiesen werden? Je mehr es dabei gelingt, den „finanziellen Käfig" des herkömmlichen Rechnungswesens und Controlling zu öffnen und durch eine ökologische Differenzierung und Erweiterung mit einem Umweltkostenmanagement zu verknüpfen, gemeinsame Schnittmengen und Synergien zu nutzen, desto aufgeschlossener wird das gesamte Management sein, einen ökologischen Kurswechsel zu vollziehen.

Damit allerdings aus vielen mikroökonomischen Einzelanstrengungen auch ein volks- und weltwirtschaftlicher Umweltentlastungserfolg wird, darf die vielbeschworene Eigenverantwortung der Industrie nicht „makroökonomisch in der Luft hängen bleiben". Die mit der EG-Öko-Audit Verordnung eingeleitete 3. Generation der Umweltpolitik (mit Selbstverantwortung, Deregulierung und freiwilliger Teilnahme an einem Umweltmanagementsystem) kann die 1. Generation (Ordnungsrecht mit Auflagen, Ge- und Verboten) nicht ad acta legen und braucht vor allem zu ihrer wirkungsvollen Unterstützung eine 2. Generation indirekter marktkonformer Anreizfunktionen (z.B. mit Umweltabgaben, ökologischer Steuerreform), die in Deutschland noch völlig unterentwickelt ist und mit zaghaften Öko-Steuerreformansätzen noch keine richtunggebende Strukturpolitik in die Wege leitet.

Erst mit einer konsequenten Internalisierung externer Kosten und einer ökologischen Wirtschaftspolitik (mit internationaler Geltung) wird der flächendeckende

---

[45] Mehr produktbezogen und ohne Verpflichtung zu einer öffentlichen Umwelterklärung ist demgegenüber die (in vielen Bereichen deckungsgleiche) ISO 14000ff. zu verstehen.

Durchbruch eines ökologischen Rechnungswesens ermöglicht werden. Auch ist es überfällig, nationale Umweltziele (wie im Entwurf eines umweltpolitischen Schwerpunktprogramms des BMU nun endlich definiert)[46] mit betrieblichen Umweltzielen auf Branchenebene zu verbinden[47]. Diese Bringschuld der Politik wird von umweltaktiven Unternehmen bereits mehrfach eingefordert, damit sich aus ihren verantwortungsvollen Vorleistungen auch deutliche Wettbewerbsvorteile ergeben. Und diese Wettbewerbsvorteile müssen letztlich entstehen, wenn die Marktwirtschaft wirklich das Umweltproblem lösen soll!

Literaturverzeichnis

Beschorner, D.: Öko-Bilanz: Entscheidungshilfe für eine umweltfreundliche Wirtschaftsweise, in: Freimann, J. (Hrsg.): Ökologische Herausforderung der Betrirebswirtschaftslehre, Wiesbaden 1990, S.163ff.

BMU/UBA: Handbuch Umweltkostenrechnung, München 1996.

BMU: Entwurf eines umweltpolitischen Schwerpunktprogramms, Bonn 1998.

Braunschweig, A.; Müller-Wenk, R.: Ökobilanzen für Unternehmungen, Bern u.a. 1993.

BSO Origin: Annual Report and Environmental Account, Utrecht 1995.

BSO-Origin: Environmental Report, Utrecht 1994.

BUND/Misereor: Zukunftsfähiges Deutschland, Basel u.a. 1996.

Claes, Th.; Böggemann, P.; Pfriem, R.: Umweltkostenrechnung als Teil der betrieblichen Kostenrechnung, in: UWF 1/99 S.42.

Daly, H.E.: Ökologische Ökonomie, in: Altner, G.; et al. (Hrsg.): Jahrbuch Ökologie 1995, München 1994, S.147ff.

Dölle, CH.; Greineder, C.: Kurzfassung der Diplomarbeit (Univ. Augsburg) „Die prozeßorientierte Umweltkostenrechnung am Beispiel der Neumarkter Lammsbräu, 1996.

DOW Europe: Environmental Progress Report 1994

Düchs, G.: Aufbau einer Umweltkostenrechnung in besonderer Berücksichtigung des Prozeßkostenansatzes, dargestellt am Beispiel der Gesellschaft für Elektrometallurgie mbH Nürnberg (Diplomarbeit FH Nürnberg).

Enquete-Kommission des Deutschen Bundestags „Schutz des Menschen und der Umwelt".1994.

Fichter, K.; Seidel, E.; Loew, T.: Betriebliche Umweltkostenrechnung, Berlin/Heidelberg 1997.

Fischer, H.; et al.: Umweltkostenmanagement, München 1997.

Georgescu-Roegen, N.: The Entropy Law and the Economic Process,1971.

Hallay, H.; Pfriem, R.: Öko-Controlling, Frankfurt a. M./New York 1992.

Loew, Th.; Hjálmasdóttir, H.: Umweltkennzahlen für das betriebliche Umweltmanagement, Schriftenreihe des IÖW 99/96 Berlin 1996.

Luhmann, N.: Soziale Systeme, Grundriß einer allgemeinen Theorie, Frankfurt/M 1984.

Peemöller, V.; Zwingel, Th.: Ökologische Aspekte im Jahresabschluß, Düsseldorf 1995.

Pfeiffer, W.; Weiss, E.; Strubl, S.: Systemwirtschaftlichkeit, 1995.

Röpke, W.: Die Lehre von der Wirtschaft, Erlenbach-Zürich/Stuttgart 1961.

Schaltegger, St.; Kempke, S.: Öko-Controlling – Überblick über bisherige Ansätze, in: ZfB Zeitschrift für Betriebswirtschaft, ZfB-Ergänzungsheft 2, 1996, S. 149-163.

Schmalenbach, E.: Der Freien Wirtschaft zum Gedächtnis, Köln/Opladen 1949.

---

[46] Vgl. BMU, Entwurf eines umweltpolitischen Schwerpunktprogramms, Bonn 1998.
[47] Wie es erfolgreich in den Niederlanden im Rahmen des National Environmental Policy Plan (NEPP) praktiziert wird.

Schmalenbach, E.: Dynamische Bilanz, 4. Aufl. Leipzig 1926.

Schneider, W.: Quantitative und qualitative Analyse der von der Neumarkter Lammsbräu durch freiwillige Umweltaktivitäten vermiedenen externen Kosten, FH Nürnberg 1998.

Seidel, E.: Entwicklung eines betrieblich-ökologischen Rechnungswesens. Schlüssel zu einer tatsächlichen Ökologisierung des Wirtschaftens, in: Betrieblicher Umweltschutz. Landschaftsökologie und Betriebswirtschaftslehre, hrsg. v. E. Seidel, Wiesbaden 1992, S. 229-246.

Seidel, E.: Ökologisches Controlling. Zur Konzeption einer ökologisch verpflichteten Führung von und in Unternehmen, in: Betriebswirtschaftslehre als Management- und Führungslehre, hrsg. v. R. Wunderer, 3., überarb. u. erg. Aufl., Stuttgart 1995, S. 354-371.

Seidel, E.; Seifert, E.K.; Clausen, J.: Umweltkennzahlen, München 1998.

Stahlmann, V.: Öko-Effizienz und Öko-Effektivität - Läßt sich der Umweltfortschritt eines Unternehmens messen?, in: UWF 4/96 S.70ff.

Stahlmann, V.: Umweltverantwortliche Unternehmensführung, Aufbau und Nutzen eines Öko-Controlling, München 1994.

Steinmann, H.; Guthunz, U.; Hasselberg, F.: Kostenführerschaft und Kostenrechnung, in: Männel, W. (Hrsg.): Handbuch Kostenrechnung, Wiesbaden 1992, S.1459f.

UBA: Materialien zu Ökobilanzen und Lebensweganalysen, Berlin : UBA-Texte 26/97.

UBA: Ökobilanz für Getränkeverpackungen, Berlin 1994.

Ulrich, P.: Transformation der ökonomischen Vernunft, Bern/Stuttgart 1987.

Umweltbundesamt (Hrsg.): Umweltschutz- ein Wirtschaftsfaktor, Berlin 1993.

Wagner, G.R.; Janzen, H.: Ökologisches Controlling- Mehr als ein Schlagwort?, in: Controlling- Zeitschrift für erfolgsorientierte Unternehmenssteuerung: 3.Jg.1991, Heft 3, S.120ff.

WWZ/Sarasin Studie (bearb. v. Schaltegger, S.; Figge, F.): Umwelt und Shareholder Value, WWZ-Studie Nr. 54, Basel 1997.

Zimmermann, G.: Grundzüge der Kostenrechnung, Stuttgart u.a., 1976.

Umweltkennzahlen im Einsatz für das Benchmarking[1]

Jens Clausen und Heinz Kottmann

1. Ökologisches Benchmarking ist praktizierte Kultur

Der Vergleich mit anderen, das Besser oder Schlechter weckt in unserer Kultur, nicht nur bei Männern, den Sportsgeist. Die Erkenntnis, daß der Wettbewerber ein Produkt ohne eine umweltbelastende Chemikalie herstellt, ist für den Chemiker genauso eine Herausforderung wie Informationen über Marktanteil oder Umsatz des Wettbewerbers für den Verkaufsleiter. Ohne im Einzelfall näher auf die wirkliche Vergleichbarkeit zu achten, werden die Ärmel hochgekrempelt und das eigene Tun in Frage gestellt, Schwachstellen gesucht und Verbesserungen in die Wege geleitet. „Benchmarks" sind emotional und rational ein wesentlicher Ansporn zur Verbesserung und zur Innovation. Auch im Gespräch über Umwelterklärungen und Umweltberichte haben wir vielfach die Erfahrung gemacht, daß diese „sportliche Wirkung" immer und überall dort eintritt, wo eine Konkurrenzsituation vorliegt.

Wirkliche Vergleichbarkeit spielt für dieses pragmatische und unorganisierte Benchmarking kaum eine Rolle. Das Argument der Unvergleichbarkeit wird im Einzelfall erst dann herangezogen, wenn sich die Bemühungen als schwierig bzw. erfolglos herausstellen.

Viel komplizierter wird die Angelegenheit, wenn das ökologische Benchmarking geplant oder gar öffentlich durchgeführt werden soll. Das Lampenfieber vor dem Vergleich läßt die Bedenkenträger gegenüber den Machern oft die Oberhand gewinnen. Zu vieles spricht auf einmal gegen die Sinnhaftigkeit des Vergleichs, zu individuell sind die Produkte und zu unvergleichbar die Standorte und Technologien. So schätzte selbst eine Gruppe von Homecomputerherstellern ihre am Markt hart konkurrierenden Produkte im internen Gespräch als zu unterschiedlich für ökologisches Benchmarking ein. Ob dies dann der wirkliche Grund ist sei dahingestellt. Zumindest veranlaßt auch die Angst vor schlechten Ergebnissen viele Unternehmen, Benchmarking gar nicht oder nur unter vorgehaltener Hand durchzuführen. Was also kann mit ökologischem Benchmarking erreicht werden

---

[1] Grundsätzliches zu Umweltkennzahlen auch im Bezug auf ihren Einsatz im Benchmarking siehe: Clausen, J. 1998 und Seidel, E. 1998.

und was nicht? Welche Organisationsformen haben sich in den wenigen Versuchen bereits bewährt?

2. Benchmarks in der Anwendung

2.1 Benchmarking als Anstoß für Verbesserungsprozesse

Zwei Einsatzzwecke sind bei der Beurteilung des Benchmarking mit Umweltkennzahlen zu unterscheiden:
- Benchmarking als Anstoß für Verbesserungsprozesse und
- Benchmarking zum Leistungsvergleich.

Natürlich können diese beiden Einsatzzwecke praktisch kaum getrennt werden, die Unterscheidung findet sich eher als soziale Form. Denn als Anstoß zum Verbesserungsprozeß mag es schon genügen, wenn ein Umweltbeauftragter im stillen Kämmerlein die Umwelterklärung eines Wettbewerbers liest, eine um 40% niedrigere Abfallquote erkennt, das eigene Handeln reflektiert und ändert. Es ist plausibel, daß durch nunmehr ca. 2000 vorliegende Umwelterklärungen und etwa 250 Umweltberichte viele solcher Erkenntnisprozesse in die Wege geleitet wurden, in vielen Einzelfällen ist uns dieses in großen und kleinen Unternehmen begegnet. Es findet allerdings, aus Angst vor dem Leistungsvergleich, im Stillen oder auf dem Umweg über Berater statt. Ein Hinweis auf die praktische Bedeutung mag die Tatsache sein, daß Unternehmensberater ein unerwartet starkes Interesse an Umwelterklärungen entwickeln.

2.2 Benchmarking als Instrument zum Leistungsvergleich

Benchmarking zum Leistungsvergleich muß dagegen organisiert stattfinden und erfordert deshalb einige Vorbereitungen:
- eine Gruppe vergleichbarer und vergleichswilliger Unternehmen finden,
- die Bezugsgrößen festlegen,
- die Umweltkennzahlen für den Vergleich auswählen und
- die Erhebungsrichtlinien für jede Kennzahl festlegen.

Erster und offenbar schwierigster Schritt ist es, vergleichbare und vergleichswillige Unternehmen zu finden. Dies gelingt bisher zum einen in internen Arbeitsgruppen von Industrieverbänden, zum anderen aus Projekten heraus, in denen Unternehmen ohnehin kooperieren. In ersteren ist die Vertraulichkeit durch die Einbettung in den Industrieverband gesichert und es gilt nur noch, ggf. die gegenseitige Offenlegung der Daten zu vereinbaren. Diese kann allerdings auch vermieden werden, indem den Teilnehmern nur Durchschnitts-, Minimal- und Maximalwerte mitgeteilt werden und die einzige Person, die die individuellen

Daten kennen muß, da sie die statistische Auswertung machte, zur Verschwiegenheit verpflichtet wird.

In kooperierenden Projektgruppen, z.B. im Rahmen der Erarbeitung von Umweltmanagementsystemen, mag der Wunsch nach einem gruppeninternen Benchmarking oder der Vergleich mit externen Ziel- und Orientierungsgrößen aus der Arbeit heraus spontan entstehen. Meist ist hier ohnehin ein gegenseitiges Vertrauen vorhanden, so daß die Frage der Geheimhaltung von Daten keine dominierende Rolle spielen muß.

2.3 Beispiel 1: Die Berliner Vollkornbäckereien[2]

Die Gruppe für das Benchmarking bestand aus sieben recht ähnlich strukturierten Kleinunternehmen zwischen drei und zwanzig Beschäftigten in Berlin. Sie repräsentierte etwa die Hälfte der Berliner Vollkornbäckereien. Im Rahmen des Projektes Euromanagement Umwelt unter Leitung des Institutes für ökologische Wirtschaftsforschung (IÖW) führten sie die Umweltprüfung nach der EG-Öko-Audit-Verordnung durch und nahmen im Rahmen des Seminarprogrammes am Benchmarking teil. Als Vollkornbäckereien waren diese Handwerksbetriebe für den Umweltschutz sensibilisiert und wurden durch das Berliner Vorreiterunternehmen Märkisches Landbrot zusätzlich angeregt, ihre Umweltbelastungen zu untersuchen.

Bezugsgrößen festlegen
Als Bezugsgröße wurde die produzierte Menge in kg gewählt.

Umweltkennzahlen für den Vergleich auswählen
Es wurde bei der Erarbeitung branchentauglicher Umweltkennzahlen der Fokus auf Umweltleistungskennzahlen gelegt, die von den Bäckereien möglichst leicht erhebbar und im Rahmen eines Benchmarking vergleichbar sind. Die Umweltkennzahlen wurden nach Möglichkeit in den Bereichen abgeleitet, in denen das Unternehmen direkten Einfluß auf Verbesserungen hat. Ein Umweltkennzahlensystem mit 17 Kennzahlen aus den Bereichen Rohstoffe, Wasser, Energie und Abfall wurde für die Bäckereien erarbeitet.

Erhebungsrichtlinien festlegen
In der Umweltprüfung legten die Unternehmen die Systematik des IÖW zur Input-/Output-Bilanzierung der Stoff- und Energieflüsse zugrunde. Der Kontenrahmen wurde in einer Arbeitsgruppensitzung abgestimmt und betriebsspezifisch verfeinert. Weitergehende Richtlinien zur Datenerhebung wurden zunächst nicht weiter geregelt.

Das Benchmarking durchführen
In allen Bäckereien wurden nun die Daten erhoben und, soweit möglich, die 17 Umweltkennzahlen errechnet. Vergleiche waren bei den auf die produzierte Men-

---

[2] Vgl. Kottmann u. Steinfeldt 1998.

ge bezogenen Kennzahlen und bei Quotenkennzahlen möglich. Wenn vorhanden wurden Vergleichswerte aus den öffentlichen Umwelterklärungen der Bäckereien Märkisches Landbrot, Berlin und der Ludwig Stocker Hofpfisterei, München hinzugezogen.

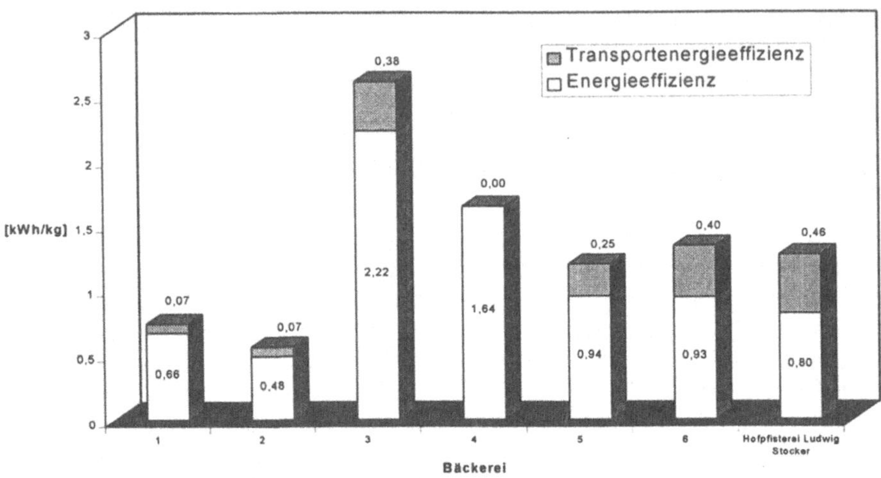

Abbildung 1:   Energieverbrauch zur Produktion bzw. Auslieferung von 1 kg Produkt

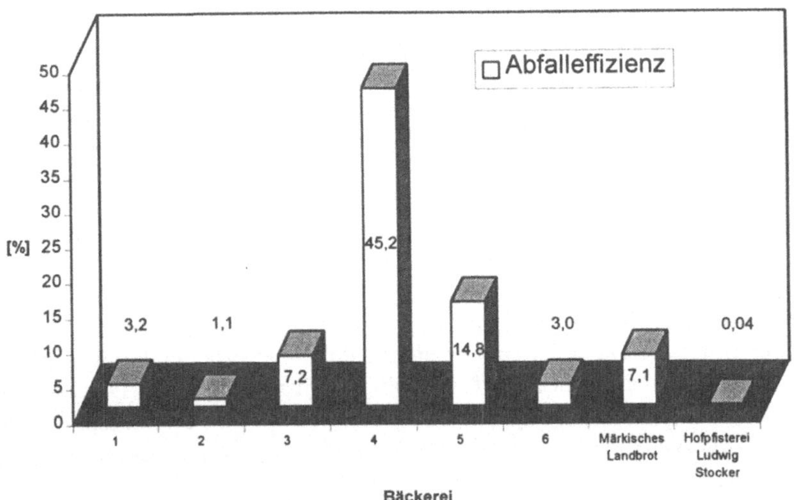

Abbildung 2:   Abfalleffizienz (Abfallmenge pro kg Produkt)

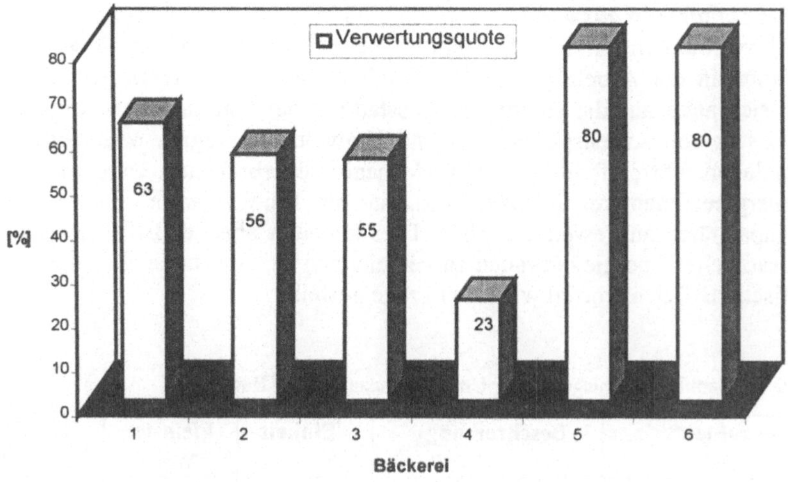

Abbildung 3:   Verwertungsquote des Abfalls (verwerteter Abfall / Abfall)

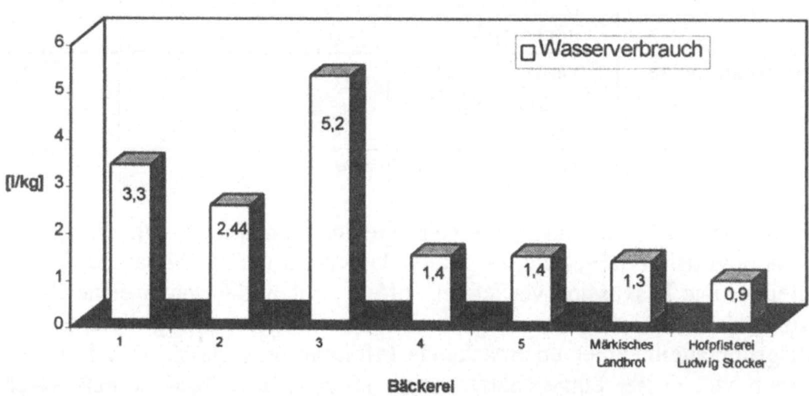

Abbildung 4:   Wasserverbrauch zur Produktion von 1 kg Produkt

Das Benchmarking auswerten

Die Abweichungen eines Unternehmens ließen sich dadurch erklären, daß eine Konditorei in der Arbeitsgruppe von Brotbäckereien war. Weitere Unterschiede ließen sich auch auf die technische Ausstattung der Unternehmen zurückführen. Der Einsatz von Arbeitssicherheits- und Umwelttechnologien, wie Absaug- und Filteranlagen führte oft zu höheren Elektroenergieverbräuchen. Durch den Einsatz von energieeffizienteren Kühlzellen konnte das Produktionsprogramm angepaßt und Kapazitäten ausgeweitet werden. Dies bedeutet aber, daß für das Einfrieren ein zusätzlicher Energieverbrauch zu verzeichnen ist. Hierdurch wird der anlagenspezifische Effizienzvorteil wieder in Frage gestellt.

Tabelle 1: Spannbreiten ausgewählter Umweltkennzahlen der Bäckereien

Kennzahlen* (Auswahl)	Beschreibung	Einheit	kleinster Wert	Größter Wert
Wassereffizienz	Wasserverbrauch / kg Produkt	l/kg	1,4	5,2
Energieeffizienz	Energieverbrauch / kg Produkt	kWh/kg	0,48	2,22
Abfalleffizienz	kg Abfallaufkommen / kg Produkt * 100	%	1,1	45,2
Verwertungsquote	verwerteter Abfall / Abfall gesamt * 100	%	22,8	79,5

*Die absoluten Kennzahlen beziehen sich auf ein Jahr.

In einem Workshop mit den Arbeitsgruppenteilnehmern wurden die Daten zunächst anonymisiert dargestellt, um es den Unternehmen zu überlassen, sich selbst mitzuteilen. Die Diskussion verlief sehr offen, so daß klar war, welche Kennzahlen zu welchem Unternehmen gehörten. Das Benchmarking lieferte für die Arbeitsgruppenteilnehmer überraschende Informationen, da sie sich in einzelnen Bereichen viel besser eingeschätzt hatten. Hieraus erwuchsen weitere Nachforschungen. Durch Betriebsbegehungen und Mitarbeitergespräche konnten Schwachstellen aufgedeckt werden.

Es sei aber auch darauf hingewiesen, daß die Güte der Kennzahlen variierte. So waren Zähler bei einigen Unternehmen nur begrenzt vorhanden oder der Wärmeverbrauch wurde pauschal in der Miete verrechnet. Deshalb ist es wichtig, nach dem Vergleich der Ergebnisse, die Auffälligkeiten nach der Güte der Datenerhebung zu prüfen. Soll ein Benchmarking regelmäßig durchgeführt werden, ist es zweckmäßig, weitergehende Erebungsrichtlinien für die einzelnen Kennzahlen festzulegen.

2.4 Beispiel 2: Die Stadtsparkasse Köln

Bereits Mitte der 90′ er Jahre entwickelte der Verein für Umweltmanagement in Banken, Sparkassen und Versicherungen (VfU) e.V. ein Umweltkennzahlensystem, welches mit absoluten Kennzahlen auf das interne Management und mit relativen Kennzahlen auf den überbetrieblichen Vergleich und den Zeitreihenvergleich gerichtet ist. Die elf Kennzahlen beziehen sich ausschließlich auf Umweltaspekte der Betriebsökologie.

Tabelle 2: VfU-Kernumweltkennzahlen von Banken für die Umweltberichterstattung[3]

	Absolut	**Relativ**
Elektroenergie	in kWh	in kWh pro MA
Heizenergie	in kWh	in kWh pro m^2
Wasserverbrauch	in m^3	in l pro Tag und MA
Papierverbrauch	in kg	in kg pro MA
Papierarten		in %
Kopierpapierverbrauch	in Blatt	in Blatt pro MA
Dienstreiseverkehr	in km	in km pro MA
Verkehrsträgerquoten		in %
Abfallaufkommen	in kg	in kg pro MA
Abfallquoten		in Prozent
CO_2-Emissionen	in kg	in kg pro MA

(*) Kennzahlen sofern nicht anders angegeben auf Jahresbasis

Die Stadtsparkasse Köln dokumentiert den Vergleich ihrer Kennzahlen mit denen vergleichbarer Kreditinstitute[4] in ihrem Umweltbericht (Abbildung 6). Die relative Positionierung (senkrechter Pfeil) der SK Köln ist dabei jeweils auf einem Balken mit der Spanne des geringsten und höchsten Vergleichswertes der sieben Banken angetragen. Als zusätzliche Information ist der Mittelwert über alle Banken angegeben (senkrechter Balken).

---

[3] Vgl.: VfU 1996.

[4] Stadtsparkasse München, Landesgirokasse Stuttgart, Kreissparkasse München, Kreissparkasse Göppingen, Stadtsparkasse Dortmund, Bayerische Landesbank, München.

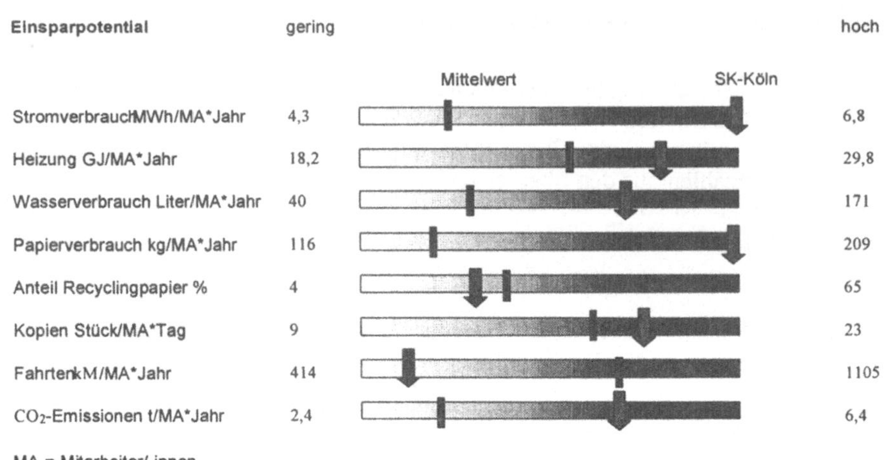

Abbildung 5:   Benchmarking der Betriebsökologie der Stadtsparkasse Köln, (Quelle: Stadtsparkasse Köln 1997)

Mit Ausnahme der Kennzahl „Fahrten km/ Mitarbeiter x Jahr" liegt die SK Köln zum Teil deutlich über dem Mittelwert der sieben Banken. Dies wird dadurch erklärt, daß die anderen beteiligten Banken schon seit mehreren Jahren Umweltcontrolling betreiben und entsprechende Reduktionsprogramme umgesetzt haben[5]. Auf Basis der relativen Positionierung wurden von der Bank die Bereiche Strom-, Heizenergie- und Papierverbrauch als die prioritären Bereiche definiert, in denen derzeit die größten Einsparpotentiale bestehen, berichtet Rauberger[6]. Als geeigneter Zielwert könnte beispielsweise mittelfristig die Erreichung des Mittelwertes angesetzt werden, sowie langfristig – unter Abwägung von Wirtschaftlichkeitsaspekten – die Branchenführerschaft.

3. Einsatzmöglichkeiten

Wie das erste Beispiele zeigt, wird zumindest das Benchmarking in geschlossenen Arbeitsgruppen bereits praktiziert. Dabei scheinen, so ist auch aus entsprechenden Arbeitsgruppen anderer Branchen bekannt, die Schwierigkeiten weniger in der Vertraulichkeit als vielmehr in der Datenqualität und Vergleichbarkeit zu liegen. Sowohl die Einigung auf geeignete Kennzahlen und Bezugsgrößen als auch die Aufstellung konsensfähiger Erhebungsrichtlinien stellen wichtige Aufgaben dar und machen letztlich viel Arbeit. So hat beispielsweise die Arbeit im Expertenkreis des VfU ergeben, daß alleine durch unterschiedliche Definitionen der Flächenbezugszahl (Bruttogeschoßfläche, Nettogeschoßfläche oder Hauptnutzflä-

---

[5] Stadtsparkasse Köln 1997, S. 26/27.
[6] Vgl. Rauberger 1998.

che) Unterschiede bei der Kennzahlenbildung von bis zu 50 % die Folge sein können. Gleiches gilt für die Definition der Anzahl des beschäftigten Mitarbeiterinnen und Mitarbeiter, wobei zwischen Vollzeit-, Teilzeit-, Ausbildungs- und Aushilfskräften unterschieden werden kann.

Auch das Benchmarking auf Basis der Daten aus öffentlichen Umweltberichten ist bereits möglich. Nur in wenigen Branchen ist allerdings die öffentlich verfügbare Datengrundlage so gut wie bei Banken und Sparkassen, denn nur in dieser Branche existieren seit drei Jahren öffentliche und anerkannte Kennzahlen und Erhebungsrichtlinien. Diese Tatsache eröffnet das Benchmarking auch denjenigen Branchenmitgliedern, die nicht in Benchmarking-Arbeitsgruppen teilnehmen.

4. Einsatzgrenzen

Zwei Ziele werden durch das gegenwärtig mögliche Benchmarking sicherlich noch nicht erreicht. Zum ersten leistet Benchmarking sicherlich bestenfalls die relative Beurteilung der Umweltleistung. So wird bekannt, ob das Unternehmen besser oder schlechter ist als vergleichbare Unternehmen. Unbekannt bleibt in diesem Prozeß aber, ob das Unternehmen damit ein Niveau des Umweltschutzes erreicht hat, welches dauerhaft praktizierbar wäre oder, mit anderen Worten, ob es nachhaltig wirtschaftet. Hier ist sicherlich der pure Vergleich des status quo mehrerer Wettbewerber nicht die geeignete Beurteilungsgrundlage. Vielmehr müßten zusätzliche gesamtwirtschaftliche Kriterien herangezogen werden. Das absolute Niveau der Umweltleistung gemessen am Ideal der nachhaltigen Wirtschaft kann also durch das Benchmarking auf Basis des Unternehmensvergleichs nicht bestimmt werden.

Genauso ist der öffentliche Produktvergleich sicherlich auf Basis des Benchmarking nicht möglich. Das komplizierte Verfahren der Produktökobilanz, wie es in der zunehmend Kontur annehmenden Normenserie 14.040ff beschrieben werden wird, kann durch eine brancheninterne Arbeitsgruppe nicht ersetzt werden.

5. Umweltpolitische Ziele als Benchmarks

Die Zahl der Leitfäden und Bücher zum Thema Umweltkennzahlen ist groß. Mit der Norm ISO 14031 zur Umweltleistungsbewertung von Unternehmen auf Basis von Umweltkennzahlen wurde ein weltweiter Standard geschaffen. Die Idee, diese Kennzahlen zum Benchmarking einzusetzen ist naheliegend. Nur durch diese, branchenbezogenen und eindeutig definierten Umweltkennzahlen wird Benchmarking überhaupt möglich. Die Erfahrung einiger Arbeitskreise aus Industrieverbänden zeigt, daß es sich hierbei um einen mehrjährigen Prozeß handelt. Es kann davon ausgegangen werden, daß die Konsolidierung mehrerer nationaler Prozesse auf internationaler Ebene wiederum einige Jahre benötigt. Mit einem internationalen Benchmarking von Umweltkennzahlen ist in vielen Branchen daher kaum vor dem Jahre 2010 zu rechnen.

Die Nagelprobe für ökologisches Benchmarking allerdings besteht darin, nicht nur branchenübergreifende allgemeine Richtlinien zu erstellen, sondern eindeutig definierte Umweltkennzahlen branchenbezogen auszuwählen und sie mit politisch-gesellschaftlichen Zielsetzungen zu verbinden. Es erscheint wahrscheinlich, daß das zu erwartende zeitliche Zusammenfallen der Entwicklung branchenbezogener Umweltkennzahlen und der Entstehung stoffstromorientierter Umweltpläne auf nationaler und europäischer Ebene zu einem wirklichen Fortschritt im Bereich des Mikro-Makro-Links in der Umweltpolitik führen könnte.

Die Auswahl von Umweltkennzahlen, die einerseits zur Beurteilung der Umweltleistung von Unternehmen geeignet sind und andererseits klare Bezüge zu wichtigen staatlichen Umweltzielen haben, ergibt sich dabei schon heute in den Niederlanden aus den einschlägigen Verträgen zwischen Staat und Industrie.[7] Auch die in den Niederlanden schon heute praktizierte Einbindung wichtiger Umweltkennzahlen als Umweltziele in die Betriebsgenehmigung öffentlich überwachter Produktionsanlagen erscheint als logische Konsequenz der Kritik an der gesetzlichen Festschreibung einzelner Technologien.

6. Ökologisches Benchmarking im Jahre 2050

Drei Entwicklungen haben im Jahre 2050 das Umgehen von Unternehmen mit umweltbezogenen Daten stark verändert.

Zum Ersten hat die Straffung und stärkere Zielorientierung des umweltpolitischen Ordnungsrechts aufgrund des liberalisierten Weltmarktes das ökologische Benchmarking zu einem zentralen Instrument der Umweltpolitik werden lassen. So wurden im Rahmen des europäischen Umweltplans und seiner Umsetzung mehrere Ergänzungen zum Umweltstatistikgesetz beschlossen. Früher noch unvorstellbar viele Kennzahlen zu Stoffströmen müssen im Rahmen dieses Gesetzes von mittleren und großen Unternehmen erhoben werden. Für viele dieser Umweltkennzahlen werden mit der dem Ministerium für Nachhaltigkeit angegliederten Gewerbeaufsicht regelmäßig Umweltziele ausgehandelt, die dann Bestandteil der Betriebsgenehmigung werden. Hier folgte Europa im Jahre 2017 einem holländischen Modell aus dem letzten Jahrhundert.

Zum Zweiten haben die Innovationen in der Meßtechnik und der Ökosystemforschung es ermöglicht, flächendeckend Informationen und Daten zu Umweltzuständen für viele Umweltauswirkungen online zur Verfügung zu stellen. Den wenigen Unternehmen, die noch direkte Umweltauswirkungen großen Umfangs haben, stehen diese Daten zur Selbststeuerung zur Verfügung. Für alle anderen werden durch das Ministerium für Nachhaltigkeit und seine Behörden empfehlende, betriebsspezifische Zielkorridore errechnet, nach denen die Unternehmen ihre Produktion steuern und damit die Erfüllung der Grundsätze des nachhaltigen Wirtschaftens gewährleisten.

Im Rahmen der starken Stellung, die die „interessierten Kreise" und offene Informationen in der modernen Politik haben, sind zum Dritten die meisten

---

[7] Vgl. hierzu Kuijjer 1998.

Umweltkennzahlen öffentlich. Ökologisches Benchmarking ist deshalb recht unspektakulär und gehört zum Grundprogramm guter Managementpraktiken.

Literaturverzeichnis

Clausen, J.: Umweltkennzahlen als Steuerungsinstrument für das nachhaltige Wirtschaften von Unternehmen. In: Seidel, E.; Clausen, J.; Seifert, E. K. (Hrsg.): Umweltkennzahlen: Planungs-, Steuerungs- und Kontrollgrößen für ein umweltorientiertes Management, München 1998, S. 33-70.

Kottmann, H.; Clausen; J. (Hrsg.): Ökologisches Benchmarking von Unternehmen, Schriftenreihe des IÖW 133/98, Berlin 1998.

Kottmann, H.; Steinfeldt, M.: Die Erfahrungen des Institutes für ökologische Wirtschaftsforschung (IÖW) In: Röpenack, A. von (Hrsg.): Öko-Audit in kleinen und mittleren Unternehmen. Erfahrungsberichte aus 74 deutschen Unternehmen im Rahmen des Euromanagement-Umwelt-Pilotprogramms der EU – Schlußfolgerungen für die Revision der EG-Öko-Audit-Verordnung. Schriftenreihe des IÖW 125/97, Berlin 1998.

Kuijjer, H.: Vom nationalen Umweltplan zum betrieblichen Umweltmanagementsystem. In: Fichter, K.; Clausen, J. (Hrsg): Schritte zum Nachhaltigen Unternehmen - Zukunftsweisende Praxiskonzepte des Umweltmanagements. Springer Verlag, Berlin, Heidelberg, New York 1998.

Rauberger, R.: Benchmarking mit Umweltkennzahlen bei Banken. In: Kottmann H, Clausen J. (Hrsg.): Ökologisches Benchmarking von Unternehmen, Schriftenreihe des IÖW 133/98, Berlin, 1998.

Seidel, E.: Umweltorientierte Kennzahlen und Kennzahlensysteme - Leistungsmöglichkeiten und Leistungsgrenzen, Entwicklungsstand und Entwicklungsaussichten. In: Seidel, E.; Clausen, J.; Seifert, E. K. (Hrsg.): Umweltkennzahlen: Planungs-, Steuerungs- und Kontrollgrößen für ein umweltorientiertes Management, München 1998, S. 9-31.

Stadtsparkasse Köln: Die Umweltbilanz der Stadtsparkasse Köln 1995/96. Köln 1998.

Verein für Umweltmanagement in Banken, Sparkassen und Versicherungen (VfU) e.V. (Hrsg.): Umweltberichterstattung von Finanzdienstleistern, Ein Leitfaden zu Inhalten, Aufbau und Kennzahlen von Umweltberichten für Banken und Sparkassen. Bonn 1996.

VI. Organisations- und finanzwirtschaftliche Themenaspekte

Die Aufbauorganisation des Umweltschutzes im Entwurf des Umweltgesetzbuches – Ein Beitrag zur nachhaltigen Unternehmung?

Ralf Antes

1. Problemstellung

Seit längerem bereits versucht der Gesetzgeber das Umweltrecht zu kodifizieren, d. h. die verstreuten umweltrechtlichen Regelungen in einem Umweltgesetzbuch (UGB) zusammenzufassen, zu vereinheitlichen, zu harmonisieren und fortzuentwickeln. Als Zwischenetappen auf diesem Weg formulierten zwei Professorenkommissionen im Auftrag des Umweltbundesamtes erste Entwürfe für einen Allgemeinen (vgl. Kloepfer u. a. 1991) und einen Besonderen Teil (vgl. Jarass u. a. 1994) eines Umweltgesetzbuches (UGB-ProfE). Davon ausgehend legte eine aus Wissenschaftlern und Praktikern zusammengesetzte und vom früheren Präsidenten des Bundesverwaltungsgerichts Sendler geleitete Unabhängige Sachverständigenkommission im September 1997 einen zweiten Entwurf vor (vgl. UGB-KomE 1998).

Von der Kodifizierung betroffen sind auch die bisherigen Regelungen zur aufbauorganisatorischen Gestaltung des Umweltschutzes auf Unternehmensebene, durch die – unabhängig von der strategischen Grundhaltung, mit der sich ein Unternehmen ökologisch positioniert – eine Minimalauslage innerbetrieblicher Umweltschutzstrukturen konstituiert wird (vgl. Antes 1996, S. 169-178; 1994, S. 25; Schmidt 1996, S. 156-181; Bartsch 1997, S. 55-100). Im Kern sind die Vorschläge zu organisatorischen Regelungen bereits seit dem Professorenentwurf bekannt, wurden bislang aber sowohl in der betriebswirtschaftlichen als auch in der juristischen Literatur nicht oder kaum zur Kenntnis genommen. Offenbar erschien die Umsetzung zu weit entfernt und unrealistisch. Dies kann sich durch die aktuellen Bestrebungen zur Umsetzung des Allgemeinen Teils relativ schnell ändern, wenngleich im Vordergrund gegenwärtig die Umsetzung der IVU- und der UVP-Änderungsrichtlinie der EG steht (vgl. die Diskussionsbeiträge in ZAU 1998; Lübbe-Wolff 1998, S. 43f.). Die folgenden Betrachtungen sollen zwei Neuerungen des UGB-Entwurfs[1] zusammenbringen:

---

[1] Als UGB-Entwurf wird im folgenden der (zweite) Kommissionsentwurf bezeichnet, da dieser auf dem Professorenentwurf aufbaut und deshalb auch die Grundlage der weiteren gesetzgebe-

- die sich am Leitbild Nachhaltigkeit orientierende Zweckbestimmung;
- der Abschnitt „Betriebsorganisation und Umweltschutzdirektor" (§§ 153-169); der dies auf Unternehmensebene aufbauorganisatorisch absichern soll.

In den folgenden Abschnitten sollen zunächst die Neuerungen vorgestellt werden, d. h. die Zweckbestimmungen (1.2), die aufbauorganisatorischen Regelungen (1.3) sowie die Motive und Leitvorstellungen der Kommissionen (1.4). Danach sollen der Nachhaltigkeitsanspruch (1.5.1) und die mit den organisatorischen Neuerungen verbundenen Erwartungen der Verfasser des UGB-Entwurfs – insbesondere die Stärkung der Innovationsfunktion – und deren Argumentationsführung (1.5.2) diskutiert werden.

2. Leitbild Nachhaltigkeit als UGB-Zweck

Bei der Interpretation der Aufgaben der gesetzlich definierten Organisationseinheiten ist die Zweckbestimmung des Gesetzes maßgeblich. Im UGB-Entwurf wird nun zum ersten Mal explizit versucht, „Nachhaltigkeit" als Gesetzeszweck umfassend zu definieren.[2] Als Zweck des Gesetzbuches wird in § 1 (1) „der Schutz der Umwelt und des Menschen, seiner Gesundheit und seines Wohlbefindens" und in § 1 (2) „der Schutz der Umwelt dient der vorsorgenden und dauerhaften Sicherung der natürlichen Lebensgrundlagen..." definiert. Der Schutz der Umwelt und des Menschen soll durch die in § 4 formulierten von „Leitlinien einer dauerhaft umweltgerechten Entwicklung" gewährleistet werden. Die Verfasser erheben sogar den Anspruch, mit der Formulierung dieser Leitlinien und der (erstmaligen gesetzlichen) Definition von Vorsorge-, Verursacher- und Kooperationsprinzip (§§ 5-7) die seit der Rio-Konferenz 1992 entwickelte Zielbestimmung eines Sustainable Development aufgenommen und zu einem umfassenden Leitbild der Nachhaltigkeit zusammengefaßt zu haben (vgl. UGB-KomE 1998, S. 453). Dabei orientieren sich die Leitlinien in § 4 stark an den bekannten Managementregeln (ökologischer) Nachhaltigkeit (weshalb für nähere Erläuterungen auf die einschlägige Literatur verwiesen sei, vgl. etwa Deutscher Bundestag 1994, S. 42-53 und 1998, S. 44-46; RSU 1994, Tz. 181ff.).[3]

---

rischen Arbeiten bildet. Wo Unterschiede bestehen, wird der UGB-ProfE als solcher kenntlich gemacht.

[2] Aspekte von Nachhaltigkeit sind zwar auch bisher schon in verschiedenen Gesetzen als Zwecke formuliert, doch nicht unter der Überschrift Nachhaltigkeit, Sustainability o. ä.; vgl. u. a. das Bundesnaturschutzgesetz oder das Kreislaufwirtschafts-/Abfallgesetz.

[3] Die Managementregel „Ausgewogenheit der Zeitmaße" wurde nicht als Leitlinie formuliert, dafür wurden der Schutz der Ozonschicht und die Stabilisierung der Konzentration von Treibhausgasen explizit als vierte Leitlinie aufgenommen.

3. Aufbauorganisatorische Regelungen des UGB-Entwurfs

Tabelle 1 stellt die aufbauorganisatorische Minimalauslage („gesetzlicher Organisationszwang") des bisherigen Umweltrechts und die Vorschläge des UGB-KomE gegenüber. Die wesentlichen Änderungen sind:

- Ausweitung der *Mitteilungspflichten zur Betriebsorganisation* vom immissionsschutz- und abfallrechtlichen Geltungsbereich auf alle Medien und Schutzgüter. Der Aufsichtsbehörde ist nunmehr anzuzeigen, „wie die Einhaltung *sämtlicher* (Hervorheb. R. A.) umweltrechtlicher Pflichten beim Betrieb organisatorisch und personell sichergestellt wird" (UGB-KomE 1998, S. 739).
- Bestellung eines *Umweltschutzdirektors* im vertretungsberechtigten Organ (Vorstand, Geschäftsführung), sobald ein Umweltbeauftragter zu bestellen ist. Bisher sind der Aufsichtsbehörde lediglich nach dem Bundesimmissionsschutz-, dem Kreislaufwirtschafts-/Abfallgesetz und der Strahlenschutzverordnung die Person(en) anzuzeigen, die die jeweiligen Pflichten des Betreibers wahrnimmt (wahrnehmen). Als Betreiber gelten nach dem UGB-Entwurf nun auch öffentlich-rechtliche Einrichtungen, d. h. der Kreis der Unternehmen ist erweitert. § 154 (2) legt drei Kernaufgaben des Umweltschutzdirektors fest, die dieser unbedingt zu erfüllen hat:
  1. die Leitung der umweltbezogenen Betriebsorganisation;
  2. die Mitwirkung an der Entwicklung und Einführung umweltschonender Verfahren und Produkte;
  3. die Überwachung der Einhaltung der umweltrechtlichen Anforderungen (dazu auch § 154 (3) UGB-KomE).
  Er hat diese Aufgaben in enger Abstimmung mit dem Gesamtorgan auszuüben, wobei die Geschäftsordnung Näheres regeln soll. Ihm können – soweit die Wahrnehmung der Umweltschutzaufgaben davon nicht beeinträchtigt wird – auch weitere Tätigkeiten zugewiesen sein. Dieser Passus ist aus Kapazitätsgründen besonders für kleine und mittlere Unternehmen wichtig.
- Zusammenfassung und Vereinheitlichung der verschiedenen Institutionen der Betriebsbeauftragten zu einer einheitlich definierten Institution *Umweltbeauftragter*, wobei dessen Funktionen (Aufgaben) sich an den bislang weitreichendsten Regelungen des Bundesimmissionschutzgesetzes orientieren. Hervorhebenswert sind drei Erweiterungen:
  1. Bei der Definition der Aufgaben wird die Innovationsfunktion ausgeweitet. Sie beinhaltet jetzt neben der Entwicklung auch die Forschung und richtet sich nicht mehr nur auf umweltschonende[4], sondern auf sämtliche Verfahren und Produkte (§ 155 (1) 1 UGB-KomE).

---

[4] Damit gemeint sind dem Umweltschutz dienende Verfahren und Produkte. Also tendenziell additive Umwelttechnik.

Tabelle 1:   Gesetzliche Organisationszwänge nach bisherigem Umweltrecht und UGB-KomE im Vergleich

institutio-nelle Ebene	UGB-KomE		bisheriges Recht	
nelle Ebene	**§**	**Regelungsunterschiede**		**§**
Existenz durchgängiger Umweltschutz-organisation	§ 153 Mitteilungs-pflichten zur Betriebs-organisation	• medienübergreifende Betriebsorganisation • bei Bestellung eines Umweltbeauftragten oder falls Betreiber genehmigungsbe-dürftiger immissions-schutzrechtlicher An-lagen n. § 421 + Strah-lenschutverantwortliche nach § 496 (1) entfällt bei Umwelterklä-rung n. Artikel 5 EWG 1836/93	• auf bestimmte Medien beschränkt • Betreiber genehmi-gungsbedürftiger Anla-gen nach § 4 BImSchG oder Besitzer von Ab-fällen nach § 26 KrW-/AbfG	Mitteilungs-pflicht nach • § 52a (2) BImSchG • § 53 (2) KrW-/AbfG
Vertre-tungsbe-rechtigtes Organ (Unterneh-menslei-tung)	§ 154 Umwelt-schutz-direktor	• medienübergreifend • Bestellung einer be-stimmten Person im Organ • Kapital- und Perso-nengesellschaften mit mehreren Organmitglie-dern + öffentlich-rechtliche Einrichtungen •bei Verpflichtung zur Bestellung Umweltbe-auftragter	• auf bestimmte Medien beschränkt • Verteilung auf mehre-re Personen im Organ möglich, sofern klare + lückenlose Abgrenzung der Zuständigkeiten • Kapital- und Perso-nengesellschaften mit mehreren Organmitglie-dern	anzuzeigende Person nach • § 52a (1) BImSchG, • § 53 (1) KrW-/AbfG, • § 29 (1) 2 StrlSchV
Beauftragte (nachgela-gerte Ebe-nen)	§§ 155-163 Umwelt-beauftragter Fachkapitel: §§ 402, 425, 496, 547, 561(2), 713, 569(2), 754	• bereichsübergreifende Institution • aufgaben-/funk-tionsorientierte Speziali-sierung möglich • Funktionen am Immis-sionschutz-Beauftragten orientiert	• medien-, anlagen-, stoff-, schutzspezifische Institution • objektspezifische Spezialisierung zwin-gend • stark variierende Funktionen	Betriebsbe-auftragte für • Immisions- • Gewässer- • Strahlen-schutz • Abfall • Gefahrgüter • biologische Sicherheit

freiwillig zertifizierte Umweltmanagementsysteme	§§ 164-169 Umweltaudit	identisch		UAG / Umweltauditgesetz
		• privates + öffentliches Dienstleistungsgewerbe • Umwelterklärung ersetzt Mitteilungspflicht nach § 153		

2. Beteiligt sich das Unternehmen am Gemeinschaftssystem für das Umweltmanagement gemäß EG-Umweltauditverordnung soll die Stellung des Umweltbeauftragten zu der des unternehmensinternen Betriebsprüfers weiterentwickelt werden (§ 155 (1) 4 UGB-KomE).
3. Sind mehrere Umweltbeauftragte zu bestellen, so können ihnen nicht mehr nur, wie gegenwärtig zwingend, einzelne Umweltschutzbereiche (Medien, Stoffe, Anlagen), sondern auch einzelne Aufgaben nach § 155, z. B. die der Kontrolle oder der Innovation, zugewiesen werden (§ 157 UGB-KomE). Die Beauftragtentätigkeiten können damit – „sofern dies mit der Aufgabenerfüllung vereinbar ist" (§ 157 UGB-KomE) – wahlweise objekt- oder verrichtungs-/funktionsorientiert strukturiert werden.

4. Begründung der Regelungen: Motive und Leitvorstellungen der Kommission

Das zentrale Anliegen beider Kommissionen hinsichtlich der Aufbauorganisation des Umweltschutzes ist es, innovationsfördernde Strukturen zu schaffen. Dabei müssen zwei Stadien der gesetzlichen Minimalauslage unterschieden werden. Zur Zeit der Professorenkommission bestand sie nahezu ausschließlich aus den verschiedenen Betriebsbeauftragten, denen mit einem „Rundumschlag" die verschiedensten Aufgaben bzw. Funktionen, u. a. die der Innovation (Hinwirken „auf die Entwicklung und Einführung umweltfreundlicher Verfahren und Erzeugnisse"), zugewiesen waren. Den Ausgangspunkt bildete nun die Beobachtung, daß bei den Betriebsbeauftragten „die Überwachungsfunktion in der Praxis eindeutig im Vordergrund steht", sich dagegen „die Innovationsfunktion ... offenbar nicht in gleichem Maße durchgesetzt" hat (Kloepfer u. a. 1991, S. 380f.; vgl. auch den nächsten Abschnitt). Der Professorenentwurf sah deshalb neben dem Umweltbeauftragten bereits einen „Umweltdirektor" vor, an den auch weitreichendere Erwartungen geknüpft wurden, als an das während der Schlußarbeiten der Kommission ergangene Ledersprayurteil des BGH zur Haftung von Managern (Juli 1990) und an die rechtskräftig gewordenen Mitteilungspflichten nach § 52a BImSchG (September 1990) (vgl. Kloepfer u. a. 1991, S. 382, 388). In der Folgezeit konnten die Mitteilungspflichten i. V. m. weiteren Urteilen zur Haftung ihre Wirkung entfalten. Die Innovationsschwäche der gesetzlichen Minimalauslage war in den

Augen der Sachverständigenkommission damit aber offenbar nicht behoben. Zum einen sah sie die Innovationsdefizite der Betriebsbeauftragten nicht ausgeräumt und führte dies auf die nach wie vor hierarchisch zu niedrige Anbindung der Beauftragten zurück (vgl. UGB-KomE 1998, S. 737), vor allem aber – der Argumentation des Sachverständigenrats für Umweltfragen folgend – auf die Zuweisung unterschiedlicher Aufgaben, v. a. der Kontrolle und Innovation (vgl. RSU 1994, Tz. 329; UGB-KomE 1998, S. 742). Zum andern sah sie die Machtposition des Umweltschutzes im vertretungsberechtigten Organ durch die Mitteilungspflichten nicht ausreichend gestärkt, denn „eine Pflicht zur Bestellung einer bestimmten, für den Umweltschutz zuständigen Person in der Unternehmensleitung besteht damit ... nicht" (UGB-KomE 1998, S. 736). Die Verantwortlichkeiten können vielmehr auf mehrere Mitglieder des vertretungsberechtigten Organs verteilt werden. Die Kommission sieht hierin die Gefahr der „Atomisierung der Zuständigkeiten bis hin zu einer unsachgemäßen Aufspaltung von Verantwortlichkeiten" (UGB-KomE 1998, S. 737). Entsprechend spitzt die Sachverständigenkommission die Argumentation der Professorenkommission noch einmal zu (vgl. Kloepfer, u.a . 1991, S. 380-390; UGB-KomE 1998, S. 735-747; zum Professorenentwurf weiterhin Ausführungen von Kommissionsmitgliedern, v. a. Rehbinder 1990; 1994, S. 46-53; Kloepfer 1993, S. 1128):

1. *Stärkung der Innovationsfunktion und Integration des Umweltschutzes in die strategischen Entscheidungen von Unternehmen.* Dies ist das grundlegende Motiv, aus dem heraus die weiteren „Leitvorstellungen" begründet werden. Teilweise explizit, häufiger implizit bilden Ineffizienzen in der Wahrnehmung der Überwachungsfunktion eine weitere Motivation. Gegenüber der Innovationsfunktion wird der bestehenden gesetzlichen Minimalauslage hier aber eine deutlich bessere Effektivität zuerkannt.

2. *Bündelung der Umweltschutz-Verantwortlichkeit im vertretungsberechtigten Organ.* Um systematischen und ausreichenden Einfluß auf strategische Unternehmensentscheidungen, insbesondere der Einführung neuer Verfahren und Produkte, zu erhalten, ist nach Auffassung beider Kommissionen und auch des Sachverständigenrats der Umweltschutz umfassend im Leitungsorgan institutionell zu verankern (vgl. Kloepfer u.a. 1991, S. 384; UGB-KomE 1998, S. 737; RSU 1994, Tz. 147; auch Rehbinder 1990, S. 217; 1994, S. 47; Johann 1998, S. 7). Darüber hinaus sei die „Verantwortlichkeit bei einem einzigen Funktionsträger der Unternehmensleitung" (Rehbinder 1994, S. 47) zu konzentrieren. Der befürchteten Atomisierung soll so entgegengewirkt werden. Die Kommissionen lehnen sich mit ihrem Vorschlag des Umweltschutzdirektor am Modell des mitbestimmungsrechtlichen Arbeitsdirektors an (vgl. Kloepfer u. a. 1991, S. 374f., 388 und UGB-KomE 1998, S. 736), wobei Rehbinder – Mitglied der Professorenkommission – den Gedanken der Mitbestimmung ausschließt. Vorbild ist nicht der Arbeitsdirektor als Organ der Mitbestimmung (§ 13 MontanMitbestG), sondern „die organisatorische Verselbständigung des Personal- und Sozialressorts" (Rehbinder 1990, S. 219) nach § 33 Mitbestimmungsgesetz. Entsprechend sollen dem Umweltschutzdirektor die o. g. Aufgaben und damit ein „Kernbereich eigener Entscheidungszuständigkeit (Rehbinder 1994, S. 48)" übertragen werden. Andererseits wird hervorgehoben, daß die Institutionalisierung keine „Legitimation zu einsamen Entscheidungen" (Reh-

binder 1990, S. 224) begründe (§ 154 (3) UGB-KomE; auch UGB-KomE 1998, S. 738 und Johann 1998, S. 8) und das Letztentscheidungsrecht des Gesamtorgans dadurch gewahrt bleibe.

3. *Beibehaltung und Weiterentwicklung der Beratungsfunktion des Umweltbeauftragten.* Die Sachverständigenkommission hält an der Konzeption des Beauftragten als eines Beraters und Sachverständigen ohne Linienkompetenzen fest. Wieder zurückgenommen wurde der Vorschlag im § 96 (1) des Professorenentwurfs, dem Umweltbeauftragten generell Entscheidungsbefugnisse einzuräumen bei unaufschiebbaren Maßnahmen zur Verhinderung oder Beseitigung schwerwiegender Gesetzesverströße und zur Abwendung von Gefahr in Verzug für Leben, Gesundheit, bedeutende Sachwerte oder bedeutende Umweltgüter. Dadurch würden Linienfunktionen mit Beratungsfunktionen (z. B. Controlling) vermengt. Die klare und eindeutige Trennung der Verantwortlichkeiten sei auch Voraussetzung für die Weiterentwicklung seiner Funktion zu einem Betriebsprüfer im Rahmen eines EG-zertifizierten Umweltmanagementsystems (vgl. UGB-KomE 1998, S. 740, 743; auch Johann[5] 1998, S. 11 und Behnke[6] 1998, S. 2f.).

4. *Medienübergreifende Vereinheitlichung der Aufbauorganisation.* Die je nach Umweltschutznorm unterschiedlichen aufbauorganisatorischen Vorgaben sollen auf allen drei institutionellen Ebenen durch eine medienübergreifende Vereinheitlichung ersetzt werden:

- Die Mitteilungspflichten zur Betriebsorganisation werden auf alle Medien und Schutzgüter ausgeweitet (vgl. auch Johann 1998, S. 5).
- Dem Umweltschutzdirektor ist u. a. „die Leitung der umweltbezogenen Betriebsorganisation" (§ 154 (2) UGB-KomE) übertragen. Bestehende formale Unterschiede in den verschiedenen Umweltschutzbereichen dürften sich durch die zentrale Leitung nivellieren.
- Die formalen Unterschiede bei den Betriebsbeauftragten werden durch die übergreifende Institution des Umweltbeauftragten harmonisiert und angeglichen, etwa die Definition der Innovationsaufgabe des BImSchG (vgl. auch Johann 1998, S. 10). Dadurch soll „den Zusammenhängen zwischen den verschiedenen Bereichen des betrieblichen Umweltschutzes Rechnung getragen und der Gefahr unklarer innerbetrieblicher Kompetenz- und Verantwortungszuordnung entgegengewirkt werden" (UGB-KomE 1998, S. 744).

5. *Explizite Vorgabe von Innovationsaufgaben:* Die (formalen) Innovationsfunktionen der Umweltschutzinstitutionen werden sehr weitgehend definiert. Der Umweltschutzdirektor soll u. a . für die „Mitwirkung an der Entwicklung und Einführung umweltschonender Verfahren und Produkte ... verantwortlich..." sein (§ 154 (2) UGBKomE). Der Umweltbeauftragte ist „berechtigt und verpflichtet" auf ebendies hinzuwirken; dieser Passus orientiert sich an § 54 (1) 1 BImSchG. Neu ist, daß das Aufgabengebiet nunmehr auf die Forschung ausgedehnt wird und „sich ausdrücklich nicht nur auf umweltschonende, sondern auf

---

[5] Hubert-Peter Johann war Mitglied der Sachverständigenkommission und gleichzeitig Leiter/Direktor der Hauptabteilung Umweltschutz der Mannesmann AG.

[6] Eberhard Behnke ist Geschäftsführer des Verbandes der Umweltbeauftragten.

sämtliche Verfahren und Produkte" (UGB-KomE 1998, S. 744; auch S. 745) bezieht. Schließlich soll die Innovationfunktion durch die Möglichkeit der Spezialisierung auf einzelne Aufgaben – und der damit ermöglichten Trennung von Kontroll- und Innovationsaufgaben – gestärkt werden.

5. Bewertung

Sind nun die vorgeschlagenen aufbauorganisatorischen Maßnahmen geeignet, den Anspruch der Sachverständigenkommission auf Förderung einer nachhaltigen Entwicklung einzulösen? Diese Frage enthält zwei Teilfragen. Erstens: Entspricht die Zweckbestimmung des UGB-Entwurfs dem Anspruch auf Nachhaltigkeit? Die Analyse wird zeigen, daß dies eben nur begrenzt der Fall ist. Zwar werden ökologische Ziele sehr weitreichend formuliert. Die Formulierung „dauerhaft umweltgerechte Entwicklung" stellt andererseits primär auf die ökologische Dimension einer umfassend verstandenen Nachhaltigkeit ab. Dadurch greifen zweitens möglicherweise auch die gesetzlichen Organisationszwänge zu kurz. Selbst ihre ökologische Zweckmäßigkeit ist zu hinterfragen. Dazu werden u. a. empirische Befunde zur Wirkung der Betriebsbeauftragten und der Arbeitsdirektoren herangezogen. Bei aller Kritik lassen die Vorschläge aber eine deutliche Besserung gegenüber dem Status quo erwarten.

5.1 Der Nachhaltigkeitsanspruch der Sachverständigenkommission

Bemerkenswert und wichtig ist zunächst, daß die Verfasser zwischen Nachhaltigkeit und Vorsorge unterscheiden. Nachhaltigkeit reicht nach Auffassung der Kommission weiter als eine Vorsorge, wie sie von einem Teil der Literatur noch immer interpretiert wird, d. h. einer Vorsorge, die kaum über die Gefahrenabwehr hinausgeht (vgl. Antes 1996, S. 36-41). Damit wäre für die ökologische Reichweite der einzelnen Bestimmungen des UGB – also auch für die Arbeit von Umweltschutzdirektor und Umweltbeauftragten – schon viel gewonnen. Andererseits geht der UGB-Entwurf nicht sehr weit über die ökologische Dimension von Nachhaltigkeit hinaus, währenddessen das historische, forstwirtschaftliche Nachhaltigkeitsprinzip mindestens auch ein Bewirtschaftungs-, also ein ökonomisches Prinzip darstellt (vgl. Nutzinger 1995) und die auch heute noch immer wieder zur Grundlage genommene Definition der Brundtland-Kommission mit dem inter- und intragenerativen Gerechtigkeitspostulat ausdrücklich auf die soziale Dimension abstellt (vgl. Weltkommission 1987). Spätestens seit der Rio-Konferenz und den nachfolgenden Diskussionen besteht weitgehend Konsens, daß Nachhaltigkeit die ökologische, die ökonomische und die soziale Dimension beinhaltet. Dabei besteht die neue Qualität von Nachhaltigkeit zwar auch in der parallelen Thematisierung der jeweiligen Dimensionen an sich,[7] darüber hinaus aber vor allem im Zu-

---

[7] Diese - isolierten - Diskurse reichen gerade auf Unternehmensebene schon weit zurück; man denke etwa für die ökonomische Dimension an Gutenbergs systemindifferente Tatbestände

sammenführen der drei Dimensionen d. h. dem Ausschöpfen und der Entwicklung ihrer Schnittmenge (vgl. den Beitrag von Zabel in diesem Band).

Die Sachverständigenkommission greift dies auf, wenn sie in der Einleitung schreibt: „Ökologische, ökonomische und soziale Fragestellungen dürfen dabei nicht isoliert betrachtet werden, sondern bedürfen der Verzahnung und Verknüpfung" (UGB-KomE 1998, S. 87). Im UGB-Entwurf ist dieser Gedanke aber allein auf der Ebene der Zweckbestimmung und dann auch nur – in Gestalt des Schutzes der „Umwelt und des Menschen" – für die soziale Dimension umgesetzt. Dabei ist der Schutzbereich des Menschen mit dem Schutz seiner Gesundheit *und* seines Wohlbefindens durchaus anspruchsvoll umrissen im Sinne der WHO, nach der Gesundheit nicht die Abwesenheit von Krankheit und Gebrechen, sondern ein umfassendes Wohlbefinden bedeute.[8] Dieser Anspruch ist aber nicht weiter auf einzelne Kapitel oder Paragraphen heruntergebrochen und präzisiert – im Gegensatz zu den ökologischen Zweckbestimmungen.[9] Als Auslegungsdirektive kommen Zweckbestimmungen zwar bei mehreren Deutungsmöglichkeiten von Einzelvorschriften zum Tragen, also v. a. bei unbestimmten Rechtsbegriffen und Ermessensspielräumen von Behörden (vgl. UGB-KomE 1998, S. 432f.). Die Aktivierung eines „Schnittmengenmanagements" (vgl. Zabel in diesem Band) durch Unternehmen ist dadurch schwerlich vorstellbar. Gerade in einem Abschnitt „Betriebsorganisation und Umweltschutzdirektor", der die umweltschutzbezogenen Aufgaben umfassend definiert, wäre – bei einem Anspruch auf Nachhaltigkeit – auch die Präzisierung sozialer Anforderungen zu erwarten gewesen. Das Fehlen eines Mitarbeiterbezugs (vgl. auch Kothe 1999) kann von Anwendern, z. B. anderen Mitgliedern des Unternehmensorgans, nur dahingehend interpretiert werden, daß die Mitarbeitermotivation und -qualifikation – eine, wenn nicht *die* zentrale Ressource eines Umweltmanagements oder, weiter, einer nachhaltigen Unternehmensentwicklung – weder zum Aufgabengebiet des Umweltschutzdirektors noch des Umweltbeauftragten zählt. Die Unterrichtung von Betriebsangehörigen durch den Umweltbeauftragten über die „Auswirkungen einer Anlage oder Tätigkeit ... sowie über Einrichtungen und Maßnahmen zu ihrer Vermeidung und Verminderung" (§ 155 (1) 3), etwa durch Betriebsanweisungen und Unterrichtungen, wird dem nicht annähernd gerecht.

Eine angemessene Mitarbeiterorientierung könnte auf der Guten Managementpraktik Nr. 1 i. V. m. Anhang I.B.2. der EG-Umweltauditverordnung aufsetzen: „Bei den Arbeitnehmern wird auf allen Ebenen das Verantwortungsbewußtsein für die Umwelt gefördert." Allerdings kommt die Mitarbeiterqualifikation hier noch zu kurz (vgl. Antes/Clausen/Fichter 1995, S. 685-687).

Völlig verloren geht auf der Ebene der einzelnen Paragraphen die ökonomische Dimension, trotzdem die Kommission in ihrer Einleitung noch von einer „ökologisch *und* (Hervorhebung R. A.) wirtschaftlich nachhaltigen Entwicklung" (UGB-KomE 1998, S. 87) spricht. Daher steht umgekehrt zu befürchten, daß die ökono-

---

oder die Befunde der empirischen Zielforschung der BWL und für die soziale Dimension etwa an die Human-Relations-Bewegung oder an Konzeptionen zur Humanisierung der Arbeit.

[8] „Health is a state of complete physical, mental and social well-being and not merely the absence of disease or infirmity" (WHO 1999, S. 1).

[9] Teilweise wird die allgemeine Zweckbestimmung als Zweckbestimmung einzelner Kapitel wiederholt, so im Kapitel über Produkte (§ 115 UGB-KomE).

mische Dimension in Form des grundrechtlichen Rechtsstaatsprinzips der Verhältnismäßigkeit (vgl. Hoppe/Beckmann 1989, S. 70-72) – lediglich als potentielle
Begrenzung ökologischer Ambitionen in Erscheinung tritt. Der Anspruch an ein
„umfassendes Leitbild" Nachhaltigkeit hat weiterzureichen.

Vorläufig läßt sich festhalten: Die Zwecksetzung der Umweltschutzorganisation ist ökologisch sehr weitreichend formuliert, vernachlässigt aber den Bezug zu
den anderen beiden Dimensionen von Nachhaltigkeit Der Gesetzestext enthält
keine Aufforderung oder gar Orientierung, die ökologische Dimension mit der
ökonomischen und der sozialen zusammenzuführen, Konflikte auszuräumen und
Schnittmengen zu entwickeln und abzuschöpfen. Damit besteht die Gefahr, daß
der Verhältnismäßigkeitsgrundsatz als bloße Handlungsrestriktion wirkt. Das wäre
paradox, denn die Funktionsfähigkeit natürlicher Systeme zu erhalten ist gerade
die Voraussetzung für die Existenzfähigkeit des Systems Wirtschaft (vgl. Zabel in
diesem Band sowie 1998, S. 124f.). Um in der Auslegung des UGB einer Tendenz
auf eine wenig anspruchsvolle, unter Ökonomievorbehalt stehende Nachhaltigkeit
entgegenzuwirken sollten die Institutionen angehalten werden, Potentiale einer
umfassenden Nachhaltigkeit zu entwickeln.

5.2 Stärkung der Innovationsfunktion?

Als Ursachen mangelnder Innovationsfähigkeit identifizieren die Kommissionen
die Zusammenfassung zu verschiedener Aufgaben bei einem einzigen Funktionsträger, eine zudem medial heterogene Definition dieser Aufgaben, die Atomisierung von Umweltschutzzuständigkeiten auf der Ebene des Unternehmensorgans
bei einem insgesamt zu geringen Zentralisationsgrad von Umweltschutzaufgaben.
Zur Behebung dieser Defizite wird das bislang verfolgte Konstruktionsprinzip
– die Vertretung von Interessen durch Zuweisung von Pflichtaufgaben an einen zu
bestellenden Funktionsträger (vgl. Rehbinder 1990,S. 216) – nicht verworfen,
sondern noch konsequenter umgesetzt: Gefordert wird die höchstmögliche Zentralisation und Konzentration von Umweltschutzaufgaben.

Zweifellos wird Zentralisation des Umweltschutzes im Unternehmensorgan
dessen formale Machtbasis deutlich erhöhen, nur wofür: zu vermehrter Innovation
oder lediglich zu noch effizienterer Eigenüberwachung? Die Konzentration wird
zweifellos Ineffizienzen in der Eigenüberwachung beseitigen, nur: Reicht ihre
Wirkung auch weiter? Den erhofften Innovationseffekten stehen mindestens zwei
grundsätzliche Probleme entgegen:
1. die Gegenläufigkeit zwischen der Konzentration von Umweltschutzaufgaben
   und der diffusen Verursachung ökologischer Wirkungen in Organisationen;
2. die unterschiedliche Leistungsfähigkeit gesetzlicher Normen hinsichtlich der
   Übernahme von Verantwortung und der Zuweisung von Verantwortlichkeit.

Die Kommissionen unterschlagen eine wichtige, wenn nicht *die* wesentliche Ursache für die Defizite an nachhaltigen ökologieverträglichen Innovationen (vgl. im
folgenden Antes 1994; 1996, S. 246-254): die Konzentration selbst. Das liegt
daran, daß die Konzentration von Umweltschutzaufgaben gegenläufig zu den
Entstehungsorten ökologischer Wirkungen ist. Diese sind nämlich diffus über die

gesamte Organisation verstreut: Ökologische Wirkungen gehen von jeder Tätigkeit, mithin von jeder Organisationseinheit oder Funktion – wenn auch in unterschiedlichem Maße – aus und müssen auch *dort* vermieden werden: im Einkauf, in der FuE, der Standort- oder der Produktionsplanung oder dem Marketing, d. h. durch eine „diffuse" Verteilung von Aufgaben. Die Konzentration von (Teil-)-Aufgaben bringt deshalb nicht nur Vorteile spezialisierter Organisationseinheiten mit sich, sondern hier auch einen wichtigen Nachteil einer zu weitreichenden Arbeitsteilung: Die Zuständigkeit und Verantwortlichkeit für ökologische Wirkungen ist den (potentiellen) Verursachern dieser Wirkungen – den jeweiligen Organisationsmitgliedern – systematisch entzogen und auf eben diese spezialisierten Einheiten übertragen. Es entsteht, neben den anderen Unternehmensfunktionen eine separat organisierte Funktion Umweltschutz (funktional-additive Organisation). Die Überwindung dieser systematischen Trennung zur Generierung von Innovationen, die die Ursachen selbst bekämpfen, ist selbstverständlich möglich, verursacht aber hohe Transaktionskosten und verlangt darüber hinaus die Fähigkeit und Bereitschaft zur bereichsübergreifenden Kommunikation und Kooperation[10] - eine Hürde beim Management von Innovationen schlechthin (vgl. z. B. Kreikebaum 1990). Dagegen ist eine funktional-additive Organisation in zweierlei Hinsicht ideal: Sie ist erstens die effektivste und effizienteste Form, nachsorgenden Umweltschutz eigenverantwortlich zu betreiben, d. h. additive Umweltschutztechniken durch Spezialisten (z. B. Umwelt- und Verfahrenstechniker) zu warten und auf Einhaltung gesetzlicher oder behördlicher Vorgaben regelmäßig zu kontrollieren. Das ist genau die Art von Umweltschutz, die durch das Umweltverwaltungsrecht überwiegend angereizt wird.[11] Bei einem Verstoß gegen diese (gemäß dem Kooperationsprinzip) verantwortlich übertragenen Aufgaben ist zweitens der Zugriff auf Verantwortliche und die Haftung erleichtert, denn die Bildung von Stellen regelt Verantwortlichkeiten klarer und eindeutiger als die diffuse Verteilung von Aufgaben.

Die empirischen Befunde zu den Betriebsbeauftragten sind dann auch eindeutig und werden von beiden Kommissionen getragen: Die Innovationsfunktion wird überwiegend vernachlässigt (vgl. die ausführliche Auswertung der Studien bei Antes 1996, S. 239-246). Die formale Vorgabe und auch Ausweitung von Innovationsaufgaben, wie im UGB-Entwurf geschehen, hebt diese konstruktionsbedingte Schwäche nicht auf.

Diese Überlegungen gelten prinzipiell auch für eine im Unternehmensorgan angesiedelte Umweltschutzinstanz. Die Diskussion über die zum Kernbereich des Umweltschutzdirektors zu zählenden Aufgaben zeigen dies eindrücklich. So argumentieren die juristische Kritik und beide Kommissionen (zunächst) übereinstimmend, Umweltschutz sei typischerweise eine Querschnittsaufgabe, und berühre die anderen Ressorts, was die Bündelung der gesamten oder auch nur überwiegende Teile der Umweltschutzaufgaben in einem Ressort und die damit einhergehende Delegation der Letztverantwortung und des Letztentscheidungsrechts vom

---

[10] Seidel (1990) hat bereits früh in seinem wegweisenden Artikel darauf aufmerksam gemacht und drückt dies auch im Untertitel „Die kommenden Aufgaben gehen über die Einordnung der Betriebsbeauftragten weit hinaus" aus.

[11] Auch wenn ihr das Etikett „Vorsorge" übergestülpt wird; zur Problematik dieser Begriffsverwendung in Umweltpolitik und -recht vgl. Antes 1996, S. 31-41.

Gesamtorgan auf einen Umweltschutzdirektor ausschließe. Damit sei aber die Abgrenzung eines unentziehbaren Kernbereichs an Eigenzuständigkeit nur für den nachsorgenden Umweltschutz (!) sowie für die Beratung und Koordination der anderen Ressorts vorstellbar (vgl. Kloepfer u. a. 1991, S. 388; UGB-KomE 1998, S. 737-740; Rehbinder 1990, S. 219-222, 228; 1994, S. 47f.; Schneider 1993, S. 1913; Köck 1994, S. 41; Schmidt 1996, S. 176f.; Bartsch 1997, S. 102f., 112). Während die Kritiker ein Rechtsinstitut Umweltschutzdirektor deshalb ablehnen, stellen die Kommissionen und Befürworter gerade dessen beratende und koordinierende Funktionen und die dadurch möglichen Einflußnahmen auf andere Ressorts und die strategischen Entscheidungen in Unternehmen in den Vordergrund: Ein Umweltschutzdirektor könne dazu beitragen, daß die „Einheitlichkeit des betrieblichen Umweltschutzes bewußt gemacht wird" (Rehbinder 1990, S. 228) und ein „kritischer Gesprächspartner von hohem formalen Rang in der Betriebshierarchie zur Verfügung" stehe (Rehbinder 1994, S. 51).

Die Kommissionen proben den Spagat: Sie wollen Verantwortung für die Forcierung einer nachhaltigen Entwicklung initiieren, haben dazu aber nur begrenzte Mittel zur Hand. Die Übernahme von Verantwortung ist – im Gegensatz zur Verantwortlichkeit, die als Pflicht zugewiesen wird – im wesentlichen ein Akt der Selbstverpflichtung, d. h. intrinsisch motiviert (vgl. Müller-Merbach 1994, S. 126f.; Raatz 1968; zur Theorie der Selbst-Bestimmung Deci/Ryan 1985). Hierfür kann das Umweltrecht günstigere Voraussetzungen schaffen, gerade im Unternehmensorgan als höchster Leitungsebene. Juristisch läßt sich allerdings ein bloß auf Beratungs- und Koordinationsfunktionen beruhender Eingriff in die Organisationsfreiheit von Unternehmen schwerlich rechtfertigen. Deshalb dominiert selbst im Gesetzestext des UGB-Entwurfs unter den Aufgaben des Umweltschutzdirektors die Eigenüberwachung des nachsorgenden Umweltschutzes: Nach § 154 (2) ist er für die Leitung der Betriebsorganisation, d. h. der Umweltbeauftragten mit ihrem Aufgabenschwerpunkt in der (nachsorgenden) Überwachung und explizit selbst für die Eigenüberwachung verantwortlich. In den Erläuterungen wird ausdrücklich, mit Bezug auf § 154 (3), der „Kernbereich der Verantwortlichkeit" (UGB-KomE 1998, S. 739) als die „erforderlichen Maßnahmen zur Verhinderung und Beseitigung von Verstößen gegen die umweltrechtlichen Anforderungen und zur Gefahrenabwehr" (UGB-KomE 1998, S. 739) umrissen (ähnlich Kloepfer 1993, S. 1128, Mitglied beider Kommissionen) Die Zuweisung von Verantwortlichkeit eignet sich als Vehikel für die Übernahme von Verantwortung aber nur bedingt. Unstrittig lassen sich dadurch individuelle Anreize setzen: Durch die Zuweisung von Verantwortlichkeit ist ein Haftungszugriff möglich und da die Letztverantwortung beim Gesamtorgan liegt, ist der Umweltschutzdirektor zwar erster Ansprechpartner von Behörden und Justiz („Haftungsvertreter"), die anderen Organmitglieder sind von der Haftung aber nicht ausgeschlossen. Der Gesetzgeber hat eine sanktionsbewehrte Durchgriffsmöglichkeit auf die einzelnen Mitglieder der Unternehmensführung. Per Gesetz wird also ein starkes Eigeninteresse an einer haftungsausschliessenden Umweltschutzorganisation geweckt, was die Position des Umweltschutzdirektors – damit des Umweltschutzes – in diesem Gestaltungsfeld gegenüber den bisherigen Mitteilungspflichten noch einmal stärken wird. Nur trägt eine haftungsausschließende Organisation nicht zwingend zu einer ökologieverträglichen und nachhaltigen Entwicklung bei. Als Strategiealternativen des auf Haftungsausschluß zielenden Risikomanagements stehen nämlich neben der Vermeidung und Verminderung von Risiken auch das – nicht notwendigerweise das ökologische Risiko mindernde – Überwälzen, Versichern und Selbst tragen[12] zur Verfügung (vgl. Steger/Antes 1991, S. 18-23; Steger 1992, S. 276-279; Meffert/Kirchgeorg 1998, S. 249-254).

Die Innovationsfunktion ist deshalb formal deutlich schwächer gestellt - bemerkenswerterweise ist sie nur für die „Entwicklung und Einführung umweltschonender Verfahren und Produkte" (§ 154 (2)) festgeschrieben[13] - als die Überwachungsfunktion. Ob sie wahrgenommen wird hängt ganz entscheidend von der Persönlichkeit des Umweltschutzdirektors ab, der darüber hinaus gerade als Organmitglied dem Unternehmensinteresse auf Gewinnerzielung verpflichtet ist. „Man vertraut .. im wesentlichen auf die Kraft von Intra-Rollen-Konflikten" (Rehbinder 1990, S. 226), hier nach einem Ausgleich zu suchen. Als Vorbild gilt die Institution des Arbeitsdirektors nach § 33 Mitbestimmungsgesetz (vgl. Kloepfer u. a. 1991, S. 388; Rehbinder 1990, S. 218, 226f.; UGB-KomE 1998, S. 736). Eine Durchsicht der letzten empirischen Studien zum Arbeitsdirektor erbringt u. a. folgende Ergebnisse (vgl. Wagner 1994; Wagner/Rinninsland 1990; Spie/Piesker 1983; Spie 1985; Bamberg u. a. 1987):

- Die Stellung der Personal- und Sozialfunktion wurde insgesamt angehoben. Die Studien ermitteln in einer Bandbreite von einem Drittel bis der Hälfte Unternehmen, in denen aufgrund des Mitbestimmungsgesetzes ein entsprechendes Ressort im Unternehmensorgan erstmals eingerichtet wurde.

- Die große Mehrheit der Arbeitsdirektoren nach § 33 Mitbestimmungsgesetz sieht sich als gleichberechtigt anerkannt an. Ähnlich äußern deren Kollegen im Unternehmensorgan ihre Anerkennung; ein Viertel bis ein Drittel sieht allerdings keine Gleichberechtigung. Noch kritischer fällt das Urteil von Betriebsräten und Gewerkschaftsvertretern aus.

- Die gute bis sehr gute Zusammenarbeit im Unternehmensorgan wird hervorgehoben, wobei der *ausschließlich* selbst gestaltbare Handlungsspielraum enger ausfällt als die formale Ressortzuständigkeit. Insbesondere Entscheidungen über Ziele, Grundsätze und Politik werden im Gesamtorgan abgestimmt, was allerdings auch für die anderen Ressorts gilt (vgl. Spie/Piesker 1983, S. 155-159; Spie 1985, S. 207; auch Wagner 1994, S. 154-158 und Bamberg u. a. 1987, S. 204). Entsprechend scheint das Gros (¾) der Arbeitsdirektoren in unternehmenspolitische Entscheidungen umfassend eingebunden.

- FuE allgemein sowie die Produktentwicklung zählen zu den Bereichen mit dem geringsten Einfluß des Arbeitsdirektors (vgl. Spie 1985, S. 229; Wagner 1994, S. 207).

---

[12] Rückle und Terhart haben gezeigt, daß dies bei ausreichend geringen Sanktionserwartungswerten (Sanktionsschwere x -wahrscheinlichkeit) rational ist; vgl. Rückle/Terhart 1986 und Terhart 1986.

[13] Gemäß der juristischen Interpretation also nicht für alle Produkte und Verfahren. Die Formulierung entspricht somit der - von der Kommission als unzureichend kritisierten - Aufgabendefinition der aktuellen Betriebsbeauftragten. Die beim Umweltbeauftragten vorgenommene Erweiterung auf die Phase der Forschung und insbes. auf *alle* Verfahren und Produkte wurde beim Umweltschutzdirektor nicht mitvollzogen.

Gerade der letztgenannte Befund verweist auf die Problematik, die Erwartungen an eine neuzuschaffende Institution aus den Erfahrungen einer vermeintlich analogen Institution ableiten zu können. Wäre völlige Analogie gegeben, dürfte man für die Innovationsfunktion des Umweltschutzdirektors nur geringe Erwartungen hegen. Sie ist es nicht, schon aufgrund des – wie Rehbinder selbst ausführt (vgl. Rehbinder 1990, S. 227) – Wahlverfahrens und der unterschiedlich relevanten Funktionen. Damit können die Befunde aber auch nur Anhaltspunkte liefern. Der wichtigste dürfte sein, daß die Institutionalisierung selbst eines politisch umstrittenen Themas wie die Mitbestimmung – ähnliches dürfte für den Umweltschutz gelten – zwar beileibe nicht bei allen, aber doch bei einer Vielzahl von Unternehmen den Einfluß dieses Themas auf unternehmenspolitische, strategische Entscheidungen deutlich stärken kann.

6. Ausblick

Die aufbauorganisatorischen Regelungen des UGB-Entwurfs stellen gegenüber der aktuellen gesetzlichen Minimalauslage eine deutliche Verbesserung in Richtung nachhaltige Entwicklung dar. Insbesondere durch die Institution des Umweltschutzdirektors ist nun die formale Voraussetzung geschaffen, ökologische Aspekte frühzeitig, d. h. in den zentralen Entscheidungen des Leitungsorgans über die Unternehmenspolitik und die Unternehmensstrategien zu berücksichtigen. Hier sind gegenwärtig noch erhebliche Defizite in den meisten Unternehmen zu beobachten.

Die Analyse zeigt andererseits, daß der UGB-Entwurf bezüglich der aufbauorganisatorischen Regelungen an zwei Punkten verbessert werden sollte. Ein erster Punkt betrifft die Zwecksetzung der Nachhaltigkeit. Diese ist zwar in ihrer ökologischen Dimension sehr anspruchsvoll erfaßt. Vernachlässigt ist aber die Zusammenführung der drei Dimensionen. Deshalb besteht die Gefahr, daß ökologische Forderungen mit dem ökonomisch vorgeschobenen Argument der Verhältnismäßigkeit ausgehebelt werden können, weiterhin. Auch sollte Nachhaltigkeit als Anforderung an die Arbeit der vorgeschlagenen Institutionen Umweltschutzdirektor und Umweltbeauftragter explizit formuliert werden. Im Moment taucht sie dort überhaupt nicht auf.

Zweitens sind die aufbauorganisatorischen Regelungen ergänzungsbedürftig. Der UGB-Entwurf setzt auf ein Höchstmaß an Zentralisation und Konzentration und hofft damit – neben der Wahrnehmung der Überwachungsfunktion – produktive Rollenkonflikte vor allem im Führungsgremium institutionalisiert zu haben. Die Verbesserung der Machtposition würde gewiß ein wichtiges Defizit in der Umweltschutzorganisation der meisten Unternehmen beseitigen. Was es darüber hinaus braucht, ist die Beteiligung der Mitarbeiter, einschließlich des Linienmanagements. Denn die Ökologieverträglichkeit eines Unternehmens wird erst durch eine ökologieverträgliche Aufgabenbewältigung über die gesamte Vertikale und Horizontale erreicht. Formale Anforderungen, die Mitarbeiter stärker einzubeziehen oder deren Möglichkeiten dazu zu fördern, fehlen im UGB-Entwurf völlig. Ein Ansatz könnte, da schon Anleihen beim Arbeitsdirektor gemacht werden, die Mitbestimmung oder Elemente davon sein (allgemein Antes 1996, S. 179-189, 292-296; zum UGB-Entwurf Kothe 1999). So wurden beispielsweise in der chemischen Industrie mit Betriebsvereinbarungen zum Umweltschutz positive Erfahrungen gemacht (zuletzt Leittretter 1999). Ihr Abschluß könnte angeregt werden. Ein zweiter Ansatz bestünde darin, die direkte Partizipation im Sinne der Guten Managementpraktik Nr. 1 der EG-Umweltauditverordnung (s.o.) zu fördern, indem etwa für die Umweltschutzinstitutionen oder auch für die Linienverantwortlichen entsprechende Aufträge formuliert werden.

These für das Umweltmanagement im Jahr 2050:
Umweltschutzdirektor und Umweltbeauftragte sind eine Selbstverständlichkeit in der Aufbauorganisation von Unternehmen. Der Schwerpunkt ihrer Arbeit hat sich verlagert: Die Überwachungsfunktion beschränkt sich auf die wenigen, noch notwendigen End-of-the-pipe- sowie Sicherheitsanlagen. Ihre Hauptaufgabe ist mittlerweile die Beratung des Vorstands, der Abteilungen, Gruppen und Teams quer durch das Unternehmen. Die wesentlichen Anforderungen an eine beständig nachhaltige Entwicklung werden in den Prozessen selbst von den dazu motivierten und qualifizierten Mitarbeitern, Projekt- und Linienmanagern erbracht.

Literaturverzeichnis

Antes, Ralf: Organisation des Umweltschutzes in Unternehmen, in: UWF, Heft 6, Juli 1994, S. 25-31, 1994.

Antes, Ralf: Präventiver Umweltschutz und seine Organisation in Unternehmen, Wiesbaden 1996.

Antes, Ralf; Clausen, Jens; Fichter, Klaus: Die guten Managementpraktiken in der EU-Audit-Verordnung, in: DB, Heft 14/1995, S. 685-693.

Bamberg, Ulrich u. a. : Aber ob die Karten voll ausgereizt sind ... - 10 Mitbestimmungsgesetz 1976 in der Bilanz, Köln 1987.

Bartsch, Torsten: Umweltschutz und Unternehmensorganisation, Düsseldorf 1997.

Behnke, Eberhard: Die Auswirkungen des Entwurfs zum Umweltgesetzbuch auf den betrieblichen Umweltschutz und die Rolle des Umweltbeauftragten, Vortrag auf der I. Fresenius Umwelt-Jahrestagung, Manuskript, Essen 1998.

Deci, Edward L.; Ryan, Richard M.: Intrinsic motivation and self-determination in human behavior, New York 1985.

Deutscher Bundestag, 12. Wahlperiode (Hrsg.): Die Industriegesellschaft gestalten - Perspektiven für einen nachhaltigen Umgang mit Stoff- und Materialströmen, Abschlußbericht der Enquete-Kommission „Schutz des Menschen und der Umwelt", Bonn 1994.

Deutscher Bundestag, 13. Wahlperiode (Hrsg.): Konzept Nachhaltigkeit - Vom Leitbild zur Umsetzung, Abschlußbericht der Enquete-Kommission „Schutz des Menschen und der Umwelt", Bonn 1998.

Hoppe, Werner/Beckmann, Martin: Umweltrecht, München 1989.

Jarass, Hans D. u.a.: Umweltgesetzbuch: besonderer Teil, Berlin 1994.

Johann, Hubert-Peter: Neugestaltung des betrieblichen Umweltschutzmanagement - Konsequenzen des Kommissionsentwurfs für das betriebliche Umweltmanagement, unveröffentl. Manuskript, Düsseldorf.

Kloepfer, Michael: Betrieblicher Umweltschutz als Rechtsproblem, in: DB, Heft 22/1993, S. 1125-1131.

Kloepfer, Michael/Rehbinder, Eckard/Schmidt-Aßmann, Eberhard (UGB-ProfE): Umweltgesetzbuch: allgemeiner Teil, hrsg. v. Umweltbundesamt, Berlin 1991.

Köck, Wolfgang: Indirekte Steuerung im Umweltrecht: Abgabenerhebung, Umweltschutzbeauftragte und „Öko-Auditing", in: DVBl, Heft 1/1994, S. 27-34.

Kothe, Wolfhard: Arbeitsrechtliche Anmerkungen zum Entwurf eines Umweltgesetzbuches (UGB), in: Thomas Klebe u.a. (Hrsg.), Festschrift für Wolfgang Däubler, Frankfurt/Main, im Erscheinen 1999.

Kreikebaum, Hartmut: Innovationsmanagement bei aktivem Umweltshcutz in der chemischen Industrie - Bericht aus einem Forschungsprojekt, in: Gerd Rainer Wagner (Hrsg.), Unternehmung und ökologische Umwelt, München 1990, S. 113-121.

Leittretter, Siegfried: Betrieblicher Umweltschutz: Betriebs- und Dienstvereinbarungen, Analyse und Handlungsempfehlungen, hrsg. v. d. Hans-Böckler-Stiftung, Düsseldorf 1999.

Lübbe-Wolff, Gertrude: Anforderungen an das Umweltgesetzbuch - Zum UGB-Entwurf der Unabhängigen Sachverständigenkommission, in: ZAU, Heft 1/1998, S. 43-62.

Meffert, Heribert/Kirchgeorg, Manfred: Marktorientiertes Umweltmanagement, 3. Aufl., Stuttgart 1998.

Müller-Merbach, Heiner: Die morphologische Struktur von Verantwortung und Verantwortlichkeit: Eine Handreichung für die Praxis, in: Eduard Zwierlein (Hrsg.), Verantwortung in der Risikogesellschaft, Idstein 1994, S. 125-148.

Nutzinger, Hans G.: Von der Durchflußwirtschaft zur Nachhaltigkeit - Zur Nutzung endlicher Ressourcen in der Zeit, in: Bernd Biervert/Martin Held (Hrsg.): Zeit in der Ökonomik: Perspektiven für die Theoriebildung, Frankfurt am Main/New York 1995, S. 207-235.

Raatz, Günther: Personalführung und Delegation der Verantwortung, in: zfbf, Heft 2/1968, S. 185-201.

Rehbinder, Eckard: Ein Umweltschutzdirektor in der Geschäftsführung der Großunternehmen?, in: Jürgen F. Baur u. a. (Hrsg.), Festschrift Ernst Steindorff, Berlin/New York 1990, S. 215-229.

Rehbinder, Eckard: Umweltschutz und technische Sicherheit als Aufgabe Unternehmensleitung aus juristischer Sicht, in: Umweltschutz und technische Sicherheit im Unternehmen, 9. Trierer Kolloquium zum Umwelt- und Technikrecht vom 19.-21.9 1993, Heidelberg 1994, S. 29-68.

RSU / Rat von Sachverständigen für Umweltfragen: Umweltgutachten 1994 - Für eine dauerhaftumweltgerechte Entwicklung, Stuttgart 1994.

Rückle, Dieter/Terhart, Klaus: Die Befolgung von Umweltschutzauflagen als betriebswirtschaftliches Entscheidungsproblem, in: zfbf, Heft 5/1986, S. 393-424.

Schmidt, Holger: Die Umwelthaftung der Organmitglieder von Kapitalgesellschaften, Heidelberg 1996.

Schneider, Uwe H.: Gesellschaftsrechtliche und öffentlich-rechtliche Anforderungen an eine ordnungsgemäße Unternehmensorganisation, in: DB, Heft 38/1993, S. 1909-1915.

Seidel, Eberhard: Zur Organisation des betrieblichen Umweltschutzes: Die kommenden Aufgaben gehen über die Einordnung der Betriebsbeauftragten weit hinaus, in: zfo, Nr. 5/1990, S. 334-341.

Spie, Ulrich: Der Personalmanager im Vorstand, Stuttgart 1985.

Spie, Ulrich; Piesker, Herbert: Der Geschäftsbereich des Arbeitsdirektors, Heidelberg 1983.

Steger, Ulrich: Normstrategien im Umweltschutz, in: Ulrich Steger (Hrsg.), Handbuch des Umweltmanagements, München 1992, S. 271-293.

Steger, Ulrich; Antes, Ralf: Unternehmensstrategie und Risiko-Management, in: Ulrich Steger (Hrsg.), Umwelt-Auditing - Ein neues Instrument der Risikovorsorge, Frankfurt am Main 1991, S. 13-44.

Terhart, Klaus: Die Befolgung von Umweltschutzauflagen als betriebswirtschaftliches Entscheidungsproblem, Berlin 1986.

Umweltgesetzbuch (UGB-KomE): Entwurf der Unabhängigen Sachverständigenkommission zum Umweltgesetzbuch beim Bundesministerium für Umwelt, Naturschutz und Reaktorsicherheit, hrsg. v. Bundesministerium für Umwelt, Naturschutz und Reaktorsicherheit, Berlin 1998.

Wagner, Dieter: Personalfunktion in der Unternehmensleitung, Wiesbaden, 1994.

Wagner, Dieter/Rinninsland, Gudrun: Der Arbeitsdirektor im Geltungsbereich des Mitbestimmungsgesetzes 1976, Abschlußbericht, Band II, Hamburg 1990.

Weltkommission für Umwelt und Entwicklung: Unsere gemeinsame Zukunft, Greven 1987.

WHO / World Health Organization: Constitution of the World Health Organization, http://www-nt.who.int/sd/cgi-bin/o...oc&record={37}&softpage=Document42, 1999.

Zabel, Hans-Ulrich: Industriesymbiosen im Verhaltenskontext, in: Heinz Strebel/Erich Schwarz (Hrsg.), Kreislauforientierte Unternehmenskooperationen, München, S. 123-164, 1998.

ZAU / Zeitschrift für Angewandte Umweltforschung: Umweltgesetzbuch I: Das Konzept der Vorhabengenehmigung, Diskussionsforum, Heft 1/1998, S. 9-26.

Finanzmärkte – Treiber oder Bremser des betrieblichen Umweltmanagements?

Stefan Schaltegger und Frank Figge[1]

Dieser Beitrag diskutiert die steigende ökonomische Bedeutung von Umwelt-themen für den wirtschaftlichen Erfolg von Finanzdienstleistern sowie die bisher weitgehend unterschätzte ökologische Bedeutung der Finanzmärkte für die Unterstützung des betrieblichen Umweltmanagements und des ökologischen Strukturwandels.

1. Weshalb sind ökologische Themen für die Finanz-märkte relevant?

Umweltaspekte werden erst seit kurzer Zeit von den Finanzmärkten als bedeut-sames Thema erkannt (vgl. z.B. EIU 1993; Schierenbeck & Seidel 1992; Schmid-heiny & Zorraquin 1996; Vaughan 1994). Als reine Dienstleistungsbranche galt die Finanzbranche lange Zeit als eine grundsätzlich „ökologisch saubere" Bran-che. Daraus wurde zumindest in der Vergangenheit gefolgert, daß Umweltfragen für Versicherungen, Banken und andere Finanzdienstleister keine große Bedeu-tung haben.

In der Tat rufen Finanzdienstleister im Vergleich zu den meisten Unternehmen der produzierenden Industrie *keine großen direkten* Umweltschäden durch den Leistungserstellungsprozeß hervor. Maßnahmen der „Büroökologie" sind zwar löblich, haben wegen ihrer Fokussierung auf die recht geringen direkten Umwelt-auswirkungen der Büroarbeit aber nur eine Randbedeutung für den Umweltschutz und die Finanzmärkte. Büroökologie wird daher im folgenden nicht weiter betrachtet.

Es wäre nun aber verfehlt, davon auszugehen, daß Umweltthemen Finanzmärkte nicht betreffen. So sind die *indirekten* Einflüsse sowohl für die Finanzdienstleister als auch für den ökologischen Fortschritt von zunehmender und großer Relevanz:

[1] Wir danken Holger Petersen für seine hilfreichen Anmerkungen sowie der Norwegian School of Management und dem Norwegian Research Council (NFR) für die finanzielle Unterstützung des Forschungsprojekts „Environmental Finance".

- Erstens wäre es unvernünftig, anzunehmen, daß der *ökonomische Erfolg von Finanzdienstleistern* im Gegensatz zur Industrie vor *ökologischen Einflüssen* gefeit sei. In ihrer Funktion als Kapitalgeber, Anleger und Versicherer sind Finanzdienstleister von Umweltbelastungen und ökologisch motivierten Marktveränderungen wirtschaftlich indirekt betroffen, die ihren Ursprung bei den Kunden oder deren Stakeholdern haben. Mit ihrer geschäftsbedingt starken Risikoexposition können die finanziellen Wirkungen je nach Fall ausgesprochen schmerzhaft sein oder die Wettbewerbsfähigkeit entscheidend steigern (vgl. z.B. Seidel 1992, 1093ff.; EIU 1993; Leggett 1996).
- Zweitens werden *unternehmerische Handlungen* seit jeher sehr stark *durch die Finanzmärkte*, das heisst das von Investoren und Finanzdienstleistern gesteuerte Kapitalangebot und deren Konditionen bei Krediten und Versicherungen, *beeinflußt*. Werden nun von den Finanzmarktakteuren ökologische Aspekte bei der Steuerung von Finanzflüssen berücksichtigt, so können wesentliche Impulse für das betriebliche Umweltmanagement und den ökologischen Strukturwandel bei Kreditnehmern, Versicherungsnehmern und beim Management von Anlageobjekten ausgehen (vgl. z.B. EFFAS 1996; Leggett 1996; Schaltegger et al. 1996, 86ff.).

Die beiden Punkte hängen selbstverständlich zusammen. Je stärker Umweltaspekte einen Einfluß auf den wirtschaftlichen Erfolg von Industrie- und Dienstleistungsunternehmen haben, desto stärker hängt auch der wirtschaftliche Erfolg der Finanzdienstleister von Umweltthemen ab. In der Folge werden Umweltanliegen in Finanzprodukten vermehrt berücksichtigt, wodurch die Finanzdienstleister mehr Einfluß auf die umweltrelevanten Tätigkeiten ihrer Kunden ausüben. Der Kreis schliesst sich.
Wie für einen Kreis typisch, besteht weder ein natürlicher Anfang noch ein Ende. Im folgenden wird ein Ausschnitt dieses Kreiswirkungsgefüges untersucht, nämlich das Einflußpotential der Finanzmärkte auf das Umweltmanagement von Unternehmen. Dazu muss zuerst die Umweltrelevanz der unterschiedlichen Finanzmärkte für ihre Kunden diskutiert werden.

2. Relevante Bereiche des Environmental Finance

Umweltthemen können Auslöser sowohl von finanziellen Gefahren als auch Chancen sein (Abb. 1). „Historisch" betrachtet, begannen die Finanzmarktakteure sich zur Bekämpfung von ökologisch induzierten finanziellen Gefahren im Rahmen des *Kreditgeschäfts* erstmals mit Umweltaspekten auseinanderzusetzen. In den Kreditmärkten auftretende Umweltprobleme wurden dabei vor allem als Auslöser finanzieller Kreditrisiken erachtet.
Bei immer mehr Finanzdienstleistern setzt sich in der Zwischenzeit die Erkenntnis durch, daß sich die Relevanz von Umweltaspekten nicht auf die Vermeidung von Risiken im Kreditgeschäft beschränkt, sondern auch im *Anlagegeschäft* bzw. Investmentmarkt von Bedeutung ist. Umweltthemen bieten die Möglichkeit zur Differenzierung und Schaffung spezifischer Anlageprodukte und stellen damit

eine ökonomische Chance dar. Auch sollte der Ertrag des herkömmlichen Investmentgeschäfts durch die gezielte Berücksichtigung ökologischer Aspekte im Asset Management solange gesteigert werden können als dies nicht bei allen Investoren standardmässig erfolgt und sich in den Marktpreisen widerspiegelt.

Die von Banken dominierten Kredit- und Investmentmärkte werden begrifflich oft als *Kapitalmarkt* zusammengefaßt.

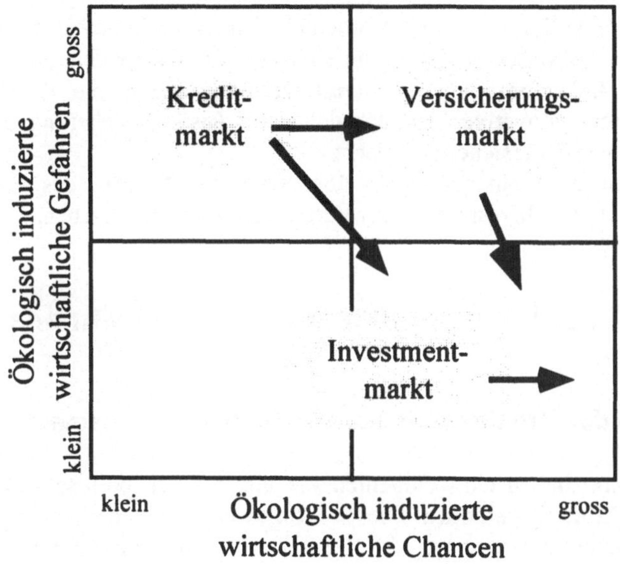

Abbildung 1:   Ökologisch induzierte wirtschaftliche Chancen und Gefahren aus der Sicht von Finanzmarktakteuren

Im *Versicherungsgeschäft* bzw. -markt führen Umweltaspekte einerseits zu erhöhten finanziellen Risiken für abgeschlossene Versicherungspolicen, wenn die Umweltrisiken erst später bzw. beim Schadenfall erkannt und weder ausgeschlossen noch in der Prämienrechnung berücksichtigt wurden. Andererseits bieten ökologisch induzierte Risiken Versicherungsanbietern die Chance, neue Versicherungsprodukte zu gestalten und abzusetzen.

Auf den dargestellten Finanzmärkten treten zwar unterschiedliche Anbieter auf; mit der Entwicklung zu Allfinanzinstituten und durch die vermehrten Kooperationen zwischen verschiedenen Finanzmarktanbietern verwischt sich diese Anbieterstruktur jedoch zunehmend. Damit wird die analytische, in Spezialthemen und -disziplinen untergliederte Forschung des Environmental Finance möglicherweise zwar erschwert. Dafür wird eine integrale Betrachtung ökologischer Einflüsse auf die Finanzmärkte vereinfacht.

Environmental Finance oder Umweltfinanzierung wird von Laien oft mit der Finanzierung von Umweltschutzprojekten und -maßnahmen gleichgesetzt. Als spezieller Teilbereich des Kreditgeschäfts stellt sie jedoch nur einen sehr kleinen Teil des Forschungsgebiets des Environmental Finance dar.

> Wir definieren *Environmental Finance* als den Oberbegriff der Schnittmenge aller ökologisch und finanzmarktrelevanten Fragestellungen. Dies umfaßt alle ökologieinduzierten Themen im Kredit-, Kapital- und Versicherungsmarkt aus der Sicht der Finanzmarktakteure, das heisst sowohl der Anbieter als auch Nachfrager von Finanzdienstleistungen, sowie das Zusammenspiel zwischen den Akteuren.

Die normative Anliegen des Environmental Finance sind mit Pfeilen in Abbildung 1 dargestellt: die Risikominderung im Kreditmarkt, die Realisierung von Chancen durch neue Anlageprodukte im Investmentmarkt sowie die Realisierung von Chancen durch innovative Finanzprodukte zur Risikoabsicherung beim Kunden im Kredit- und im Versicherungsmarkt.

Im folgenden wird ein Überblick über wichtige Aspekte des Environmental Finance im Kredit-, Investment- und Versicherungsmarkt gegeben.

3. Einfluß der Finanzmärkte auf das Umweltmanagement

3.1 Einfluß des Kreditmarkts auf das Umweltmanagement

Im Kreditmarkt haben Umweltthemen vor allem durch politisch-rechtliche Veränderungen Eingang gefunden. Dieser Prozess begann in den achtziger Jahren in den Vereinigten Staaten, wo die Berücksichtigung von Umweltaspekten im Kreditgeschäft zuerst erfolgte. Folgende Entwicklungen hatten und haben noch einen bedeutenden Einfluß:

- Der 1980 in Kraft getretene, auch als „Superfund" bekannte, „Comprehensive Environment Response, Compensation and Liability Act (CERCLA)" sieht in den Vereinigten Staaten beispielsweise vor, daß entdeckte Altlasten in einem ersten Schritt beseitigt werden und erst in einem zweiten Schritt versucht wird, die Kosten von möglichen Schädigern einzufordern. Die hierbei angewandte Haftung ist verschuldensunabhängig und solidarisch. Der Kreis der möglichen Haftungsträger wird dabei teilweise so weit ausgelegt, daß auch kreditgebende Banken zur Haftung herangezogen werden können (vgl. Eichkorn 1996, 19f.).
- In Japan wurde durch eine fundamentale Neuerung des Haftungsrechts der Nachweis von Umweltschäden erleichtert, die Beweislast umgekehrt, so daß nicht die Geschädigten eine Schuld eines Verschmutzers, sondern die Schädiger bei einem Vorwurf ihre Unschuld nachzuweisen haben und Entschädigungszahlungen an Geschädigte auch bei grundsätzlich legalem Verhalten eingeführt (Tsuru & Weidner 1985). Dies hat nicht nur für das zukünftige Kreditgeschäft, sondern auch ex post zu einer Erhöhung der ökologisch bedingten Kreditrisiken geführt.
- Auch in Deutschland wurde in den neunziger Jahren die Umweltgesetzgebung verschärft. So sieht das neue Umwelthaftungsgesetz (UmweltHG) nicht nur eine verschuldensunabhängige Haftung vor; die Pflicht des Kausalitätsnach-

weises liegt nun auch bei dem jeweils beschuldigten Unternehmen (vgl. Rauch 1997, 42). Auch sieht das Bodenschutzgesetz vor, daß im Konkursfall sogar eine erstklassige Grundschuld nachrangig hinter den Sanierungskosten einer Altlast zu berücksichtigen ist.

Wie aus den Veränderungen der regulatorischen Rahmenbedingungen ersichtlich, spielt die Altlastenproblematik für den Kreditmarkt eine zentrale Rolle (vgl. Nöthiger 1997). In verschiedenen Fällen sind „normal" risikoreich eingeschätzte Hypotheken und Industriekredite zu Venture Risks geworden.
Die wesentlichste ökologisch induzierte *Aufgabe* für die Anbieter von Krediten besonders von Hypotheken und Industriekrediten ist es demnach, ökologisch induzierte Kreditrisiken abzuschätzen und zu reduzieren. Im Rahmen des Kreditgeschäftablaufs haben die Kreditgeber folgende mögliche *Strategien*:

- Durch *Diversifikation* unterschiedlicher Arten von Kreditnehmern können unsystematische Umweltrisiken wie beispielsweise aus Störfällen „geglättet" und damit die finanziellen Auswirkungen weitgehend ausgeschaltet werden. Durch die *Reservehaltung* können aussergewöhnliche Schadensereignisse in einem bestimmten Umfang aufgefangen werden.
- Durch gezieltes kundenorientiertes *Risikomanagement* können die Anzahl und das Ausmaß von Schadensfällen eingedämmt werden. Einerseits können im Vorfeld der Kreditvergabe bessere Abklärungen getätigt werden, um schlechte Risiken nicht zu übernehmen oder durch höhere Zinsen abgelten zu lassen. Dies erfordert oft eine detaillierte Beurteilung der ökologieinduzierten Risiken durch spezifisch auf die Bedürfnisse der *Kreditwürdigkeitsprüfung* abgestimmte Checklisten, die zu eigentlichen Umweltaudits ausgebaut werden können (vgl. Keidel 1993, 66ff. und Seidel 1995, 921ff.). Andererseits können die Kreditgeber zur Reduktion der eigenen finanziellen Risiken das Management von Umweltrisiken bei den Kreditnehmern entweder durch *Beratung* oder durch direkten *Managementeinfluß* beeinflussen. In einem besonders bedeutenden Schadensfall oder bei klaren Anzeichen für ein sehr großes Schadensrisiko können Kreditgeber soweit gehen, daß sie auf das Management direkt Einfluß ausüben oder sogar Managementfunktionen selbst übernehmen. Hierdurch kann es allerdings, z.B. in den USA, zu einer Ausweitung der Haftung über das eigene Kreditengagement hinaus kommen.

Es muß bei der Auswahl der Strategien zur Reduktion ökologisch induzierter unsystematischer Risiken (z.B. Unfallrisiken) allerdings beachtet werden, daß alle Maßnahmen mit dem Instrument der Diversifizierung konkurrenzieren. Nur wenn die Kosten des eingesetzten Instruments unter dem Nutzen der erwarteten Schadensreduktion liegen, ist dessen Einsatz – unabhängig von der Risikofreude des Kreditgebers – ökonomisch vertretbar. Dies reduziert in der Praxis den Spielraum für detaillierte Abklärungen und Risikoberatung auf Grossobjekte mit einem beträchtlichen Kreditvolumen. Es resultiert ein nur schwacher Impuls für die Reduktion unsystematischer Umweltrisiken.

3.2 Einfluß des Investmentmarkts auf das Umweltmanagement

3.2.1 Historische Entwicklung

Einige Zeit nachdem die Bedeutung von Umweltaspekten im Kreditgeschäft erkannt wurde, begannen erste Finanzdienstleister Umweltthemen auch als wirtschaftliche Chance im Anlagegeschäft zu erkennen. Dabei finden Umweltaspekte idealtypisch in vier Stufen in das Investmentgeschäft Eingang:

* Angebot eines Umwelttechnologiefonds
* Entwicklung von Öko-Effizienzfonds
* Durch Berücksichtigung sozialer Aspekte Erweiterung zu Sustainable Development Fonds
* Integrierte Berücksichtigung von Umweltaspekten in der herkömmlichen, das heisst nicht-ökologieorientierten, Anlagepolitik

Das Vermögensverwaltungsgeschäft ist traditionell das Hauptgeschäft von Privat- und vermehrt auch von Großbanken. Ökologische Anliegen wurden denn auch von den im Vermögensverwaltungsgeschäft führenden Schweizer Banken zuerst aufgenommen. In Europa lancierte 1992 erstmals die Schweizerische Kreditanstalt (heute Credit Suisse) mit Oeko-Protec einen *Umwelttechnologiefonds*. Das Konzept der Umwelttechnologiefonds stellte auf die erwartete zunehmende Bedeutung von Umwelttechnologien, insbesondere nachgeschalteter Umweltschutzeinrichtungen (Filter, Kläranlagen usw.) ab. Insofern unterscheidet sich diese Art von Fonds nicht von klassischen Branchenfonds. Was dieses Konzept allerdings nicht vorhersah, war die zunehmende Bedeutung integrierter Umweltschutztechnologien, wo Umweltschutz schon bei der Konzeption von Anlagen und Systemen berücksichtigt wird. Statt technologischer Individuallösungen für bestehende Produktionssysteme werden vielmehr integrierte Globallösungen im voraus angestrebt. Damit widerspiegelt sich eine verstärkte Berücksichtigung von Umweltschutzanliegen in der Wirtschaft je länger desto weniger in einem Markt- und Gewinnwachstum spezialisierter Umweltschutztechnologieanbieter. Die Fehleinschätzung des Wachstums der Umwelttechnikbranche schlug sich denn auch im bescheidenen Volumen und der geringen Rendite der Umwelttechnologiefonds nieder.

Mit dem Siegeszug des 1989/90 entwickelten und 1992 an der Rio-Umweltkonferenz popularisierten Begriffs der Öko-Effizienz kamen aber schon bald neue Anlageprodukte auf, die dem veränderten Verständnis von Umweltmanagement Rechnung zu tragen versuchen. So kam die Bank Sarasin & Cie 1994 mit OekoSar, dem weltweit ersten auf Öko-Effizienz ausgerichteten Fonds, auf den Markt. Diesem erfolgreichen Beispiel folgten andere Banken in der Folge durch ähnliche Produkte, beziehungsweise durch die Neuausrichtung bestehender Fonds oder die Gründung spezieller Investmentgesellschaften. Trotz des großen Volumenwachstums und der hohen Margen von *Öko-Effizienz Fonds* decken diese aber weiterhin nur einen kleinen Anteil der insgesamt von Banken verwalteten Vermögen ab. Dies steht im Missverhältnis mit der Bedeutung, die Umweltaspekte heute für ein erfolgreiches Wirtschaften haben. Mit der in letzter Zeit festzustellenden Verlagerung auf das Ziel einer Nachhaltigen Entwicklung (Sustainable Development) werden zunehmend auch soziale Fragen berücksichtigt und die Öko-Effizienz Fonds zu eigentlichen *Sustainable Development Fonds* weiterentwickelt.

Während einerseits weiterhin neue, innovative Anlageprodukte entwickelt werden, arbeiten andererseits heute immer mehr Banken an der Berücksichtigung von Umweltaspekten in „normalen", d.h. nicht-ökologieorientierten, Anlageprodukten. Hierzu müssen *Umweltfragen zunehmend in das „normale" Finanzresearch und Asset Management integriert* werden. Damit beginnt auch bei den innovativsten Finanzmarktakteuren der Wandel von der separierten Betrachtung von Umweltfragen zu einer untrennbaren Integration von ökologischen Überlegungen in die herkömmlichen Entscheidungsabläufe.

In diesem Zusammenhang wurde das Konzept des *Environmental Shareholder Value* entwickelt.

3.2.2 Environmental Shareholder Value

Zur Realisierung von Managementstrategien und für die Leistungserstellung sind Unternehmen auf Kapital angewiesen. Finanzmärkte bestimmen die Verfügbarkeit und den Preis dieser knappen Ressource. Unternehmen müssen daher auch auf diesem Markt wettbewerbsfähig sein. Dazu bewerten Kapitalgeber Unternehmensstrategien auf ihren erwarteten wirtschaftlichen Erfolg und damit auch die Zukunftsaussichten von Unternehmen. Sollte das betriebliche Umweltmanagement die wirtschaftlichen Zukunftsaussichten eines Unternehmens beeinflussen, und dies wird oft behauptet, so ist dies finanzmarktrelevant.

Die Finanzanalysten stehen demnach vor der Frage, wie sie das Umweltmanagement der als Anlageobjekte in Frage kommenden Unternehmen bezüglich des geschaffenen Shareholder Values beurteilen können (Schaltegger & Figge 1997, 1998). Die Aufgabe der Finanzanalysten ist somit zu untersuchen, welchen Einfluss das Umweltmanagement einer Firma auf die sog. *Werttreiber* (Value Drivers) des Shareholder Values hat (ibid 1997):

- Investitionen ins Anlagevermögen und ins Umlaufvermögen
- Umsatzwachstum, Gewinnmarge und Steuerrate
- Dauer des Wertzuwachses
- Kapitalkosten

Sehr knapp zusammengefaßt, steigert diejenige *Art von Umweltmanagement* den Shareholder Value, die sich durch folgende Eigenschaften kennzeichnet (ibid 1997):

- *Kapitalextensiv:* „intelligentere" integrierte Umweltschutzmaßnahmen, die mehr Soft- und weniger Hardware einsetzen
- *Materialarm:* Maßnahmen, die die Durchlaufmenge an Material und dadurch die Einkaufs-, Lager- und Abschreibungskosten reduzieren

- *Umsatzsteigernd:* Öko-Produkte und Dienstleistungen, die für mehr Nachfrager eine wünschenswertere Leistung darstellen
- *Margenerhöhend:* Angebote, die bei den Nachfragern eine Nutzen- und Interessesteigerung bewirken (höhere Preise durch Nutzensteigerung) und die Kosten der Leistungserstellung senken (geringere Betriebskosten durch Steigerung der betrieblichen Effizienz)
- *Finanzzuflussichernd:* Maßnahmen zur Stärkung des Vertrauens des Kapitalmarktes durch geringere und unsystematischere Risiken sowie „grünem Bonus"
- *Langfristig wertsteigernd:* Antizipierung zukünftiger Kosten- und Ertragspotentiale

Bei dieser Analyse ist zu beachten, daß der ökologieinduzierte wirtschaftliche Erfolg eines Unternehmens nicht nur von seinem Erfolg auf dem Absatzmarkt abhängt. Auch die direkten und indirekten wirtschaftlichen Folgen der ökologiebezogenen Handlungen nicht-marktlicher Stakeholder sind erfolgsrelevant. Populäres Beispiel sind die Handlungen von Umweltschutzorganisationen wie beispielsweise Greenpeace. Das Handeln solcher Stakeholder kann zu Kosten führen oder Marktchancen öffnen. Ihr mögliches zukünftiges Handeln stellt je nach Unternehmensstrategie ein Risiko oder eine Chance dar. Sowohl zusätzliche Kosten und Risiken als auch zusätzliche Umsatz- oder Gewinnchancen sind erfolgs- und damit auch finanzmarktrelevant und müssen daher, auch wenn dies schwerfallen mag, bei der Beurteilung der Solvenz und des Unternehmenswerts berücksichtigt werden.

Wird das gute Verhältnis zwischen Unternehmen und Stakeholdern erst einmal als knappe und erfolgsnotwendige Ressource erkannt, wird sich dies auch im traditionellen ökonomischen Knappheitsmaß widerspiegeln: Der Preis der Ressource Kapital wird fallen. Dies ist auch für die Unternehmen selbst von Interesse. Ein Unternehmen, das sich mit tieferen Ressourcenpreisen als seine Konkurrenz konfrontiert sieht, hat einen Wettbewerbsvorteil.

3.3 Einfluß des Versicherungsmarktes auf das Umweltmanagement

Die Aufgabe von Erst- und Rückversicherern ist es, Risiken gegen Bezahlung einer Prämie zu übernehmen. Ökologieinduzierte Risiken, kurz Umweltrisiken, haben hierbei vor allem im Bereich der Sachversicherungen zunehmend einen Einfluß auf den Schadensverlauf (vgl. z.B. Dlugolecki in Leggett 1996; Figge 1998).

Zum Umgang mit Risiken stehen Versicherungen grundsätzlich:
- Informationsinstrumente,
- Diversifizierung und
- Reservenbildung

zur Verfügung.

Daß Versicherungen Versicherungsschutz für eine Menge an Risiken bieten können, deren kumulatives potentielles Schadensausmaß die Prämieneinnahmen bzw. die Reserven der Versicherungen übersteigen, ist auf den *Diversifizierungseffekt* zurückzuführen. Werden mehrere Risiken in einem Portfolio zusammengefaßt, ist es sehr unwahrscheinlich, daß sich alle Risiken gleichzeitig bewahrheiten. Es ist im Gegenteil davon auszugehen, daß die Übernahme mehrerer Risiken – aus der Optik des gesamten Portfolios – zu einer Glättung des Schadensverlaufs führt. Dies setzt voraus, daß die Risiken nicht positiv miteinander korrelieren – in der Sprache der Portfoliotheorie also unsystematisch sind. Der beschriebene Diversifizierungseffekt bezieht sich auf die Zeit nach Übernahme der Risiken. *Informationsinstrumente* können hingegen bereits vor der Übernahme eines Risikos eingesetzt werden. Zusätzliche Informationen erlauben eine bessere Einschätzung der Eintrittswahrscheinlichkeit und des möglichen Schadensausmaßes eines Risikos. Eine Versicherung kann daraufhin entscheiden, ob sie das Risiko nicht oder nur teilweise (z.B. durch Abschliessen einer Schadensquoten- oder Schadensexzedentenversicherung, Vereinbarung eines Selbstbehalts) übernehmen will. Dieses Instrument kann sowohl für systematische (d.h. positiv miteinander korrelierte) als auch unsystematische Risiken eingesetzt werden.
Eine dritte Möglichkeit ist, daß Versicherungen zur Deckung von Risiken auf ihre *Reserven* zurückgreifen. Hierzu müssen die Versicherungen sicherstellen, daß die Reserven das erwartete maximale Schadensausmaß übersteigen. Auch dieses Instrument bezieht sich auf die Zeit nach Risikoübernahme. Da der Schadensverlauf eines Portfolios unsystematischer Risiken als sicher gelten kann, ist der Einsatz dieses Instruments nur für den systematischen Teil der Risiken sinnvoll.
Die folgende Grafik ordnet die beschriebenen Instrumente einerseits nach ihrer Plazierung hinsichtlich des Entscheidungszeitraums und andererseits nach ihrer Tauglichkeit für systematische bzw. unsystematische Risiken.

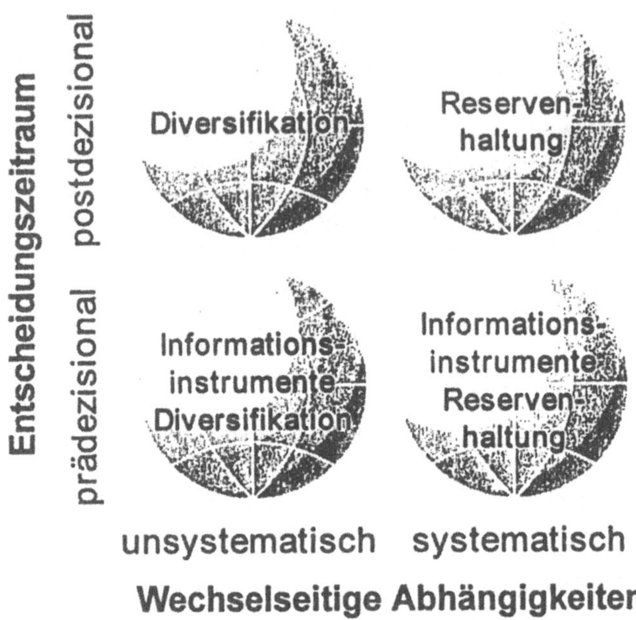

Abbildung 2:   Ökologische Risikomatrix (Figge 1998)

Impulse von der Versicherungswirtschaft sind daher vor allem auf die Vermeidung systematischer Risiken zu erwarten. Ob Versicherungen bereit sind, solche Risiken zu übernehmen hängt nicht zuletzt von der Höhe der verfügbaren Reserven ab.

4. Weshalb liegt das Einflußpotential der Finanzmärkte bisher weitgehend brach?

Betrachtet man die heutige praktische Bedeutung von Umweltaspekten in den Finanzmärkten, so kommt man zu einer ernüchternden Feststellung. Das Interesse der meisten Finanzmarktakteure wird der Bedeutung dieses Themas bis heute zweifellos nicht gerecht. Für dieses Phänomen gibt es verschiedene mögliche Erklärungsansätze.

These 1:
Die ökonomische Relevanz von Umweltthemen ist vernachlässigbar.

Diese mögliche Erklärung ist in der Praxis schlicht unhaltbar, stehen ihr doch eine Vielzahl von Beispielen gegenüber, bei denen Umweltaspekte zu erheblichen Veränderungen in der Kosten- und/oder Ertragsstruktur von Unternehmen geführt haben (vgl. z.B. Schaltegger & Figge 1997; WBCSD 1997). Dabei ist es irrelevant, ob Umweltaspekte zu höheren oder tieferen Kosten oder Erträgen geführt haben; beide Fälle sind finanzmarktrelevant.

These 2:
Die ökologisch induzierten wirtschaftlichen Folgen sind unternehmensspezifisch relevant, aus Portfolioperspektive (Sicht von Investoren und Versicherungsunternehmen) jedoch irrelevant, da sowohl die Risiken als auch die ökologischen Ertragspotentiale unsystematisch sind (Unfälle usw.).

Wie am Beispiel des Versicherungsmarktes (Abschnitt 1.3.3) bereits ausgeführt, betrachten viele Finanzmarktakteure oftmals nicht einzelne Risiken, sondern die Risikohaftigkeit ganzer Portfolios. Besteht ein solches Portfolio aus rein unsystematischen Risiken, wird aus den Risiken auf diese Weise portfolioweite Gewißheit. Es ist allerdings nicht davon auszugehen, daß dies im Fall von Umweltrisiken der Fall ist. *Einerseits* weisen gerade Umweltrisiken häufig solche gemeinsamen Charakteristika auf, die zu einem simultanen Schadenseintritt führen können (Figge 1998). Dies ist beispielsweise der Fall, wenn sich die Gefährlichkeit eines Stoffes noch nicht endgültig abschätzen lässt. Sollte sich ein solcher Stoff als gefährlicher als ursprünglich angenommen herausstellen, wird sich dies gleichzeitig auf alle Unternehmen auswirken, die ihn einsetzen. Es kommt zu einer Systematisierung dieses ökonomischen Risikos. Die ökonomischen Wirkungen einer CO_2-Abgabe sind ein Beispiel für ein ökologieinduziertes ökonomisches Risiko mit stark systematischem Charakter, da die ganze Wirtschaft davon betroffen ist.
Andererseits ist der Kapitalbedarf von Unternehmen manchmal so gross (z.B. Großkredite), daß auch unsystematische Risiken Bedeutung erlangen, da es nicht möglich ist, ausreichend grosse Portfolios zu bilden.

These 3:
Die Finanzmärkte haben die Relevanz und das Ausmass der ökonomischen Wirkungen nicht ausreichend erkannt (Informationsunvollkommenheit und -asymmetrie).

Bei Finanzmärkten handelt es sich, im Gegensatz zu den meisten anderen, gegenwartsorientierten Märkten, um einen zukunftsorientierten Markt. In den heutigen Preisen spiegelt sich die Zukunftserwartung der Marktteilnehmer wider. Hierzu sind die Marktteilnehmer auf Informationen über die (unsichere) Zukunft angewiesen. Informationen, die ignoriert werden, finden keinen Eingang in die Preisfestsetzung, auch wenn sie relevant sind. Es spricht einiges dafür, daß dies heute in bezug auf ökologieorientierte Informationen der Fall ist. So sind erstens die Informationsmanagementsysteme der Unternehmen aus historischen Gründen nicht auf die Erkennung, Erfassung, Analyse und Kommunikation von ökologieinduzierten Finanzwirkungen ausgerichtet (Schaltegger et al. 1996). Es fehlen zweitens den Finanzanalysten und Investoren bis anhin die notwendigen Informationsinstrumente und Informationen (Figge 1998).

Diese Informationsunvollkommenheits- und -asymmetriehypothese wird durch erste empirische Untersuchungen gestützt, die zeigen, dass die Bekanntgabe von bisher den Finanzmärkten unbekannten Umwelteinwirkungen von Unternehmen zu signifikaten Reaktionen bei Investoren und Aktienkurs führen können (Arora & Cason 1995; Lanoi et al. 1998).

Dabei ist zu bedenken, daß sich Finanzmärkte kurz- bis mittelfristig von den realwirtschaftlichen Gegebenheiten lösen können, ohne daß dies von den Marktteilnehmern bemerkt und durch Preiskorrekturen berichtigt wird. Bei Erkennen der Situation führt dies jedoch meist zu scharfen Korrekturen. Wie von Börsencrashs bekannt, können hieraus beträchtliche volkswirtschaftliche Schäden resultieren.

5. Ausblick

Aus heutiger Sicht sprechen viele Anzeichen dafür, daß die wirtschaftliche Bedeutung von Umweltaspekten in den Finanzmärkten auch über die Jahrtausendwende steigen wird. Dies wird sich auch in einer noch stärkeren Integration von ökologischen und ökonomischen Analyseansätzen äussern. Die Diskussion der Thesen, weshalb das Einflußpotential der Finanzmärkte bisher nur ansatzweise zum Zuge gekommen ist, zeigt zwei wesentliche regulatorische und marktwirtschaftliche – sich gegenseitig verstärkende – *Ansatzpunkte* zur Unterstützung des betrieblichen Umweltmanagements.

Erstens können *Regulierungsbehörden* Einfluß auf die verbesserte Implementierung, die Standardisierung und die Auditierung von Umweltberichterstattungssystemen und Umweltinformationen ausüben, wodurch die Informationsunvollkommenheit und -asymmetrie für die ökologisch orientierten Akteure in den Güter- und Finanzmärkten sinkt. Dadurch wird eine effektivere Diskriminierung von „schwarzen Schafen" und Förderung von nachhaltigen Unternehmen unterstützt.

Die ökologisch relevanten Finanzmarktpotentiale können jedoch auch bei guter Information von Seiten der Unternehmen kaum realisiert werden, wenn die Umweltdimension von den Finanzdienstleistern mit fragwürdigen Quick-Checks abgehakt wird und die interdisziplinäre Aufgabe die spezialistengebildeten Akteure überfordert. Zweitens ist deshalb die *konzeptionelle Entwicklung* von spezifischen Informationsinstrumenten für die Kredit-, Finanz- und Risikoanalysten und des Angebots von speziellen Finanzprodukten notwendig, damit besonders innovative Finanzdienstleister das enorme Potential ökologieinduzierter Chancen realisieren können.

Inwiefern es den Finanzmärkten in den nächsten Jahren gelingen wird, ihr Einflußpotential auf das Umweltmanagement auszuüben, wird Ausdruck der Innovationskraft der Finanzmarktakteure und in einigen Fällen auch des Zusammenspiels mit Regulierungsbehörden sein.

Literaturverzeichnis

Arora, S.; Cason, T.: „An Experiment in Voluntary Environmental Regulation: Participation in EPA's 33/50 Program". In: Journal of Environmental Economics and Management, Vol. 28, 1995, S. 271-286.

Becker, Christof: Wertorientiertes Umwelt-Management. Bamberg 1998.

Bundesumweltministerium; Verein für Umweltmanagement in Banken, Sparkassen und Versicherungen (Hrsg.): Umwelt und Finanzdienstleistungen. München 1997.

EFFAS (European Federation of Financial Analysts' Societies): Eco-Efficiency and Financial Analysis. Paris 1996.

Eichkorn, Jörg: Der Einbezug umweltrelevanter unternehmerischer Aktivitäten in die finanzielle Rechnungslegung in Deutschland, der Schweiz und den USA. Hallstadt 1996.

EIU (The Economist Intelligence Unit & American International Underwriters): Environmental Finance, New York 1993.

Figge, Frank: Systematisation of Economic Risks Through Global Environmental Problems. A Threat to Financial Markets? Basel: WWZ/Bank Sarasin Study No. 56, 1998.

Keidel, Thomas: Die Prüfung von Umweltrisiken in der Kreditwürdigkeitsprüfung. Bonn 1993.

Lanoie, Paul; Laplante, Benoît, & Roy, Maité: „Can Capital Markets Create Incentives for Pollution Control?", in: Ecological Economics, Vol. 26, 1998, S. 31-41.

Leggettt, Jeremy (Ed.): Climate Change and the Financial Sector. Munich 1996.

Nöthiger: „Die Rolle von Umweltmanagementsystemen bei der Kreditvergabe". In: Umweltwirtschaftsforum, Nr.5/1, 1997.

Rauch, Eberhard: „Das Aktivgeschäft von Banken unter Umweltgesichtspunkten" n: Bundesumweltministerium & Verein für Umweltmanagement in Banken, Sparkassen und Versicherungen (Hrsg.): Umwelt und Finanzdienstleistungen. München 1997, S. 41-51.

Schaltegger, Stefan; Figge, Frank: Umwelt und Shareholder Value. Basel: WWZ/Bank Sarasin Studie Nr. 54, 8. Auflage 1997.

Schaltegger, Stefan; Figge, Frank: „Umweltmanagement und Shareholder Value in den Kriterien des Unternehmenserfolgs" in: Koslowski P. (Hrsg.): Shareholder Value und die Kriterien des Unternehmenserfolgs. Heidelberg 1998, S. 201-227.

Schaltegger, Stefan; Müller, Kaspar; Hindrichsen, Henriette: Corporate Environmental Accounting. Chichester/New York 1996.

Schierenbeck, Henner; Seidel, Eberhard (Hrsg.): Banken und Ökologie. Konzepte für die Umwelt. Wiesbaden 1992.

Schmidheiny, Stephan; Zorraquin, Federico: Finanzierung des Kurswechsels. Die Finanzmärkte als Schrittmacher der Ökoeffizienz. München 1996.

Schwarze, Jörg: Umweltorientierung als strategischer Erfolgsfaktor von Universalbanken. Eine Analyse unter Zugrundelegung des Stakeholder-Konzeptes. Köln 1997.

Seidel, Eberhard: Bankbetriebliches Umweltmanagement mit Kennzahlen. Wiesbaden 1999.

Seidel, Eberhard: Die Rolle der Banken im Ökologisierungsprozeß der Wirtschaft. In: ÖBA Bank-Archiv - Zeitschrift für das gesamte Bank- und Börsenwesen, 40; 1992, S. 1093-1103.

Seidel, Eberhard: Ökologisches Risikocontrolling. In: Handbuch Bankcontrolling, hrsg. v. H. Schierenbeck u. H. Moser, Wiesbaden 1995, S. 921-945.

Tsuru, Shigeto; Weidner, Helmut: Ein Modell für uns. Die Erfolge der japanischen Umweltpolitik. Köln 1985.

Vaughan, Scott (Ed.): Greening Financial Markets. Report of the UNEP Round-Table Meeting on Commercial Banks and the Environment. Geneva 1994.

WBCSD (World Business Council for Sustainable Development): Environmental Performance and Shareholders Value. Geneva 1997.

Kritischer Themenrück- und -ausblick – zugleich ein Nachtrag zu III.

Das Umweltmanagement an der Jahrhundertschwelle
– Zeit für einen zweiten Blick

Eberhard Seidel

1. Eine glänzende Zwischenbilanz als erster Eindruck

Rückschau und Vorschau – zu beidem ist vor einer Jahrhundert- und gar Jahrtausendwende besonderer Anlaß geboten.[1] In Sachen „Umweltmanagement" fällt die *Rückschau* auf den ersten Blick hin sicher höchst positiv aus: in nur anderthalb Jahrzehnten
ist die Ökologisierung der Betriebswirtschaft bestens vorangekommen.[2] Alle betrieblichen „Faktoren", „Prozesse", „Produkte", „Systeme" haben Attribute wie „ökologisch", „ökologieorientiert", „umweltbezogen" u.ä.m. hinzugewonnen. Es gibt umweltfreundliche Einsatzstoffe, einen produktionsintegrierten Umweltschutz, ökologieorientiertes Marketing, ökologische Produktgestaltung ebenso wie eine ökologieorientierte Logistik.

Alle diese Ansätze – Konzepte, Instrumente, Maßnahmen – fallen in die Kompetenz des Umweltmanagements. „Umweltmanagement" ist das *„Dispositions-Agens"*
der betrieblichen Umweltwirtschaft und dabei insbesondere der betrieblichen Umweltleistung (environmental performance). So nimmt es nicht wunder, daß Umweltmanagement zum zentralen Konzept der betrieblichen Umweltökonomie wie der
ökologieorientierten Betriebswirtschaft geworden ist. Bestens unterstützt wird es dabei

---

[1] Der vorliegende Beitrag ist ein Stück konzeptioneller Auseinandersetzung mit der „herrschenden
Meinung und Praxis in Sachen Umweltmanagement"; kurz: „BW(L)-Mainstream". Bei Ansprache
des weitgespannten Themas auf sehr engem Raum können nur Streiflichter gesetzt werden. Bei zu
starker Vereinfachung oder Verknappung des Textes findet sich ein Mindestmaß an erläuternden
bzw. ergänzenden Anmerkungen in den Fußnoten.

[2] Nach Anfängen in den frühen 70er Jahren ist die „Ökologisierungswelle" in der Betriebswirtschaftslehre und -praxis erst Mitte der 80er Jahre stärker angelaufen.

von den beiden Umwelt-Audit-Regelwerken nach EMAS und ISO 14001, die es ihrerseits in ihren Mittelpunkt genommen haben.[3]

„Management" wird heutzutage wie selbstverständlich mit „Effizienz" assoziiert, „Umweltmanagement" dementsprechend mit „Öko-Effizienz". Für das vom Umweltaudit bestätigte – validierte und/oder zertifizierte – Umweltmanagement gilt das erst recht. Umweltmanagement steht so ohne weiteres immer auch für „Umwelterfolg". Bei dieser Assoziation kann nach der glänzenden Rückschau dann auch die *Vorschau* nur glänzend ausfallen: man muß die Sache des Umweltschutzes und der Nachhaltigkeit des Wirtschaftens nur den „Managern" überantworten! Dann sind beide in besten Händen und das Publikum wird über rasch eintretende Fortschritte nur staunen können. Katastrophenszenarien und Kassandrarufe irgendwelcher (ideologischer, fundamentalistischer, utopischer) Ökologen stehen daneben wie die Selbstbezichtigungen notorisch Erfolgloser. Auch der Staat und die Staatengemeinschaft halten sich am besten weitgehend heraus. Markt und Management lösen alle Probleme, also lösen sie auch die des Umweltschutzes.

2. Eine Reihe von Merkwürdigkeiten auf den zweiten Blick

Selbst der wohlmeinende Leser einer solchen Botschaft muß hinter soviel Selbstgewissheit zumindest ein Stück respektabler Theorie – bewährter Erklärung und darum vertretbarer bedingter Prognose – vermuten. Da überrascht es denn schon, daß bei BWL-Mainstream vom Versuch einer theoretischen Fundierung im *Handlungs- oder Zielbereich des Aufgabenfeldes* nichts erkennbar ist. „Thermodynamik", „Ökosystemforschung", „Theorie überlebensfähiger Systeme", „ökologisches Gleichgewicht", „Evolutionsbiologie", „Resilience", „Biodiversität" u.ä.m., das alles sind für Mainstream-BWL keine Themen. Warum sollten sie auch? Sie führen in Theoriebereiche fremder Disziplinen und weisen implizite auf die Untauglichkeit der eigenen Theorie hin. Wenn schon theoretische Begründung – allzuviel Bedarf daran ist bei der Betriebswirtschaftslehre gewöhnlich nicht festzustellen und sehr viel „Eigenes" auch gar nicht vorhanden – dann doch die eigene. So ist man denn – Umweltschutz ist betriebswirtschaftlich am stärksten produktionswirtschaftlich verortet – zunächst bei der „betriebswirtschaftlichen Produktionstheorie". Das trifft sich immerhin zweifach gut: man ist bei dem betriebswirtschaftlichen Theoriesegment, das selbst am besten ent-

---

[3] Vielen gelten die Konzeptionen von „Umweltmanagementsystem (UMS)" in den beiden Audit-Regelwerken als eine Art „Legaldefinition". Dabei kann „Umweltmanagement" dort durchaus auch als inferior konzipiert gelten. So nennt die EMAS-Verordnung Umweltmanagement nach der Umweltpolitik und dem Umweltprogramm. Umweltmanagement kommt damit in die Position eines arbeitsvorbereitenden Handelns zwischen Politik (Programm, Planung) und Ausführung (Vollzug). Daraus wird zumindest die gegenwärtige Verkürzung des Umweltmanagements auf die operative Managementdimension deutlich.

wickelt und mit anderen anerkannten Theoriebereichen am besten verknüpft ist. Von daher mag man dann nach Bedarf weiter auf die „formale Entscheidungstheorie", die „Mikroökonomik" wie auch die „Umwelt- und Ressourcenökonomie" der volkswirtschaftlichen Neoklassik rekurrieren.

Was man zu diesen Theorien immer sagen mag: auch über sie führt kein Weg in das terrestrische Ökosystem, wo allein eine *„handlungstheoretische Begründung"* für ein wirkungsvolles Umweltmanagement liegen kann.[4] Alle genannten Theorien stehen exemplarisch für weitgehende Beschränkung und starke Orientierung auf „sozio-interne Zusammenhänge".[5] Die sozio-externe Naturumwelt ist von der Volkswirtschaftslehre durch die „Theorie der *externen Effekte*" weitgehend auch kognitiv ausgeblendet.[6] Für die formale Entscheidungstheorie erbringt das Absehen von Nebenwirkungen als den *„nicht-intendierten Konsequenzen des Handelns"* dieselbe Abstinenzleistung. Im übrigen: Die intertemporale Ressourcenallokation der theoretischen Volkswirtschaftslehre ist nicht mit Nachhaltigkeit der Wirtschaft zu verwechseln, und insoweit die externen Effekte über eine Internalisierung Problemlösungsstrategien eröffnen, weisen sie – Stichwort Marktversagen – mit der Rahmenordnung eher auf den großen Gegenpart des Umweltmanagements als auf das betriebliche Umweltmanagement selbst.

3. Die BWL-Mainstream verbleibende „Begründung"

Der konventionellen Betriebswirtschaftslehre verbleiben bei dieser Sachlage zur Begründung von *Effektivität* und *Effizienz*[7] des betrieblichen Umweltmanagements in etwa die folgenden drei Stufen der Argumentation:

---

[4] Man denke hier nur an den Zusammenhang von Kausalnexus: Ursache – Wirkung und Finalnexus: Mittel – Zweck.

[5] In höchst abstrakter Form (Stichwort: *„Ressourcen"*) ist der Bezug dieser Theorien auf die sozio-externe Umwelt selbstverständlich gegeben. Aber schon die durchgehende Verkürzung auf den Entscheidungsaspekt führt zu einem *„Dispositionsraum in abstracto"* und läßt verdrängen, daß alles Wirtschaften nur ein verlängerter Stoffwechsel mit unaufhebbaren natürlichen Ein- und Ausgängen ist. Für eine bezeichnende Abstraktionshöhe und Naturferne steht in diesem Zusammenhang auch die betriebswirtschaftliche Produktionstheorie selbst: indem sie ursprünglich nur *„Faktoren"* konzipiert, zeigt sie sich im Ansatz blind für die Senken-Funktion der Natur; Schad- und Reststoffaufnahme muß als Faktoreinsatzleistung gedeutet werden.

[6] Die modernen Ansätze der Institutionenökonomie nehmen diese Ausblendungen zwar in (sehr kleinen) Schritten zurück, haben aber u.E. an dem grundlegenden Sachverhalt bisher noch nichts wesentliches ändern können.

[7] „Effektivität" und „Effizienz" (zu deutsch: Leistungswirksamkeit) werden in der Literatur teils gleichgesetzt, teils in recht verschiedener Weise einander zugeordnet, wobei es auch zu Überkreuzzuordnungen kommt (siehe Seidel, 1985, S. 30). Im Rahmen dieses Beitrags sind mögliche Unterscheidungen ohne Belang. Aus Gründen der Sprachökonomie und mit Rücksicht auf den allgemeinen Sprachgebrauch wird zumeist der Terminus „Effizienz" verwendet.

(1) Wie der Marktwettbewerb – er gebiert Schumpeters „dynamischen Unternehmer" – wirkt auch die Managementlehre selbst als ein höchst wirksamer Selektionsmechanismus à la „survival of the fittest"; im Methoden-Pool der Managementtheorie halten sich nur bewährte Konzepte.

(2) Das – so ohnehin schon recht exzellente – Management wendet im „Total Quality Management" (TQM) sich gleichsam qualifizierend selber zu: Management erstreckt sich nunmehr auf alle Aspekte wettbewerbsrelevanter Qualitäten und totalisiert sich damit.

(3) Umweltschutz ist ein Qualitätsmerkmal unter anderen Qualitätsmerkmalen. Ein dem Qualitätsmanagement nachgebildetes betriebliches Umweltmanagement ist so der sichere Garant für eine exzellente betriebliche Umweltleistung.

Diese Argumentation ist sodann noch vor dem Hintergrund des historischen weltweiten Systemsieges der Marktwirtschaft über ihre zentralverwaltungswirtschaftliche Alternative zu sehen. *Managementeffizienz* rekurriert auf *Systemeffizienz* und nimmt mühelos das gesamte Theoriefundament der vergleichenden Wirtschaftswissenschaften für sich in Anspruch. Wer will da noch fehlende „theoretische Begründung" monieren und wer noch Bedarf an spezifischen „empirischen Bestätigungen" anmelden?

Und wenn schon: in ihren Umweltberichten liefern die Unternehmen diese Bestätigung. Sie melden durchweg beachtliche Umwelterfolge. Die Erfolgsindikatoren sind dabei zwar unter sich oft unvergleichbar, auf Nebenschauplätzen angesiedelt und in ihrer Auswahl fast beliebig. Aber wenn alle möglichen Indikatoren auf Erfolg weisen, so werden die, die für echtes nachhaltiges Wirtschaften stehen, dann schon auch darunter sein. Bedenkt man schließlich die weithin übliche Auffassung der Betriebswirtschaftslehre als einer „Führungs- oder Managementlehre" so ist die *„Effizienzgewißheit"* gar nicht mehr so überraschend: Es langt sozusagen schon eine bescheiden-normale Selbstwertschätzung, um den Bogen vom *„Selbstverständnis* des Faches" zur *„Selbstverständlichkeit* der Effizienz des Umweltmanagements" zu schlagen.

4. Ernste Fragen als Folge

Für den Skeptiker mag es sich da schon fragen, ob ein solches Umweltmanagement Teil der Lösung sein kann oder nicht vielmehr Teil des Problems sein muß.

Sicher kann man in abstracto und formal Umweltverträglichkeit als ein wirtschaftliches Qualitätskriterium begreifen. Was ist aber, wenn die erdrückende Mehrzahl aller anderen Qualitätsmomente sich konkurrierend bis antinomisch zum Umweltschutzziel verhält und hinter diesen sicher über 90 Prozent der Arbeitskapazitäten wirtschaftlicher Forschung und Entwicklung stehen? Die Hauptstoßrichtung der Produkt-, Prozeß- und Systeminnovationen in allen modernen Schlüsselindustrien weist noch immer eindeutig auf das *„Schneller"*, *„Stärker"*, *„Mehr"*. Eben diese Stoßrichtung begleiten wissenschaftlich auch über 90 Prozent der Arbeitskapazität in der Betriebswirt-schaftslehre. Was ist vor diesem Hintergrund von dem ohne weiteres vollzogenen Schluß von der Effizienz bei der Wohlfahrtserzeugung zu der beim Umweltschutz zu halten? Ist der „Meister" für *Wachstum, Entgrenzung* und *Beschleunigung* ohne weite-res auch der „Meister" für *Bewahrung, Begrenzung* und *Entschleunigung*? Ist einer, der seinen Sturzflug vom 30. bis zum 3. Stockwerk eines Bauwerkes bislang rausch-haft beschleunigt hat, der geborene Bremsexperte für die verbleibende kurze Distanz bis zum Aufschlag?[8] Im übrigen: Ist die Effizienz des Qualitätsmanagements über-haupt auf der Ebene nüchterner Faktendeskription bestätigt als nicht vielmehr auf der Ebene der Werbeschriften bloß behauptet? Was ist hier Organisations*fassade* und was Organisations*wirklichkeit*?

5. Versuch einer exemplarischen Annäherung an Grundprobleme

Versuchen wir, uns den Problemen mit einem Beispiel zu nähern. Unterstellen wir ein Produktionsunternehmen, das bislang kein Umweltmanagement hatte, sich aber ent-schließt, nunmehr ein solches zu implementieren. Die Entwicklung einiger wichtiger ökologischer Indikatoren – *Ressourcenverbräuche* und *Schadstoffemissionen* – habe in der Vergangenheit den in Abbildung 1 dargestellten Verlauf (a)-(b) gehabt. Unter Berücksichtigung der Vorlaufzeit eines Wirksamwerdens des Umweltmanagements erwartet man künftig den Verlauf (c)-(d).[9] Leider erfüllt sich diese Erwartung nicht. Nach den Kontrollmessungen und -aufzeichnungen ergibt sich vielmehr der Verlauf (c)-(e).

---

[8] Eine – freilich mythisch-magische – Idee kann für diese Sicht durchaus in Anspruch genommen werden: „Die Wunde schließt der Speer nur, der sie schlug". (Richard Wagners Bühnenweihfest-spiel Parsifal nach Wolfram von Eschenbachs großem Epos).

[9] Die geplante Entwicklung der Umweltbelastungsindikatoren in Abbildung 1 verdankt sich dem Coverbild eines populären „Lexikon des Umweltmanagement" (von Hopfenbeck/Jasch/Jasch, Landsberg/Lech 1996).

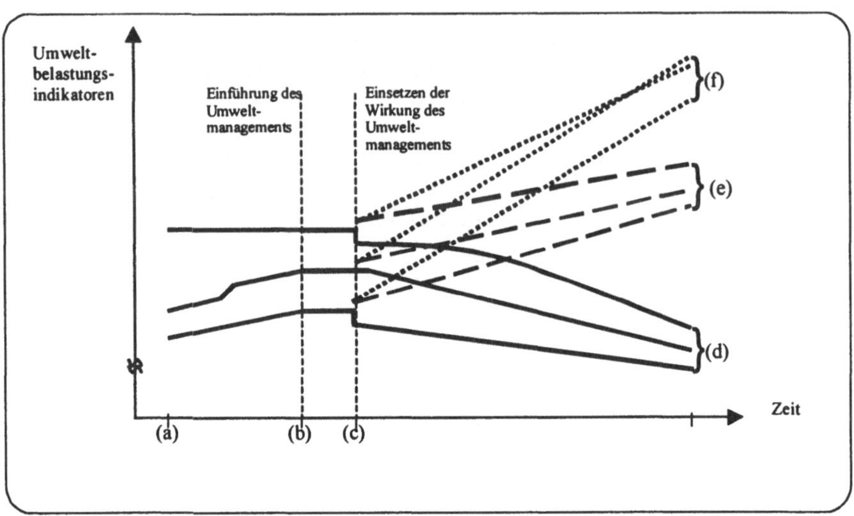

Abbildung 1:   Exemplarische Entwicklung einiger Umweltindikatoren nach Einführung eines Umweltmanagements

Hat dieses Unternehmen überhaupt ein Umweltmanagement? Nach einer Reihe naheliegender Operationalisierungsvorschriften für „empirisch gehaltvolle Begriffe" könnte man sich leicht ein negatives Ergebnis vorstellen: das Vorgehen nach der Operationalisierungsvorschrift zeigt keine Evidenz für das Konzept. Der Befund weist auf eine „*Nullklasse*" in der Begriffsextension.[10]

Gleichwohl: maßstabsversetzt in den Stückbereich habe sich der Verlauf der Indikatoren (c)-(d) durchaus realisiert: er gäbe die Entwicklung der Indikatoren pro Leistungseinheit (Stück Fertigprodukt) des Unternehmens wieder. Was ist geschehen? Fast gleichzeitig mit der Einführung des Umweltmanagements hat das Unternehmen einen bedeutsamen Wachstumsschub auf seinen Absatzmärkten realisieren können. In Fortschreibung der bisherigen Gesamtindikatorenverläufe hätte sich unter den alten Verfahrensweisen der Verlauf (c)-(f) ergeben müssen.[11]

---

[10] Reale Manifestation oder „Existenz" von Umweltmanagement setzt insofern eine Mindesteffektivität voraus. Eine gewisse Analogie besteht hier zum Verhältnis von „*Führen* und *Folgen*": ohne *Folgen* kein *Führen*, allenfalls ein „*erfolgloser*" Führungsversuch. Eine Rücknahme der oben geäußerten Kritik an der Gleichsetzung von Umweltmanagement und Umwelterfolg ist gleichwohl nicht angezeigt: In einem (gedachten) Nachhaltigkeits-Audit würde die zur Begriffsmanifestation notwendige Mindesteffektivität sicher als ein „völlig ungenügender" Umwelterfolg bewertet.

[11] Hinsichtlich der einzelnen Umweltbelastungsindikatoren sind die Vorlaufzeiten für die einsetzende Wirkung des Umweltmanagements sicher unterschiedlich lang. Aus Vereinfachungsgründen ist die Vorlaufzeit hier aber auf ein einheitliches Zeitmaß gesetzt. Die jeweils drei Verläufe der Belastungsindikatoren in verschiedenen Bezügen reklamieren für sich keine Maßstäblichkeit.

Folgender Schluß mag an dieser Stelle naheliegen: die Belange der Natur berührt nur die absolute Höhe der von dem Unternehmen ausgehenden Umweltbelastungen. Alle „*relativen" Umweltbelastungen* – so auch die im Bezug auf die Leistungseinheit – betreffen wirtschafts- und gesellschaftsinterne Bezüge, die für die Naturumwelt als solche ohne Belang sind.

Aber Vorsicht! Für das Wirtschaftsganze und ein gedachtes durchschnittliches Wirtschaftsunternehmen, repräsentativ für dieses Wirtschaftsganze, wäre diese Aussage richtig. Für das je einzelne konkrete Unternehmen kann sie aber nicht gelten. Die umweltfreundlichere Unternehmung mit den umweltfreundlicheren Produkten im Wettbewerb mit der weniger umweltfreundlichen Unternehmung und ihren weniger umweltfreundlichen Produkten soll ja – auf eben „deren Kosten" – wachsen. Zumindest in gewissen raumwirtschaftlich bestimmten Grenzen soll sie das.[12] Die Schlüsselfrage „*Wachstum"* changiert an dieser Stelle in die Schlüsselfrage „*Rahmenordnung"*.

6. Modernes Umweltmanagement – wirksam, doch zu kurz greifend

Unser exemplarisches Unternehmen aus dem Vorpunkt hat mit seinem Umweltmanagement ein Stück „*Entkoppelung"* praktiziert: entkoppelt wurde ein Stück weit das „Niveau der Wirtschaftsaktivität" vom „Niveau der dadurch bedingten Umweltbelastung". Diese Entkoppelung ist nichts weniger als der gegenwärtige *Inbegriff von Öko-Effizienz*: Die Energie- und Stoffintensität pro betrieblicher Leistungseinheit sinkt, entsprechend steigt die leistungseinheitsbezogene relative Öko-Effizienz. Ist oder war mit dem Sinken der Energie- und Stoffintensität ein Sinken der Energie- und Stoffkosten verbunden, so steht das Umweltmanagement der Beispielunternehmung für ein modernes betriebliches Umweltmanagement und die von ihm erwarteten Leistungen schlechthin.

Die Naturumwelt ist aber erkennbar nur entlastet, wenn die „ersparten Ressourcen" – nicht unbedingt am Ort ihrer Ersparnis aber doch irgendwo und irgendwie zumindest für die Abrechnungsperiode – im Wirtschaftssystem „reserviert" werden und bleiben. Es ist die Grundfrage nach „*Einsatz und Reservierung"* gestellt. Werden die ersparten Ressourcen reserviert, ist die reklamierte Öko-Effizienz insoweit eine definitive. Bei raschem neuerlichem Einsatz werden sie umgekehrt zum Vehikel verstärkten Wachstums und verstärkter Vernutzung. Das aber ist die wahrscheinliche und übliche Folge:

---

[12] Nachhaltigkeit verlangt grundsätzlich Kleinräumigkeit des Wirtschaftens. Kleinräumig wirtschaftende, zudem arbeitsintensive, kleine und mittlere Unternehmen sind nach allem, was wir bis heute einigermaßen verläßlich wissen, die besten Träger einer nachhaltigen Wirtschaftsweise. Allerdings ist hier durchaus zwischen *Betrieb* im Sinne von Betriebsstätte und von *Unternehmen* (als finanzwirtschaftlicher Einheit) zu unterscheiden. Moderne Formen der Unternehmensorganisation erlauben „Kleinbetrieblichkeit" durchaus auch im Rahmen sehr großer multinationaler Unternehmen.

Im Wachstumszwang und Wachstumsdrang des Wettbewerbs geht von der Kostenersparnis – genauer: den dadurch freigestellten Finanzmitteln – eine deutliche Einsatzund damit Wachstumsstimulanz aus. *Entkoppelung* ist keine abschließende Antwort auf Wachstum. Auf Entkoppelung antwortet und folgt wiederum *Wachstum*.

Wieder gilt die hier zu Einsatz und Reservierung getroffene Aussage für das Wirtschaftsganze und die gedachte durchschnittliche Wirtschaftsunternehmung als dessen Repräsentanten. Wieder kann sie nicht für die je konkrete einzelne Unternehmung gelten und schon gar nicht für die ökologiefreundlichere mit den ökologiefreundlicheren Produkten. Auch die Frage nach *„Einsatz und Reservierung"* changiert an dieser Stelle in die Frage nach der *„ökologieorientierten Rahmenordnung"*, hier in Gestalt eines geradezu gewaltigen Kooperationserfordernisses in intra- und interbranchenmäßigen Zuschnitten sowie in verschiedenen regionalen Bezügen.

7. Gravierende Folgen der fachlichen Selbstbezogenheit: Systemverkehrung – Integrationsdefizit – Rationalitätsbruch

BW(L)-Mainstream geht die Frage des Umweltschutzes nur im Rahmen der eigenen Konzeptionen und Ziele mit den eigenen Mitteln (Instrumenten, Verfahren) an. Die Strategie der Umweltentlastung durch Kostenersparnis[13] im Bezug auf die Stückleistung ist nur ein Beispiel dafür.[14] In ihrer Zuwendung zur Natur nimmt die Betriebswirtschaft so gleichsam ihre Naturblindheit mit. Sie wendet sich der Naturumwelt nicht eigentlich zu, sondern vollführt eine *Zuwendungsmimik* in den Koordinaten des eigenen Systems. Die Folge davon ist eine höchst eigentümliche *„Systemverkehrung"*: das System Wirtschaft läßt das Supersystem Umwelt bei sich nur als Subsystem zu. Die vielhundertfach Abhängige erklärt sich damit ihrerseits zur Unabhängigen und setzt die tatsächlich Unabhängige in die Funktion der Abhängigen. Welch eine groteske Umkehr von Realitäten! Das heißt im Wortsinne, die *„Rechnung ohne den Wirt"* zu machen.[15] Abbildung 2 versucht die Systemverkehrung zu veranschaulichen.

---

[13] Die Kostenersparnis kann selbstverständlich auch eine relative sein, das heißt in der Minderung eines Kostenanstiegs bestehen. Im übrigen sind hier auch Erlösgesichtspunkte (Erlössicherung, Erlösmehrung) von Belang. Für ein größeres (bedeutendes) Ausmaß sind Erlösgesichtspunkte freilich regelmäßig an ein strategisch aufgefaßtes Umweltmanagement gebunden, wie es gegenwärtig noch kaum praktiziert wird.

[14] „Reservierung" kennt die Betriebswirtschaftslehre nur zur Liquiditäts- und/oder Rentabilitätssicherung im Rahmen ihrer Risikopolitik. Diese Reservierung bedeutet regelmäßig ökonomischen Ressourceneinsatz an außerbetrieblicher Stelle.

[15] Für ein Fach, das das Rechnungswesen als sein Herzstück ansieht, ist das ein doppelt peinliches Ergebnis. Gleichwohl spiegelt diese „Systemverkehrung" durchaus eine Dimension sehr „handfester Realität" wider: Es ist das nichts weniger als die Systemrealität der Betriebswirtschaft als einer

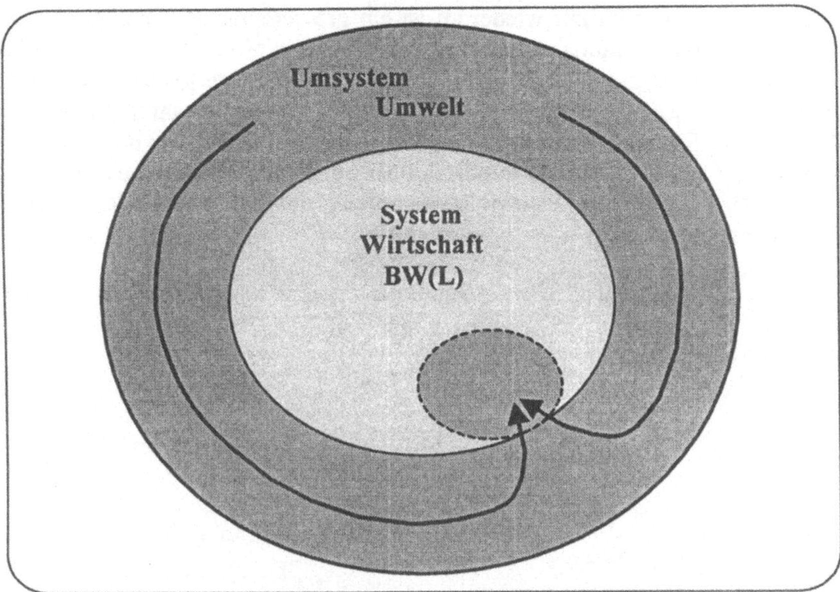

Abbildung 2:   Systemverkehrung

Die Folge ist, daß das Umweltmanagement als *„Agent der Ökologie"* im Verhältnis zur Unternehmensführung als *„Agent der Ökonomie"* in eine korrespondierende inferiore Position gerät. Gegen ein tieferes Eindringen der Gesichtspunkte des Umweltmanagements in die Zielkonzeptionen der Unternehmensführung baut sich sehr rasch ein enormer, sprich unüberwindlicher, Abstoßungswiderstand auf. Umweltmanagement wird innerhalb der Unternehmensführung marginal oder gar außerhalb derselben verortet. Es ist in grundsätzlicher Weise fehlpositioniert. Die Folge der Systemverkehrung ist so ein gravierendes *Integrationsdefizit* des Umweltmanagements in die Unternehmensführung.

„Geldökonomie", wie sie sich – in der Rückwirkung eben dieser Einordnung des Supersystems – bei sich selbst einstellt. Es ist das zugleich der Handlungsmöglichkeiten und -grenzen bestimmende Handlungsrahmen, den das betriebliche Umweltmanagement nun dort vorfindet. Als einer gültigen Deskription und Präskription von umweltschutzbezogenen Handlungsmöglichkeiten unter den Bedingungen der Geldökonomie zollen wir – die zugrundeliegenden Fehlpositionierungen einmal beiseite gelassen – der Konzeption vom BWL-Mainstream durchaus Respekt! Die Handlungsbeschränkungen folgen in herkömmlicher betriebswirtschaftlicher Beschreibung schlicht aus den Liquiditäts- und Rentabilitätserfordernissen. Wenn man will, mag man darin einen Ausdruck *von* und eine Bestätigung *für* den sogenannten *System-Code* der Wirtschaft nach Luhmann („Zahlen/Nichtzahlen") sehen; vgl. Luhmann, 1986, S. 103 ff.

Folge des Integrationsdefizits wiederum ist ein gravierender *Rationalitätsbruch* als Bruch zweier Handlungsrationalitäten: Das, was Umweltmanagement wollen muß, um die im Vorpunkt herausgestellte Anforderung an ein empirisch gehaltvolles Konzept zu erfüllen und das, was die Unternehmensführung in Verfolgung ihrer ökonomischen Zielsetzungen tut, fügt sich zu keiner *Handlungseinheit*.[16] Wenn wir noch einmal die für das Wirtschaftsganze stehende durchschnittliche Wirtschaftsunternehmung bemühen, so läßt sich die typische betriebliche Handlungssituation so schildern, wie es in Abbildung 3 versucht wird.

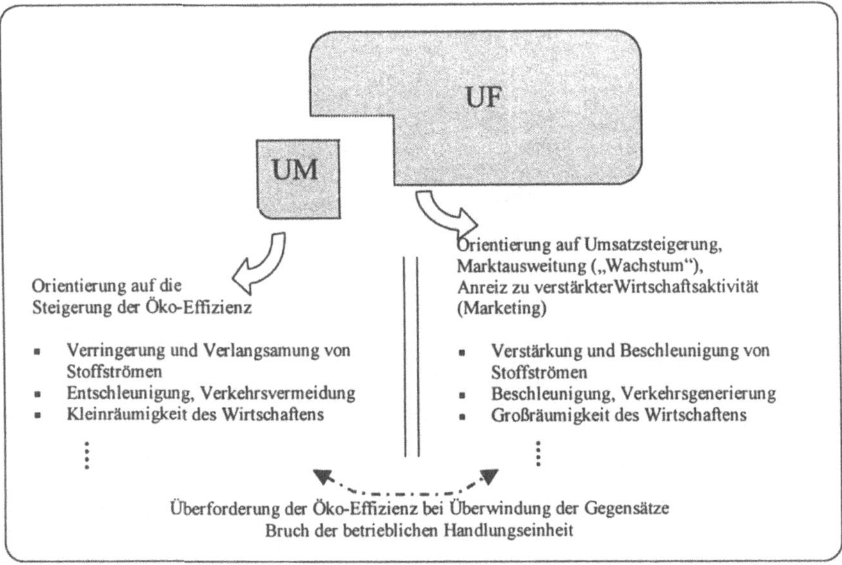

Abbildung 3:   Die Realität – Spannungsverhältnis zwischen Unternehmensführung und betrieblichem Umweltmanagement

Mit dem Dreisatz: „Systemverkehrung – Integrationsdefizit – Rationalitätsbruch" ist u. E. das *Tiefenproblem* des betrieblichen Umweltmanagements auf den zweiten Blick umrissen.

Lösung dieses Tiefenproblems im Sinne seiner höchstmöglichen Minderung oder Entschärfung wäre die Positionierung des Umweltmanagements im Zentrum der Unternehmensführung, die dadurch zur *ökologischen Unternehmensführung* würde. Diese

---

[16] Im Falle, daß Umweltmanagement wohlabgestimmt mit der übrigen Unternehmensführung betrieben wird, um in Schrumpfform unter Kontrolle gehalten oder gar nur angetäuscht zu werden, liegt im Bereich des *„aktiven Verhaltens"* insoweit kein Rationalitätsbruch vor. Derselbe besteht dann freilich im Bezug auf das *„Unterlassen"* des im Sinne ökologischer Rationalität Gebotenem.

großartige *Unternehmensentwicklung* ist allerdings nur in enger Interaktion und Koevolution mit einer ökologieorientierten Rahmenordnung des Wirtschaftens vorstellbar;
Abbildung 4 versucht, den Punkt abschließend zu veranschaulichen.

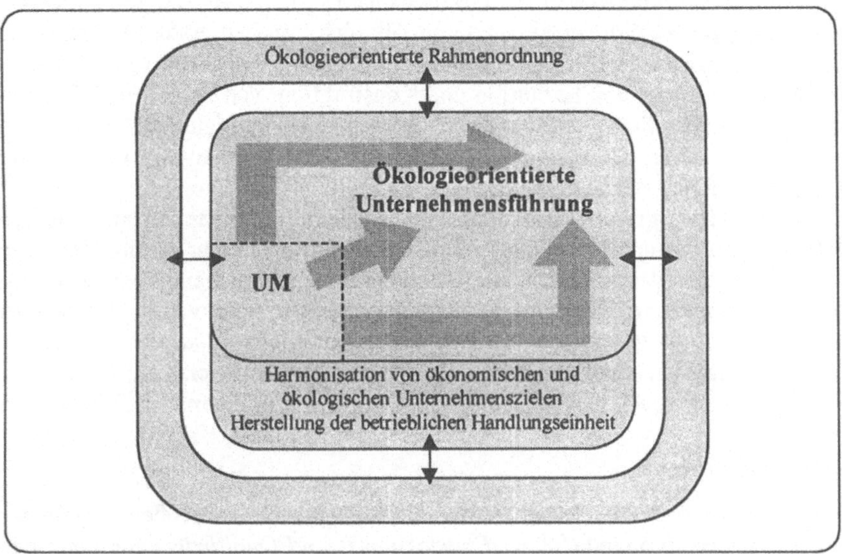

Abbildung 4:   Die Aufgabe – Aufgehen des betrieblichen Umweltmanagements in einer ökologieorientierten Unternehmensführung

8. Ein längerer Ausblick

Mehr im Konkreten fangen die Probleme und Schwierigkeiten an dieser Stelle erst an.
Daß im Detail bekanntlich der Teufel steckt, besagt dabei, daß wir auf weitere Grundprobleme stoßen werden, die ähnlich tief oder noch tiefer liegen. Für einen *„zweiten
Blick"* aber soll es genug sein. Die weiter- und tieferführenden Gesichtspunkte sind –
um bei unserer Zählung zu bleiben – sicher auch für einen dritten, vierten oder fünften
Blick gut. Hier soll deshalb nurmehr ein etwas längerer Ausblick folgen. In Korre-
spondenz zum Bisherigen umfaßt er noch einmal sieben Punkte, wenn auch in nahezu
maximaler Verknappung.

- Organisation

Mit „Rahmenordnung", „Kooperation" und „Integrationsdefizit" haben die letzten drei
Abschnitte von zentralen Organisationsphänomenen gehandelt; es liegt so nahe, den
gesamten Problemkomplex unter organisationstheoretischem Aspekt zu betrachten:

Ein gravierendes *Organisationsversagen* läßt sich von den ersten Anfängen an als
Ur-Sache der durch menschliches Wirtschaften aufgeworfenen Umweltprobleme aus-
machen. Das Verhältnis von Evolution und Konstruktion, von Selbst- und Fremdorga-
nisation, das Konfundieren zweier strikt zu trennender Regelungsebenen – Makro
(Genotypus) und Mikro (Phänotypus) – und darüber der Verlust von Ganzheit wären
Aspekte einer solchen Betrachtung.

Vor diesem Hintergrund wäre sodann die nachhaltige Wirtschaft als eine einzige
große *Organisationsaufgabe* zu begreifen. Die Schaffung einer ökologieorientierten
Rahmenordnung des Wirtschaftens und die letzthin angesprochene Positionierung des
Umweltmanagements im Zentrum der Unternehmensführung wären Aspekte dieser
Aufgabe. Letztlich ginge es um die Koevolution von *mikro- und makroorganisatori-
scher Öko-Effizienz* in einer umfassenden Organisationsentwicklung; (näheres siehe
Seidel: „Organisationsversagen als Ur-Sache des Umweltproblems", in Vorbereitung).

- Entwicklungsstufen

Die nächsten Wegstrecken der im Vorpunkt angesprochenen großen Organisationsentwicklung haben in angedachten „*Entwicklungs- und Qualifizierungsstufen* des betrieblichen Umweltmanagements" bereits eine beachtliche Gestaltung erfahren.

Die Entwicklungsschritte vom *additiven* zum *integrierten*, vom *produktionsintegrierten* zum *produktintegrierten* Umweltschutz, vom nur auf *Betriebsstätten* (Standort) bezogenen Umweltmanagement zum auch auf *Produktlinien* (Wertketten) bezogenen Umweltmanagement wären Stichworte. Mit den modernen Dienstleistungskon-
zepten, wie *Öko-Leasing, -Renting, Pooling, Sharing, Contracting u.ä.m.*, treten neben
die *ökologische Produktgestaltung* Konzepte der „*ökologieorientierten Leistungsverwertung*".[17] In ihrem Zusammenhang sei hier nur auf einen höchst bemerkenswerten
„*organisatorischen Fit*" verwiesen: Was der ökologischen Produktgestaltung ihre
definitive ökologische Effizienz sichert, bringt ihr zugleich die bislang fehlende ökonomische Motivation.[18] Die Ersparnisvorteile auf die Angebotsseite herüberzuziehen

---

[17] „Leistungsverwertung" ist hier nicht mit Recycling im Rahmen der grundsätzlichen Unterscheidung
von: „*Abfälle zur Verwertung*" und „*Abfälle zur Beseitigung*" zu verwechseln. Es geht vielmehr im
Sinne der klassischen Betriebswirtschaftslehre um „Leistungs*verwertung*" als dem Gegenstück zur
„Leistungs*erstellung*".

[18] Indem man die in ihnen investierte Nutzungskapazität zu wenig beschäftigt, macht man von ökologisch gestalteten Produkten einen höchst unökologischen Gebrauch. Der „Verkauf" der Nutzungs-
rechte an Produkten, statt der Produkte selber (z.B. Miete), hilft einerseits die gebotene hohe *Nut-
zungsintensität* erreichen und motiviert andererseits zugleich ökonomisch zur Realisation der *Kriterien ökologischer Produktgestaltung*. Langlebigkeit, Instandhaltungs- und Reparaturfreundlichkeit

und so geschäftswirksam zu machen, ist ein organisationsstrategischer Zug von hoher ökonomischer und ökologischer Effizienz.[19] In der Koevolution von Konzepten ökologischer Produktgestaltung und ökologischer Leistungsverwertung liegen sodann gewaltige Synergiepotentiale: Produkte entwickeln sich auf diesem Wege mehr und mehr zu *„Dienstleistungswerkzeugen"* und werden zunehmend umweltfreundlicher.[20]

- Entwicklungsvoraussetzungen

Die ökologieorientierten Dienstleistungskonzepte haben freilich auch eine Reihe von Nachteilen: ihr Organisations-, insbesondere Kooperationsbedarf ist hoch, entsprechend hoch sind ihre Transaktionskosten. Die Bilanz der Gewinne und Verluste an Zusatznutzen gegenüber der herkömmlichen Kaufalternative ist gewiß negativ.

Diese Nachteile wirken aber sicher dann nicht als gravierende Hemmnisse, wenn eine ökologieorientierte Rahmenordnung des Wirtschaftens die Marktdurchsetzung der Dienstleistungskonzepte massiv stützt. Wenn über eine weitreichende *monetäre Internalisierung externer ökologischer Kosten* durch eine weitreichende *ökologische Steuer-, Abgaben- und Finanzreform* die Kaufvariante gegenüber der Mietvariante um ein Mehrfaches teurer gestellt wird, braucht einem um die Durchsetzung der Mietvariante gewiß nicht bange zu sein.

Hier aber kippt die Betrachtung in Pessimismus und Skepsis: Im Zuge der Globalisierung weichen Politik und Staatsmacht vor der Wirtschaft zunehmend zurück und werden zur Schaffung einer ökologieorientierten Rahmenordnung zunehmend unfähig. Auch Kultur und Gesellschaft als weitere wichtige Träger einer Rahmenordnung des Wirtschaftens erodieren unter dem Druck *kommerzieller Kommunikation* rasant. Die Unternehmen sind in der eigenaktiv-strategischen Gestaltung ihrer sozialökonomischen Umwelt schon weit vorangekommen: Immer mehr – zumal junge – Menschen agieren privat und gesellschaftlich vorwiegend nurmehr als Nachfrager (und Anbieter) in kommerzieller Dimension.[21] Mit solchen Akteuren läßt sich keine Nachhaltigkeit gewinnen.

---

des Produktes liegen gewöhnlich nicht im ökonomischen Interesse des Verkäufers wohl aber in dem des Vermieters einer Sache.

[19] Hier sind die enormen Informations- und Motivationsdifferenzen zwischen Anbietern und Nachfragern zu bedenken. So werden z.B. von Wohnungsmietern „Mehrkosten durch Unwirtschaftlichkeiten", die im Interesse der Investoren und/oder Vermieter liegen, häufig zu einem Teil gar nicht wahrgenommen und zu einem anderen Teil ergeben hingenommen.

[20] Hierauf zielt der von F. Vester propagierte Übergang *„von der Produktorientierung* zur *Funktionsorientierung"*, siehe Vester, 1990, S. 19. Im übrigen ist es der große Vorzug der Dienstleistungskonzepte, voll im Rahmen der marktwirtschaftlichen Ordnung realisierbar zu sein.

[21] Wir finden sie nicht mehr als Mitglieder und ehrenamtlich dem Gemeinschaftsinteresse dienende Funktionsträger in Gemeinden, Vereinen, Kirchen, Gewerkschaften etc., sondern als Konsumenten von Angeboten der Freizeitindustrie.

- Imparitäten

Die angedachten entwickelteren Umweltmanagementkonzepte treffen indessen auf noch grundsätzlichere Schwierigkeiten: Die Prinzipien *„Entkoppelung"* und *„Reservierung"* sind gegenüber ihren Pendants *„Wachstum"* und *„Einsatz"* eindeutig inferior. Entkoppelung stellt regelmäßig hohe technische, auch investive Anforderungen und stößt in Gestalt der materiellen Grundorientierung menschlicher Bedürfnisse immer bald auch an soziale Grenzen.[22] Nach der ersten, zweiten, dritten Entkoppelungsrunde nehmen ihre Möglichkeiten längerfristig deutlich ab. Einer noch so bescheidenen – immer exponentiellen – Wachstumsrate kann so die eher degressive Entkoppelungsrate nie kompensatorisch gleichwertig gegenhalten. Reservierung als *„Bewahrungsziel"* ist gegenüber Einsatz als *„Fortschrittsziel"* äußerst schwach motiviert; der Vernutzungsdruck so à la longue ständig groß.

- Aufgaben

Auf dem Wege zu einem tatsächlich nachhaltigkeitsorientierten Umweltmanagement stößt die Betriebswirtschaftslehre nach alledem auf *Analyse- und Gestaltungsaufgaben*, die ihren bisherigen Rahmen völlig sprengen. Um bei dem zuletzt erwähnten Punkt anzusetzen: die Betriebswirtschaftslehre müßte das Verhältnis von
- *Wachstum* und *Entkoppelung* sowie
- *Einsatz* und *Reservierung*

in seiner ganzen Tiefe reflektieren. Darüber wären die Bezüge von
- *Effizienz, Konsistenz* und *Suffizienz*[23] im Zusammenhang von
- *Globalisierung* versus *Regionalisierung*

zu analysieren und zu gestalten. In diesem Sinne wäre auch das Verhältnis von
- *Konkurrenz* und *Kooperation*

ganz neu zu durchdenken.[24] Im Sinne der Theorie überlebensfähiger Systeme wären

---

[22] Auch sogenannte „ideelle" Dienstleistungen im Bereich von Kultur und Sport (insbesondere Unterhaltung) haben bei hohen qualitativen Ansprüchen bestimmter Art eine enorme Energie- und Materialintensität.

[23] Mainstream-BW(L) läßt gegenwärtig nur die Effizienzlösung zu. Näheres Hinsehen zeigt indessen Effizienzanstrengungen sehr bald mit Suffizienzgesichtspunkten verklammert. So verlangen z.B. Rezyklate auf Konsummärkten die Rücknahme von Ansprüchen an die Produktqualität. Überhaupt zeigen sich technische Innovationen grundsätzlich eng mit sozialen Innovationen verknüpft. (Ob Konsistenz je eine nennenswerte Rolle spielen kann, ist sehr fraglich.)

[24] In der ökologischen Analyse, Bewertung und Gestaltung des Wettbewerbs liegt u. E. das größte und gefährlichste Theoriedefizit der modernen Wirtschaftswissenschaften. Das Problem ist nicht *„die Wettbewerbswirtschaft als Marktwirtschaft"*, sondern *„die Marktwirtschaft als Wettbewerbswirtschaft"*. Die Notwendigkeiten einer Regulierung (Zähmung, Hegung) des Wettbewerbs werden weit unterschätzt. Im Zusammenhang mit der oben im Abschnitt Organisation angesprochenen Unterscheidung zweier grundsätzlicher System- und Regelungsebenen ist es dabei sicher ein Kardinalfehler, daß auf der Makroebene – als dem gebotenen Ort regelnder Rahmenordnung des Wettbe-

- *Wachstum* und *Schrumpfung*

als gleichwertige Organisationsaufgaben zu begreifen. Die Systemzusammenhänge von

- *Geldökonomie* und *Realökonomie*

wären immer im Auge zu behalten und darüber auch

- *Versorgung* und *Entsorgung* sprich
- *Produktion* und *Reduktion*

als gleichwertige Phasen der zu schaffenden Kreislaufwirtschaft ins Auge zu fassen. Noch immer ist die Betriebswirtschaftslehre eine auf

- *Produktion* und *Distribution*

verkürzte Versorgungswirtschaftslehre. Es gilt aber

- *Reproduktion* und *Retro-Distribution*

als gleichwertige Gesichtspunkte anzuerkennen. Die Betriebswirtschaftslehre müßte über alledem zu einer *„Ökonomie und Ökologie der Zeit"* finden, und hier insbesondere

- *Güterwohlstand* und *Zeitwohlstand* [25]

gegeneinander abwägen. Gewiß darf sie den ökonomischen Kalkül als ihr *Identitätsprinzip* behalten, wird ihn aber in vielfachen Bezügen umkehren müssen: es gilt den Energie- und Stoffeinsatz pro Zeiteinheit nicht wie bisher regelmäßig zu *maximieren*, sondern zu *minimieren*. *Entschleunigung* und *Langsamkeit* müßten Zielqualität gewinnen. Grundsätzlich alle Innovationen wären prioritär auf Umweltschutz- und Nachhaltigkeitsbelange auszurichten. Zwischen *Innovationsmanagement* und *Umweltmanagement* müßte sich sachlich nahezu Identität einstellen.

Zur Bewältigung dieser Aufgaben müßte die Betriebswirtschaftslehre im Vollsinne *„Physis"* wiedergewinnen. Dazu wären neben den *Austauschverhältnissen* immer auch die *Flächeninanspruchnahmen* des Wirtschaftens in das Auge zu fassen. Man dürfte sich nicht länger nur auf die finanzwirtschaftlich dominierte Betrachtung börsengängiger Unternehmen im Lichte der Shareholder-Value-Ideologie konzentrieren. Für die Rückgewinnung von „Stofflichkeit" muß es zur Reintegration von Land-, Forst-, Berg-, See-, Fluß- und Meereswirtschaft in die Betriebswirtschaftslehre kommen, insbesondere auch zur Reintegration der Hauswirtschaft. Ökologieorientiert wäre zu einer – realitätsprallen – Einheit mit der Volkswirtschaftslehre und den gesamten Sozialwissenschaften zu gelangen.

Zur Gewinnung einer Handlungsbasis in diesem neuen großen Kontext wäre sodann in fundamentaler Weise *Ethos* wiederzugewinnen. Ökonomie und Ökologie

---

werbs – selbst Wettbewerb herrscht; so z. B. auf der Ebene der Nationalstaaten um die Industrieansiedlung.

[25] Scherhorn, 1995, S. 147 ff.

Es ist schwer einzusehen, wie eine total mobilisierte, globale „24-Stunden-Nonstop-Gesellschaft", unter Außerkraftsetzung aller biologischen Rhythmen, je eine nachhaltigkeitsorientierte Kultur entwickeln könnte.

lassen sich sicher nur wirtschaftsethisch versöhnen; die Wirtschaftsethik und darin eine Umweltethik wären deshalb in die Betriebswirtschaftslehre zu (re-)integrieren. Unter ethischem Aspekt wäre dabei nicht nur das Verhältnis von ökonomischer Effizienz und Umweltvernutzung im besonderen, sondern auch das Verhältnis von *ökonomischer Effizienz* und *Parasitismus* im allgemeinen zu analysieren. Es ist unverkennbar, daß von jeder vertikalen einzel- und/oder gesamtwirtschaftlichen Arbeitsteilung – einer der Hauptquellen der Produktivität – von allen Anfängen an ein im biologischen Sinne recht handfestes Element von Parasitismus (Schmarotzen) mitläuft. Das ist für den Umweltschutz zweifach schädlich: es verknappt den Benachteiligten oder auch Ausgebeuteten regelmäßig die Mittel und Möglichkeiten zum Umweltschutz bei ihrer Arbeit oder ihren Geschäften. Es stimuliert sie darüber hinaus zu verstärkten ökonomischen Anstrengungen, um gesellschaftlich und wirtschaftlich mitzuhalten. Das erhöht tendenziell das Niveau der Wirtschaftsaktivität und schafft auch darüber zusätzliche Umweltbelastungen.

Im Zusammenhang mit *Physis* und *Ethos* ist sodann *Geschichtlichkeit* wiederzugewinnen; nicht im Sinne des zu Recht kritisierten Historizismus, sondern im Sinne der Wahrnehmung von immer *historisch situierter Realität*. Betrieb als Ort des *Arbeitseinsatzes* wie des *Kapitaleinsatzes* ist in diesem Sinne wirtschafts-, sozial-, und umweltgeschichtlich zu reflektieren. Lange Zeit heilsame Prinzipien und Praktiken führen ab gewissen kritischen Punkten der Systementwicklung in Monstrositäten. Dafür ist Wahrnehmungssensibilität zu entwickeln!

Zukunftsbezogen müßten *„ökologische Arbeit"* und *„ökologisches Kapital"* zu großen Themen des Faches werden:
- Es muß in diesem Kontext denkbar sein, daß beschäftigungsbereite Arbeitskraft in bestimmten produktiven Bezügen ungenutzt und einkommenslos bleibt. Das wird aber nur die nötige Ergänzung einer großen *„strategischen Allianz"* zwischen *Arbeit und Umwelt* sein können. Das Angebot von ausreichend viel Erwerbsarbeit ist eine grundlegende Bedingung sozialen Friedens und markiert die „soziale Säule" der Nachhaltigkeit.[26]
- Es muß in diesem Kontext denkbar sein, daß anlagebereites Kapital in bestimmten produktiven Bezügen anlagelos und zinslos bleibt. Auch das ist gleichwohl nur als Ergänzung einer künftigen *„strategischen Allianz zwischen Kapital und Umwelt"* zu sehen. Umweltschutzgesichtspunkte dürfen nicht mit dem *„Stakeholder-*

---

[26] In der hohen Arbeitsintensität kleinräumig wirtschaftender nachhaltigkeitsorientierter Klein- und Mittelbetriebe findet diese Allianz keine schlechte Basis. Diese Basis wird sicher dann noch bedeutend verstärkt, wenn der Energieeinsatz hauptsächlich auf der Basis sogenannter regenerativer Energien erfolgt. Im Bereich der globalisierten High Tech-Industrie kann es bei Investitionsvolumen und Produktivität eines durchschnittlichen Arbeitsplatzes ohnehin keine weltweite Vollbeschäftigung mehr geben.

Ansatz" verschwinden, sondern müssen im Kern des *"Shareholder-Ansatzes"* auf-
keimend wiedererstehen.[27]

- Barrieren

Jeden Punkt aus den letzten drei Abschnitten könnte man im Verhältnis 1:10 (oder
auch 1:100) in die Kategorie *"Barrieren auf dem Weg zu einem nachhaltigkeitsorientierten Umweltmanagement"* transformieren. Sie alle stellen sich als gravierende,
kaum überwindliche Schwierigkeiten, Hemmnisse, Hürden, Widerstände u.ä.m. dar.
Unter drei Punkten seien abschließend einige in sich durchaus verschränkte Aspekte
angerissen:

• „Ziel" ist als zukunftsbezogene *Soll-Vorstellung* vom gegenwärtigen *Ist-Zustand*
abgehoben und so an *Dynamik* in Form einer Aufwärtsbewegung („Fortschritt") gebunden. Ein Bewahrungsziel wie Umweltschutz hat *"psycho-logisch"* gar keine eigentliche Zielqualität.[28] Der genannte *"Fortschritt"* verlangt *Ressourceneinsatz* und
Wachstum. Neben dem Wachstums*drang* ist in der Geschichte institutioneller Entwicklungen des Wirtschaftslebens vielfach bald der Wachstums*zwang* getreten. Be-
zeichnenderweise zeigt das *Diskontierungsmodell* Kapital als Barwert einer künftigen
Zahlungsreihe, worin der Zwang zu Kurzsichtigkeit und Wachstum gleichermaßen
angelegt ist. Die Institute des Zinses und des Kredits lassen für ein Unternehmen bei
der üblichen anteiligen Fremdfinanzierung regelmäßig schon das Liquiditätspostulat
zum Wachstumszwang in der Bilanzsumme werden. Das regelmäßige Nicht-Ausrei-
chen auch der voll verdienten Abschreibungen zur Finanzierung der Anschlußinve-
stitionen tut ein übrigens.[29]

---

[27] Man könnte meinen, von den Unternehmungen bzw. vom Umweltmanagement sei mit alledem viel
zu viel verlangt; hauptsächlich und letztlich komme es gar auf die Letztnachfrager (Konsumenten)
und den Staat an. Es gibt indessen in der gesamten Szene neben der anbietenden Wirtschaft keinen
vergleichbar starken weiteren Akteur. Insbesondere darf man von den vorliegenden Käufermärkten
nicht auf eine – organisationstheoretisch an sich naheliegende – überlegene Machtposition des
„Engpaßfaktors" Nachfrage schließen. Es gibt – von Ausnahmen abgesehen – keinen dem *dynamischen Unternehmer* vergleichbaren *"aktiv-dynamischen Nachfrager"*. Im Rollengewicht der Wirtschaft steckt insoweit hinwiederum ein Paradoxon, als die einzelne Unternehmung – auch die fi-
nanzstarke, marktführende – für sich relativ machtlos ist, weil sie durch ein zu weit gehendes ökologisches Engagement regelmäßig rasch sich ökonomisch selbst gefährdet. Das weist wieder auf die
Rahmenordnung hin, insbesondere auf die Kooperationsnotwendigkeiten zwischen den Unternehmen.

[28] In einer rein formalen Betrachtung zeigen periodenbezogene Umweltschutzziele sicherlich so viel
„Zieldynamik" wie andere Ziele auch: die Wirkungsprognose der geplanten Maßnahmen stellt den
erwarteten *Soll*-Umweltzustand ein Stück besser als den sich aus der bloßen Lageprognose für diesen Zeitpunkt ergebenden *Wird*-Zustand. Das ist auch dann ein „relativer Fortschritt", wenn der
künftige *Soll*-Zustand gegenüber dem gegenwärtigen *Ist*-Zustand abfällt.

[29] Hier scheint H. Ch. Binswangers großes Thema „Geld und Natur" auf; siehe Binswanger, 1991,
S. 113 ff.

• Vor diesem Hintergrund hat es insbesondere die Ethik fast aussichtslos schwer. Wie soll Ethik je zwischen dem *„Können"* und dem *„Dürfen"* einen nennenswerten Abstand schaffen, worin allein ihre theoretische wie praktische Bedeutung besteht? Mit dem „Können" verknüpfen sich massive *Selbstverwirklichungs-, Berufserfolgs-, Einkommens- und Kapitalverwertungsinteressen.* Der Drang, alles was man tun kann, auch tatsächlich zu tun, ist gewaltig und schier unwiderstehlich. Es wird auch immer wieder verkannt, daß sich langfristig-ganzheitliches sogenanntes vernetztes Denken gegenüber kurzfristig-eindimensionalem oder -linearem Denken im Stande extremer Durchsetzungsschwäche zeigt. Es ist wohl für ein Paradoxon gut, daß im Lichte von Ratio wie Ethos gebotenes „effizientes" Denken zugleich im Politisch-Praktischen höchst ineffizient ist. Unterschätzt werden auch die Demotivationswirkungen, die für alle nicht stark „Normativ-Bestimmten und -Bewegten" in den nahezu ubiquitär auftretenden innerökologischen Zielwidersprüchen liegen: In vielen Bezügen der Umweltarbeit versinkt man bald in ein mühevolles in sich widersprüchliches „Klein-Klein". Mit den allerbesten Absichten ist man nie sicher davor, die Ökobilanz seines eigenen Handelns negativ zu gestalten.

• Vieles von dem, was ökologisch geboten ist, hat dazu für die Betriebswirtschaftslehre und -praxis fatale Ähnlichkeit mit Zügen der Zentralverwaltungswirtschaft, mit tief eingegrabenen Feindbildern aus siegreich geschlagenen historischen Schlachten. Es muß als Zumutung und Paradoxon empfunden werden, sich den geschlagenen Gegnern von gestern nun im „Gewande der Ökologie" vermeintlich beugen zu sollen. In diesem Zusammenhang ist insbesondere auch die geforderte Kooperation mit Staat und Gesellschaft eine Zumutung. Bis zur Stunde geht es um Deregulierung, um Ausweitung der Freiräume privatwirtschaftlicher Handlungsautonomie. Nunmehr soll betriebliches Umweltmanagement anerkennen, daß sich die Fragen des Umweltschutzes und der Nachhaltigkeit definitiv erst im Makro-Kontext stellen. Hauptaufgabe des Umweltmanagements soll es sein, seine Hauptaufgabe in den Makrokontext transformieren zu helfen. Das besondere Paradoxon liegt darin, daß es das selbst tun soll, weil die – durch die Erfolge der Wirtschaft geschwächte Gegenseite Staat und Politik – dazu zunehmend außerstande ist![30,31]

---

[30] Rahmenordnung ist ein hochkomplexes Gebilde, das in seiner näheren Gestalt von hier und heute aus noch nicht absehbar ist. Nicht nur das staatliche Ordnungsrecht alter Prägung und die marktkonformen Regelungsinstrumente neuen Typs gehören dazu, sondern auch kulturelle Normen und Gewohnheiten, nicht zuletzt auch freiwillige Kooperationsvereinbarungen und Selbstverpflichtungen der Wirtschaft.

[31] Immerhin – das ist höchst bemerkenswert und gibt Hoffnung – hat der Ökopionier aus dem Unternehmerlager, Georg Winter, Gründer des Bundesdeutschen Arbeitskreises für Umweltbewußtes Management B.A.U.M. und Schöpfer des weltweit ersten umweltorientierten Managementsystems, eben diesen Gesichtspunkt anerkannt; siehe Winter, 1998, S. 11 ff.

In summa: Für Unternehmen und Unternehmer, die bislang *Selbstentfaltung* immer nur in der *Selbstentgrenzung* nach außen fanden, soll es künftig darum gehen, *Selbstentfaltung* in der *Selbstbeschränkung* nach innen zu suchen. Es ist das so, als ob ein Segler, der bislang Glück und Erfolg seines Segelns in Geschwindigkeiten und Fahrtstrecken maß, nur noch gegen den Wind segeln soll. Motto: *Nachhaltiges Wirtschaften findet an der definitiven Schmerzgrenze statt.* Hinter allen diesen Paradoxien erhebt sich ohnehin bald eine komplette Aporie: Unterlassen wäre der komplette Natur- und Umweltschutz. Der *„Unternehmer"* aber ist das genaue Gegenteil von einem *„Unterlasser"*.

- Ambivalenz

Unsere Betrachtung neigt dazu, das Umweltmanagement in einer nicht mehr aufschließbaren *„Systemfalle"* zu sehen, in deren Kern – über eine *Rationalitätsfalle* – eine *Zeitfalle* steckt. Das Erwartungs-Prä gehört dem Scheiternszenario.[32]

Die Zukunft freilich ist unabsehbar und offen, optimistische und pessimistische Grundpositionen sind erfahrungswissenschaftlich nicht hintergehbar. Angesichts der glänzenden Oberfläche neigen beim Thema Umweltmanagement so nicht selten auch ausgemachte Umweltskeptiker auf kurzem Wege zum Fazit: *Ambivalenz.* Etwa nach dem Motto:
- Im Hinblick auf das, was Nachhaltigkeit wirklich erfordert, ist einerseits noch erschreckend wenig, im Hinblick aber auf das, was 1985 oder 1970 für möglich gehalten wurde, schon erstaunlich viel geschehen,
- einerseits sind die beiden Umwelt-Audit-Regelwerke durchaus eine real-handfeste Möglichkeit zum billigen Freikauf von eigentlichen Umweltschutzbelangen, andererseits ermöglichen und stützen sie organisatorisch aber vieles sehr Weitreichende und Hoffnungsvolle.

Wir finden angesichts der in dem Beitrag angeführten Gesichtspunkte nur über eine besondere „visionäre Anstrengung" zum Fazit Ambivalenz.

Das von einer global nachhaltigen Wirtschaftsweise beinhaltete neue *„ökologische Gleichgewicht"* – wie prekär und dynamisch auch immer definiert – wäre
- in evolutionsbiologischer Betrachtung nichts weniger als die *Schließung des Tier-Mensch-Übergangfeldes,*
- in religiöser – insbesondere christlicher – Interpretation nichts weniger als die große *Umkehr oder „Erlösung".*

Es ist erregend festzustellen, wie das Annehmen der ökologischen Frage alle geistesgeschichtlichen Hervorbringungen der Menschheit von den frühesten Anfängen an überformt und korrigierend in ein neues, helleres Licht stellt: Alle Schöpfungen von

---

[32] Das ist auch für ein Paradoxon gut. Wir argumentieren damit in der Nähe von *„end of history"*-Vorstellungen, wo doch die eigentliche Zerstörungsgeschichte des Erdballs in großem Stile erst angeht.

Mythos, Religion, Theologie, Philosophie, Natur-, Geistes- und Gesellschaftswissen-
schaften, alle Ideologien, viele Hervorbringungen der Kunst, insbesondere der Dich-
tung, gehören dazu. Der Mensch würde mit einer nachhaltigen Wirtschaftsweise sein
Selbstverständnis als das eines *„geistigen Wesens"* einlösen, das er durch seinen materiellen – extrem energie-, stoff- und naturvernutzenden – Lebensstil gegenwärtig so
deutlich verfehlt.

Zwei skeptische Anmerkungen können wiederum doch nicht unterdrückt werden:
Die bemühte Vision erscheint unüberbietbar „praxis- und wirtschaftsfern".[33] Das uns
nach allem verbleibende lösungsoffene Schlußwort – *„Lernen"* – ist unüberbietbar
trivial.

Vielleicht kann eine letzte Anmerkung die Trivialität etwas mildern: Neben Tech-
nik-Lernen wird es insbesondere um Ethik-Lernen, um Motiv-, Normen- und Werte-
Lernen, um Sozial- und System-Lernen gehen müssen; innerhalb des letzteren zunächst um den Erwerb ökologischer Grundkenntnisse.

Literaturverzeichnis

Binswanger, H.Ch.: Geld und Natur. Das wirtschaftliche Wachstum im Spannungsfeld zwischen
   Ökonomie und Ökologie. Stuttgart 1991.
Daly, H.E.: Steady-State Economics. 2nd Ed., New Essays, Washington D.C. 1991.
Dyllick, T.; Hamschmidt, J.: Wirkungen von Umweltmanagementsystemen. Eine Bestandsaufnahme
   empirischer Studien. Erscheint in: Zeitschrift für Umweltpolitik und Umweltrecht 1999.
Luhmann, N.: Ökologische Kommunikation. Kann die moderne Gesellschaft sich auf ökologische
   Gefährdungen einstellen? Opladen 1986.
Scherhorn, G.: Güterwohlstand versus Zeitwohlstand – Über die Unvereinbarkeit des materiellen und
   des immateriellen Produktivitätsbegriffs. In: Zeit in der Ökonomik, hrsg. v. B. Biervert u. M.
   Held, Frankfurt/Main 1995, S. 147-168.
Seidel, E.: Menschengerechte Arbeitsplätze sind wirtschaftlich! - Betriebsökonomische Effizienzin-
   dikatoren. Dokumentation erweiterter Wirtschaftlichkeitsverfahren. Projektträger Humanisierung
   des Arbeitslebens. Bonn 1985.
Seidel, E.; Menn, H.: Ökologisch orientierte Betriebswirtschaft. Stuttgart u.a. 1988.
Seidel, E.: Nachhaltiges Wirtschaften und Fristigkeit des ökonomischen Kalküls. In: Das Naturver-
   ständnis der Ökonomik. Beiträge zur Ethikdebatte in den Wirtschaftswissenschaften, Tagungs-
   band, Evangelische Akademie Tutzing 1994, S. 147-174.
Ulrich, P.: Integrative Wirtschaftsethik. Grundlagen einer lebensdienlichen Ökonomie. 2. Aufl., Bern,
   Stuttgart, Wien 1998.
Vester, F.: Ausfahrt Zukunft. 4. Aufl., München 1990.
Winter, G.: Das umweltbewußte Unternehmen. 6. Aufl., München 1998.
Zabel, H.-U.: Entropie und Kreislaufwirtschaft. In: VDI-Forschungsberichte: Wirtschaft, Wissen-
   schaft und Umwelt, Reihe 15, Nr. 180, Essen 1997, S. 55-97.

---

[33] An dieser Stelle wird auch schmerzlich bewußt, daß vieles Grundlegende noch gar nicht angesprochen ist. Man denke nur an das Bevölkerungswachstum und die sich daraus ergebende Übervölke-
rung der Erde.

Sachwortverzeichnis